osteuropa

71. JAHRGANG / HEFT 8–9 / 2021

Krisenbogen

Gewalt und Unrecht im Osten Europas

Krisenbogen

Entfernungsrechner erwecken den Anschein objektiver Tatsachen: Die Luftlinie zwischen Berlin und Moskau beträgt 1608 Kilometer. Von Moskau nach Peking ist es mit 5793 Kilometern fast dreimal so weit. Berlin und Minsk trennen 953 Kilometer, Minsk und Pjöngjang 7251 Kilometer.

Diese Entfernungen waren im Dezember 1991 dieselben, als sich die Präsidenten von Russland, Belarus und der Ukraine auf einer Datscha am Rande des belarussisch-polnischen Naturschutzgebiets *Belavežskaja pušča* zunächst gegenseitig der territorialen Integrität ihrer Staaten versicherten und sich dann auf das Ende der Sowjetunion verständigten. Am 31. Dezember 1991, Punkt Mitternacht, trat die UdSSR von der politischen Weltbühne ab. Drei Jahrzehnte ist das nun her. Aber im erinnerungskulturellen Kalender Europas spielt dieser Jahrestag kaum eine Rolle. Das ist falsch. Denn während der Untergang multinationaler Imperien bis dahin Millionen Menschenleben in Krieg, Genozid und Vertreibung gekostet hatte, löste sich die Sowjetunion weitgehend friedlich auf. Das ist angesichts des Konfliktpotentials und der einsatzbereiten Massenvernichtungsmittel vor Ort bemerkenswert. Das lange Jahr 1991, das mit dem Fall der Mauer 1989 begonnen hatte, bleibt ein *annus mirabilis*. Das welthistorische Abtreten der kommunistischen Führungsmacht war wie eine notarielle Beglaubigung, dass nun auch der Ost-West-Konflikt der Geschichte angehört. Bereits im November 1990 waren alle Mitglieder der KSZE, also auch die Sowjetunion, in Frankreich zusammengekommen. In der „Charta von Paris für ein neues Europa“ – so der vollständige Titel – erklärten sie: „Das Zeitalter der Konfrontation und der Teilung Europas ist zu Ende gegangen.“ Die Regierungen verpflichteten sich, „die Demokratie als die einzige Regierungsform unserer Nationen aufzubauen, zu festigen und zu stärken, [. . .] Menschenrechte und Grundfreiheiten [. . .] zu schützen und zu fördern.“ Alle Staaten unterstrichen die Bedeutung von regelmäßigen, freien und gerechten Wahlen, Rechtsstaatlichkeit und der Geltung von Bürger- und Minderheitenrechten.

In diesem Moment schrumpfte die Entfernung zwischen Berlin und Moskau auf den kognitiven Landkarten der Europäer auf ein Minimum. Dagegen wuchs die politische Distanz zu den Diktaturen in China und Nordkorea erheblich. Nie zuvor hatten sich Deutsche und Russen, Polen und Belarussen, Europäer in West und Ost einander näher gefühlt. Aus Feinden wurden Freunde, an die Stelle der Konfrontation rückte der Wille zur Kooperation. „Gemeinsame Sicherheit“ war mehr als ein entspannungspolitisches Schlagwort.

Von diesem Geist der Zeit ist nichts geblieben. Seit zwei Jahrzehnten haben sich die politischen Regime in Russland und Belarus Schritt für Schritt von den Prinzipien der Charta von Paris abgewandt, die auch die Geschäftsgrundlagen des Europarats sind. Heute haben das Putin- und das Lukašenka-Regime für diese Prinzipien nur noch Verachtung übrig – und Repressionen. Wer es in Russland und Belarus noch wagt, Grundfreiheiten wie die Presse- und Versammlungsfreiheit wahrzunehmen, freie Wahlen zu fordern und für Menschenrechte und Rechtsstaatlichkeit einzutreten, wird drangsaliert, kriminalisiert und inhaftiert. Seit der Rückkehr des Oppositionellen Aleksej Naval'nyj nach Russland im Januar 2021 und der gewaltsamen Auflösung der Demonstrationen gegen seine Verhaftung hat das Putin-Regime eine Repressionsspirale in Gang gesetzt, die immer neue Kreise erfasst. Betroffen sind Oppositionelle, Freigeister, Journalisten sowie eine wachsende

Zahl von NGOs und unabhängigen Medien, wie es die Analyse von OVD-Info im vorliegenden Heft zeigt. Ende Dezember 2021 traf es die älteste und renommierteste NGO Russlands, die sich um die Aufarbeitung des Stalinismus, die Rehabilitation der Opfer und den Schutz der Menschenrechte verdient gemacht hat. *Memorial International* und das *Menschenrechtszentrum Memorial* wurden zwangsaufgelöst – aus rein politischen Gründen und nach sorgfältiger massenmedialer Vorbereitung, wie Ulrich Schmid belegt. Mit diesem Verbot versucht der Kreml zu signalisieren, dass künftig keine NGO ihrer Existenz mehr sicher sein kann. Das übergeordnete Ziel ist die Zerschlagung der Zivilgesellschaft. In Moskau und Minsk sind Schauprozesse wieder an der Tagesordnung. In Belarus werden Gesichter der Freiheit wie Maryja Kalesnikava, der Rechtsanwalt Maksim Znak oder der Blogger Sjarhej Zichanoŭski nach kafkaesken Verfahren für ein Jahrzehnt oder länger weggesperrt. Über 900 Inhaftierte gelten als politische Gefangene. Zehntausende Menschen aus Belarus und Russland haben sich nach Tiflis oder Kiew abgesetzt oder sind nach Warschau, Berlin, Prag, Vilnius oder Riga geflüchtet und haben in der EU politisches Asyl beantragt.

Putin droht der Ukraine (und der EU) mit einem neuen Krieg. Und Lukašenka betreibt ein perfides Spiel: Er hat Tausende Migranten aus dem Irak und Syrien, die dem langen Schatten der Gewalt, des Terrors und des Elends unter den Diktatoren Saddam Hussein und Baschar al-Assad zu entkommen hofften, mit dem Versprechen nach Belarus gelotst, dass sie von dort in die EU gelangen können. Doch statt dessen sind diese leichtgläubigen Migranten zu Geiseln des belarussischen Diktators geworden, der sie in der Belavežskaja pušča als Druckmittel gegen Polen und die EU einsetzt und eine neue Krise an der belarussisch-polnischen Grenze ausgelöst hat. Dass Polens Regierung unter Führung der nationalkonservativen PiS diese Krise willkommen ist, um die eigenen Reihen zu schließen, die Erosion ihrer Machtbasis zu stoppen und vom Konflikt Warschaus mit Brüssel über die Verletzung der Rechtsstaatlichkeit im eigenen Land abzulenken, steht auf einem anderen Blatt.

Fakt ist: Mit jeder dieser repressiven Entscheidungen sind die Entfernung und die damit einhergehende Entfremdung zwischen Berlin und Moskau sowie der EU und Russland gewachsen. Nie waren sich Moskau und Peking politisch näher als heute. Und der Weg zur Verständigung ist von Minsk nach Pjöngjang jetzt kürzer als nach Vilnius oder Warschau. Die vermeintlich objektive geographische Entfernung hat grundlegend an Bedeutung verloren.

Der Raum von Moskau über Minsk und Kiew bis Warschau ist zu einem einzigen Krisenbogen geworden. Konflikte und Krisen überlagern und verstärken sich. In ihrer Komplexität erinnern sie an einen gordischen Knoten. Aber niemand ist da, der ihn durchschlagen wird. Das Dilemma ist offenkundig: Das Putin-Regime und das Lukašenka-Regime benötigen Repression, Krisen und kriegerische Drohgebärden wie die Luft zum Atmen. Sie sind sich ihrer Eskalationsdominanz sicher. Wer dagegenhält, begibt sich auf das Feld, auf dem diese rücksichtslosen Regime ihre Stärke haben. Wer glaubt, sie durch Dialog besänftigen zu können, verkennt ihre Natur. Es sind alte Instrumente aus dem Werkzeugkasten der internationalen Politik, die nun gebraucht werden: nüchterne Analyse der Interessen, realistische Einschätzung der Kräfte, vorausschauendes Handeln, Sachlichkeit im Ton, Konsequenz im Handeln.

Berlin, 29. Dezember 2021 *Manfred Sapper, Volker Weichsel*

Marta Bucholc, Maciej Komornik

Spinnrad im Dauerbetrieb

Der Justizumbau in Polen

Die Zerstörung des Rechtsstaats in Polen geht weiter und der Konflikt mit der Europäischen Union eskaliert. In Polen herrscht Rechtschaos. Ein Sechstel der Richter an ordentlichen Gerichten sind mittlerweile unter Mitwirkung des Nationalen Justizrats ins Amt gekommen, sie haben mehr als zwei Millionen Urteile gefällt. Doch wie unterdessen auch der Europäische Gerichtshof bestätigt hat, widersprach ihre Berufung europäischem Recht. Polnische Gerichte sind laut EuGH verpflichtet, die Unabhängigkeit dieser Richter und ihrer Urteile zu prüfen. Die Regierung ist in die Ecke gedrängt und reagiert mit einer Zuspitzung des Konflikts. Ein Maulkorbgesetz verbietet diese Prüfung. Richter, die an der Unabhängigkeit der Justiz festhalten, werden von den unter der seit 2015 amtierenden Regierung ins Amt gekommenen Vorsitzenden schikaniert oder von der ebenso umstrittenen Disziplinarkammer gegängelt. Jetzt hat die Regierung zur großen Kanone gegriffen. Das ihr untertänige polnische Verfassungsgericht bescheinigt dem EuGH Kompetenzüberschreitung und dem EU-Vertrag Unvereinbarkeit mit der polnischen Verfassung. Polen ist mit Strafgeldzahlungen und Subventionskürzungen konfrontiert, doch Einlenken ist nicht der Stil dieser Regierung.

Die in Polen seit 2015 regierende Partei *Prawo i Sprawiedliwość* (PiS) arbeitet beharrlich daran, die Gerichte des Landes unter ihre Kontrolle zu bringen. Bereits im Jahr 2016 unterwarf sie sich das Verfassungsgericht. Ein Jahr später begann sie einen Umbau der Justiz. Ein erheblicher Teil der polnischen Gesellschaft war empört über das Vorgehen der PiS. Doch die Menschen gingen vor allem aus politischer Überzeugung auf die Straße, sie demonstrierten gegen den Verfassungsbruch und gegen die Dreistigkeit der Regierung. Kaum jemand ahnte, wie massiv sich die Zerstörung des Rechtsstaats auf den Alltag jedes einzelnen Bürgers auswirken wird.

Marta Bucholc (1978), Dr. phil. habil., Universitätsprofessorin für Soziologie an der Universität Warschau, *Chercheuse associée*, Centre de recherche en science politique, Université Saint-Louis Bruxelles

Maciej Komornik (1975), LL.M., polnischer und europäischer Patentanwalt, Doktorand am Institut für Deutsche und Rheinische Rechtsgeschichte, Universität Bonn

Von ihnen erschien in OSTEUROPA: Die PiS, das Virus und die Macht, Präsidentschaftswahlen in Zeiten der Pandemie, in: OE, 3–4/2020, S. 49–64. – Finaler Akt. Die Unterwerfung der polnischen Justiz, in: OE, 12/2019, S. 23–37. – Gewaltenteilung ausgehebelt. Der Umbau der polnischen Justiz 2017, in: OE, 3–5/2018, S. 7–18. – Die PiS und das Recht. Verfassungskrise und polnische Rechtskultur, in: OE, 1–2/2016, S. 79–93.

Der vorliegende Text entstand im Rahmen eines vom Nationalen Wissenschaftszentrum (Narodowe Centrum Nauki) in Krakau finanzierten Forschungsprojekts (2019/34/E/HS6/00295).

OSTEUROPA, 71. Jg., 8–9/2021, S. 5–23 **doi: 10.35998/oe-2021-0060**

Doch nachdem die PiS durch die Abschaffung der Gewaltenteilung die Prüfung von Gesetzen auf Verfassungsmäßigkeit faktisch unterbunden hatte, waren alle Wege blockiert, die Regierung mit rechtlichen Mitteln aufzuhalten. Auch scheiterten alle Versuche, die Rechtsstaatlichkeit auf politischem Wege wiederherzustellen. Und auch der Protest der Gesellschaft hatte keine oder allenfalls vorübergehende Wirkung. Bereits in den Jahren 2015–2016 und immer wieder auch bei späteren Demonstrationen, etwa im Januar 2021 nach dem Urteil des Verfassungsgerichts, mit dem dieses das fast vollständige Verbot von Schwangerschaftsabbrüchen bestätigte,[1] ließ die PiS die Proteste an sich abprallen. Sie zögerte zunächst die Veröffentlichung des Urteils heraus[2] und schränkte dann unter dem Deckmantel der Pandemiebekämpfung das Demonstrationsrecht ein.[3] Die regierungstreuen Medien diffamierten die Protestierenden,[4] einige Protestversammlungen wurden sogar von Rollkommandos angegriffen.[5] Der PiS gelang es zudem, im Zuge der Auseinandersetzungen ihre Stammwählerschaft noch fester an sich zu binden. Bereits Mitte 2017 zeichnete sich ab, dass die weitere Entwicklung in Polen in erheblichem Maße von der Reaktion der Europäischen Union abhängen wird.

Warten auf das „Ausland“: Die Situation bis Ende 2019

Seit der Machtübernahme der PiS lassen sich die Beziehungen zwischen Polen und der EU treffend mit einem Wort des Spezialisten für Surrealismus Witold Gombrowicz charakterisieren: „Es drohte das allgemeine Nicht-Können.“[6] Zwar eröffnete die EU bereits im Januar 2016 einen Rechtsstaatsdialog mit Polen, um den Umgang der PiS mit dem Verfassungsgericht zu erörtern. Auch wurde immer wieder diskutiert, was geschehen müsse, falls der Dialog scheitere, nicht zuletzt war davon die Rede, Polen das Stimmrecht im Ministerrat der EU zu entziehen.[7] Zudem äußerte sich die Venedig-Kommission des Europarats kritisch zur Lage in Polen.[8]

Doch all dies brachte die PiS nicht von ihrem Kurs ab. Sie redete die Bewertung polnischer Angelegenheiten aus dem „Ausland“ klein und verbreitete die Darstellung, ihre Gesetze zur Verfassungskontrolle, zum Gerichtswesen, zur Gewährleistung der Unabhängigkeit der Richter und zum Richterstatus orientierten sich an Regelungen in

---

[1] Zu dem Urteil, das am 22.10.2020 erging, siehe Ewa Łętowska: A Tragic Constitutional Court Judgment on Abortion, 12.11.2020, <https://verfassungsblog.de/a-tragic-constitutional-court-judgment-on-abortion>.

[2] Fala komentarzy po decyzji w sprawie wyroku dotyczącego aborcji. „Czysty cynizm“. wiadomosci.onet.pl, 27.1.2021.

[3] Strajk Kobiet w Pruszkowie zablokowany! Posypały się mandaty. radiokolor.pl, 13.11.2020.

[4] „Kompletny odlot“. Wiadomości TVP straszą, że 500+ jest zagrożone przez protest. wiadomosci.radiozet.pl, 31.10.2020.

[5] Brutalne ataki na Strajku Kobiet w stolicy. „Używano pirotechniki“. wiadomosci.radiozet.pl, 31.10.2020.

[6] Witold Gombrowicz: Ferdydurke. Gesammelte Werke Band 1. Aus dem Polnischen von Walter Tiel. München 1983, S. 55.

[7] Laurent Pech, Patryk Wachowiec, Dariusz Mazur: Poland’s Rule of Law Breakdown: A Five-Year Assessment of EU’s (In)Action. Hague Journal on the Rule Law, April/2021.

[8] Poland – Urgent Joint Opinion on the amendments to the Law on organisation on the Common Courts, the Law on the Supreme Court and other Laws, issued pursuant to Article 14a of the Venice Commission’s Rules of Procedure. Venice Commission, 16.1.2020, <www.venice.coe.int/webforms/documents/?pdf=CDL-PI(2020)002-e>.

Deutschland oder Spanien und könnten deshalb nicht gegen Unionsrecht verstoßen.[9] Bald sprach die PiS auch davon, dass die EU sich in innere Angelegenheiten einmischen und die Souveränität Polens verletzten würde. Dies sei Ausdruck eines neuen Kolonialismus.[10] Wie sich bald herausstellte, war dies keineswegs nur laute Rhetorik, sondern Vorgeschmack auf eine neue Politik gegenüber Brüssel.

Eine echte Reaktion aus dem „Ausland“ erfolgte jedoch lange nicht und die Gesetze zum Umbau des Gerichtswesens traten Ende 2017 in Kraft.[11]

Zwei Elemente der „Reform“ prägen seitdem den Konflikt zwischen der EU und der PiS: das neue Verfahren zur Berufung von Mitgliedern des Nationalen Justizrats (Krajowa Rada Sądownictwa) sowie die Einführung zweier neuer Kammern am Obersten Gerichtshofs (Sąd Najwyższy), der Disziplinarkammer und der Kammer für außerordentliche Überprüfung und öffentliche Angelegenheiten.

Die neuen Regeln zur Besetzung des Nationalen Justizrats geben dem Parlament – und damit der regierenden Mehrheit – entscheidenden Einfluss auf die Zusammensetzung dieses Gremiums, das dem Staatspräsidenten Kandidaten für das Richteramt vorschlägt und so die personelle Zusammensetzung der polnischen Richterschaft bestimmt. Die PiS verkürzte die in der Verfassung festgelegte Amtszeit der nach dem alten Reglement berufenen Mitglieder des Justizrats und ernannte in einem undurchsichtigen Verfahren, an dem die Richterschaft nur scheinbar beteiligt war, auf das sie jedoch keinen realen Einfluss hatte, neue Mitglieder. So nahm Ende April 2018 der neu besetzte Nationale Justizrat die Arbeit auf.[12]

Die neue Disziplinarkammer am Obersten Gerichtshof ist befugt, Disziplinarverfahren gegen Richter und Angehörige anderer juristischer Berufe zu führen, die Kammer für außerordentliche Überprüfung kann rechtskräftige Urteile einer Revision unterziehen und ist für die Entscheidung über die Gültigkeit von Wahlen zuständig.[13]

Ab dem Jahr 2017 beschäftigte sich auch der Europäische Gerichtshof (EuGH) in einer Reihe von Verfahren mit dem Umbau der polnischen Justiz. Es handelte sich zum einen um Verfahren, in denen die EU-Kommission gegen Polen klagte, zum anderen um Anfragen polnischer Gerichte an den EuGH.

Die EU-Kommission eröffnete im Dezember 2017 ihre Untersuchung in Sachen Rechtsstaatlichkeit in Polen auf der Basis von Art. 7 (1) des EU-Vertrags. Unabhängig davon reichte die Kommission im Dezember 2017 und im September 2018 beim EuGH zwei Klagen gegen Polen ein. Gegenstand waren neue Regelungen an den ordentlichen Gerichten, am Obersten Gerichtshof und bei der Staatsanwaltschaft. Konkret ging es vor allem um die Senkung des regulären Pensionsalters für Richter an ordentlichen Gerichten, um die Einführung unterschiedlicher Pensionsalter für Männer und Frauen an diesen Gerichten sowie darum, dass die Befugnis zur Entscheidung über einen Antrag eines Richters auf Verbleib im Amt nach Erreichen des Pensionsalters der Exekutive übertragen wurde.

---

[9] Ministerstwo Sprawiedliwości wzywa do zbadania niemieckiego modelu powoływania sędziów. gov.pl, 18.10.2021.

[10] Kaczyński: Mamy do czynienia z elementami kolonialnymi. wyborcza.pl, 4.2.2017.

[11] Marta Bucholc, Maciej Komornik: Finaler Akt. Die Unterwerfung der polnischen Justiz, in: OSTEUROPA, 12/2019, S. 23–37. – Marta Bucholc, Maciej Komornik: Gewaltenteilung ausgehebelt. Der Umbau der polnischen Justiz 2017, in: OE, 3–5/2018, S. 7–18.

[12] Pierwsze posiedzenie nowej Krajowej Rady Sądownictwa. gazetaprawna.pl, 27.4.2018.

[13] Ustawa z dnia 8 grudnia 2017 r. o Sądzie Najwyższym, <https://isap.sejm.gov.pl/isap.nsf/DocDetails.xsp?id=WDU20180000005>.

Als sich abzeichnete, dass diese Verfahren mit einer Niederlage Polens enden würden, zog die Regierung die Regelungen, um die es in den Verfahren ging, zurück.[14] Noch vermied sie eine direkte Konfrontation mit der EU. Manche wollten darin eine Niederlage der Regierung erblicken,[15] ein Signal, dass eine Intervention der EU einen Abbau der Rechtsstaatlichkeit verhindern kann. Bald stellte sich freilich heraus, dass die PiS und ihre Koalitionspartner lediglich ein Ausweichmanöver vollzogen hatten und keineswegs beabsichtigten, ihren Kurs zu ändern.[16]

Neben den Klagen der EU-Kommission verhandelte der EuGH drei Fälle, die ihm der polnische Oberste Gerichtshof im Jahr 2018 vorgelegt hatte. Es ging um die Entlassung zweier Richter des Obersten Gerichtshofs und eines Richters des Obersten Verwaltungsgerichts (Naczelny Sąd Administracyjny). Sie waren auf Basis jener Regelungen in den Ruhestand versetzt worden, zu denen der EuGH im Juni 2019 erklärt hatte, dass sie europäischem Recht widersprechen. Verhandelt hatte die Fälle die Kammer für Arbeits- und Sozialversicherungsrecht (Izba Pracy i Ubezpieczeń Społecznych) des Obersten Gerichtshofs. Gemäß den neuen Regelungen hätte die Kammer sie an die neu berufene Disziplinarkammer übergeben müssen. Stattdessen wendete sich die Arbeitsrechtskammer an den EuGH. Dieser sollte klären, ob nach EU-Recht davon auszugehen sei, dass die Disziplinarkammer eine unabhängige Entscheidung treffen werde, obwohl deren Mitglieder unter Beteiligung des Nationalen Justizrats berufen wurden, dessen Unabhängigkeit in Frage stehe, weil er durch das geänderte Besetzungsverfahren politisiert sei und von der Regierungskoalition im Sejm instrumentalisiert werde.

Das Urteil des EuGH erging am 19. November 2019.[17] Heute kann man sagen, dass dieses Urteil eine Zäsur war. Es beendete die Phase des Wartens auf die Reaktion „aus dem Ausland". Der EuGH urteilte, dass über Unabhängigkeit und Unparteilichkeit der Disziplinarkammer – sowie jedes anderen nationalen Gerichts – nicht der EuGH, sondern ein nationales Gericht zu befinden habe. Zugleich befand der EuGH, der Grundsatz des Vorrangs des Unionsrechts sei

> dahin auszulegen, dass er das vorlegende Gericht dazu verpflichtet, die Bestimmung des nationalen Rechts, die die Zuständigkeit für die Entscheidung über die Ausgangsrechtsstreitigkeiten dieser Einrichtung vorbehält, unangewendet zu lassen, damit die Rechtsstreitigkeiten von einem Gericht verhandelt werden können, das den oben genannten Anforderungen an die Unabhängigkeit und Unparteilichkeit genügt und in dem betreffenden Bereich zuständig wäre, stünde diese Bestimmung dem nicht entgegen.[18]

Der EuGH benannte überdies Kriterien, die das nationale Gericht anzuwenden hat, wenn es prüft, ob ein anderes Organ unabhängig und unparteiisch ist.

---

[14] Die Urteile ergingen gleichwohl am 24. Juni und am 5. November 2019. <https://eur-lex. europa.eu/legal-content/DE/TXT/HTML/?uri=CELEX:62018CJ0619&from=EN>. – <https://eur-lex. europa.eu/legal-content/DE/TXT/HTML/?uri=CELEX:62018CJ0192&from=en>.

[15] Nowa ustawa o SN: PiS wycofuje się z reformy. RP, 21.11.2018.

[16] „Będziemy gorącym żelazem wypalać dalej" – tak PiS tłumaczy suwerenowi cofnięcie zmian w SN. Oko.press, 22.11.2018.

[17] EuGH-Urteil im Vorabentscheidungsverfahren über die vom Obersten Gericht – Kammer für Arbeits- und Sozialversicherungsrecht vorgelegten Fälle (C-585/18, C-624/18 und C-625/18), <https://curia.europa.eu/juris/document/document.jsf;jsessionid=578FCCEEA294E1C8AC02D4F9F2389435?text=&docid=220770&pageIndex=0&doclang=DE&mode=lst&dir=&occ=first&part=1&cid=1158977>.

[18] Wyrok Trybunału (wielka izba) z dnia 19 listopada 2019 r.(*), <https://curia.europa.eu/juris/document/document.jsf?dir=&docid=220770&doclang=DE&mo->.

Mehr als ein Stilkonflikt: EuGH und Polnisches Verfassungsgericht

Die polnische Opposition war enttäuscht, weil sie gehofft hatte, der EuGH würde eindeutig feststellen, dass die Disziplinarkammer europäischem Recht widerspricht. Die Regierung war zufrieden, weil sie sich in ihrer Auffassung bestätigt sah, dass die Justizreform nicht in die Zuständigkeit der EU falle.[19] Nach ihrer Darstellung verweigerte der EuGH ein Urteil zur Sache. Tatsächlich besagte das Urteil etwas ganz anderes: Es betonte, dass die polnischen Gerichte den Status europäischer Gerichte haben und eigenständig darüber befinden, ob nationale Gesetze das Recht auf ein faires Verfahren verletzen. Diese Aussage hatte zwar eher symbolischen Wert, doch die Entscheidung des EuGH warf auch ein neues Licht auf die Beziehungen zwischen Polen und der EU. In einer Situation, in der die politische Kluft zwischen der EU und Polen immer tiefer wurde, betonte der EuGH eine scheinbare Selbstverständlichkeit: Die Europäische Union ist nicht lediglich eine zwischenstaatliche Organisation, sondern in ihr sind auch die Gesellschaften und Institutionen der Mitgliedstaaten miteinander verbunden. Die Garantie der Grundrechte und Grundfreiheiten entfaltet in den Rechtsordnungen der Mitgliedstaaten unmittelbar Wirkung: Bürger der Europäischen Union sind durch sie vor juristischer Willkür eines Mitgliedstaats bei der Anwendung von EU-Recht geschützt. Die polnischen Gerichte sind europäische Institutionen, und der Vorrang des Unionsrechts, den der EuGH unterstreicht, erlaubt es ihnen, selbstständig zu entscheiden, wenn dieses Recht durch ihren Staat verletzt wird. Ein Teil der polnischen Gerichte wendete diese Auslegung umgehend an.

2019–2020: Chaos mit Ansage und ein Maulkorb als Antwort

Unter Berufung auf das Urteil des EuGH stellten zunächst einige wenige, dann immer mehr polnische Richter eigenständig fest, dass die Neubesetzung des Nationalen Justizrats nicht im Einklang mit dem Europarecht steht und Urteile der unter seiner Mitwirkung ernannten Richter nicht rechtmäßig sind. Am 5. Dezember 2019, keine drei Wochen nach dem Urteil des EuGH, entschied der Oberste Gerichtshof im ersten der drei Fälle, zu denen er dem EuGH eine Vorabanfrage zur Unabhängigkeit von Disziplinarkammer und Nationalem Justizrat vorgelegt hatte.[20] Er befand, dass es sich bei der Disziplinarkammer nach den vom EuGH bestimmten Kriterien nicht um ein Gericht handelt.[21]

Damit war eine Trennlinie gezogen zwischen jenen Richtern, die vor dem Umbau der Justiz durch die PiS berufen worden waren, und den „neuen“ Richtern, deren Status von da an von immer mehr Gerichten in Frage gestellt wurde. Um sich eine Vorstellung von der Größenordnung zu machen: Der Nationale Justizrat arbeitet seit 2018 und hat dem Präsidenten bereits über 1500 Richterinnen und Richter (darunter auch Gerichtsassessoren) vorgeschlagen. Die unter seiner Beteiligung berufenen Richter stellen mittlerweile fast 16 Prozent der an ordentlichen Gerichten tätigen Richterschaft. Ein Staatssekretär des Justizministeriums schätzte im Oktober 2021 die Zahl der von

---

[19] Bucholc, Komornik, Finaler Akt [Fn. 11], S. 23–37.

[20] Judgment on behalf of the republic of Poland, 5.12.2019, <www.sn.pl/aktualnosci/SiteAssets/Lists/Komunikaty_o_sprawach/AllItems/III-PO-0007_18_English.pdf>.

[21] Die englische Übersetzung des Urteils findet sich unter: <www.sn.pl/aktualnosci/SiteAssets/Lists/Komunikaty_o_sprawach/AllItems/III-PO-0007_18_English.pdf>.

ihnen gesprochenen Urteile auf 2,5 Millionen.[22] Einige Gerichte würden durch den Ausschluss aller seit 2018 ernannten Richter lahmgelegt. Zugleich können die von ihnen gefällten Urteile sehr leicht angefochten werden. Die nächsthöhere Instanz muss sich dazu lediglich auf das Urteil des EuGH berufen. Um dies zu verhindern, werden Richter, die dies tun, unter Druck gesetzt. So weisen ihnen etwa die Vorsitzenden der Gerichte, an denen sie arbeiten, keine Fälle zu. Dies führt dazu, dass die Zahl anhängiger Verfahren immer weiter wächst.

Ministerpräsident Mateusz Morawiecki war sich durchaus bewusst, was es bedeutet, einen nicht mit EU-Recht zu vereinbarenden Umbau der Justiz durchzusetzen. Im November 2019 erklärte er:

> Wenn die ersten Urteile gesprochen werden, in denen Richter die Vollmacht anderer Richter in Frage stellen, weil ihnen die Zusammensetzung des Justizrats nicht gefällt, dann bekommen wir womöglich ein ernsthaftes Chaos.[23]

Heute ist das Chaos da. Grund ist natürlich, dass das Prinzip, nachdem ein Gericht eigenständig über Unabhängigkeit und Unparteilichkeit eines anderen Gerichts entscheidet, nicht für langfristige und systematische Anwendung im Alltag geeignet ist. Mit anderen Worten: Das EU-Recht basiert auf der Annahme, dass die Mitgliedstaaten sich ihren Bürgern gegenüber stets korrekt verhalten.[24] In der Logik der EU-Verträge steht es, dass einzelne Rechtsverstöße, wie sie in allen Mitgliedstaaten vorkommen, korrigiert werden. Doch alle Versuche einer solchen Korrektur blieben im Falle Polens bislang erfolglos.[25] Denn nicht vorgesehen ist im Projekt der europäischen Integration, dass ein Mitgliedstaat seine institutionelle Ordnung so verändert, dass die Grundsätze des Gemeinschaftsrechts verletzt werden. Der Fall Polen zeigt, was geschieht, wenn die Annahme eines grundsätzlich rechtskonformen Verhaltens sich als falsch erweist und ein Mitgliedstaat EU-Recht missachtet, während ein Teil seiner Bürger dieses weiter für gültig erachtet und auf seiner Grundlage handelt. Chaos ist programmiert.

Die Medizin der polnischen Regierung gegen das Chaos ist bekanntlich nicht Wiederherstellung der Rechtstaatlichkeit und Klärung des Konflikts um den Nationalen Justizrat. Vielmehr verabschiedete das Parlament am 20. Dezember 2019 hastig das sogenannte Maulkorbgesetz. Dieses erweiterte die Befugnisse der Vorsitzenden der Disziplinarkammern. Seit Inkrafttreten des Gesetzes können diese gegen Richter vorgehen, die den Status solcher Richtern in Frage stellen, die unter Beteiligung des Nationalen Justizrats ins Amt gekommen sind.

Das alleinige Recht zur Entscheidung über den Status eines Richters wurde der Kammer für außerordentliche Kontrolle des Obersten Gerichtshofs übertragen, der ausschließlich Richter angehören, die auf Vorschlag des Nationalen Justizrats ernannt wurden. Der Senat, in dem die Opposition die Mehrheit hat, wies das Gesetz zurück. Die Venedig-

---

[22] Kaleta: 2,5 mln orzeczeń sędziów obecnej KRS – żadnego nie podważono z powodu braku niezawisłości. gazetaprawna.pl, 23.10.2021.

[23] Premier: Część środowiska sędziowskiego manipuluje wyrokiem TSUE [Ministerpräsident: Teile der Richterschaft instrumentalisieren EuGH-Urteil]. polskieradio24.pl, 27.11.2019.

[24] Vgl. Wojciech Sadurski: Adding a Bite to a Bark? A Story of Article 7, the EU Enlargement, and Jörg Haider. Sydney Law School Research Paper No. 10/01, 4.1.2010, <https://ssrn.com/abstract=1531393>, S. 2.

[25] Marta Bucholc: Die Politisierung des Rechts in Polen: Über den Prozess der Entzivilisierung, in: Christian Schmidt, Benno Zabel (Hg.): Politik in Rechtsstaat. Baden Baden 2021, S. 195–214.

Kommission des Europarats äußerte Vorbehalte.[26] Doch die Regierungsmehrheit im Sejm überstimmte das Veto des Senats, Präsident Duda unterzeichnete das Gesetz und am 14. Februar 2020 trat es in Kraft. Bereits am selben Tag wurde das erste Disziplinarverfahren gegen einen Richter eröffnet, der beim Obersten Gerichtshof eine Anfrage zum Status eines vom neuen Nationalen Justizrat berufenen Richters gestellt hatte.[27] Zwei Wochen nach Inkrafttreten der Reform bezeichnete der Bürgerrechtsbeauftragte die Disziplinarverfahren als systemisches Problem.[28]

Darüber hinaus verschafft das „Maulkorbgesetz“ den Vorsitzenden der Disziplinarkammern die Möglichkeit, gegen Richter vorzugehen, die sich öffentlich für die Unabhängigkeit der Gerichte einsetzen oder sich kritisch über die Regierungsparteien und den Umbau der Justiz äußern.[29] Das Gesetz erweiterte die ohnehin bereits breite Palette der Instrumente, mit denen Richter schikaniert werden können, die sich gegen den Angriff auf ihre Unabhängigkeit wehren.[30]

Viele Richter lassen sich jedoch nicht einschüchtern und nehmen Disziplinarmaßnahmen hin. Besondere öffentliche Aufmerksamkeit erhielten die Fälle von Beata Morawiec und Waldemar Żurek. Morawiec ist Vorsitzende der Richtervereinigung *Themis* und eine prominente Kritikerin des Umbaus der Justiz. Im Jahr 2017 entzog Justizminister Zbigniew Ziobro ihr das Amt der Vorsitzenden des Bezirksgerichts Krakau. Im Oktober 2020 suspendierte die Disziplinarkammer des Obersten Gerichts sie von ihrem Richteramt, kürzte ihre Bezüge um die Hälfte und hob zudem ihre Immunität auf. Damit steht einem Strafverfahren gegen Beata Morawiec wegen angeblicher Bestechlichkeit nichts mehr im Wege. Dieses wollen die Staatsanwaltschaft und die Zentralstelle Korruptionsbekämpfung (Centralne Biuro Antykorupcyjne) anstrengen, die beide Ziobro unterstehen, der in Amtseinheit auch Generalstaatsanwalt ist.[31] Waldemar Żurek war bis 2018 Pressesprecher des Nationalen Justizrats.[32] Er ist Richter am Landesgericht Krakau, dessen Sprecher er 14 Jahre lang war. Gemeinsam mit anderen Richterinnen und Richtern aus Krakau weigert er sich, Urteile zusammen mit Richtern zu fällen, die seit April 2018 unter Mitwirkung des Nationalen Justizrats ernannt wurden. Gegen ihn wurden besonders viele Untersuchungen und Disziplinarverfahren eingeleitet. Andere Richter, die öffentlich Kritik äußerten, wurden ebenfalls gegen ihren Willen versetzt[33] oder beurlaubt.[34] Auch unbotmäßige Staatsanwälte werden auf ähnliche Weise schikaniert.[35]

---

26 Venice Commission [Fn. 8].

27 Rzecznik dyscyplinarny Ziobry uczcił ustawę kagańcową. Zrobił sędziemu dyscyplinarkę za pytanie do SN. Oko.press, 15.2.2020.

28 RPO: ustawa kagańcowa uniemożliwia wykonywanie orzeczeń TSUE. Rp.pl, 2.3.2020.

29 Rzecznik dyscyplinarny zajął się sprawą wywiadu sędziego Żurka. „Szykany nie ustają“. Rmf24, 7.3.2021.

30 Krakowscy sędziowie nie dali się złamać prezesce od Ziobry. Mają wsparcie sędziów z całej Polski. Oko.press, 29.11.2021.

31 Prokuratura Ziobry nie dała rady uchylić immunitetu sędzi Morawiec. Teraz takie same zarzuty chce postawić jej rzecznik dyscyplinarny. Krakow.wyborcza.pl, 15.10.2021.

32 Sędzia Żurek straszony kolejnymi szykanami. Ziobro wyrzuci go z pracy? Oko.press, 19.11.2021.

33 Sędzia Czajka: Dagmara Pawełczyk-Woicka nadużyła właśnie swojej władzy, by bez mojej zgody mnie przenieść. Krakow.wyborcza.pl, 3.10.2021.

34 Przerwa w czynnościach sędziów Adama Synakiewicza i Marty Pilśnik. Interwencja Marcina Wiącka u Ministra Sprawiedliwości. Jest odpowiedź MS. Biuletyn Informacji Publicznej RPO, 6.10.2021, <https://bip.brpo.gov.pl/index.php/pl/content/rpo-ms-interwencja-sedziowie-synakiewicz-pilsnik>.

35 Długa (i mściwa) ręka Prokuratury Krajowej przenosi niepokornych podwładnych do miejscowości oddalonych o 200 km od ich domów. Monitorkonstytucyjny.eu, 18.1.2021. Siehe dazu auch den Bericht, den das Komitet Obrony Sprawiedliwości (Komitee zur Verteidigung der Justiz),

Bisher zahlten somit vor allem die Richter den Preis für das von der PiS angerichtete Chaos. Doch auch Bürger und Unternehmen leiden zunehmend darunter, dass es keine Rechtssicherheit mehr gibt. Zugleich fällt es der PiS und Justizminister Ziobro leichter als jemals zuvor, Richter zu verunglimpfen. Wer sich dem Maulkorbgesetz nicht unterwirft, wird in den regierungstreuen Medien als Unruhestifter und Störer, als Feind der Verfassungsordnung dargestellt.[36] Dies wird durch den von der PiS herbeigeführten Konflikt zwischen zwei Rechtsordnungen begünstigt. Auf der einen Seite stünde, so die Darstellung der PiS, das Europarecht, das kein polnisches Recht sei, sondern im Ausland gemacht werde und Ausdruck des Brüsseler Kolonialismus sei; auf der anderen Seite das heimische, vertraute polnische Recht. Die Urteile des Europäischen Gerichtshofs zum Umbau der polnischen Justiz und die unter Berufung auf die entstandene Situation im polnischen Gerichtswesen liefern zusätzliche Argumente für diese irreführende Auffassung eines antagonistischen Verhältnisses zwischen polnischem und europäischem Recht.

2021: Schleichender Polexit?

Vom Eingang einer Klage oder Anfrage beim EuGH bis zu deren Verhandlung vergehen mindestens einige Monate. Bei der Vielzahl gleichzeitig laufender und ähnlich gearteter Verfahren ist es daher wichtig, Fälle und Urteile exakt zuzuordnen. Die politische Dynamik des Konflikts zwischen Polen und der EU ist eine ganz andere als die juristische. EuGH-Urteile ergehen vergleichsweise selten und wecken in Politik, Medien und Öffentlichkeit meist großes, aber auch kurzlebiges Interesse. In den Medien werden diese Urteile oft als Züge im politischen Spiel interpretiert: Der EuGH habe einen Treffer gegen die PiS erzielt, worauf die PiS mit einem Konter reagiert habe, der vom EuGH erwidert worden sei und so weiter. Dabei wird leicht übersehen, dass der EuGH seit 2020 in seinen Urteilen eigentlich alle Elemente der PiS-Justizreform geprüft und als europarechtswidrig bewertet hat.

Das Maulkorbgesetz, das Anfragen an den EuGH untersagt, war der Beginn einer offenen innerpolnischen Konfrontation über die Frage, welche Auswirkungen EuGH-Urteile auf das nationale Rechtssystem haben. Diese jüngste Phase des Konflikts ist geprägt durch eine Häufung von Urteilen und Gegenurteilen: Auf die EuGH-Entscheidungen reagiert inzwischen nicht mehr das polnische Parlament mit Gesetzen, sondern das zuvor gleichsam in der Hinterhand gehaltene Verfassungsgericht. Zugleich hat sich der Einsatz erhöht: Es geht nicht mehr nur darum, was faktisch geschieht, ob also Polen die EuGH-Urteile umsetzt oder nicht. Längst ist klar, dass es das nicht tut. Beleg sind die bekanntgewordenen Fälle von Richtern, die sich gegen die verfassungswidrige Reform des Gerichtswesens stellten und weiter beurlaubt sind, kein Gehalt bekommen oder an andere Gerichte zwangsversetzt bleiben, obwohl der EuGH diese Praktiken ihrer Vorgesetzten für illegal erklärt hat.

---

in dem sich 13 Verbände von Richtern und Staatsanwälten sowie Initiativen zur Verteidigung der Rechtsstaatlichkeit in Polen zusammengeschlossen haben, hat im November 2021 veröffentlicht: Państwo, które karze. Czyli naciski i represje wobec polskich sędziów i prokuratorów, <https://komitetobronysprawiedliwosci.pl/app/uploads/2021/11/Raport_KOS_2021_internet.pdf>.

[36] Premier: Część środowiska sędziowskiego manipuluje wyrokiem TSUE. TVP Info, 28.11.2019.

Seit 2021 besteht das Problem freilich nicht mehr allein darin, dass in Polen ein Rechtszustand entstanden ist, der im Widerspruch sowohl zur polnischen Verfassung als auch zum EU-Recht steht, sondern vor allem in der Frage, welche Kompetenzen des EuGH im Bereich der Auslegung des Gemeinschaftsrechts überhaupt von Polen anerkannt werden.

Am 8. April 2021 verfügte der EuGH im Verfahren, das die EU-Kommission mit ihrer Klage vom 25. Oktober 2019 initiiert hatte, mit einer einstweiligen Anordnung, dass die Arbeit der Disziplinarkammer des Obersten Gerichtshofs teilweise ausgesetzt werden müsse.[37] Am 14. Juli 2021 entschied der EuGH, dass die Kammer vollständig aufgelöst werden muss.[38] Am gleichen Tag – wahrscheinlich nicht ganz zufällig – gab das polnische Verfassungsgericht sein Urteil in einem von der Disziplinarkammer im April 2021 initiierten Verfahren bekannt: Das Verdikt lautete, dass Polen nicht verpflichtet sei, einstweiligen Anordnungen des EuGH nachzukommen, sofern diese die Form und Funktionsweise des Gerichtswesen beträfen.[39] In dem Urteil heißt es: „Der Europäische Gerichtshof erlegt der Republik Polen als Mitgliedstaat der Europäischen Union *ultra vires* Pflichten auf, indem er vorläufige Anordnungen zu Systematik und Eigenschaften polnischer Gerichte sowie zum Verfahrensprozedere vor polnischen Gerichten erlässt.“[40] Weiter heißt es in dem Urteil, dass die vertragliche Grundlage, auf deren Basis und unter einer bestimmten Auslegung dieser Verträge der EuGH urteilt, nicht mit der polnischen Verfassung im Einklang stehe. Daher sei in dieser Hinsicht das Prinzip des Vorrangs des Europarechts und die Pflicht zu dessen sofortiger Umsetzung unwirksam. Das Urteil des polnischen Verfassungsgerichts erging einen Tag vor der EuGH-Entscheidung vom 15. Juli 2021, in der die von der PiS eingeführte Regelung zu Disziplinarverfahren gegen Richter und das Maulkorbgesetz für europarechtswidrig erklärt wurden.[41] Das Verfassungsgerichtsurteil kann als erster Schritt zu einem „Polexit“, einem Austritt Polens aus der EU angesehen werden. Die Zurückweisung des EuGH-Urteils zielt nämlich auf die Grundfesten der europäischen Ordnung, wenngleich freilich unter dem Deckmantel ihrer Verteidigung: Das Verfassungsgericht präsentiert sich als Hüter der Kompetenzaufteilung zwischen EuGH und EU-Mitgliedstaaten. Das Urteil ist vielleicht unter anderem deshalb weitgehend übersehen worden, weil die Beteuerungen der in einem kontroversen Verfahren ins Amt gewählten neuen Vorsitzenden des Obersten Gerichtshofs Małgorzata Manowska scheinbar vom Willen zur Lösung des Problems zeugen. Manowska erklärte am 22. Juli 2021:

---

37 Urteil des Gerichtshofs (Große Kammer) vom 15. Juli 2021. Europäische Kommission gegen Republik Polen, <https://curia.europa.eu/juris/liste.jsf?num=C-791/19>.

38 C-204/21 – Commission v Poland, <https://curia.europa.eu/juris/liste.jsf?lgrec=fr&td=%3BALL&language=en&num=C-204/21&jur=C>.

39 Obowiązek państwa członkowskiego UE polegający na wykonywaniu środków tymczasowych odnoszących się do kształtu ustroju i funkcjonowania konstytucyjnych organów władzy sądowniczej tego państwa. Trybunal.gov.pl, 14.7.2021, <https://trybunal.gov.pl/postepowanie-i-orzeczenia/wyroki/art/11589-obowiazek-panstwa-czlonkowskiego-ue-polegajacy-na-wykonywaniu-srodkow-tymczasowych-odnoszacych-sie-do-ksztaltu-ustroju-i-funkcjonowania-konstytucyjnych-organow-wladzy-sadowniczej-tego-panstwa>. Siehe auch: Co się wydarzyło w TK i TSUE? oko.press, 15.7.2021.

40 Ebd.

41 Wyrok Trybunału (wielka izba) z dnia 15 lipca 2021 r.(*), <https://curia.europa.eu/juris/document/document.jsf?text=&docid=244185&pageIndex=0&doclang=PL&mode=lst&dir=&occ=first&part=1&cid=40158283>.

> Ich denke die ganze Zeit darüber nach, was die nächsten Schritte sein könnten. Ich warte auf eine Stellungnahme des Ministerpräsidenten. Die Regierung ist für die Beziehungen zur EU verantwortlich und das Urteil wurde der Regierung notifiziert. Nach Erhalt einer offiziellen Stellungnahme werde ich aktiv werden.[42]

Die Haltung der Vorsitzenden des Obersten Gerichts steht in komplettem Gegensatz zu der Einstellung jener Richter, die nach dem bis 2018 gültigen Verfahren ernannt wurden. Diese verweigern unter Berufung auf das EuGH-Urteil vom November 2019 die Anerkennung von Urteilen der unter Beteiligung des neuen Nationalen Justizrats gewählten Richter. Diese bekennen sich zur europäischen Rechtsordnung und zeigen, wie sich das Amt eines Richters als europäischer und als polnischer Richter vereinen lassen. Die Vorsitzende des höchsten polnischen Gerichts hingegen erklärt offen, dass ihre Entscheidungen nicht auf der Auslegung geltenden Rechts beruhen, sondern sich an politischen Vorgaben orientieren. Damit vertieft sie den Gegensatz Polen-Europa.
Ebenfalls am 22. Juli 2021 erklärte Ministerpräsident Morawiecki:

> Schon vor einigen Monaten haben wir mögliche weitere Reformen ins Auge gefasst, weil wir gesehen haben, dass die heutige Situation im Bereich der Justiz eigentlich wohl niemanden zufriedenstellt [. . .]. Mich stellt sie bestimmt nicht zufrieden, weil ich sehe, wie langwierig Gerichtsverfahren sind. Es hat sich nichts geändert, eher ist es schlechter geworden [. . .]. Ich denke, wir werden in der Regierung irgendwelche Vorschläge dazu haben [. . .]. Wir warten darauf, ich warte mit großer Ungeduld darauf und ich hoffe, dass diese neue Drehung des Spinnrads der Justizreform die Arbeit der Gerichte entscheidend verbessern wird.[43]

Angesichts des seit fast drei Jahren andauernden Umbaus der Justiz entbehrt diese Aussage nicht einer gewissen Komik. Morawiecki konstatiert, dass die bisherigen Reformen den Zustand des Gerichtswesens verschlechtert haben. Er gibt sich überzeugt, dass es in der Regierung „irgendwelche" Vorschläge zur Erneuerung des Systems geben werde. Also gab es im Juli 2021 keine derartigen Ideen. Und er erfindet eine grandiose Metapher: Der Umbau der Justiz als „Spinnrad". Wahrscheinlich hatte er jene Spindel im Sinn, die in den Volksliedern verewigt ist, die Stanisław Moniuszko im 19. Jahrhundert komponierte und die bis heute jedes patriotische polnische Herz zum Hüpfen bringen. Fest steht, dass die Erwartung, eine weitere Umdrehung dieses wie auch immer gearteten Spinnrads bewirke eine signifikante Verbesserung des Justizsystems, in hohem Maße naiv ist.
Gleichzeitig signalisiert Morawiecki mit seiner Aussage natürlich Distanz zu der von seiner Vorgängerin im Amt des Ministerpräsidenten Beata Szydło begonnenen Reform, für die vor allem sein politischer Hauptkonkurrent, Justizminister Zbigniew Ziobro verantwortlich zeichnet. Unabhängig von der politischen Wirkung, die der Ministerpräsident erzielen wollte, konnte man im Sommer 2021 erwarten, dass die PiS

---

[42] Morawiecki o Izbie Dyscyplinarnej: Nie spełniła wszystkich oczekiwań. Rmf24, 22.7.2021.
[43] Morawiecki o Izbie Dyscyplinarnej: będzie remont systemu. Rp.pl, 22.7.2021.

einen Ausweg aus der durch das Juli-Urteil des Verfassungsgerichts verursachten Krise suchen werde, in dem die Regierung „irgendwelche Reformen“ auf den Weg bringt, um den vom EuGH als rechtswidrig bezeichneten Zustand zu ändern.

„Irgendwelche Reformen“ oder „Wir werden in keinem Fall zahlen“

Diese Erwartung wurde jedoch enttäuscht. Bereits am 29. März 2021 hatte derselbe Ministerpräsident Morawiecki, der im Juli davon sprechen sollte, dass es neuer Reformideen bedürfe, dem Verfassungsgericht die Frage zur Prüfung vorgelegt, ob die Bestimmungen des Vertrags über die Europäische Union (in der in Lissabon 2007 verabschiedeten Fassung) mit der polnischen Verfassung übereinstimmen. Ziel war es nicht zuletzt, dass das Gericht genau jene Auslegung der Bestimmungen des Vertrags für verfassungswidrig erklärt, aus der sich herleitet, dass polnische Gerichte zur Prüfung der Unabhängigkeit von Richtern sowie von Beschlüssen des Nationalen Justizrats befugt seien.[44] Das Urteil des Verfassungsgerichts vom 7. Oktober 2021 erregte – anders als das drei Monate zuvor ergangene Urteil – nicht nur unter Experten großes Aufsehen. Letztlich setzte das Verfassungsgericht jedoch nur seinen im Juli 2021 eingeschlagenen Kurs fort. Auf die Frage des Ministerpräsidenten antwortete das Verfassungsgericht erwartungsgemäß, das EuGH-Urteil überschreite seine Kompetenzen. „*Ultra vires*“ heißt das Zauberwort, das neben anderen Rechtsbegriffen einen solchen Boom in den polnischen Medien erlebt, dass man fast auf eine Wiedereinführung von Latein als Pflichtfach im Jurastudium hoffen könnte. Die schriftliche Begründung des Urteils liegt noch nicht vor, doch in vielen ausführlichen Kommentaren zu der mündlichen Begründung wurde bereits auf diverse Eigentümlichkeiten des Urteils hingewiesen.[45]

Erstens ist es fraglich, ob das Verfassungsgericht auf Grundlage einer Frage des Ministerpräsidenten Recht sprechen durfte – darauf verweisen auch die beiden Sondervoten zum Urteil. Zweitens ist das Verfassungsgericht in seinen Formulierungen sowohl im Urteil selbst als auch in der mündlichen Begründung weit radikaler als der Ministerpräsident. Dieser hatte in seiner dem Verfassungsgericht vorgelegten Frage ausschließlich nüchterne juristische Formulierungen gewählt. Punkt 1 des Verfassungsgerichtsurteils lautet indes wie folgt:

> Art. 1 [. . .] des Vertrags über die Europäische Union [. . .] ist in dem Bereich, in dem er bestimmt, dass die von gleichen und souveränen Staaten gegründete Europäische Union, die eine „immer engere Union der Völker Europas darstellt“, deren Integration auf Grundlage des Unionsrechts und dessen Auslegung durch den Europäischen Gerichtshof eine „neue Stufe“ erreicht hat, auf der:
> a) die Organe der Europäischen Union über die Grenzen der von der Republik Polen in den Verträgen übertragenen Kompetenzen hinaus agieren,

[44] <https://ipo.trybunal.gov.pl/ipo/view/sprawa.xhtml?&pokaz=dokumenty&sygnatura=K%203/21>.

[45] Eine Aufzeichnung der Verkündung und mündlichen Begründung des Urteils findet sich unter: <www.youtube.com/watch?v=puQ5IvdfJt0>.

b) die Verfassung nicht das höchste Gesetz der Republik Polen ist, dessen Gültigkeit und Anwendung Vorrang hat,
c) die Republik Polen nicht als souveräner und demokratischer Staat handeln kann
– unvereinbar mit Art. 2, Art. 8 und Art. 90 Abs. 1 der Verfassung der Republik Polen.

Mit dieser Formulierung vollzieht das Verfassungsgericht eine politische Bewertung des Verlaufs der europäischen Integration. Die Anführungszeichen, in denen der Ausdruck „eine neue Stufe" gesetzt wird, markiert einerseits das Zitat aus Art. 1 des Vertrags über die Europäische Union, andererseits aber auch die ironische Distanz des Spruchkörpers zu den in diesem Vertrag formulierten Zielen, die als Gefahr für ein souveränes und demokratisches Polen angesehen werden.
Vor allem aber ist die Urteilsbegründung in Kategorien formuliert, die sich nicht mit jenen des gegenwärtigen europäischen Rechts decken: Das Verfassungsgericht steht auf dem Boden einer archaischen dichotomischen Unterscheidung zwischen EU-Recht und polnischem Recht. Zwar ist in der Urteilsbegründung davon die Rede, dass es einen Dialog zwischen dem EuGH und den Verfassungsgerichten der Mitgliedstaaten geben müsse. Doch das polnische Verfassungsgericht sieht seine Funktion in einer essentialistischen Auslegung der polnischen Verfassung, die in Verbindung mit einem nationalen Interesse Polens gesetzt wird, dem Interessen der EU entgegenstünden. Das Europarecht wird als Fremdkörper begriffen, der jederzeit akzeptiert oder auch abgelehnt werden kann. Die mündliche Urteilsbegründung klingt wie eine unverhohlene Drohung, dass man den Urteilen des EuGH die Rechtsgrundlage entziehen könne. Dass die Grundrechte und -freiheiten, darunter das Recht auf ein faires Verfahren, das Fundament der Europäischen Union sind, verkennt das Verfassungsgericht vollkommen.
Die verfahrene Situation nahm Ministerpräsident Morawiecki zum Anlass für einen langen Auftritt im Europaparlament. Seine Rede vom 19. Oktober bietet das Material für eine eigenständige Untersuchung.[46] Morawiecki lieferte einen historischen Abriss, indem er immer wieder betonte, Polen sei das Bollwerk Europas. Hintergrund war die Situation an der polnischen Ostgrenze, wo seit Wochen Migranten unter tätiger Mithilfe des Minsker Regimes versuchten, aus Belarus in die EU zu gelangen.[47] Nach diesen Einblicken in das Geschichtsbild der PiS ging Morawiecki zu einer Aufzählung von Problemen in Europa und der Welt über. Die Bedrohung von Demokratie und Rechtsstaatlichkeit nannte er freilich nicht. Er schloss mit einer Interpretation des Urteils des polnischen Verfassungsgerichts, das er in eine Reihe von Entscheidungen anderer nationaler Verfassungsgerichte, darunter das Bundesverfassungsgericht, stellte. Der Verweis auf andere Urteile zur Kompetenzverteilung zwischen EU und nationalen Verfassungsgerichten diente als Schlüsselargument zur Rechtfertigung des Urteils des polnischen Verfassungsgerichts. Auch andere Verfassungsgerichte hätten den Vorrang der nationalen Verfassungen und ihre alleinige Kompetenz zu deren Auslegung betont.

---

[46] Eine englische Übersetzung der Rede findet sich unter: <www.gov.pl/web/primeminister/statement-by-prime-minister-mateusz-morawiecki-in-the-european-parliament>.
[47] Siehe dazu den Beitrag von Kai-Olaf Lang in diesem Band, S. 39-52.

Daher sei auch das polnische Verfassungsgericht dazu befugt. Doch Morawiecki wartete nur mit einigen wörtlichen Zitaten aus dem Kontext gerissenen anderen Urteilen auf.[48] Am 27. Oktober 2021 spitzte sich der Konflikt weiter zu. Der EuGH verurteilte Polen zu einem Zwangsgeld in Höhe von einer Million Euro, zu zahlen für jeden Tag, an dem das Land der Verpflichtung nicht nachkommt, die Arbeit der Disziplinarkammer auszusetzen.[49] Erst vier Wochen zuvor hatte der EuGH Polen in einer ganz anderen Sache zu einem Zwangsgeld verurteilt: Die Tschechische Republik hatte gegen Polen geklagt, weil das Land einer ebenfalls auf Klage Tschechiens hin erlassenen einstweiligen Anordnung zur Einstellung der Braunkohleförderung im südwestpolnischen Tagebau Turów nicht nachgekommen war. Seitdem muss Polen täglich 500 000 Euro zahlen.[50] Obendrein droht ein weiteres Zwangsgeld, weil Polen ein Urteil vom April 2018 in einem Vertragsverletzungsverfahren in Sachen Erhaltung natürlicher Lebensräume sowie der wildlebenden Tiere und Pflanzen im ostpolnischen Natura-2000-Gebiet Puszcza Białowieska nicht umsetzt.[51]

Streitgegenstand: Braunkohletagebau und Kraftwerk in Turów

---

[48] Das Bundesverfassungsgericht zitierte er mit einem Satz aus dem Urteil zur Verfassungsbeschwerde gegen das Staatsanleihekaufprogramm der EU (Public Sector Purchase Programme). <www.bundesverfassungsgericht.de/SharedDocs/Entscheidungen/DE/2020/05/rs20200505_2bvr085915.html;jsessionid=23F372B7707C85376D1C4A167CB645B7.2_cid354>.

[49] Beschluss der Vizepräsidenten des Gerichtshofs vom 27. Oktober 2021 in der Rechtssache C-204/21 R, <https://curia.europa.eu/juris/document/document.jsf?text=&docid=248261&pageIndex=0&doclang=DE&mode=lst&dir=&occ=first&part=1&cid=41000988>.

[50] Beschluss der Vizepräsidenten des Gerichtshofs vom 20. September 2021 in der Rechtssache C121/21-R, <https://curia.europa.eu/juris/document/document.jsf?text=&docid=246301&pageIndex=0&doclang=DE&mode=lst&dir=&occ=first&part=1&cid=845135>.

[51] EuGH-Urteil vom 17. April 2018 r. (C-441/17), <https://curia.europa.eu/juris/document/document.jsf?text=&docid=202727&pageIndex=0&doclang=PL&mode=req&dir=&occ=first&part=1&cid=42382292>.

Allerdings haben die Zwangsgelder die polnische Regierung nicht zur Umkehr gebracht. Im Gegenteil, der Konflikt hat sich verschärft. Der Fraktionschef der PiS Ryszard Terlecki und Justizminister Zbigniew Ziobro von der Partei *Solidarna Polska*, dem kleinen Koalitionspartner der PiS, erklärten, Polen werde „keinen einzigen Euro“ zahlen.[52] Auch auf den Hinweis, dass die Europäische Kommission die Zwangsgelder bei der Vergabe der EU-Mittel einfach einbehält, hat der Justizminister eine Antwort: Dann werde Polen einfach seine Einzahlung in den EU-Haushalt aussetzen.[53]
Anders als im Fall Turów geht es hier jedoch um die Grundfesten der europäischen Rechtsordnung. Dieser Unterschied spiegelt sich auch in Meinungsumfragen wider. Laut einer Studie des Zentrums für Öffentliche Meinungsforschung (Centrum Badania Opinii Społecznej, CBOS) vom Oktober 2021 vertreten 60 Prozent der Polen die Auffassung, Polen solle trotz des EuGH-Beschlusses den Kohleabbau fortsetzen, 21 Prozent befürworten einen Stopp. Im Falle der Justizreform meinen dagegen 46 Prozent der Befragten, Polen solle den Empfehlungen und Beschlüssen der EU-Organe folgen, 33 Prozent sind entgegengesetzter Meinung.[54]

Noch mehr Unbill: Der Europäische Gerichtshof für Menschenrechte

Parallel zum Nicht-Dialog zwischen EuGH und polnischem Verfassungsgericht ist eine weitere Front entstanden. Es geht um Klagen gegen Polen vor dem Europäischen Gerichtshof für Menschenrechte (EGMR). Dies bringt die polnische Regierung in noch größere politische Schwierigkeiten, denn der Europarat lässt sich ungleich schwerer als quasi-koloniales Organ darstellen, das deutschen Wirtschaftsinteressen diene und Kerninteressen des polnischen Staats ignoriere. Polen hat seit dem Beitritt zum Europarat im Jahr 1991 unter verschiedenen Regierungen immer wieder Urteile des EGMR ignoriert. So beklagte das Ministerkomitee des Europarats etwa am 11. März 2021 in einem Beschluss, dass Polen drei EGMR-Urteile nicht umgesetzt habe. Gegenstand der Urteile war das Recht auf Pränataldiagnostik und legalen Schwangerschaftsabbruch. Jeweils hatten Bürger gegen Polen geklagt, der älteste der drei Fälle stammte aus dem Jahr 2007.[55]
Auf Klagen im Zusammenhang mit der Verletzung des Rechts auf ein faires Verfahren und der Verletzung der Rechte von Richtern entfiel bislang nur einer geringer Anteil der in den letzten Jahren gegen Polen angestrengten Klagen. Doch die Zahl solcher Klagen wächst schnell. Außerdem können Einzelpersonen vor dem EGMR auch zu Aspekten des Umbaus der polnischen Rechtsordnung klagen, die außerhalb der Zuständigkeit des EuGH liegen.
Das möglicherweise wichtigste EGMR-Verfahren im Zusammenhang mit dem Justizumbau endete am 7. Mai 2021.[56] Klägerin war die Gesellschaft *Xero Flor*, die Rollra-

---

[52] Kein Geld für niemanden. Süddeutsche Zeitung, 1.12.2021.
[53] Ziobro: Polska powinna zawiesić płatności do UE, jeśli nie dostanie funduszy. tvp.info, 12.12.2021.
[54] Beata Roguska: Raport CBOS „Polacy o sporze z UE i członkostwie w tej organizacji“, Nr 127/2021.
[55] Interim Resolution CM/ResDH(2021)44. Execution of the judgments of the European Court of Human Rights Tysiąc, R.R. and P. and S. against Poland. 11.3.2021, <https://search.coe.int/cm/Pages/result_details.aspx?ObjectID=0900001680a1bdc4>.
[56] Xero Flor w Polsce sp. z o.o. v. Poland, 7.8.2021, <http://hudoc.echr.coe.int/eng?i=001-210065>.

sen herstellt und nach einem Wildschaden erfolglos durch alle Instanzen eine Kompensation gefordert hatte, bevor sie vor das polnische Verfassungsgericht zog. Sie stützte sich auf das in der polnischen Rechtsordnung verankerte Rechtsmittel, mit dem Einzelpersonen Rechtsvorschriften auf ihre Verfassungsmäßigkeit prüfen lassen können, auf deren Grundlage ein letztinstanzliches Urteil gefällt wurde. Das polnische Verfassungsgericht verwarf die Klage, woraufhin *Xero Flor* vor den Straßburger Gerichtshof zog. Sie argumentierte, ihre Verfassungsklage sei von einem unbefugten Spruchkörper verhandelt worden, da ein beteiligter Richter auf rechtswidrige Weise ernannt worden sei. Der EGMR gab der Klage statt und urteilte, die Besetzung des polnischen Verfassungsgerichts stelle eine Gefahr für den Schutz der Menschenrechte in Polen dar. Dieses Urteil wurde in der Öffentlichkeit kaum zur Kenntnis genommen, obwohl es das Fundament des Justizumbaus erschüttert. Ohne die politische Willfährigkeit des Verfassungsgerichts wäre dieser gar nicht möglich gewesen.

Seit 2021 mehren sich die Urteile des EGMR in Fällen, in denen einzelne Personen wegen Verletzung ihrer Grundrechte und -freiheiten im Zuge des Justizumbaus klagen. Am 19. Juni 2021 stufte der EGMR die willkürliche Entbindung stellvertretender Gerichtspräsidenten von ihren Ämtern vor Ablauf ihrer Amtszeit als Verstoß gegen die Menschenrechte ein.[57] Am 22. Juli urteilte der EGMR, die Disziplinarkammer sei kein rechtmäßig gebildetes Gericht.[58]

Im November 2021 erklärte der EGMR in einem Urteil in der Sache Dolińska/Ficek und Ozimek gegen Polen, das ebenfalls zugunsten der Kläger ausfiel, dass weitere 57 Verfahren anhängig und zudem der polnischen Regierung 23 Anträge zu unterschiedlichen Aspekten der von der PiS betriebenen Justizreform notifiziert worden seien, darunter insbesondere solche zur Arbeit der Disziplinarkammer und der Kammer für außerordentliche Kontrolle.[59]

Alles deutet somit darauf hin, dass in Polen nicht nur das Rechtssystem im Chaos versinkt, sondern das Land auch in vielen Bereichen systematisch gegen die Menschenrechte verstößt. Doch auch hier könnte das Verfassungsgericht mit einer Medizin aufwarten. Nach den Urteilen des EGMR beantragte Justizminister Ziobro am 28. Juli 2021 und am 9. November 2021 beim Verfassungsgericht eine Prüfung, ob Art. 6 Abs. 1 der Europäischen Konvention zum Schutz der Menschenrechte und Grundfreiheiten, der das Recht auf ein faires Verfahren garantiert, mit der polnischen Verfassung in Einklang steht. Natürlich hat Ziobro eine sehr spezifische Auslegung dieses Artikels vorgeschlagen, gleichwohl gab es keinen Grund zu der Annahme, das Urteil des Verfassungsgerichts könne anders ausfallen als jenes zur Rechtsgültigkeit der Urteile des EuGH. Am 24. November 2021 hat das Verfassungsgericht Art. 6 Abs. 1 der Europäischen Konvention zum Schutz der Menschenrechte für verfassungswidrig erklärt, eine durchaus symbolische Entscheidung.[60]

---

57 Broda et Bojara c. Pologne, 29.9.2021, <http://hudoc.echr.coe.int/eng?i=001-210693>.

58 Reczkowicz v. Poland, 22.11.2021, <http://hudoc.echr.coe.int/eng?i=001-211127>.

59 Case of Dolińska-Ficek and Ozimek v. Poland, 8.11.2021, <http://hudoc.echr.coe.int/ fre?i= 001-213200>, S. 212.

60 Art. 6 ust. 1 zd. 1 Konwencji o ochronie praw człowieka i podstawowych wolności w zakresie, w jakim pojęciem „sąd“ obejmuje Trybunał Konstytucyjny, <https://trybunal.gov.pl/ postepowanie-i-orzeczenia/wyroki/art/11709-art-6-ust-1-zd-1-konwencji-o-ochronie-praw-czlowieka-i-podstawowych-wolnosci-w-zakresie-w-jakim-pojeciem-sad-obejmuje-trybunal-konstytucyjny> (K 6-21).

Der EU-Aufbauplan und die Rechtsstaatlichkeit in Polen

Die Zuspitzung des Konflikts zwischen der EU und Polen fällt in eine besondere Zeit. Dieser Kontext beeinflusst zwar nicht die Urteile der Gerichte, ist jedoch für die politische Analyse zu berücksichtigen. Die Europäische Union hat Ende 2020 einen Aufbauplan (NextGenerationEU) in Höhe von 750 Milliarden Euro zur Bewältigung der ökonomischen Folgen der Covid-19-Pandemie beschlossen. Die Regierung in Warschau erhofft sich aus dem entsprechenden Fonds Zuschüsse in Höhe von 23 Milliarden Euro sowie Darlehen in Höhe von 32 Milliarden Euro. Zusätzlich hat sie ein eigenes Programm umfangreicher Steuer- und Finanzreformen mit dem Namen „Polnische Ordnung" (Polski Ład) angekündigt.[61] Allerdings ist die Auszahlung der EU-Mittel an eine positive Beurteilung im Zuge des sogenannten Rechtsstaatsmechanismus nach Artikel 7 des EU-Vertrags geknüpft.

Die Verabschiedung des Europäischen Wiederaufbaufonds erforderte Einstimmigkeit im Europäischen Rat. Keinesfalls wollte sich die polnische Regierung die Finanzmittel entgehen lassen. Doch dazu musste Morawiecki sich auf die Rechtsstaatsprüfung einlassen. Dies führte zu schweren Verwerfungen im Regierungslager der *Vereinigten Rechten* (Zjednoczona Prawica). Lange galt das Bündnis zwischen der PiS und einer Reihe kleiner Gruppierungen, von denen Ziobros *Solidarna Polska* sowie *Porozumenie* (Verständigung) von Jarosław Gowin die wichtigsten waren, als gut geölte Abstimmungsmaschine. Doch als die *Vereinigte Rechte* 2019 die Senatsmehrheit verlor zeigten sich erste Risse, die sich vertieften, als die PiS versuchte, inmitten der Pandemie Präsidentschaftswahlen abzuhalten.[62]

Die Debatte über den Wiederaufbaufonds entzweite die Koalitionspartner weiter. Ziobro weigerte sich im polnischen Sejm, dem im Dezember 2020 getroffenen Eigenmittelbeschluss zur Finanzierung des Fonds zuzustimmen. Er bezeichnete die Koppelung an den Rechtsstaatsmechanismus als Erpressung und Anschlag auf die polnische Souveränität.[63] Gleichwohl war es dann nicht Ziobro, der die Regierung verließ, sondern Gowin, der sich gegen die Steuererhöhung widersetzt hatte, die mit dem Programm „Polnische Ordnung" einhergehen sollte. Nur mit den Stimmen der *Linken* (Lewica) konnte die PiS daher Anfang Mai 2021 bei der Abstimmung über den Wiederaufbaufonds eine Mehrheit erlangen.

Nun gelang es der PiS auch nicht mehr, das Amt des Bürgerrechtsbeauftragten unter ihre Kontrolle zu bringen. Zum Nachfolger von Adam Bodnar wurde im Juli 2021 – nach mehreren Abstimmungsrunden, in denen kein Kandidat die erforderliche Mehrheit erhalten hatte – der von der Opposition unterstützte und von der PiS aus taktischen Gründen akzeptierte Marcin Wiącek gewählt.[64]

---

[61] Rewolucja w podatkach już pewna. Andrzej Duda podpisał „Polski Ład" PiS. Rp.pl, 16.11.2021.

[62] Marta Bucholc, Maciej Komornik: Die PiS, das Virus und die Macht. Wahlen in Zeiten der Pandemie, in: OSTEUROPA, 3–4/2020, S. 37–50.

[63] Ziobro: żaden unijny urzędnik nie może szantażować Polski, rp.pl. 2.9.2021.

[64] Marcin Wiącek kandydatem opozycji na RPO, Dziennik Gazeta Prawna 27.05.2021. – Wybór RPO. Dlaczego PiS odpuszcza i popiera prof. Wiącka, Polityka 2.7.2021.

Seit dem Sommer 2021 hat die Vereinigte Rechte im Sejm keine stabile Mehrheit mehr und muss auf wechselnde Unterstützung einzelner Abgeordneter oder Splittergruppen zurückgreifen. Gesetze, an denen der PiS viel lag, musste diese verschieben. Das Gesetz, mit dem der als regierungskritisch geltende Fernsehsender TVN24, der zum amerikanischen *Discovery*-Konzern gehört, unterworfen werden sollte,[65] scheiterte im Senat.[66] Als Präsident Duda auf Druck der US-Regierung reagierte und im September 2021 ankündigte, dass er im Falle einer neuen Abstimmung über das Gesetz, die zu seiner Verabschiedung führt, Veto einlegen werde,[67] legte die PiS das Projekt aufs Eis. Wozu sie bereit ist, um ihre Vorhaben umzusetzen, zeigte sie dann erneut im Dezember: An einem Freitagnachmittag rief der Vorsitzende des Ausschusses für Kultur und Medien per SMS eine Sitzung ein, Beginn: 30 Minuten nach der Bekanntgabe. Mit der Mehrheit der Anwesenden verabschiedete zunächst der Ausschuss und dann das Plenum des Sejm, auf dessen Tagesordnung die Parlamentspräsidentin Elżbieta Witek (PiS) die Abstimmung noch rasch gesetzt hatte, das Gesetz.

Einer der Gruppierungen, auf die die PiS sich zu stützen versucht, ist die Rumpfpartei des früheren Rockmusikers Paweł Kukiz. Er fordert im Gegenzug die Umsetzung seines Programms, das vor allem zwei Punkte umfasst: die Einführung von Direktwahlkreisen anstelle der Listenwahl, sowie die Schaffung des Amts sogenannter Friedensrichter, die nicht aus der juristischen Zunft kommen und gewählt werden. Sollte die PiS sich diese Forderung zu eigen machen, sind neue Konflikt vorprogrammiert. Denn die im Einklang mit den Forderungen von Kukiz stehenden Gesetzesentwürfe, die der polnische Präsident am 4. November 2021 gutgeheißen hat, beinhalten ein Wahlverfahren und eine Amtszeitbegrenzung für das Amt des Friedensrichters, die nicht im Einklang mit der Verfassung stehen.[68] Die Entwürfe liegen nun im Sejm.[69] Doch das größte Problem, das die PiS hat, ist zweifellos, dass derzeit die Gelder aus dem Europäischen Wiederaufbaufonds zurückgehalten werden.

Schluss: Kein Weichei sein

Wird die PiS ihren Umbau der Justiz nach den Urteilen europäischer Gerichte, die diesen als europarechtswidrig qualifiziert haben, nach der Schwächung des Regierungslagers und angesichts der drohenden Zurückhaltung der dringend benötigten EU-Mittel fortsetzen können? Die größte Macht, die ihr momentan noch zur Verfügung steht, ist ihr Einfluss auf das Verfassungsgericht. Unterdessen wird immer häufiger die Frage laut, was nach einem Ende der PiS-Herrschaft geschehen soll.

---

[65] Die *Vereinigte Rechte* wollte den Ablauf der Sendelizenz nutzen, um den Sender vom polnischen Medienmarkt zu drängen. Generell beabsichtigt sie eine „Repolonisierung der Medien“. Nach der Abstimmung über den Gesetzentwurf im Sejm bezeichnete US-Außenminister Antony Blinken die Novelle unter anderem als „unvereinbar mit den grundlegenden Prinzipien und Werten moderner demokratischer Staaten“. „Jesteśmy głęboko zaniepokojeni“. Szef dyplomacji USA ostro o lex TVN, wzywa polski rząd. Wiadomosci.radiozet.pl, 12.8.2021.

[66] Pawel Marcisz: The Lex TVN and the End of Free Media in Poland. VerfBlog, 2021/8/15, <https://verfassungsblog.de/the-lex-tvn-and-the-end-of-free-media-in-poland>.

[67] „Lex TVN“: Prezydent zawetuje nowelizację ustawy o radiofonii i telewizji. Rp.pl, 6.9.2021.

[68] Sędziowie pokoju. Prezydent podpisał projekt. Gazetaprawna.pl, 4.11.2021.

[69] Przedstawiony przez Prezydenta Rzeczypospolitej Polskiej projekt ustawy - Przepisy wprowadzające ustawę o sądach pokoju, <www.sejm.gov.pl/Sejm9.nsf/PrzebiegProc.xsp?nr=1761>.

Die Richtervereinigung *Iustitia* präsentierte am 15. November 2021 einen Plan für die Überwindung des Chaos im Gerichtswesen.[70] Der Nationale Justizrat soll in seiner jetzigen Gestalt aufgelöst, die unter seiner Mitwirkung erfolgten Richterernennungen annulliert und die rechtswidrig ins Amt gekommenen Richter dazu verpflichtet werden, ihre Bezüge aus dieser Zeit zurückzuzahlen. Dieser Plan stützt sich auf die Rechtsauffassung, die in den Urteilen des EuGH und EMGR ausgedrückt ist. Dennoch handelt es sich wohl eher um Wunschdenken.

Am selben Tag präsentierte Justizminister Ziobro ein „Gerüst" für eine weitere „fundamentale Reform des Gerichtswesens". Es handelte sich um eine Kompilation von Ideen, die schon vielfach ohne weitere Ausarbeitung in den Raum geworfen worden waren, insbesondere die seit 2019 propagierte „flachere" Gerichtsarchitektur.[71] Das Ministerium versicherte zwar, dass „niemand wegen der Reform seine Arbeit verliert".[72] Doch eine Umorganisation des Gerichtswesens ist einer der wenigen Möglichkeiten, Richter zu entlassen, ohne gegen die Verfassung zu verstoßen. Das Projekt des Justizministers lässt nicht erkennen, dass er gewillt ist, den Forderungen von EuGH und EGMR in Sachen Landesjustizrat, Disziplinarkammer und Gewährleistung der Unabhängigkeit von Richtern nachzukommen. Ganz im Gegenteil. Ziobro erklärte: „Das Milieu, das heute im Obersten Gericht sitzt, hat dem polnischen Staat den Krieg erklärt". Der Umbau des Gerichts werde diesem staatsfeindlichen Treiben ein Ende bereiten.[73]

Die polnische Regierung scheint darauf zu setzen, dass die von Jarosław Kaczyński umrissene Vision zur Zukunft der Europäischen Union Wirklichkeit wird. Dieser hofft, dass in immer mehr Mitgliedstaaten nationalkonservative Parteien an die Regierung kommen oder den Präsidenten stellen. Dann würden sich die Konflikte in und mit der EU von alleine legen. Um den erhofften Lauf der Geschichte zu beschleunigen, lud Kaczyński Anfang Dezember konservative und rechte Spitzenpolitiker nach Warschau, um über die Zukunft Europas und der Europäischen Union zu diskutieren.[74] Die PiS spielt auf Zeit. Nachgeben will sie auf keinen Fall. Trotz der Sanktionen, mit denen sie konfrontiert ist. Für sie geht es nun vor allem darum: „kein Weichei sein", wie Ziobro es ausgedrückt hat.[75] Mit den Worten von Witold Gombrowicz: „Es war zu spät, zurückzuweichen – die Welt besteht nur dank dem Umstand, dass es immer zu spät ist zurückzuweichen."[76]

Aus dem Polnischen von Bernhard Hartmann, Duisburg

Schlagwörter

Polen, Europäische Union, Rechtsstaatlichkeit, Europäischer Gerichtshof, Verfassungsgericht, Oberstes Gericht, Disziplinarkammer, Nationaler Justizrat,

---

[70] Nowa KRS, Nowy SN. iustitia.pl, 15.11.2021.

[71] Nowe, sprawne sądy – fundamentalna reforma sądownictwa. Gov.pl, 15.11.2021.

[72] Reforma sądów powszechnych – założenia projektów ustaw. Inform.pl, 15.11.2021.

[73] Ziobro: zakładam, że reforma Sądu Najwyższego zostanie niebawem przedstawiona. Portalsamorzadowy.pl, 15.11.2021.

[74] Liderzy europejskiej prawicy przyjadą do Warszawy na zaproszenie Kaczyńskiego. wiadomosci.onet.pl, 12.11.2021.

[75] Ziobro: W negocjacjach z UE nie można być „miękiszonem". Euractiv.pl, 26.11.2020.

[76] Gombrowicz, Ferdydurke [Fn. 6], S. 147.

Piotr Buras

Polen wirft den Fehdehandschuh

Der Rechtsstaatlichkeitskonflikt mit der EU eskaliert

Polens Konflikt mit der EU über die Rechtsstaatlichkeit der polnischen Justizreform hat sich verschärft. Polen ist nicht bereit, das Urteil des Europäischen Gerichtshofs (EuGH) anzuerkennen, der die Disziplinarkammer für rechtswidrig erklärt hat. Die Regierung weigert sich, dieses Herzstück ihres Justizumbaus abzuschaffen und will die vom EuGH verhängten Strafen nicht zahlen. Im Oktober 2021 entschied Polens Verfassungsgerichtshof, dass der Primat des EU-Rechts der polnischen Verfassung widerspreche. Das schrille Wort vom *Polexit* machte die Runde. Die Regierung hat sich für die Konfrontation mit der EU entschieden. Das hat innenpolitische Gründe, denn die Regierungspartei PiS verliert an Unterstützung. Doch Radikalisierung und Konfrontation führen in die Sackgasse.

Im Herbst 2021 hat ein neues Kapitel in der polnischen Politik begonnen. Mit dem Urteil des Verfassungsgerichtshofs vom 7. Oktober 2021, der das Primat des EU-Rechts bestritt, verschärfte sich nicht nur der Konflikt zwischen Polen und der EU um die Rechtsstaatlichkeit, sondern damit rückte das Szenario des *Polexit,* eines Austritts Polens aus der EU, ins Zentrum der politischen Debatte. Innenpolitisch verliert die seit 2015 amtierende Regierungspartei *Recht und Gerechtigkeit* (Prawo i Sprawiedliwość, PiS) an Rückhalt. Durch das Ausscheiden des bisherigen Koalitionspartners *Porozumienie* (Verständigung) verfügt sie nur noch über eine knappe Mehrheit. Auch in der Gesellschaft geht ihre Unterstützung zurück. Das zeigen Umfragen. Im November 2021 wollten knapp 30 Prozent der Befragten die PiS wählen, zwei Prozentpunkte weniger als im Vormonat und sechs weniger als vor einem Jahr.[1] Die Frage, ob und wie die PiS aus diesem Umfragetief kommt, um sich beim nächsten Urnengang 2023 die Wiederwahl zu sichern, ist für die politische Zukunft des Landes von zentraler Bedeutung. Beide Krisen der PiS – der Rückgang der öffentlichen Unterstützung und Polens Verhältnis zur EU – sind eng verwoben. Ihr künftiger Verlauf wird maßgeblich davon abhängen, wie die EU auf die Zuspitzung des Konflikts regiert und welche Kursentscheidungen Jarosław Kaczyński und seine Partei treffen werden, die in den kommenden Monaten zu erwarten sind.

Piotr Buras (1974), Politologe, Journalist, Leiter des Warschauer Büros des European Council on Foreign Relations, Warschau

Von Piotr Buras erschienen zuletzt in Osteuropa: Stop, Brüssel! Polen und Ungarn in der Europäischen Union (mit Zsuzsanna Vegh), in: OE, 3–5/2018, S. 99–114. – Vor einer historischen Probe. Polens Europapolitik am Wendepunkt, in: OE, 1–2/2016, S. 177–190. – Das Ende der Fatalismen. Polen, Deutschland und ein anderes Europa, in: OE, 5–6/2011, S. 7–16.

[1] Sondaż: Spada poparcie dla PiS. „Tracą wyborców od roku“. polsatnews.pl, 22.11.2021.

Osteuropa, 71. Jg., 8–9/2021, S. 25–38 doi: 10.35998/oe-2021-0061

Der Fehdehandschuh

Seit Jahren herrscht ein Konflikt zwischen Polen und der EU über die Frage, ob Polen die Unabhängigkeit der Justiz beschneidet und damit gegen die rechtlichen Grundlagen der Europäischen Union verstößt.[2] Am 7. Oktober 2021 erklärte der polnische Verfassungsgerichtshof, der 2016 eine der ersten Institutionen war, die von der PiS-Regierung mit verfassungswidrigen Tricks unter Kontrolle der Politik genommen wurde,[3] Teile des EU-Vertrags als unvereinbar mit Polens Verfassung.[4] Konkret geht es um Artikel 2 und 19 des EU-Vertrags, die Rechtsstaatlichkeit und effizienten Rechtsschutz als zentrale Merkmale der EU-Rechtsordnung bestimmen. Diese beiden Artikel hatte der Europäische Gerichtshof (EuGH) in den vergangenen Jahren in seinen Urteilen als Grundlage zur Definition der europäischen Standards richterlicher Unabhängigkeit herangezogen. Dagegen urteilten die polnischen Verfassungsrichter:

> Der Versuch des Europäischen Gerichtshofs, sich in das polnische Justizwesen einzumischen, verstößt gegen [. . .] die Regel des Vorrangs der Verfassung und gegen die Regel, dass die Souveränität im Prozess der europäischen Integration bewahrt bleibt.

Sie erklärten, dass die EU-Mitgliedschaft des Landes und die Unterzeichnung der EU-Verträge nicht bedeuteten, dass den EU-Gerichten die höchste rechtliche Autorität übertragen worden sei und Polen seine Souveränität an die EU abgetreten habe.[5] Das Gericht urteilte auf Antrag von Premierminister Mateusz Morawiecki. Das Urteil ist weniger als Akt der Rechtsprechung denn als eine politische Entscheidung zu bewerten. Nicht zum ersten Mal bediente sich die polnische Regierung des als ihr verlängerter Arm fungierenden Verfassungsgerichtshofs, um eine Gesetzeslage zu verändern, ohne dafür direkt politische Verantwortung tragen zu müssen.[6] Im Oktober 2020 erklärte das Gericht die Abtreibung auch im Falle medizinischer Indikation für verfassungswidrig. Auch da hatte sich die Regierung angesichts des breiten Widerstands in der Gesellschaft nicht getraut, eine entsprechende Verschärfung des Abtreibungsgesetzes mit den Stimmen der Parlamentsmehrheit zu verabschieden.

---

[2] Laurent Pech, Patryk Wachowiec, Patryk Mazur: 1825 Days Later: The End of the Rule of Law in Poland (Part I). Verfassungsblog.de, 13.1.2021.

[3] Die Demontage des Rechtstaats in Polen nach 2015 analysieren: Wojciech Sadurski: How Democracy Dies (in Poland): A Case Study of Anti-Constitutional Populist Backsliding, 17.1.2018, <https://papers.ssrn.com/sol3/papers.cfm?abstract_id=3103491>, sowie Marta Bucholc, Maciej Komornik: Finaler Akt. Die Unterwerfung der polnischen Justiz, in: OSTEUROPA, 12/2019, S. 23–37. – Dies.: Gewaltenteilung ausgehebelt. Der Umbau der polnischen Justiz 2017, in: OSTEUROPA, 3–5/2018, S. 7–18. – Dies.: Die PiS und das Recht. Verfassungskrise und polnische Rechtskultur, in: OSTEUROPA, 1–2/2016, S. 79–93.

[4] Eine kritische Auseinandersetzung: Gazing into the Abyss. The K 3/21 decision of the Polish Constitutional Tribunal. Verfassungsblog.de, 12.10.2021.

[5] Polnisches Verfassungsgericht. EU-Recht teils unvereinbar mit Verfassung. Tagesschau.de, 7.10.2021.

[6] Einschlägige Beispiele hat die Initiative *Wolne sądy* (Freie Gerichte) zusammengestellt: Jak Trybunał Konstytucyjny Julii Przyłębskiej jest wykorzystywany do rozwiązywania problemów rządu PiS. Facebook, 17.11.2021.

Das politische Ziel, das Morawiecki im Falle des Urteils vom 7. Oktober 2021 verfolgte, bestand in der Errichtung einer verfassungsrechtlichen Abwehrmauer gegen die EuGH-Urteile, welche die Justizreform der PiS rückgängig machen könnten. Konkret ging es um das EuGH-Urteil vom 15. Juli 2021, demzufolge das polnische Disziplinarsystem für Richter mit dem EU-Recht nicht kompatibel ist und in seiner aktuellen Form abgeschafft werden muss. Dieses System ist das Herzstück der Justizreform der PiS. Es gewährt dem Justizminister, der gleichzeitig Generalstaatsanwalt ist, weitgehende, im europäischen Maßstab präzedenzlose Kontrolle über die Richter. Er ernennt sowohl die Staatsanwälte, welche ein Disziplinarverfahren einleiten, als auch Richter, die dann im Disziplinarfall das Urteil fällen; er kann selbst in die Disziplinarverfahren eingreifen oder sie erzwingen. Die Richter können im Falle, dass sie sich auf EU-Recht berufen oder mit Fragen zur Klärung an den EuGH wenden, bestraft oder suspendiert werden. Das Disziplinarsystem ist in den vergangenen Jahren zum wichtigsten Instrument der Einschüchterung der Richter geworden und steht wie nichts anderes für die Aufhebung der Unabhängigkeit der Justiz in Polen.[7]

Sollte das EuGH-Urteil vom 15. Juli vollumfänglich umgesetzt werden, wozu der polnische Staat nach EU-Recht ohne Wenn und Aber verpflichtet ist, würde damit ein großer Schritt in Richtung Widerherstellung der Rechtsstaatlichkeit gegangen werden. In dem Konflikt mit der EU wäre das der größte Rückschlag für Jarosław Kaczyński und Justizminister Zbigniew Ziobro, für welche die Kontrolle über die Justiz ein lange verfolgtes politisches Ziel war und nun ein Pfeiler im machtpolitisch motivierten Plan des Umbaus der Republik ist.

Vor diesem Hintergrund überrascht es nicht, dass sich die polnische Regierung von Anfang an weigerte, das EuGH-Urteil vom 15. Juli umzusetzen. Das von ihr selbst erwirkte Urteil des Verfassungsgerichts gibt dieser Position einen Schein der Legalität, obwohl Entscheidungen nationaler Gerichte natürlich kein legitimer Grund für die Nicht-Anwendung des EU-Rechts sind. Den Konflikt stilisiert die PiS-Regierung zum Kampf um Polens nationale Souveränität. Sie kritisiert die europäischen Institutionen scharf für ihren vermeintlichen Machtmissbrauch. Justizminister Ziobro nahm kein Blatt vor den Mund:

> Wir haben es mit einem politischen Urteil tun, das auf politischen Antrag der Europäischen Kommission gefällt wurde. Es fußt auf einer Segregation der Länder in gute und böse.

Auch Premierminister Morawiecki sprach von einer „Diskriminierung“ Polens, da es ähnliche Justizsysteme auch in anderen Ländern gebe, etwa in Deutschland oder Spanien.[8] Die Verfechter der Justizreform nehmen oft Bezug auf das Urteil des Bundesverfassungsgerichts in Karlsruhe vom 5. Mai 2020 zur partiellen Verfassungswidrigkeit des Anleihekaufprogramms (PSP) der Europäischen Zentralbank. So sagte der stellvertretende Justizminister Sebastian Kaleta, dass das Karlsruher Urteil zeige, dass Warschau im Streit um die Rechtsstaatlichkeit mit Brüssel Recht

---

[7] Inside the system Ziobro built. ESI Background Paper, 5.8.2021.

[8] Ziobro i Morawiecki niemal jednym głosem krytykują wyrok TSUE. Podają przykład Hiszpanii. tokfm.pl, 15.7.2021.

habe.[9] Doch dieser Vergleich hinkt. Während das Bundesverfassungsgericht lediglich eine andere Interpretation des EU-Vertrags als der EuGH vorlegte, erklärte das polnische Gericht gleich ganze Artikel des EU-Vertrags für verfassungswidrig.
Justizminister Ziobro erklärte, dass das Urteil des EuGH „rechtswidrig" sei und seine Umsetzung daher nicht in Frage käme.[10] Er und seine Kollegen von der PiS stellen die Auseinandersetzung mit Brüssel als Teil des Streits um die Kompetenzen der EU-Institutionen dar.[11] Auch Mateusz Morawiecki, der sich sonst gerne als moderater EU-Realist und zuverlässiger Partner präsentiert, wählte vor dem Europäischen Parlament einen scharfen Ton. Er behauptete, Polen sei von den EU-Institutionen „angegriffen worden" und werde nun erpresst.[12]
Die polnische Bevölkerung steht in diesem Streit mehrheitlich nicht hinter der eigenen Regierung. Einer Umfrage des „Instituts für Öffentliche Angelegenheiten" vom Ende November 2021 zufolge sind 50 Prozent der Polen der Meinung, dass die polnische Regierung die Verantwortung für die Krise zwischen Warschau und Brüssel trägt. Nur 19 Prozent machen die EU dafür verantwortlich. 48 Prozent der Polen teilen die Auffassung, dass die EU-Institutionen zu spät und zu schwach auf die Verletzungen des EU-Rechts reagierten, während 22 Prozent das Gegenteil behaupten. Interessanterweise unterstützen 61 Prozent der Polen die Regel, dass bei Rechtsstaatsverletzungen EU-Gelder gestrichen werden können. Dagegen sind 25 Prozent der Befragten.[13]

Polexit-Debatte

Die Auseinandersetzung um das Urteil des polnischen Verfassungsgerichtshofs verschärfte die Tonlage in der polnischen EU-Debatte. Bemerkenswert und für EU-Befürworter besorgniserregend war, dass immer mehr prominente PiS-Politiker sich ungewohnt scharf äußerten und selbst den Sinn der EU-Mitgliedschaft Polens in Frage zu stellen schienen. So sprach der Vorsitzende der PiS-Fraktion im Sejm, Ryszard Terlecki, von eventuell erforderlichen „drastischen Schritten" und nannte den Polexit.[14] Ein anderer prominenter PiS-Politiker, Marek Suski, kritisierte die „Brüsseler Besatzer".[15] Diese Wortwahl war Wasser auf die Mühlen der Opposition und eines Teils der Medien, die nun der Regierung vorwarfen, dem Polexit das Wort zu reden und die polnische Staatsräson aufs Spiel zu setzen. Donald Tusk, Vorsitzender der größten Oppositionspartei *Bürgerplattform* (Platforma Obywatelska), regte eine Verfassungsänderung an. Die EU-Mitgliedschaft solle Verfassungsrang erhalten. Es war allerdings nur eine parteipolitisch

---

9 Wyrok z Karlsruhe wytrychem dla PiS. Polska zamierza skorzystać z niemieckiego precedensu. Dzoennik.pl, 11.5.2021.
10 Ziobro: Nie ma możliwości realizacji bezprawnych postanowień TSUE. Rmf24, 21.7.2021.
11 Piotr Buras: Autocratic power grab is no defence of sovereignty. Ecfr.eu, 17.11.2021.
12 Premier Mateusz Morawiecki w Parlamencie Europejskim. Von der Leyen: Chcemy silnej Polski w zjednoczonej Europie. Wyborcza.pl, 19.10.2021.
13 Sondaż: Polacy zdecydowanie nie chcą polexitu. Jest tylko jedno „ale". Wiadomosci.onet.pl, 24.11.2021.
14 Ryszard Terlecki i Unia Europejska. W środę mówił o brexicie i potrzebie „rozwiązań drastycznych", w czwartek o tym, że polexit to „wymyślona szopka". Tvn24.pl, 9.9.2021.
15 Marek Suski o Unii Europejskiej jako „brukselskim okupancie". Waldemar Buda: może sobie na takie słowa pozwolić. Tvn24, 13.9.2021.

motivierte Initiative, ohne Aussicht auf Erfolg, da die für die Umsetzung dieser Idee notwendige Zweidrittelmehrheit im Parlament fehlt. Meinungsumfragen zeigen, dass eine stabile Mehrheit von bis zu 88 Prozent der polnischen Gesellschaft in der EU bleiben will.[16] Dass angesichts dieser öffentlichen Meinung die Diskussion über einen Polexit der PiS zu schaden drohte, begriff die Parteiführung schnell. Deshalb ließ sie am 15. September das Präsidium der PiS eine Erklärung verabschieden, wonach die Partei auf keinen Fall für einen Austritt Polens aus der EU eintrete.[17] Mit dieser Erklärung vermochte die PiS die Gemüter im Lande nur eingeschränkt zu beruhigen, da EU-kritische und antideutsche Propaganda im Staatsfernsehen TVP sowie kämpferische Aussagen insbesondere des Justizministers nicht nachließen. Im Hauptnachrichtenprogramm des TVP wurde etwa vom Kampf der „polnischen Verfassung gegen die deutsche Hegemonie" gesprochen. Außerdem wurden vermeintliche Doppelstandards der Kommission angeprangert. Diese habe es auf Polen abgesehen, bleibe im Falle der Korruptionsaffäre des österreichischen Kanzlers Sebastian Kurz aber untätig.[18]

Im Konflikt mit der EU ist allerdings nicht die politische Rhetorik, sondern die hartnäckige Ablehnung der Umsetzung der EuGH-Entscheidungen über die polnische Justiz von größter Bedeutung. Unter offener Verletzung des bindenden Beschlusses des Europäischen Gerichtshofs in Luxemburg hat Polen die Arbeit der Disziplinarkammer im Obersten Gerichtshof nicht eingestellt. Diese ist das höchste Organ im Disziplinarverfahren für Richter und ist ausschließlich mit Richtern besetzt, die der von der PiS kontrollierte Nationale Justizrat ernannt hat. Laut EuGH-Urteil ist die Disziplinarkammer kein Gericht, da die Unabhängigkeit ihrer Mitglieder nicht gewährleistet ist. Die Regierung zeigt sich von dieser Entscheidung unbeeindruckt. Die Disziplinarkammer arbeitet unverändert weiter. Seit Juli 2021 hat sie weitere polnische Richter suspendiert, weil diese sich auf die EuGH-Rechtsprechung berufen hatten.[19]

Obwohl seit dem EuGH-Urteil vier Monate vergangen sind, hat die polnische Regierung keine Initiative ergriffen, um die Gesetzlage an die Rechtsprechung des EuGH anzupassen. Zwar deuteten Kaczyński und Morawiecki an, dass die Disziplinarkammer aufgelöst werde.[20] Aber der Grund sei nicht das Urteil des EuGH. Vielmehr habe sich die Kammer als ineffizient erwiesen. Doch dieser Ankündigung sind bislang keine Taten gefolgt. Als der EuGH am 27. Oktober 2021 eine Geldstrafe von einer Million Euro pro Tag für die Nichtbeachtung der Entscheidung über die Suspendierung der Disziplinarkammer verhängte, erklärte die polnische Regierung, dass sie diese Strafe nicht akzeptiere und nicht zahlen werde.[21] Es ist nicht die erste Geldstrafe des EuGH, die die Warschauer Regierung explizit ablehnt. Im Streit mit der Tschechischen Republik um das polnische Bergwerk Turów, das auf der tschechischen Seite der Grenze Umweltschäden

---

[16] Sondaż CBOS: 88 proc. popiera członkostwo Polski w Unii Europejskiej. Polsatnews.pl, 16.11.2021.

[17] PiS: Nie zamierzamy wyprowadzać Polski z Unii Europejskiej. Prawo.pl, 15.9.2021.

[18] Gomułkowska propaganda w TVP. Mówiąc o niedzielnych demonstracjach, tuba Kurskiego walczy o rekord kłamstwa. wyborcza.pl, 11.10.2021.

[19] Sędzia Rutkiewicz z Elbląga zawieszony za stosowanie prawa UE. Wbrew zabezpieczeniu TSUE. Oko.press, 9.11.2021.

[20] Jarosław Kaczyński: zlikwidujemy Izbę Dyscyplinarną w postaci, w jakiej funkcjonuje ona obecnie. Tvn24.pl, 7.8.2021. – Morawiecki zapowiedział likwidację Izby Dyscyplinarnej. KE: To nie wystarczy. Rmf24.pl, 19.10.2021.

[21] TSUE: Milion euro kary dziennie dla Polski za niezawieszenie Izby Dyscyplinarnej SN. Gazetaprawna.pl, 27.10.2021.

verursacht, verfügte der EuGH am 20. September 2021, dass Polen 500 000 Euro täglich für die Nichteinstellung des Betriebs des Bergwerks zahlen soll, die das Gericht angeordnet hatte.[22] Bezahlt hat Warschau bislang keinen Cent.

Dass die PiS in der Auseinandersetzung mit der EU den Weg der Konfrontation statt des Kompromisses eingeschlagen hat, zeigt sich an den jüngsten Schritten. Justizminister Ziobro verkündete am 15. November 2021 Pläne für eine neue umfassende Justizreform.[23] Sie sieht unter anderem die Verkleinerung des Obersten Gerichtshofs sowie eine Überprüfung seiner Richter nach spezifischen Kriterien vor. Wer diese Kriterien, die bislang nicht öffentlich bekannt sind, nicht erfülle, werde entlassen. Kritiker wie die unabhängige Juristen-Initiative *Freie Gerichte* (Wolne Sądy) befürchten, dass diese neuerliche Justizreform der unabhängigen Justiz in Polen den Todesstoß versetzen würde.[24] Damit nicht genug. Am 24. November fasste der Verfassungsgerichtshof, diesmal auf Antrag des Justizministers, ein weiteres Urteil, das für großes Aufsehen sorgte. Seiner Linie vom 7. Oktober folgend erklärte das Tribunal nun, dass auch Vorschriften der Europäischen Menschenrechtskonvention, auf deren Basis der Europäische Gerichtshof für Menschenrechte (EGMR) die Unabhängigkeit der polnischen Justiz überprüft, im Widerspruch zur polnischen Verfassung stehen.[25] Es geht um den Artikel 6 der Konvention, auf dessen Grundlage der Straßburger Gerichtshof überprüfen kann, ob Richter in den Unterzeichnerstaaten im Sinne der Konvention unabhängig sind. Damit wurde nach dem EuGH auch dem zweiten europäischen Gericht, das der Hüter der Rechtsstaatlichkeit und der Menschenrechte in allen 47 Mitgliedstaaten des Europarats ist, die Legitimität und Kompetenz abgesprochen, Urteile über Polen zu fassen. Die PiS-Politiker hatten die Zuständigkeit des EGMR, über polnische Justizfragen zu urteilen, bereits im Juni 2021 zurückgewiesen. Damals erklärte der Europäische Gerichtshof für Menschenrechte im sogenannten *Xero-Flor*-Urteil, dass einige Richter des polnischen Verfassungsgerichtshofs nicht unabhängig und daher ihre Urteile nicht legal sind. Premierminister Morawiecki reagierte mit dem Hinweis, dass Polen den Gerichtshof für Menschenrechte zwar respektiere, aber die polnische Verfassung in der Normenhierarchie ganz oben stehe und die polnische Justizreform ohne Rücksicht auf die Straßburger Entscheidung fortgesetzt werde. Justizminister Ziobro warf dem Gerichtshof EGMR gar eine „unzulässige Politisierung“ vor.[26] Das Signal aus Warschau ist unmissverständlich. Die Regierung will sich weder von der EU noch vom Europarat diktieren lassen, dass sie das Prinzip der Gewaltenteilung beachten und garantieren muss. Nur Polen habe das Recht, über das polnische Justizsystem zu bestimmen. Das ist in der Tat eine nationalstaatliche Kompetenz. Doch die PiS-Regierung beansprucht für sich, alleine zu bestimmen, auf welchen Werten das polnische Justizsystem beruht – selbst wenn dabei Grundprinzipien der EU ignoriert werden.

---

[22] 500 tys. euro dziennej kary dla Polski. Decyzja TSUE ws. Turowa. Rmf24.pl, 20.9.2021.

[23] Zbigniew Ziobro ogłasza rewolucyjne zmiany w sądach. Rp.pl, 15.11.2021.

[24] Nadchodzi wielka „reforma“ sądów. Co wynika z zapowiedzi Kaczyńskiego i Ziobry. wyborcza.pl, 18.10.2021.

[25] Art. 6 ust. 1 zd. 1 Konwencji o ochronie praw człowieka i podstawowych wolności w zakresie, w jakim pojęciem „sąd“ obejmuje Trybunał Konstytucyjny. Trybunal.gov.pl, 24.11.2021.

[26] <Morawiecki o wyroku ETPC: „Szanujemy, ale realizujemy nasze programy“. Jest też komentarz MS. wiadomosci.gazeta.pl, 29.6.2021.

Nationaler Wiederaufbauplan und EU-Rechtsstaatsmechanismus

Die Unnachgiebigkeit der PiS ist nicht zuletzt vor dem Hintergrund der finanziellen Sanktionen bemerkenswert, die Polen nun drohen und die weit über die vom EuGH verhängten Strafen hinausgehen würden. Im Zentrum der Debatte steht die ausstehende Genehmigung des polnischen Nationalen Wiederaufbauplans. Im Rahmen dieses vom EU-Coronafonds finanzierten Ausgabenprogramms soll Polen bis zum Jahr 2026 24 Milliarden Euro an Zuschüssen und 37 Milliarden Euro an Krediten bekommen. Dieser Plan muss zunächst die Zustimmung der EU-Kommission bekommen, dann muss er vom EU-Rat mit qualifizierter Mehrheit angenommen werden. Obwohl die Kommission im Normalfall ihre Entscheidung bis Mitte August hätte verkünden sollen, ziehen sich die Verhandlungen mit Warschau hin.

Der Grund sollen die Rechtsstaatsprobleme sein. Nach der EU-Verordnung über den Wiederaufbauplan sind die EU-Mitgliedstaaten verpflichtet, in ihren nationalen Ausgabenprogrammen darzulegen, wie sie die Reformempfehlungen der Kommission und des Rates aus dem jährlichen Europäischen Semester umsetzen wollen. Eine der Empfehlungen, die Polen in den vergangenen Jahren regelmäßig bekam, bezog sich auf die notwendige Verbesserung der Unabhängigkeit der Justiz. Im Lichte der Entwicklungen der letzten Monate kann davon keine Rede sein. Ganz im Gegenteil: Die unkooperative Haltung Warschaus und die andauernden Repressionen gegen Richter zeugen davon, dass sich die Lage weiter verschlechtert. Die EU-Kommissionspräsidentin Ursula von der Leyen erklärte am 28. Oktober, dass sie eine Empfehlung für die Genehmigung des polnischen Plans nur unter der Voraussetzung aussprechen würde, dass sich Polen in seinem Wiederaufbauplan verbindlich zu konkreten Schritten und einem genauen Zeitplan verpflichtet, die im Endeffekt die Umsetzung des EuGH-Urteils vom 15. Juli bedeuten würden.[27] Der Besuch vom Justizkommissar Didier Reynders in Polen im November 2021 brachte keinen Durchbruch. Statt konkreten Zusagen von Justizminister Zbigniew Ziobro bekam Reynders Bilder vom im Zweiten Weltkrieg zerstörten Warschau zu sehen – als Zeichen, dass sich das geschichtsbewusste Polen dem Druck von außen nicht beugen werde.[28]

Die Frage, ob die Kommission noch 2021 dem polnischen Plan grünes Licht gibt, ist politisch und finanziell brisant. Sollte die Freigabe der Mittel bis Ende 2021 genehmigt werden, könnte die Auszahlung der Anzahlung von 4,7 Milliarden Euro noch im Dezember erfolgen. Obwohl es auf der polnischen Seite wenig bis keine Indizien gab, dass eine Einlenkung in diesem Streit möglich wäre, mehrten sich im Herbst 2021 Signale, dass die Kommission und Mitgliedstaaten zu einem weitgehenden Entgegenkommen gegenüber Warschau bereit wären, um den Konflikt beizulegen.[29] Das wäre ein großer politischer Erfolg der PiS, vor allem dann, wenn sie es auf dem Wege von Verhandlungen schaffen sollte, dass die Genehmigung der Kommission nicht daran gekoppelt sein

---

[27] Poland must undo judicial overhaul to get EU COVID aid, commission chief says. Reuters.com, 28.10.2021.

[28] Ziobro strofuje unijnego komisarza i daje mu zdjęcia ruin Warszawy. Wyborcza.pl, 18.11.2021.

[29] UE: Mówmy o niezależności sądów, a nie o TK. Dw.com, 21.10.2021.

würde, dass Polen die Auflagen des EuGH-Urteils vollumfänglich umsetzen muss. Am 1. Dezember berichtete die *Financial Times*, dass eine Vereinbarung in Reichweite sei.[30] Die wirtschaftspolitische Bedeutung von umgerechnet ca. 20 Milliarden Złoty ist nicht von der Hand zu weisen. Sollte die Freigabe nicht möglich sein, würde die Anzahlung zwar nicht komplett gestrichen werden. Gleichwohl müsste die Regierung auf dieses Geld lange warten – bis der gesamte Plan genehmigt und konkrete Meilensteine zu seiner Umsetzung erfüllt sind.

Während die Verhandlungen über den nationalen Wiederaufbauplan der EU der wirksamste Hebel Brüssels gegenüber der polnischen Regierung sind, griff Brüssel noch zu einem anderen finanziellen Instrument, um den Druck zu steigern. Am 17. November 2021 schickte die Kommission einen zwölfseitigen Brief an Polens Regierung mit detaillierten Fragen zur Funktionsweise der Staatsanwaltschaft und der Justiz und bat um eine Stellungnahme innerhalb von zwei Monaten.[31] Das ist offensichtlich der erste Schritt zur Anwendung des neuen Rechtsstaatlichkeitsmechanismus, die das Europäische Parlament seit langem gegen Polen und Ungarn fordert, weil deren Regierungen seit Jahren die Grundlagen der Rechtsstaatlichkeit verletzen. Auf Antrag der Kommission kann der Europäische Rat mit qualifizierter Mehrheit dieses Instrument einsetzen und EU-Haushaltsmittel für das betroffene Land suspendieren oder streichen.

Damit tritt Polens Konflikt mit der EU in eine neue Phase.[32] Da bereits ein verbindliches Urteil des EuGH vorliegt, steht nicht mehr die politische Frage im Vordergrund, inwieweit Polens Justizsystem von den europäischen Standards abweicht oder sich von den Strukturen des Rechtsstaates in anderen EU-Ländern unterscheidet. Jetzt geht es darum, ob, wann und wie die Entscheidung des höchsten EU-Gerichts umgesetzt wird. Und ob die PiS-Regierung trotz ihrer vehementen und beispiellosen Ablehnung der EuGH-Rechtsprechung aus diesem Konflikt gesichtswahrend herauskommen kann. Auf dem Spiel steht nicht zuletzt die Autorität des EuGH, womit die polnische Krise eine europäische Dimension erlangt. Eine dauerhafte Absage an das EU-Recht stellt für Polen auch die Gefahr eines „rechtlichen Polexit“ dar.[33] Die Urteile der polnischen Gerichte können in anderen EU-Mitgliedstaaten nicht anerkannt, der Status der polnischen Richter angezweifelt und immer mehr Formen der Zusammenarbeit im Bereiche der Justiz und des Inneren, so etwa der Europäische Haftbefehl unter Teilnahme Polens, nicht mehr möglich werden. Selbst wenn Polens Austritt aus dem Gemeinsamen Markt und der EU heute nicht ernsthaft zur Diskussion steht und nicht einmal von der PiS gewollt wird, würde diese Option notwendigerweise auf die Tagesordnung kommen, sollten Warschau und Brüssel keine Lösung finden.

Am 7. Dezember erklärte der Vizepräsident der Europäischen Kommission Valdis Dombrovskis, dass die Genehmigung des polnischen nationalen Wiederaufbauplans – und damit die Freigabe der Anzahlung in der Höhe von 4,7 Milliarden Euro – noch im

---

30 EU gets closer to unlocking Poland recovery plan. Financial Times, 1.12.2021.

31 KE wysłała list do Polski i Węgier ws. mechanizmu warunkowości. Gazetaprawna.pl, 19.11.2021.

32 Maria Ejchart-Dubois, Sylwia Abram Gregorczyk, Michał Wawrykiewicz; Paulina Kieszkowska-Knapik: The Jokes Have Ended. Why the European Commission Has Lost Patience with Poland's Ruling Party. Verfassungsblog.de, 17.9.2021.

33 Legal Polexit': Poland court rules EU measure unconstitutional. The Guardian, 14.7.2021.

Jahr 2021 „unwahrscheinlich“ seien.[34] Die Hartnäckigkeit der PiS-Regierung, die zu keinem Kompromiss mit Brüssel in der Justizfrage bereit war, ließ der Kommission keine andere Wahl, als bei der Auszahlung auf die Bremse zu treten. Damit ist die Rechnung von Kaczynski und Morawiecki nicht aufgegangen, das EU-Geld für die kommenden Monate zu sichern, ohne sich auf die EU zuzubewegen. Der wichtigste Grund dafür war die verfahrene innenpolitische Lage.

Im Herbst der Macht? Die Krise der PiS

Die Turbulenzen im Verhältnis zur EU tragen wesentlich zum Krisenmodus bei, in dem sich die Regierungspartei in ihrer zweiten Legislaturperiode an der Macht befindet. Jüngste Meinungsumfragen bestätigen sowohl den Abwärtstrend als auch den strukturellen Wandel in der Gesellschaft, der sich langfristig negativ auf die Unterstützung der Partei auswirken wird. So rutscht die PiS immer öfter unter 30 Prozent in der Wählergunst, was für eine erneute Regierungsbildung aller Wahrscheinlichkeit nach nicht ausreichen würde, selbst wenn die rechtsradikale *Konföderation* (Konfederacja Wolność i Niepodległość) als Koalitionspartner zur Verfügung stünde.[35] Die nächste Parlamentswahl ist zwar erst für Herbst 2023 terminiert. Doch die PiS spielt schon lange mit der Idee einer vorgezogenen Wahl, um ihre Macht zu konsolidieren, bevor Abnutzungserscheinungen das Image der Regierung beschädigen und eine Wiederwahl verhindern könnten. Nun scheint es, als ob dieser Moment gekommen sei, ehe sich die PiS versah und gegensteuern konnte.

Die Probleme, welche die bisher erfolgreiche Bilanz der PiS zu trüben und ihre politische Zukunft zu gefährden drohen, sind vielschichtig. Kurzfristig wiegt die schwindende Parlamentsmehrheit am schwersten und damit die Instabilität des Regierungslagers. Im August 2021 trennte sich Kaczyński von seinem langjährigen Weggefährten und stellvertretenden Ministerpräsidenten Jarosław Gowin, dem Vorsitzenden der kleinen konservativen Partei *Porozumienie*, die zusammen mit der PiS und der Partei *Solidarna Polska* unter Justizminister Ziobro seit 2015 das Wahlbündnis *Zjednoczona Prawica* (Vereinigte Rechte) bildete.[36] Gowin, der seit langem auf relative Unabhängigkeit gesetzt und sich von Kaczyński in einigen wichtigen Fragen distanziert hatte – er erzwang die Verschiebung der Präsidentschaftswahl 2020, die Kaczyński trotz der Corona-Pandemie im Mai um jeden Preis durchführen wollte –, wurde Opfer eines innerparteilichen Coups, hinter dem Kaczyński stand. Seine Partei spaltete sich, so dass die PiS mithilfe der Abtrünnigen von *Porozumienie*, die sich nun der PiS anschlossen, sowie einzelner bisher unabhängiger Abgeordneter ihre seither äußerst dünne Mehrheit von zwei bis drei Mandaten trotz des Rauswurfs von Gowin verteidigen konnte.

Kaczyński wurde mit Gowin einen unsicheren Verbündeten los. Seine Entscheidung hatte gravierende politische Folgen. Sie bedeutete eine weitere Radikalisierung der PiS, da der moderatere Flügel, dem Gowin vorgestanden hatte, nun marginalisiert wurde. Die parlamentarische Mehrheit ist auf die Unterstützung von einzelnen Abgeordneten

---

[34] Judicial spats set to delay EU recovery funds to Poland and Hungary. Financial Times, 7.12.2021.

[35] Spadają notowania PiS. Wśród wierzących, mało zarabiających i zwolenników prawicy. wyborcza.pl, 18.11.2021.

[36] Porozumienie wychodzi ze Zjednoczonej Prawicy. Formalny koniec koalicji. Wyborsza.pl 11.8.2021.

angewiesen, deren Loyalität nur mit Regierungsposten oder Privilegien erkauft werden kann. Der Preis dafür ist hoch. Kürzlich wurde bekannt, dass ein Parlamentsmitglied, das für seinen Transfer ins Regierungslager mit einem Staatssekretärsposten belohnt wurde, vor wenigen Jahren in kriminelle Tätigkeit verwickelt war.[37] Ob diese und ähnliche Skandale dem Image der Partei langfristig schaden werden, sei dahingestellt. Sie sind aber symptomatisch für die Erosion des Regierungslagers. Umso wichtiger erscheint die Zusammenarbeit der PiS mit Ziobros *Solidarna Polska*, ohne deren 19 Stimmen die PiS-Regierung keine Mehrheit im Sejm mehr hätte und kaum mehr funktionieren dürfte. Ziobro steht für einen dezidiert stramm rechten und antieuropäischen Kurs. Daher ist für die PiS diese selbst gewählte Abhängigkeit von *Solidarna Polska*, die je nach Perspektive ein Zeichen der Radikalisierung der PiS ist oder dieser einen neuen Schub verleiht, besonders folgenschwer – nicht zuletzt im Streit mit der EU.

Kaczyński und Ziobro verbindet eine Art politischer Hassliebe. Beide sind durch und durch antiliberal und autoritär und haben es auf die unabhängigen Institutionen, vor allem die Justiz, abgesehen, die ihnen den Weg zu uneingeschränkter Macht versperren. Aus den gleichen Gründen verbindet sie eine grundskeptische bis offen feindliche Haltung zur EU, die sie als eine Gefahr für ihre autokratischen Ambitionen sehen, die sie unter dem Deckmantel der vermeintlichen „Verteidigung der polnischen Souveränität" verfolgen. Sie misstrauen sich aber auch gegenseitig. Ziobro war vor Jahren Mitglied der Kaczyński-Partei und Justizminister in seiner Regierung 2006, zerstritt sich aber mit dem Parteivorsitzenden, spaltete sich mit Getreuen ab und gründet seine eigene Partei und ging ein paar Jahre seinen eigenen Weg. Er kehrte dann zwar in die PiS-Familie zurück, bildete 2015 das erfolgreiche Wahlbündnis mit seinem früheren Mentor, bewahrte aber seine Selbstständigkeit und konnte Kaczyńskis Vertrauen nie wieder gewinnen. Als im Sommer 2020 die parteiinterne Diskussion über eine mögliche Nachfolge von Kaczyński ausbrach, witterte Ziobro seine Chance. Er bot eine Fusion seiner kleinen Partei mit PiS an, wurde aber von Kaczyński zurückgewiesen. Seitdem gilt ihr Verhältnis als zerrüttet. Im Herbst 2020 führte der Konflikt zwischen ihnen fast zum Ende der Regierung Morawiecki.[38]

Ziobro ist sich seiner Macht bewusst. Ohne *Solidarna Polska* kann Kaczyński heute nicht regieren, während Neuwahlen für ihn und die PiS ein großes Risiko darstellen. Aber eine Radikalisierung der PiS, zu der es notwendigerweise kommen würde, wenn die PiS auf Ziobro setzen würde und eine Vertiefung des Konflikts mit der Europäischen Union in Kauf nehmen würde, ist ebenfalls mit hohen Risiken behaftet. Der Erfolg der PiS unter Kaczyński seit 2015 beruhte auf der Fähigkeit der Partei, breite Gesellschaftsschichten anzusprechen und in die Mitte der Gesellschaft einzudringen. Die Positionen, die Ziobro und *Solidarna Polska* vertreten und die sich aktuell auch die PiS zu eigen macht, haben dagegen keine Mehrheit in der polnischen Gesellschaft und würden die PiS nur zur Vertreterin einer starken Minderheit werden lassen. Das gilt für den offen antieuropäischen Kurs, die Verschärfung des Abtreibungsgesetzes, die Absage an schärfere Anti-Covid-19-Maßnahmen oder den Widerstand gegen den Umbau der Volkswirtschaft und der Energieversorgung unter klimapolitischen Prämissen.[39]

---

37 Jak Łukasz Mejza postanowił zarobić na cierpieniu. Wiadomosci.wp.pl, 24.11.2021.

38 Prawa ręka Ziobry o kryzysie w koalicji: My walczymy o polską duszę. wyborcza.pl, 18.9.2021.

39 Wojciejch Szacki: PiS się rozjeżdża. Klimat w Polsce powoli przestaje sprzyjać Kaczyńskiemu Polityka. 23.11.2021.

Der König und sein Reich. Proteste gegen Justizminister Zbigniew Ziobro

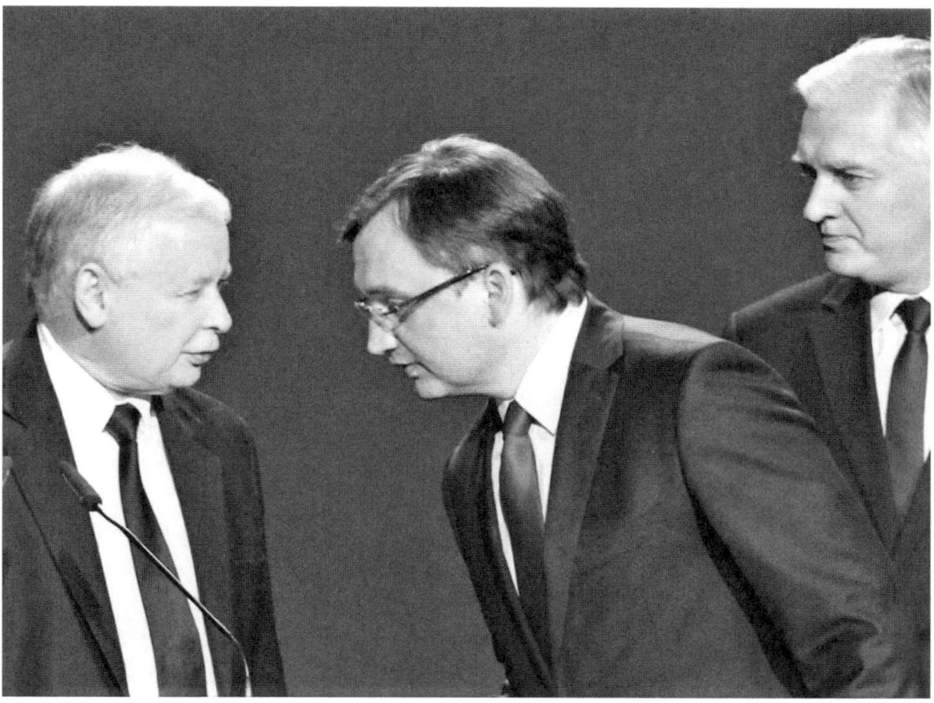

Herr und Diener? Jarosław Kaczyński, Zbigniew Ziobro, Jarosław Gowin 2014 (v.l.n.r.)

Aktuelle Studien zeigen, dass sich die polnische Gesellschaft in den letzten Jahren stark verändert hat, Säkularisierung und Liberalisierung schreiten voran, vor allem in der jungen Generation. Nur zwölf Prozent der Erst- und Jungwähler würden heute PiS wählen. In dieser Alterskohorte verliert die PiS gegen alle Oppositionsparteien.[40] Der demographische Wandel und der gesellschaftliche Wertewandel könnten die PiS bereits bei den nächsten Wahlen 2023 stark treffen. Zudem wird ein Teil der bisherigen Stammwählerschaft unter den Ältesten verstorben sein.

Die PiS sitzt damit in der Klemme zwischen dem langfristigen Ziel, die Mehrheit der Polen zu repräsentieren und sich die Regierungsoption auf Dauer offen zu halten, und dem kurzfristigen Interesse, an der Macht zu bleiben, auch wenn ihr Fundament bröckelt. Kaczyński scheint sich für das Letztere entschieden zu haben. Er fürchtet, dass ihn ein Schwenk zur Mitte, der eine Trennung von Ziobro zur Folge haben müsste, die Unterstützung des bisher treuen rechten Randes kosten und das Entstehen einer rechten Konkurrenz bedeuten könnte. Es ist anzunehmen, dass es gerade dieses Szenario ist, auf das Ziobro als Alternative zum Festhalten an dem Bündnis mit der PiS setzt. Eine stramm antieuropäische Partei, die sich auf den Trümmern der PiS sowie nach einem wahrscheinlichen Zusammenschluss mit der *Konfederacja* unter Ziobros Führung etablieren könnte, ist kein realitätsferner Gedanke. Der Streit um das EU-Geld, die Rechtsstaatlichkeit und die EU-Klimapolitik wird europakritische Stimmen in Polen stärken. Die große Mehrheit wird sich weiterhin für die EU-Mitgliedschaft aussprechen, die Zahl der EU-Enthusiasten wird aber unvermeidlich schrumpfen. Ziobro weiß, dass er entgegen seinen Ambitionen keine Zukunft als PiS-Vorsitzender hat. Als Anführer einer im Parlament vertretenen oppositionellen Polexit-Partei könnte er aber sehr wohl reüssieren. Am 22. September stellte der Europaabgeordnete Patryk Jaki, seines Zeichens Mitglied von *Solidarna Polska*, medienwirksam einen in seinem Auftrag verfassten Bericht vor, nach dem die wirtschaftliche Bilanz der Mitgliedschaft Polens in der EU negativ sei.[41] Der Bericht wurde von unabhängigen Experten aufgrund offenkundiger methodischer und grundlegender interpretativer Fehler zerrissen.[42] Er mag aber als ein Indiz dafür gelten, dass relevante politische Kreise weitere Aktivitäten planen, die den Sinn der polnischen EU-Mitgliedschaft in Frage stellen.

Bei einem Fünftel der Wähler dürfte eine scharfe Kritik der EU gut ankommen. So sind 22 Prozent der Polen der Meinung, dass die EU-Mitgliedschaft mehr Nachteile als Vorteile mit sich bringe. Ein Drittel der Polen stimmt der These zu, die EU dränge Polen Werte auf, die der polnischen Kultur und Tradition widersprechen, und glaubt, dass der Respekt für das EU-Recht eine „übermäßige Einschränkung der polnischen Souveränität" nach sich zieht.[43]

---

[40] Najmłodsi wyborcy mają zupełnie innego lidera. PiS z zaskakująco niskim poparciem. natemat.pl, 14.10.2021.

[41] Patryk Jaki przekonuje, że Unia nam się nie opłaca. „Nie skłamali, ale prawdy nie powiedzieli". Money.pl, 21.9.2021.

[42] Raport Jakiego, czyli coś tu nie pasuje. „Momentami wygląda na losowy generator liczb". next.gazeta.pl, 21.9.2021.

[43] Jacek Kucharczyk: Widmo polexitu? Społeczne postawy wobec członkostwa Polski w Unii Europejskiej. Warszawa 2021, <www.isp.org.pl/pl/publikacje/widmo-polexitu-spoleczne-postawy-wobec-czlonkostwa-polski-w-unii-europejskiej>.

Damit ist die Liste der Herausforderungen, vor denen die PiS steht, noch nicht komplett. Mehr als der Konflikt mit der EU, der für viele Bürger zu komplex und abstrakt ist, sorgen Inflation und die steigenden Corona-Infektionszahlen für Unmut und Verunsicherung. Die Inflation in Polen ist die höchste europaweit und lässt sich nicht nur durch steigende Energiepreise erklären. Eine laxe Zinspolitik der Nationalbank sowie die Schwäche des Złoty trugen zum enormen Preisanstieg bei. Die Inflationsrate beträgt sieben Prozent und steigt, was sich auf die Kaufkraft der Polen negativ auswirkt. Zwischen Oktober und November ist die Unterstützung für die PiS unter den Rentnern als der Stammklientel der Partei um 14 Prozentpunkte gefallen – von 58 auf 44 Prozent. Der wichtigste Grund dafür soll die Inflation sein.[44] Die Inflation ist für die Regierung eine Gefahr, weil sie auch die positiven Effekte des gerade angekündigten neuen Wirtschaftsprogramms „Polnischer Deal" so gut wie zunichtemacht. Dieses Programm sieht zwar eine Steuersenkung für ärmere Bevölkerungsgruppen vor. Beim aktuellen Preisanstieg wird aber dieser Effekt nicht mehr spürbar sein oder sehr schnell verpuffen.[45] Damit wird der PiS ein Strich durch die Rechnung gemacht, da die Partei mit dem „Polnischen Deal" eine großangelegte Offensive lancieren wollte, um aus dem Umfragetief heraus zu kommen.
Auch die steigenden Covid-19-Infektionzahlen stellen die Regierung vor Probleme. Ende November lag die durchschnittliche Zahl der Neuinfektionen bei 22 000 Menschen und die Zahl der Toten bei 333 Personen täglich.[46] Einerseits gehört Polen zu den Ländern in der EU, wo es am wenigsten pandemiebedingte Einschränkungen des öffentlichen Lebens gibt. Zwar gilt die Maskenpflicht, von 2G-Regeln, geschweige denn einem Lockdown ist aber keine Rede. Auch hier muss die Regierung einen Spagat machen. Einerseits wächst die Verunsicherung in der Gesellschaft angesichts der drohenden Überlastung des Gesundheitssystems. Auch der mediale Druck steigt, die vierte Coronawelle entschieden einzudämmen. Andererseits ist die PiS-Wählerschaft gespalten. Die Furcht vor Unmut der Minderheit, die einen radikaleren Kurs in der Pandemiebekämpfung ablehnt, scheint zur Zeit größer zu sein als die Angst vor den Folgen einer nichtrestriktiven Politik. Mittelfristig kann sich die Spannung zwischen beiden Positionen zu einer großen politischen Belastung für die PiS entwickeln und ihre Popularität weiter beeinträchtigen.

Ausblick

Polens Konflikt mit der EU über die Rechtsstaatlichkeit ist eine Etappe der seit langem schwelenden Krise zwischen Warschau und Brüssel. Er ist auch der innenpolitischen Entwicklung in Polen geschuldet. Die Vertragsverletzungsverfahren, welche die Kommission in den vergangenen Jahren gegen Polen eher träge behandelt hatte, kommen in die entscheidende Phase. Dem bisher bedeutendsten Urteil vom 15. Juli 2021 des Europäischen Gerichtshofs über die Rechtswidrigkeit der Disziplinarkammer wird 2022 eine

---

[44] Kaczyński ma się czym martwić. Skąd wziął się nagły spadek notowań? wyborcza.pl, 2.11.2021.

[45] Michał Szułdrzyński: Uciec przed sondażową spiralą. Rzeczpospolita. 25.11.2021.

[46] Koronawirus w czwartek 25 listopada oficjalnie znów ponad 28 tys. zakażeń i rekord zgonów tej fali. biqdata.wyborcza.pl, 25.11.2021.

Entscheidung über das sogenannte „Maulkorbgesetz“ folgen. Das Gesetz sieht u.a. Strafen für Richter vor, die sich direkt auf die EuGH-Rechtsprechung beziehen. Dazu sind sie nach EU-Recht verpflichtet. Es ist zu erwarten, dass auch dieses Urteil für die polnische Regierung negativ ausfällt. Im Rahmen des Rechtsstaatlichkeitsmechanismus wird nicht nur die Unabhängigkeit der Gerichte, sondern auch die Funktionsweise der Staatsanwaltschaft, deren Politisierung ein Risiko für die Verwendung und das Controlling der EU-Mittel in Polen darstellt,[47] unter die Lupe genommen. Wenn ein derartiges Risiko festgestellt wird, kann die Auszahlung der EU-Haushaltsmittel suspendiert werden. So wird der Spielraum immer enger für die PiS, aber auch für die EU-Institutionen. Die Rechtsprechung des EuGH lässt sich nicht mit einem politischen Kompromiss umgehen. Wenn die Urteile des EuGH nicht umgesetzt werden, drohen weitere Strafen, die auch von Zahlungen aus dem EU-Haushalt abgezogen werden können.

Der innenpolitische Korridor, in dem sich die PiS bewegt, wird schmäler. Die Unnachgiebigkeit der Partei in der Konfrontation mit Brüssel ist eine Reaktion auf diese unkomfortable Lage. Die Anhäufung von Herausforderungen und Problemen, mit denen die PiS fertig werden muss, drängt die Partei nahezu auf den Weg der politischen Radikalisierung, die aber langfristig in eine Sackgasse führt.

Die für die PiS gesichtswahrende Lösung, die Politik des Sowohl-als-auch fortzusetzen, also die Koalition mit Ziobro fortzuführen und den Streit mit der EU beizulegen,[48] ist mit der jüngsten Ankündigung der Kommission, die Genehmigung des polnischen Wiederaufbauplans mit Verweis auf die Probleme der Justiz auszusetzen, unmöglich geworden. Kaczyński hat sich für einen konfrontativen Kurs entschieden, da ihm der kurzfristige Machterhalt, der nur mit Unterstützung des EU-Feinds Ziobro möglich ist, wichtiger erscheint als Mittel der EU und die Interessen Polens in der EU. Ob sich diese Strategie langfristig auszahlt, ist fraglich. Die politische Zukunft des Landes wird sowohl von der Fähigkeit der Opposition abhängen, die aktuelle Lage zu ihren Gunsten zu nutzen, als auch von der Entschlossenheit der EU, sich nicht erpressen zu lassen.

Schlagwörter:
Polen, Konflikt EU-Polen, Rechtsstaatlichkeit, Gewaltenteilung, Justizreform, EuGH-Urteil, PiS

---

[47] Piotr Bogdanowicz, Piot Buras: Defending the EU against „grand corruption“. Rule of law conditionality mechanism and Poland, in: Rule of Law, 21.7.2021.

[48] Let’s Not be Fooled by the Polish PM’s Lip Service. Tinkering with the Disciplinary Chamber Won’t Fix the Rule of Law Crisis. wyborcza.pl, 20.10.2021.

Kai-Olaf Lang

Migranten und Soldaten

Die Krise an der polnisch-belarussischen Grenze

Polen hat auf die wachsende Zahl von Migranten an seiner Grenze zu Belarus schnell und hart reagiert. Die Regierung in Warschau sieht einen Destabilisierungsversuch des Regimes in Minsk und hat die grüne Grenze mit Sperranlagen abgeriegelt und ein massives Aufgebot von Grenzschützern und Soldaten in die Region verlegt. Auch die Gesetze wurden verschärft. Polnische und internationale Menschenrechtsorganisationen kritisieren die Verletzung von Völkerrecht, die Kirche nimmt eine vermittelnde Position ein. Für die Regierung hat die Krise eine starke sicherheitspolitische Dimension, sie erkennt eine hybride Kriegsführung, in die auch Russland verwickelt ist. In der Europäischen Union hat Warschau weitgehend Rückendeckung erhalten. Der Versuch, von dem Konflikt mit Brüssel um die Rechtsstaatlichkeit abzulenken, ist jedoch nicht gelungen.

Im Juni 2021 registrierte Litauen einen starken Anstieg von Menschen, die aus Belarus kommend über die grüne Grenze ins Land gekommen waren. Überwiegend stammten sie aus Syrien, dem Irak und Afghanistan. Ihr Ziel: Asyl in der Europäischen Union beantragen. Litauen begann, die Grenze zu sichern, und auch die Regierung in Warschau war alarmiert. Es war offenkundig, dass das Regime in Minsk diese Wanderungsbewegungen befördert und damit ein neues Kapitel in der Auseinandersetzung zwischen dem Westen und der belarussischen Führung begonnen hat. Machthaber Lukašenka lenkte Migrationsströme in die angrenzenden EU- und NATO-Länder und ein zentrales Motiv war zweifelsohne, Staaten unter Druck zu setzen, die seit der Fälschung der belarussischen Präsidentschaftswahlen vom August 2020 einen harten Kurs gegen Minsk fordern und die zu wichtigen neuen Heimstätten der exilierten Opposition geworden sind.

Polen begann rasch, Litauen politische und praktische Unterstützung zukommen zu lassen. Schnell verabschiedeten die beiden Länder gemeinsame Erklärungen. Zusätzlich zu der Anfang Juli entsandten Mission der EU Grenzschutzbehörde Frontex, an der polnische Grenzschützer und ein Hubschrauber teilnehmen, schickte Warschau Ende August ein Kontingent von 53 Polizisten in den Nachbarstaat.[1] Bald richtete sich Polens Aufmerksamkeit jedoch auf die eigene Ostgrenze. Denn seit dem Spätsommer nahm die

Kai-Olaf Lang (1967), Dr. sc. pol., Wissenschaftlicher Mitarbeiter der Stiftung Wissenschaft und Politik, Berlin

Von Kai-Olaf Lang erschien in Osteuropa u.a.: Nachbarn in Alarm. Die Politik Polens und Litauens gegenüber Belarus, in: OE, 10–11/2020, S. 305–319. – Zweieiige Zwillinge. PiS und Fidesz: Genotyp und Phänotyp, in: OE, 3–5/2018, S. 77–98.

[1] Polscy policjanci wyruszyli na Litwę – Ministerstwo Spraw Wewnętrznych i Administracji. Gov.pl, 30.8.2021.

OSTEUROPA, 71. Jg., 8–9/2021, S. 39–52 doi: 10.35998/oe-2021-0062

Zahl der illegalen Übertritte an der 420 Kilometer langen Grenze zu Belarus – 180 km davon verlaufen entlang des Flusses Bug – stark zu, während sie an der fast 700 Kilometer langen belarussisch-litauischen Grenze deutlich zurückging.[2] Der polnische Grenzschutz registrierte im Juli 2021 242 versuchte illegale Grenzübertritte, im August waren es 3500, im September 7700, im Oktober 17 500, erst im November sank die Zahl auf 8900. Im gesamten Jahr 2020 hatte der Grenzschutz nur etwas mehr als 100 solcher Versuche registriert.[3] Diese Zahlen sind allerdings mit Vorsicht zu genießen. So ist die Anzahl der „Versuche" illegaler Übertritte nicht mit der Anzahl der Personen gleichzusetzen, da es sich auch um Personengruppen handeln kann, die versuchen, die Grenzen zu überschreiten. Auch ist es zahlreichen Migranten gelungen, nach Deutschland zu kommen. Im Oktober 2020 waren es gut 5000, im November knapp 3000. Dies zeugt davon, dass die polnischen Kräfte viele Grenzübertritte nicht bemerken.[4]

Die polnische Regierung reagierte auf die Entwicklungen an der Ostgrenze mit einem Bündel von Maßnahmen, die auf eine strikte Grenzsicherung und die Eindämmung von Migrationsbewegungen zielen. Auf Ersuchen der Regierung unterzeichnete Staatspräsident Andrzej Duda Anfang September eine Verordnung, die den Ausnahmezustand für die Grenzregion verhängte.[5] In einer 183 Gemeinden umfassenden Zone, die bis zu drei Kilometer ins Inland reicht, gelten entlang der gesamten Grenze zu Belarus weitreichende Einschränkungen des öffentlichen Lebens, insbesondere der Freizügigkeit. Von den Bewohnern der Dörfer und einigen wenigen weiteren Ausnahmen abgesehen darf niemand dieses Areal betreten. Da sich das Verbot auch auf die Presse bezieht, gibt es seit Inkrafttreten des Ausnahmezustands am 2. September kaum noch unabhängige Berichterstattung aus dem Grenzgebiet. Dieser Aspekt spielte bei der Entscheidung über die Einführung des Ausnahmezustands sicher eine wichtige Rolle, ebenso die Aktivitäten von Nichtregierungsorganisationen. Diese versuchen einerseits, humanitäre Hilfe für Flüchtlinge zu organisieren und ihnen rechtliche Unterstützung zu geben, andererseits prangern sie ein Fehlverhalten polnischer Grenzbeamten an.

Ende August kursierten in den polnischen Medien Berichte von einer Migrantengruppe in der Nähe des östlich von Białystok gelegenen Dorfes Usnarz Górny. Die zunächst etwa 50, später gut 30 Personen gelangten nicht über die polnische Grenze, wurden aber auch von belarussischen Sicherheitskräften daran gehindert, ihre Lagerstätte im Wald zu verlassen. Die Not der an der Grenze festsitzenden Menschen ließ immer mehr Stimmen aufkommen, die die Einhaltung humanitärer Mindeststandards forderten. Aktivisten u.a. der *Fundacja Otwarty Dialog* beschädigten bei Usnarz Górny Grenzsicherungsanlagen,

---

2 Zahlen laut litauischem Innenministerium. Neteisėtos migracijos stebėsena (nuo 2021-01-01) <https://ls-osp-sdg.maps.arcgis.com/apps/dashboards/9b0a008b1fff41a88c5efcc61a876be2>.

3 Polsko – białoruski odcinek granicy państwowej – nielegalna migracja w liczbach – Aktualności – Podlaski Oddział Straży Granicznej (strazgraniczna.pl). – Ile było prób nielegalnego przekroczenia granicy polsko-białoruskiej? Dane dzień po dniu.
Konkret 24, 7.9.2021.

4 Siehe kritisch dazu: Kryzys humanitarny na pograniczu polsko-białoruskim. Raport Grupy Granica, S. 17ff., <www.grupagranica.pl/files/Raport-GG-Kryzys-humanitarny-napograniczu-polsko-bialoruskim.pdf>.

5 Rozporządzenie Prezydenta Rzeczypospolitej Polskiej z dnia 2 września 2021 r. w sprawie wprowadzenia stanu wyjątkowego na obszarze części województwa podlaskiego oraz części województwa lubelskiego (sejm.gov.pl).

um gegen die unnachgiebige Politik der polnischen Regierung zu protestieren.[6] Auch hatten NGOs dafür gesorgt, dass Migranten polnischen Prozessvertretern eine Vollmacht erteilen konnten. Jene reichten beim Europäischen Gerichtshof für Menschenrechte (EGMR) Klage auf die Erteilung von internationalem Schutz sowie Zugang zu medizinischer Versorgung und zu Lebensmitteln ein. Der EGMR entsprach der Klage Ende August weitgehend und verpflichtete die polnische Regierung außerdem dazu, den Zugang zu Rechtsbeistand zu ermöglichen.[7]

Der Ausnahmezustand wurde zunächst für 30 Tage verhängt, dann um weitere 60 Tage verlängert. Eine erneute Verlängerung war auf Grundlage des geltenden Rechts nicht möglich. Daher änderte der Sejm mit den Stimmen der Regierungskoalition und der sie unterstützenden Kräfte Ende November das Gesetz über den Schutz der Staatsgrenze. Einschränkungen, die zuvor nur unter Verhängung des Ausnahmezustands möglich waren, sind nun ohne zeitliche Begrenzung möglich.[8]

Bereits Ende August hatte die Regierung zudem mit der Errichtung von stacheldrahtbewehrten Grenzzäunen begonnen. Diese sollten in einer ersten Phase 150 km des Grenzgebiets abdecken, danach sollen nochmals knapp 100 km verlegt werden.[9] Mitte September sollen 130 km Stacheldraht verlegt worden sein.[10] Seitdem hält die Regierung sich bedeckt. Anfang November trat ein Sondergesetz in Kraft, das den Bau einer massiven Grenzsicherungsanlage ermöglicht. Die 5,5 Meter hohe „Mauer“ soll 1,6 Milliarden Złoty kosten und 180 km lang werden. Das Gesetz sieht vor, dass umweltrechtliche Regelungen und konventionelle Vergabeverfahren unbeachtet bleiben können, so dass eine rasche Umsetzung möglich ist.[11]

Neben der Errichtung physischer Sperren sorgte die Regierung in Warschau für einen massiven Aufwuchs von Grenztruppen, Polizei und Militär im Grenzgebiet. Mitte November 2021 waren an der polnischen Grenze zu Belarus etwa 20 000 Sicherheitskräfte stationiert: 15 000 Soldaten[12], 4000 Grenzschützer und 1500 Polizisten (darunter 250

---

[6] Aktywiści na granicy polsko-białoruskiej: Do takich policjantów strach iść po ratunek, Gazeta Wyborcza, 30.8.2021. – Granica polsko-białoruska w Usnarzu Górnym. Aktywiści: Funkcjonariusze reprezentują partię, a nie obywateli. wyborcza.pl, 30.8.2021.

[7] Usnarz Górny. ETPC nakazał dopuścić prawników do koczujących Afgańczyków, Gazeta Prawna, 28.9.2021. – Court indicates interim measures in respect of Iraqui and Afghan nationals at Belarusian border with Latvia and Polen, <https://hudoc.echr.coe.int/app/conversion/pdf/?library=ECHR&id=003-7100942-9612632&filename=Interim%20measures%20Poland-Latvia-Belarus%20border.pdf>.

[8] Was vielfach kritisch aufgenommen wurde und u.a. als „permanenter Ausnahmezustand“ beschrieben wurde. Prof. Patyra: Nowe ograniczenia przy granicy to permanentny stan wyjątkowy. Prawo.pl, 23.11.2021.

[9] Błaszczak o granicy polsko-białoruskiej: 80 km ogrodzenia i 130 km zasieków. Dziennik.pl, 19.9.2021.

[10] Die Angaben sind uneinheitlich und überdies schwer zu verifizieren. Seit dem Frühherbst hielt sich die Regierung offensichtlich mit der Nennung von Zahlen zurück. Płot na granicy z Białorusią: Położono już ponad 130 km zasieków wojskowych. RMF 24, 19.9.2021. – Wiceszef MSWiA w Sejmie o sytuacji na granicy polsko-białoruskiej – Ministerstwo Spraw Wewnętrznych i Administracji. Gov.pl, 16.9.2021.

[11] Mur na granicy polsko-białoruskiej będzie można zbudować byle jak, a puszczę wyciąć. rp.pl, 15.10.2021. – Żadnych bezpieczników. Płot na granicy z Białorusią to kapitalizm katastroficzny. oko.press, 9.11.2021.

[12] Twitter-Post des polnischen Verteidigungsministers Błaszczak vom 10.11.2021, <https://twitter.com/mblaszczak/status/1458346525852065794>.

auf Terrorabwehr spezialisierte Kräfte).[13] Im Rahmen der Operation *Silne Wsparcie* (Starke Unterstützung) sind im Grenzgebiet auch Soldaten der Territorialverteidigung (Wojska Obrony Terytorialnej, WOT) – einer seit 2016 aufgebauten Reserve-Armee – tätig.[14] Mitte November waren es rund 800.[15] Truppen der WOT begannen Ende Oktober mit Übungen in den Grenzregionen und im Hinterland.[16]

Die Anzahl der Soldaten wurde somit innerhalb von zwei Wochen verdoppelt,[17] womit Mitte November gut ein Zehntel der regulären Stärke der polnischen Streitkräfte[18] bzw. ein Sechstel der Zahl der Land- und Spezialstreitkräfte durch den Einsatz, der primär polizeilichen bzw. grenzpolizeilichen Charakter hat, gebunden war.

Flankiert wird die unnachgiebige Schutz- und Sicherungspolitik an der Grenze durch Anpassungen des Rechtsrahmens. Schon im August trat eine Verordnung in Kraft, die eine sofortige Ausweisung von Menschen ermöglicht, die die Grenze illegal überschritten haben. Im Oktober wurden dann Gesetzesänderungen verabschiedet, die eine unverzügliche Rückführung über die Grenze nach Grenzverletzungen auf restriktive Weise festschreiben. Nach Auffassung von Menschenrechtsorganisationen und Teilen der Zivilgesellschaft sei dies ein Verstoß gegen internationales Recht, weil hierdurch die Möglichkeit auf effektiven Schutz vor Verfolgung substantiell eingeschränkt werde. Auch habe die Regierung damit völkerrechts- und verfassungswidrig eine gesetzliche Absicherung für Pushbacks geschaffen, also das völker- und europarechtlich unzulässige Zurückdrängen von Schutzsuchenden hinter die Grenze.[19]

Als größere Gruppen von Migranten versuchten, auf das polnische Territorium vorzudringen – teils aus Verzweiflung, teils auf Drängen belarussischer Kräfte –, und die belarussischen Sicherheitskräfte diese mit aggressiven Aktionen – etwa dem Einsatz von Lasern, mit denen sie polnische Grenzschützer blendeten – sah die polnische Regierung ihren Kurs einer entschlossenen Zurückweisung und Grenzsicherung bestätigt. Insbesondere die Ereignisse am Grenzübergang Kuźnica an der Straße von Hrodna nach Białystok führten zu einer weiteren Eskalation. Dorthin hatten die belarussischen Behörden in den ersten Novembertagen geschätzt 1000 Migranten transportiert. Am 8. November versuchten diese, den Grenzübergang zu überschreiten. Der polnische Grenzschutz setzte Wasserwerfer ein, 8000 WOT-Angehörige aus drei Brigaden im Osten des Landes wurden in die höchste Bereitschaftsstufe versetzt.[20]

---

13 Wiceszef mswia myślę że polska zdecyduje się na uruchomienie art 4 traktatu. Pap.pl, 9.11.2021.

14 Coperacja „Silne wsparcie". Terytorialsi ze Strąża Graniczną zatrzymują migrantów na granicy i w „gniazdach". Pap.pl, 8.10.2021.

15 Radio Białystok auf Twitter: „Mamy zadanie ochrony granicy. Jej nielegalne #przekroczenie jest łamaniem prawa, nie możemy do tego dopuścić (...) Na #granica jest ok. 800 #żołnierz.y #WOT – mówi @marekpietrzak76. #Białoruś #Belarus @terytorialsi #Polska #StrażGraniczna #Kuźnica https://t.co/Zvy6wBGpjr".

16 Osłona-21: rozpoczęły się ćwiczenia WOT na ścianie wschodniej | Biuro prasowe Dowództwa Wojsk Obrony Terytorialnej. wp.mil.pl, 22.10.2021.

17 Więcej wojska na granicy z Białorusią. Infosecurity24.pl, 22.10.2021.

18 Anfang 2021 rund 111 000. Siehe MON w Sejmie: będziemy dalej zwiększać liczbę żołnierzy. Defence14.pl, 24.6.2021.

19 Ustawa wywózkowa ma nam wmawiać, że działania Straży Granicznej są legalne. Duda podpisał bezprawie. Oko.press, 24.10.2021.

20 Rzecznik WOT o sytuacji na granicy: Migranci przygotowują się na dłuższy pobyt. rmf24.pl, 10.11.2021.

„Willkommen in Polen, einem Land mit einer modernen europäischen Demokratie“. Usnarz Górny, 21. August 2021

Motivationsschub: Präsident Andrzej Duda dankt dem polnischen Grenzschutz. 11.11.2021.

Bilder von Durchbruchsversuchen an der Grenze machten es Polen zudem leichter, die Partner in EU und NATO zu mobilisieren. Gleichzeitig nahm die Diskussion über weitere Gegenmaßnahmen Fahrt auf. Neben zusätzlichen EU-Sanktionen gegen das Regime in Minsk und einer möglichen Aktivierung der NATO – konkret des Art. 4 des Nordatlantikvertrags – wurde nun auch erwogen, mehr und mehr Grenzübergänge dauerhaft zu schließen oder als ultima ratio die Grenze für Warenverkehr und Transit gänzlich abzuriegeln.[21] Damit wäre auch der Gütertransport zwischen Russland sowie Ostasien und Europa betroffen. Etwa 90 Prozent der auf der Schiene aus China transportierten Güter gelangen über den Übergang Brest/Terespol und das nahegelegene Terminal im polnischen Małaszewicze nach Europa. Die Kosten einer solchen Transitblockade wären allerdings für Polen immens. Langfristig könnte der Schienengüterverkehr an Polen vorbei gelenkt werden.

Innenpolitische Aspekte

Die Situation an der Grenze zu Belarus hat in Polen eminente innenpolitische Bedeutung. Migrationsdruck und Bedrohungen aus östlicher Richtung in Kombination mit Grenzverletzungen und ungewisser Entwicklungsrichtung lösen in der polnischen Öffentlichkeit die Erwartung aus, dass der Staat die Bevölkerung beschützt und die Gefahr abwehrt. Das nationalkonservative Regierungslager hat dieser Erwartung seit Beginn der Krise entsprochen und auf einen harten Kurs der Grenzsicherung gesetzt. Die rasche Verlegung von Sicherheitskräften, die Betonung des Schutzes der Grenze als Voraussetzung polnischer Souveränität, ein klares Nein zu irregulärer Migration sowie die Rede von der Ostgrenze als „Frontlinie“[22] – dies alles nutzte dem Regierungslager.

Noch im September und in den ersten beiden Oktoberwochen prägten auch in Polen humanitäre Aspekte die öffentliche Wahrnehmung der Krise. Für Empörung sorgte etwa, dass Flüchtlinge mit Kindern, die in einer polnischen Aufnahmeeinrichtung in der Kleinstadt Michałowo versorgt worden waren, zurück über die Grenze gebracht wurden. Doch nach den Ereignissen am Grenzübergang Kuźnica traten humanitäre Fragen in den Hintergrund.

Die stärkste Regierungspartei *Recht und Gerechtigkeit* (PiS) kann sich als Law-and-Order-Gruppierung darstellen. Probleme wie die rasant ansteigenden Infektionszahlen in der Corona-Pandemie, die wiederaufflammende Debatte über das strikte Verbot von Schwangerschaftsabbrüchen oder die steigenden Preise werden so in den Hintergrund gedrängt. Zieht sich die Krise jedoch über längere Zeit hin, droht ein „Gewöhnungseffekt“, es könnte sogar der Eindruck entstehen, die Regierung habe die Situation nicht unter Kontrolle oder agiere auf internationaler Ebene unprofessionell.

Die gemäßigte Opposition ist bislang in der Defensive. Sammelt sie sich mit der Regierung „um die Flagge“, stützt sie die PiS. Kritisiert sie diese, etwa indem sie die Beach-

---

21 Zu den Grenzübergängen siehe die Karte in diesem Band im Einschub zwischen S. 48/49.

22 „Ihr seid an der ersten Linie der Front!“ Premierminister Morawiecki zu Angehörigen der Streitkräfte, des Grenzschutzes und der Polizei. Wypowiedź premiera Mateusza Morawieckiego do funkcjonariuszy Straży Granicznej, Policji i żołnierzy – Kancelaria Prezesa Rady Ministrów. Gov.pl, 9.11.2021.

tung humanitärer Standards fordert oder die Verhängung des Ausnahmezustands verurteilt, wird sie der Illoyalität bezichtigt. Das Regierungslager bzw. regierungsnahe Medien stellen Politiker der Parteien der Mitte und der Linken, die dazu aufrufen, Hilfe zu leisten oder die das Vorgehen der polnischen Sicherheitskräfte für unverhältnismäßig und inhuman halten, als naiv dar oder präsentieren sie als nützliche Instrumente Lukašenkas. Die Opposition – sowohl die rechte und linke Mitte als auch die Nationalisten – setzte daher bis in den Dezember hinein darauf, der Regierung ein Scheitern vorzuwerfen, da weiterhin Migranten in größerer Zahl den Grenzübertritt schafften. Die proeuropäischen Teile des Oppositionslagers tadelten die Regierung überdies dafür, dass sie die von der EU angebotene Entsendung einer Frontex-Mission ausgeschlagen hat und humanitäre Mindeststandards nicht einhalte. Die Nationalisten rechts der PiS, vor allem also die in der sogenannten *Konfederacja* vereinigten Gruppierungen, geben sich als „sachliche Opposition".[23] Sie stehen prinzipiell hinter dem harten Kurs der Regierung, halten dieser jedoch Zögern und Fehler vor – etwa beim Bau von Grenzbefestigungen. Vereinzelte russophile oder Lukašenka-freundliche Stimmen aus diesem Milieu erwecken den Eindruck eines uneinheitlichen Auftretens, haben aber wenig Einfluss.[24] Die katholische Kirche hat sich in der Krise an der Ostgrenze lange zurückgehalten, nur einzelne Kirchenvertreter äußerten sich mit humanitären Aufrufen. Im Lauf des Herbsts ging dann die Kirchenführung mit vorsichtigen Appellen an die Öffentlichkeit, in denen es hieß, Barmherzigkeit und Grenzsicherung müssten miteinander vereinbart werden. Die Vollversammlung der Bischofskonferenz konstatierte im November, es bestehe „kein innerer Konflikt" zwischen gut verstandenem Patriotismus und Grenzschutz einerseits und „Hilfe für den Nächsten in Not im Geiste des guten Samariters".[25] Der Vorsitzende der Bischofskonferenz, Erzbischof Stanisław Gądecki veranlasste am dritten Novembersonntag eine Kollekte für Flüchtlinge in den polnischen Kirchen. Wie bei anderen Themen koexistieren in der Kirche auch mit Blick auf die Grenzfrage unterschiedliche Ansätze. „Liberale" Stimmen, nicht zuletzt Polens Primas Wojciech Polak sowie Initiativen an der Basis, forderten etwa medizinische Hilfe für Migranten. Der Tod von Menschen an der Grenze sollte, so Polak, „unser Gewissen alarmieren, Anlass dazu geben, über unsere Treue zum Evangelium nachzudenken und konkret etwas zu tun, um weitere Tragödien zu verhindern".[26] Der nationalkatholische Flügel in der Amtskirche

---

[23] Krzysztof Bosak: w sprawie kryzysu na granicy Konfederacja jest merytoryczną opozycją – WNET. fm,12.11.2021.

[24] Die offen russophilen oder pro-Lukašenka-orientierten Strömungen, die eine falsche, von ihnen als prowestlich gekennzeichnete Ostpolitik Polens als Ursache der Migrationskrise sehen wollen, sind in der Konfederacja in der Unterzahl. Ihre Ansichten sind im eigenen Lager umstritten und keineswegs kohärent. Ein anschauliches Beispiel sind Äußerungen des exzentrischen Konfederacja-Abgeordneten Janusz Korwin-Mikke, der Lukašenka als „freundlichen Menschen" bezeichnete und erklärte, Vladimir Putin habe keine Verantwortung für die Migrationskrise. Sein Fraktionskollege Robert Winnicki kritisierte Korwin-Mikke daraufhin offen. Mehrere Politiker der Konfederacja haben sich wiederholt für Sanktionen gegen Belarus ausgesprochen. Korwin-Mikke i Winnicki starli się na Twitterze. Poszło o kryzys na granicy. Temat.pl, 17.11.2021. – Poseł Konfederacji Jakub Kulesza: nie pozwolimy pluć na polski mundur, obrzydzać służby żołnierzy. PAP, 9.11.02021.

[25] Komunikat z 390. Zebrania Plenarnego Konferencji Episkopatu Polski, 19.11.2021. Komunikat z 390. Zebrania Plenarnego Konferencji Episkopatu Polski. Konferencja Episkopatu Polski.

[26] Prymas o sytuacji na polsko-białoruskiej granicy: „Nie możemy się ..." gosc.pl, 2.10.2021.

schweigt jedoch zumeist oder übermittelt den Einsatzkräften moralische Unterstützung.[27] In der Vergangenheit hatten Teile der Kirche die Flüchtlingspolitik der PiS durchaus kritisiert. Das Episkopat ging aber nie auf Konfrontationskurs zur Regierung, zu wichtig war ihm stets ein gutes Verhältnis mit der Regierung. Wenn die Kirche jetzt zu mehr Solidarität mit Hilfsbedürftigen aufruft, so betont sie stets zugleich, wie wichtig Grenzschutz ist und lobt die Arbeit der polnischen Grenzsicherungskräfte.
Ganz anders die liberale Zivilgesellschaft, die das Verhalten der polnischen Regierung von Anfang an scharf kritisierte. Sie wirft der polnischen Regierung nicht nur Verletzung von nationalem und internationalem Recht oder unzureichende Hilfsleistungen vor, sondern macht sie für die Lage der Menschen an der Grenze verantwortlich. Die *Grupa Granica*, ein Zusammenschluss von Nichtregierungsorganisationen, die Schutzsuchenden im Rahmen der Möglichkeiten humanitäre und rechtliche Unterstützung bietet, veröffentlichte Anfang Dezember 2021 einen Bericht, in dem sie konstatiert, dass es sich bei der Situation an der Grenze „um eine humanitäre Krise" handle: „Diese ist die Folge der Strategie, die die polnische Regierung als Antwort auf die Aktivitäten Alexander Lukaschenkas gegenüber Zwangsmigrantinnen und -migranten, die die polnische Grenze überschritten haben. Diese Strategie beruht darauf, sich der Personen, die die Grenze übertreten haben, möglichst schnell und um jeden Preis zu entledigen – und sie nach Belarus zurückzuschicken."[28]

Sicherheits- und verteidigungspolitische Bedrohungswahrnehmung

Aus Sicht der polnischen Regierung handelt es sich bei der Situation an der Grenze nicht um eine Migrationskrise, sondern um eine „politische Krise, die durch Lukaschenka herbeigeführt wurde, um die Situation in der EU zu destabilisieren".[29] Entsprechend verweist Warschau auf militärische Konsequenzen, die sich aus der Situation ergeben könnten. Diese „harte" sicherheitspolitische Dimension war seit Beginn der Krise präsent, da im September die aktive Phase des von Russland gemeinsam mit Belarus durchgeführten Manövers Zapad-21 in der Nähe der Grenze stattfand.[30] Argwöhnisch blickt Warschau vor allem auf die zunehmende Kooperation der Streitkräfte der beiden östlichen Nachbarn, u.a. auf ein neues gemeinsames Ausbildungszentrum für Kampfflugzeuge und Luftabwehrsysteme im belarussischen Baranoviči. Befürchtet wird, dass die instabile Situation an der Grenze sowie die Truppenstationierung auf polnischer Seite von Belarus und Russland als Vorwand für einen Ausbau russischer Militärpräsenz in Bela-

---

[27] Ausnahmen finden sich eher im „niederen Klerus". So kritisierten Pfarrer wie der medial präsente römisch-katholische und armenische Priester Tadeusz Isakowicz-Zaleski die Kollekte für Flüchtlinge und fragten, warum nicht für die Einsatzkräfte oder die polnischen Anwohner der betroffenen Regionen gesammelt werde. Uchodźcy na granicy. Kryzys dzieli polski Kościół. Księża sprzeciwiają się biskupom. wyborcza.pl, 19.11.2021.

[28] Kryzys humanitarny [Fn. 4], S. 3.

[29] Premier: to, z czym mamy do czynienia to przejaw terroryzmu państwowego. To cicha zemsta Łukaszenki. PAP, 10.11.2021. – Premier: wydarzenia na granicy to nie kryzys migracyjny, to kryzys polityczny. pap.pl, 10.11.2021.

[30] Zu dem Manöver siehe Pavel Fel'gengauer: Marsch nach Westen. Ein riskantes Spiel: Russlands Truppenübungen, in: OE, 7/2021, S. 9–13.

rus dienen könnten. Nicht ausgeschlossen wird von Fachleuten auch, dass bei einer Verschärfung der Krise auf belarussischer Seite auch russische Sicherheitskräfte bis hin zu Grenzschutz- oder Sondereinheiten an der Grenze auftauchen könnten.[31]

Polen sieht sich sowohl durch militärische wie verbale Signale aus Minsk in seiner Einschätzung bestätigt. Anfang November tauchten zwei atomwaffenfähige russische Bomber am Himmel über Belarus auf, die Einsatzszenarien übten,[32] am 11. November erklärte das belarussische Verteidigungsministerium, das Zusammenziehen großer Truppenteile im Osten Polens habe offensiven Charakter, Minsk werde mit „angemessenen" Schritten – allein oder mit Russland – reagieren.[33] Polen wird derlei Drohgebärden als weiteren Beleg dafür nehmen, dass forcierte Anstrengungen in Sachen Abschreckung und Verteidigung notwendig sind. Dass man damit möglicherweise der Militarisierungsdynamik Vorschub und Russland seinerseits Argumente für weitere „harte" sicherheitspolitische Aktionen liefert, wird in Polen nicht sichtbar diskutiert. Die eigenen Maßnahmen werden als defensive Erwiderung auf russisches oder belarussisches Handeln gesehen.

Neben den Mutmaßungen über Konsequenzen für Polen schaut Warschau auch auf mögliche Implikationen für die Ukraine. Schon im Zusammenhang mit den Zapad-Übungen hatten polnische Experten darauf hingewiesen, dass die engere militärische Zusammenarbeit zwischen Minsk und Moskau dazu führen könnte, dass die Ukraine nun auch aus Belarus bedroht werden könnte, indem etwa der ukrainische Luftraum von dort kontrolliert werde.[34] Insgesamt wird in Warschau die Situation an der Grenze in einen breiteren sicherheitspolitischen Kontext gesetzt. Das Erscheinen von Menschen aus Afghanistan, Syrien, dem Irak und anderen Staaten an der polnisch-belarussischen Grenze wird als Teil einer von Russland initiierten Destabilisierungs- und Eskalationspolitik betrachtet, zu der auch die Konzentration russischer Truppen an der Grenze zur Ukraine, eine Instrumentalisierung von Gaslieferungen und der Bau der Pipeline *Nord Stream* 2 gehören würden.

Internationalisierung mit Souveränitätsvorbehalt

Die polnische Regierung ist seit Beginn der Migrationskrise bemüht, die Lage an der Ostgrenze zu einem Thema in der Europäischen Union, in der NATO und in anderen internationalen Organisationen, etwa der UN, zu machen. Warschau koordiniert sich dabei eng mit den baltischen Staaten, die ebenfalls in EU und NATO um Solidarität sowie ein entschlossenes Vorgehen gegen Minsk werben. Bereits als Migranten vornehmlich an der litauisch-belarussischen Grenze auftauchten, unterstützte Polen rasch das Nachbarland Litauen. Es fanden Treffen auf höchster politischer Ebene statt und gemeinsame Erklärungen wurden verabschiedet. Warschau schickte humanitäre Hilfe

---

31 Militaryzacja kryzysu granicznego po białorusku. InfoSecurity24, 12.11.2021.

32 Russia sends bombers to fly over Belarus, blames EU for migrant catastrophe. 10.11.2021.

33 Soobščenie press-služby (Video) – Voennyj informacionnyj portal Ministerstva oborony Respubliki Belarus', <www.mil.by>.

34 Eksperci o manewrach Zapad 2021: Demonstracja siły wobec Zachodu, integracja wojskowa z Białorusią. Dziennik Gazeta Prawna, 25.9.2021.

im Wert von 160 000 Euro[35], und entsandte für einen Monat ein Kontingent von rund 60 polnischen Polizisten. Ende Oktober wurde noch einmal eine Gruppe von 24 Polizisten entsandt.[36]

Früh fanden auch Konsultationen zwischen Polen und den drei baltischen Staaten statt. Ende August veröffentlichten die Staatsoberhäupter[37] sowie die Regierungschefs der vier Länder eine gemeinsame Erklärung zur Krise,[38] Mitte September trafen sich die Außen- und Verteidigungsminister.[39]

Als größere Gruppen von Migranten erstmals versuchten, die von Polen errichteten Sperranlagen mit Gewalt zu überwinden, intensivierte Warschau seine diplomatischen Aktivitäten deutlich. Premierminister Morawiecki startete Ende November eine „diplomatische Offensive", die ihn in nur sechs Tagen zu Treffen auf Spitzenebene in die drei baltischen Hauptstädte, nach Budapest zu einem Gipfel der Visegrád-Staaten, nach Kroatien, dann nach Frankreich und Slowenien sowie nach Deutschland und Großbritannien führte.[40] Nach innen soll so demonstriert werden, dass Polen in der EU nicht alleine ist und die Kommunikation mit den Partnern nicht vernachlässigt – wie dies die proeuropäische Opposition bemängelt. Zugleich will die Regierung Belarus und Russland zeigen, dass die EU und die NATO zusammenstehen und Warschau trotz zahlreicher Streitigkeiten mit Brüssel und anderen Partnern aus der EU in der Lage ist, ein gemeinsames Auftreten des Westens zu organisieren.

Tatsächlich wollen die Partner Polens ebenfalls verhindern, dass durch die Grenzkrise ein Keil in die Organisationen des Westens getrieben wird. Warschau gelang es allerdings nicht, mit Verweis auf die Bedrohungslage im Osten den Konflikt mit der Europäischen Union um die Rechtsstaatlichkeit in Polen zu entschärfen. Rufe aus dem polnischen Regierungslager, die EU müsse nun den Schulterschluss mit Polen üben, verfingen nicht.[41]

In der EU fordert Polen vor allem drei Dinge: politische Unterstützung, weitere Sanktionen gegen Minsk sowie eine finanzielle Beteiligung am Bau von Grenzsicherungsanlagen. Anders als Litauen lehnt Warschau eine Präsenz der Europäischen Agentur für die Grenz- und Küstenwache Frontex – und erst recht anderer, stärker an Menschenrechten ausgerichteten EU-Institutionen wie des Europäischen Unterstützungsbüros für Asylfragen (EASO) oder der Agentur der Europäischen Union für Grundrechte (FRA) – an der Grenze zu Belarus ab. Die Regierung will zeigen, dass sie die Lage auch ohne Hilfe von außen kontrolliert. Überdies möchte das zunehmend europaskeptisch denkende Regierungslager auch nur symbolisch Souveränität in Fragen des Grenzschutzes mit EU-

---

35 Polska wysyła pomoc humanitarną na Litwę w związku z kryzysem migracyjnym na granicy litewsko – białoruskiej – Ministerstwo Spraw Zagranicznych. Gov.pl, 21.7.2021

36 Kolejni policjanci jadą na Litwę. InfoSecurity24, 28.10.2021.

37 The presidents of Baltic States and Poland made a joint declaration of Belarus. mfa.ee, 23.8.2021.

38 Oświadczenie Premierów Polski, Litwy, Łotwy i Estonii w sprawie ataku hybrydowego na naszych granicach ze strony Białorusi – Polska w NATO. Gov.pl, 23.8.2021.

39 Razem dla bezpieczeństwa w regionie - Ministerstwo Obrony Narodowej. Gov.pl, 13.9.2021.

40 Dyplomatyczna ofensywa premiera Morawieckiego, Interia, 24.11.2021, Dyplomatyczna ofensywa premiera Morawieckiego. interia.pl, 24.11.2021.

41 Zu dem Konflikt zwischen um die Rechtsstaatlichkeit in Polen siehe die Beiträge von Marta Bucholc und Maciej Komornik sowie von Piotr Buras in diesem Band, S. 5–24 und S. 25–38.

Die belarussische Westgrenze
Grenzübergänge Belarus zu Polen, Litauen und Lettland
Lettland
Rēzekne
Preili
Meikšāni / Gaỹrylina
Telšiai
Siauliai
Kaplava / Pljusy
Indra / Bigosava
Radviliškis
Daugavpils
Klaipėda
Paternieki / Grigorovščina
Panevėžys
Silene / Urbany
Litauen
Tverečius / Vidzy
Tauragė
Adutiškis / Mal'dzevičy
Papelekis / Lyntupi
Kaunas
Russland
Lavoriškės / Katlaŷka
Vilnius
Kena / Hudahaj
Medininkai / Kamenny Loh
Šumskas / Loša
Alytus
Maladzečna
Ureliai / Kljawiza
Šalčininkai / Benjakoni
Rakai bei Balbutai / Pjacjuleŷcy
Krakūnai / Heranёny
Kapčiamiestis / Kadyš
Latežeris / Parėčča
Lida
Minsk
Raigardas / Pryvalki
Hrodna
Kuźnica / Hrodna
Belarus
Polen
Kuźnica / Bruzhi
Usnarz Górny
Bobrowniki / Vialikaja Berastavica
Bialystok
Baranovičy
Siemianówka – Svislač
Białowieża – Pieravova
Połowce / Pjaščatka
Czeremcha / Vysokae
Warschau
Brest
Siedlce
Kukuryki / Kazlovičy (nur Güterverkehr)
Terespol / Brest
Pinsk
Sławatycze / Damačava
Radom
Ukraine
Lublin
Chełm
Ostrowiec Świętokrzyski
Zamość
Luts'k
Rivne
Rzeszów
Tarnów
Przemyśl
L'viv
Grenzübergänge
Straße
Eisenbahn
Straße/Eisenbahn
Fußgänger/Fahrrad
kleiner Grenzverkehr
Übergang geschlossen
Staatsgrenze
Straße
Eisenbahn
Schengenstaat
0
50
100 km
Kartographie: S. Dutzmann Leipzig, 2021
osteuropa 8-9|2021

vorher/nachher: die polnisch-belarussische Grenze

Institutionen teilen. Offensichtlich befürchtet die Regierung zudem, dass die Anwesenheit der EU-Agentur die Praxis des restriktiven Grenzschutzes – einschließlich Pushbacks – erschweren könnte. Unterstützen lässt sich die polnische Regierung seit November von dem bei Europol angesiedelten European Migrant Smuggling Centre (EMSC).[42]
Ende November reagierte die Europäische Kommission auf die weiter schwierige Situation an den Grenzen Polens, Litauens und Lettlands zu Belarus. Die drei EU-Länder sollen 200 Millionen Euro an Sonderhilfen erhalten, die zwar nicht für den Aufbau von Grenzsicherungsanlagen, jedoch z.B. für Überwachungsgeräte verwendet werden dürfen. Einige polnische Politiker äußern jedoch Vorbehalte. Der Europaabgeordnete der PiS Jacek Saryusz-Wolski sprach von einem „trojanischen Pferd“. Die Hilfen gingen mit Auflagen wie Gesetzesänderungen in der Migrationspolitik oder bei der Betreuung von Flüchtlingen einher.[43]
Die Kommission schlug auch vor, den drei Staaten vorübergehend flexiblere Regeln für den Umgang mit Migranten zuzugestehen.[44] Diese Regelungen kommen der polnischen Regierung entgegen, gingen ihr allerdings nicht weit genug.[45] Organisationen, die sich für besseren Flüchtlingsschutz aussprechen, sehen darin wiederum eine „faktische Legalisierung von Pushbacks“.[46]
Zusammen mit den baltischen Staaten und anderen Partnern thematisiert Polen die Situation an der Grenze auch in der NATO. Im Unterschied zu Litauen, das Experten eines Counter Hybrid Support Teams der Allianz einlud, ist eine solche Mission bislang nicht nach Polen gereist.[47] Nach den Übertrittsversuchen in Kuźnica hatte die polnische Regierung die Initiierung von Artikel 4 des NATO-Vertrags erwogen, der formalisierte Konsultationen der Allianz vorsieht, wenn ein Mitgliedstaat seine „territoriale Integrität, politische Unabhängigkeit oder Sicherheit“ bedroht sieht.[48] Allerdings hat sich Warschau entschlossen, in dieser Frage nichts zu überstürzen. Die Regierung will nicht mit solch einem Schritt den Eindruck erwecken, dass sie der Lage nicht mehr allein Herr wird. Zugleich würde eine Aktivierung von Artikel 4 die militärische Dimension des Konflikts betonen – so wie im Jahr 2014, als Polen im Zusammenhang mit dem Russland-Ukraine-Konflikt diesen Mechanismus anforderte. Genau diese Sichtweise will Warschau bislang jedoch nicht befördern. Die offizielle Sicht ist, dass es an der Grenze zu Belarus „Unruhen“ gibt, jedoch kein militärisches Problem. Ohnehin würde Polen

---

[42] Kryzys na granicy Polski z Białorusią. Eksperci z Europolu wesprą Polskę. TVN24, 11.11.2021.

[43] Tweet J S-W vom 12.11.2021, „E w finanse UE na granicę z BY narzucałyby wymogi: >ochrony praw człowieka nachodźców > warunków ich przyjęcia, procedur azylowych, przyjęcia tych którzy już przekroczyli granicę tzn odstąpienia od ich zawracania [tzw push back], zmian pl prawa, Jacek Saryusz-Wolski (@JSaryuszWolski) / Twitter

[44] European Commission, Proposal for a COUNCIL DECISION on provisional emergency measures for the benefit of Latvia, Lithuania and Poland, Brussels, 1.12.2021, COM(2021) 752 final, 2021/0401(CNS), EUR-Lex - 52021PC0752 - EN - EUR-Lex. europa.eu. 1.12.2021.

[45] Poland frowns at EU-proposed longer legal limbo for migrants from Belarus. Euractiv.com, 2.12.2021.

[46] Komisja Europejska pozwala Polsce ograniczyć prawo azylowe w związku z sytuacją na granicy. Oko.press, 1.12.2021.

[47] NATO Counter Hybrid Support Team arrives in Lithuania. baltictimes.com, 7.9.2021.

[48] NATO - Official text: The North Atlantic Treaty, 04-Apr.-1949.

Konsultationen nach Artikel 4 wohl nur in Abstimmung mit Verbündeten, konkret mit den baltischen Staaten, auslösen.[49]

Ausblick

Die Krise an der Ostgrenze trifft Polen in einer Zeit fortgesetzter innerer Polarisierung, wachsender Entfremdung von der Europäischen Union und zunehmender geopolitischer Ungewissheiten. Richtet sich Polens Blick nach Osten, tut sich ein Panorama der Bedrohungen auf. Diese haben in den letzten Jahren zugenommen, sind vielfältiger und manifester geworden. Im Westen wiederum vertieft sich der Dauerkonflikt mit Brüssel über Rechtsstaatlichkeit. Das Misstrauen gegenüber Berlin nimmt zu und sogar an der Verlässlichkeit der USA gibt es in Warschau immer mehr Zweifel. Aus Sicht des polnischen Regierungslagers befindet sich das Land somit in einer prekären Situation. Während Belarus einen hybriden Angriff gegen das Land organisiere, sei man zugleich einer „rechtlichen Aggression“ durch den Europäischen Gerichtshof und andere EU-Organe ausgesetzt.[50]

So sehen Politiker des Regierungslagers Polen heute wieder einmal wie in mehreren Momenten seiner Geschichte in einer Lage, in der das Land von allen wichtigen Partnern verlassen wurde und nur Selbstertüchtigung noch helfe. Jarosław Kaczyński, dem wichtigsten Mann des Regierungslagers, wird nachgesagt, er setze auf Isolationismus. Der neuen deutschen Regierungskoalition warf er bereits, bevor diese ins Amt kam, den Aufbau eines „Vierten Reiches“ vor.[51] Jacek Bartosiak, ein in Kreisen der polnischen Rechten und in den sozialen Medien populärer, mit grobschlächtiger geopolitischer Rhetorik hantierender Experte für Sicherheitspolitik zweifelt die Sicherheitsgarantien der USA an, propagiert die Rückbesinnung auf die eigenen Fähigkeiten und schlägt die Schaffung einer „Armee neuen Typs“ vor.[52] In dieses Bild passt ein Ende Oktober vorgestellter Entwurf für ein Gesetz über die „Verteidigung des Vaterlandes“. Dieses sieht eine Verdoppelung der Stärke der polnischen Streitkräfte von 150 000 auf 300 000 Soldaten vor (reguläre Truppen und Territorialverteidigung).[53]

Doch auch in gemäßigteren Kreisen wird die Lage an der Grenze als hybrider Angriff betrachtet. Viele sehen Polen schon lange als nächstes Ziel eines russischen Angriffs,

---

[49] So Staatspräsident Duda: Kryzys na granicy. Andrzej Duda: jeśli art. 4 NATO, to z innymi krajami. Business Insider, 22.11.2021.

[50] Wiceminister sprawiedliwości o karze TSUE na Polskę: to szantaż i kolejny element agresji. Onet.pl, 27.10.2021. – Kara TSUE dla Polski. Kaleta: to może być kres przyjaznej integracji w UE – Wiadomości. onet.pl, 27.10.2021.

[51] „Niemcy chcą budować IV Rzeszę“. O czym mówił Kaczyński za zamkniętymi drzwiami?, Dziennik, 2.12.2021.

[52] Jacek Bartosiak, Dwudziesta wojna. System Armii Nowego Wzoru. Strategy & Future, <https://strategyandfuture.org/wp-content/uploads/2021/09/System-Armii-Nowego-Wzoru-wersja-ujednolicona-na-22IX2021-Zlote-Tarasy-uwagi-JD-2.pdf>.

[53] Damit müsste auch ein substantieller Anstieg der Verteidigungsausgaben einhergehen, die gegenwärtig bei 2,2 Prozent der Wirtschaftskraft liegen. In Fachkreisen wurde das Vorhaben daher heftig kritisiert. Zu den Inhalten: Błaszczaka reforma wojska. Co jest w Ustawie o obronie Ojczyzny. Rzeczpospolitia, 13.11.2021. – Błaszczaka reforma wojska. Co jest w Ustawie o obronie Ojczyzny. rp.pl, 13.11.2021.

beschreiben das Land in geopolitischen Szenarien als Frontline-State. Die Migrationskrise hat diese Wahrnehmung verstärkt. Politiker, Journalisten, Experten und viele andere bedienen sich einer militärischen Sprache. Es ist von „Attacken", „Horden" und „Angreifern" die Rede. Polen wird wieder einmal als Bollwerk betrachtet. Man verteidige nicht nur die eigenen Grenzen, sondern auch die der Europäischen Union und des NATO-Gebiets, also des politischen Westens.

Wenn die Grenze, wie Ministerpräsident Morawiecki es formuliert hat, „heilig" ist, dann muss nicht nur deren Verletzung von außen abgewehrt werden. Dann ist auch Kritik an denen, die diese Linie schützen – Grenzschützer und Streitkräfte, aber auch die Regierung – ein Sakrileg. Sie untergrabe die Abwehrkräfte.

Gleichwohl ist jene Sicht, dass die polnische Regierung mit der Abschottung der Grenze aus einer humanitären Krise erst eine Krise für die nationale Sicherheit gemacht hat, zu bezweifeln. Die Annahme, eine Politik der pragmatischen Aufnahmebereitschaft hätte angesichts der vergleichsweise geringen Zahl an Migranten Lukašenkas Destabilisierungsversuche ins Leere laufen lassen, übersieht, dass die Führung in Minsk immer mehr Schutzsuchende und Migranten an die polnische Ostgrenze hätte führen können. Dann wäre die Aufnahmekapazität rasch erschöpft gewesen und die gesellschaftliche Akzeptanz gesunken. Wäre dann auch die Zahl der Migranten, die über Polen Deutschland erreichen, deutlich gestiegen, hätte eine Diskussion über Kontrollen an dieser Grenze und insbesondere über die Verteilung von Migranten in der Europäischen Union. Die polnische Regierung hatte nicht nur große Teile der polnischen Öffentlichkeit, sondern im Prinzip auch die meisten Mitgliedstaaten der EU und die Europäische Kommission hinter sich. Diese sahen von einer prononcierten Einforderung humanitärer Mindeststandards ab und signalisierten Warschau, dass sie die Zurückweisungs- und Sicherungspolitik zumindest dulden, wenn nicht gutheißen. Kaum jemand hat gegenwärtig ein Interesse, die polnische Regierung wegen unzureichenden Flüchtlingsschutzes etwa mit Vertragsverletzungsverfahren anzugehen. Es bleibt bei Appellen, minimalen humanitären Standards zu entsprechen. Andererseits ging auch das in Teilen des Regierungslagers gehegte Kalkül nicht auf, dass die Europäische Kommission oder kritische Mitgliedstaaten das strittige Thema Rechtsstaatlichkeit in einem Moment der Geschlossenheit der EU ad acta legen würden.

Ungeachtet des weiteren Gangs der Dinge können erste Konsequenzen für Polens ost-, sicherheits- und europapolitischen Kurs abgeleitet werden. Die polnische Ostpolitik hat sich – sicher auf lange Zeit – von der Idee verabschiedet, durch Realpolitik im Umgang mit Minsk Reste der belarussischen Souveränität zu sichern, um so die Grundlage dafür zu schaffen, dass das Land langfristig aus dem russischen Einflussbereich heraustritt.[54] Belarus ist seit August 2020 kein „schwieriger Nachbar" oder gar „Partner der Zukunft" mehr. Warschau und Minsk betrachten sich heute wechselseitig als Aggressor.

Warschau wird sich daher wieder auf die Ukraine als Schlüsselland in Osteuropa konzentrieren. Dazu will Warschau unter anderem das „Lubliner Dreieck" nutzen, eine Ende Juli 2020 mit einer gemeinsamen Erklärung ins Leben gerufenen polnisch-litauisch-ukrainischen Plattform, die der Heranführung der Ukraine an die EU dienen soll.

---

[54] Zur polnischen Belaruspolitik in den 2010er Jahren und ihren Wandel nach dem August 2020 siehe Kai-Olaf Lang: Nachbarn in Alarm. Die Politik und Litauens gegenüber Belarus, in: OSTEUROPA, 10–11/2020, S. 305–319.

Allerdings werden diese Bemühungen ohne größeren Erfolg bleiben, solange Polen seine Position in der EU bzw. gegenüber wichtigen Partnern wie Deutschland nicht verbessert. Im Falle eines militärischen Konflikts Russlands mit der Ukraine wird Polen indes eng mit Partnern in der Region, vor allem den baltischen Staaten, und den USA zusammenwirken und sich für rasche Sanktionen gegen Russland und eine aktive Unterstützung der Ukraine einsetzen.

In der NATO wird sich Polen für eine bessere Absicherung der Ostflanke einsetzen. Eine stärkere Verzahnung der belarussischen und russischen Streitkräfte sowie eine mögliche größere Präsenz russischer Truppen in Belarus wäre für Polen und andere NATO-Länder der Region ein wichtiges Argument für mehr Manöver, schnellere Reaktionsfähigkeiten und zusätzliche NATO-Präsenz vor Ort sowie eine nukleare Abschreckung in Europa. Dies wird sich auch in der Diskussion um das neue strategische Konzept der Allianz bis 2030 niederschlagen.

In der EU wird die polnische Regierung angesichts der Grenzkrise nicht nur weiterhin politische und finanzielle Unterstützung für die Grenzsicherung einfordern. Warschau wird zusammen mit anderen Ländern auf die Verstetigung und den Ausbau von Sonderregelungen in der Asylpolitik bei „hybriden“ Destabilisierungssituationen eintreten, um die restriktive Grenzpolitik rechtlich zu verankern.

Schlagwörter:
Polen, Belarus, Ostgrenze, Migration, Menschenrechte, Sicherheitspolitik

„Das Recht wird an die inhumane Praxis angepasst“

Ansgar Gilster über die EU-Ostgrenze und das Asylrecht

Im Juni 2021 registrierte Litauen eine steigende Zahl von Menschen, die aus Belarus über die Grüne Grenze ins Land kamen. Wenige Wochen später wiederholte sich dies an der polnisch-belarussischen Grenze. Auch dort versuchten Menschen aus Syrien, aus dem Irak oder aus Afghanistan durch die Wälder in die EU zu gelangen. Polen hat die Grenze mit einem großen Polizei- und Militäraufgebot abgeriegelt und will eine unüberwindbare Sperranlage bauen. Auch Litauen und Lettland setzen auf Abschottung – und werden darin von der Europäischen Union unterstützt. Ein Gespräch über Asylrecht, Humanität und die Dimension der Krise.

OSTEUROPA: *Herr Gilster, wie viele Menschen aus dem Nahen Osten und Afghanistan sind in den vergangenen Monaten über Belarus in die Europäische Union gekommen?*

Ansgar Gilster: Die Bundespolizei hat bis Ende 2021 11 213 Menschen registriert, die über Belarus und Polen irregulär nach Deutschland eingereist sind. Litauen gibt an, im vergangenen Jahr 4326 Schutzsuchende registriert zu haben, davon 30 Prozent Minderjährige. Etwa 500 dieser Menschen wurden zurück in den Irak geflogen. Die polnischen Behörden sprachen im Dezember von 2505 Asylsuchenden aus dem Nahen Osten und Afghanistan, die zwischen Juli und Oktober registriert worden seien. Eine kleinere Anzahl von Menschen hält sich gewiss noch in Polen versteckt, weil sie fürchten, dass die polnische Polizei sie über die Grenze zurück nach Belarus bringt. Diese Angst ist berechtigt, entsprechende Vorfälle sind bestätigt. Manche Menschen mögen auch von Deutschland aus in ein anderes EU-Land weitergezogen sein, wo sie Verwandte oder Bekannte haben.

OSTEUROPA: *Und wie viele Menschen, schätzen Sie, haben ohne Erfolg versucht, in die EU zu gelangen und befinden sich noch in Belarus?*

Gilster: Ende November sprach die Internationale Organisation für Migration (IOM) von rund 7000. Dies deckt sich mit Angaben, die das Regime in Minsk machte. Da seitdem rund 3000 Menschen in den Irak zurückgeflogen wurden, dürften in Belarus mindestens noch 4000 Schutzsuchende sein. Das belarussische Rote Kreuz gab Ende Dezember 2021 an, allein am Grenzübergang Kuźnica-Bruzgi seien rund 600 Menschen auf belarussischer Seite in einer Lagerhalle untergebracht.

OSTEUROPA: *Gelegentlich war von viel mehr Menschen die Rede . . .*

Gilster: Das stimmt. Die belarussische Oppositionsführerin im litauischen Exil Svetlana Tichanovskaja sprach im November von bis zu 1000 Menschen, die täglich aus dem

---

Ansgar Gilster (1986), Referent für Migration und Menschenrechte bei der Evangelischen Kirche in Deutschland (EKD), Mitgründer des Bündnisses für zivile Seenotrettung *United4Rescue*, und Vorstandsmitglied der Rechtshilfeorganisation *Equal Rights Beyond Borders*, Berlin

Nahen und Mittleren Osten nach Belarus gebracht würden. Die *tageszeitung* hat daraufhin Flugzeuge gezählt und diese Zahl bestätigt. Zwischen Anfang Juli und Mitte November 2021 seien mindestens 625 Flugzeuge mit je rund 150 Menschen an Bord aus dem Libanon, dem Irak, Syrien, den Vereinigten Arabischen Emiraten sowie der Türkei in Minsk angekommen. Das wären über 90 000 Menschen. Diese Zahl fügt sich jedoch nicht in die übrigen Berichte und Bilder. Sie ist zu hoch. Zeitweise mögen 1000 Menschen täglich in Minsk angekommen sein, aber nicht über mehrere Monate.
Der polnische Innenminister Mariusz Kamiński erklärte Ende August, es habe im Laufe des Monats mehr als 9400 irreguläre – in den Worten der polnischen Behörden: illegale – Grenzübertritte gegeben. Im Oktober war von 17 300 Versuchen die Rede, im Dezember von insgesamt 40 000 versuchten Grenzübertritten in den vorhergehenden Monaten. Dabei ist jedoch nicht berücksichtigt, dass die Schutzsuchenden in ihrer Verzweiflung und getragen von einer letzten Hoffnung wieder und wieder versucht haben, den Stacheldraht zu überwinden. Wer wie der polnische Grenzschutz zählt, will einen Massenansturm suggerieren.
Realistisch ist, dass 25 000 bis 30 000 Menschen den Versprechungen des Minsker Regimes geglaubt haben, 20 000 Menschen auf die eine oder andere Weise in die EU gelangt sind, 4000 sich noch in Belarus befinden und gut 3000 Personen zurück in den Irak geflogen wurden. Im polnischen Grenzgebiet, das weiterhin militärische Sperrzone ist, irren immer noch Menschen durch die Wälder – ob Dutzende oder gar Hunderte, lässt sich nicht sagen. Seit Wochen dringen von dort keine Informationen mehr nach außen. *Reporter ohne Grenzen* spricht von einem „Notstand für die Pressefreiheit". Diese politisch verhängte Stille bereitet mir gegenwärtig die größte Sorge.

OSTEUROPA: *Wo werden die Menschen hingebracht, wenn sie von den Behörden aufgegriffen werden?*

Gilster: Wer in Deutschland von der Polizei aufgegriffen wird oder sich als schutzsuchend meldet, kommt zur Registrierung und medizinischen Untersuchung in eine Erstaufnahmeeinrichtung. Die Menschen, die via Belarus und Polen nach Deutschland gelangten, kamen zunächst in die Sammelunterkunft der Zentralen Ausländerbehörde in Eisenhüttenstadt (Brandenburg). Wer wo genau untergebracht wird, regelt das Bundesamt für Migration und Flüchtlinge (BAMF) mit dem Computerprogramm EASY (Erstverteilung der Asylbegehrenden) nach einer bestimmten Aufnahmequote für das jeweilige Bundesland und abhängig vom Herkunftsland des Asylbewerbers. Entscheidend ist: Das Aufnahmeverfahren läuft geregelt ab. Als im September, Oktober, November in kurzer Zeit viele Menschen über die Belarus-Route in Deutschland ankamen, war das für die Erstaufnahmeeinrichtung in Eisenhüttenstadt eine große Herausforderung. Dort gibt es 3500 Plätze. Die Einrichtung stellte beheizte Zelte auf, und schaffte so provisorische Plätze für weitere 1100 Menschen. Zudem wurde pragmatisch und rasch gehandelt, viele Kommunen meldeten freie Plätze, so dass die Menschen gut untergebracht werden konnten. Die Verwaltung war stark gefordert, aber nicht überfordert. Alle 11 213 Menschen, die über die Belarus-Route nach Deutschland gekommen sind, wurden auf diese Weise registriert und versorgt.
Im Sommer 2015 kamen mitunter 10 000 Menschen pro Tag nach Deutschland. Dieser Stresstest hat Strukturen und viel Erfahrungswissen hinterlassen. Für Litauen und Polen ist die Erfahrung neu gewesen, Schutzsuchende versorgen zu müssen. Litauen brachte die

Menschen zunächst in Dorfschulen oder leerstehenden Gebäuden unter. Später ließen die Behörden große behelfsmäßige Zeltlager für mehrere hundert Menschen errichten, so auf einem Truppenübungsplatz südlich von Vilnius. Rechtzeitig vor dem Winter wurden Menschen aus solchen Lagern umquartiert – etwa in ein ehemaliges Gefängnis in Kybartai bei Kaunas. Hier sind die Menschen unter haftähnlichen Umständen interniert.

OSTEUROPA: *Was sagt das europäische Recht dazu?*

Gilster: Artikel 8 der EU-Aufnahmerichtlinie aus dem Jahr 2013 besagt: Personen dürfen nicht allein deshalb in Haft genommen werden, weil sie einen Asylantrag stellen. Ein Asylgesuch ist keine Straftat. Jeder hat das Recht, einen Asylantrag in der EU zu stellen, sobald er sich auf EU-Boden befindet. Zwar ist Haft nicht grundsätzlich verboten, aber ein ultima-ratio-Mittel und an hohe Anforderungen geknüpft, weil es ein gravierender Eingriff in die persönliche Freiheit ist. Da es sich bei Asylsuchenden auch nach Rechtsprechung des Europäischen Gerichtshofs für Menschenrechte (EGMR) um per se besonders schutzbedürftige Personen handelt, hält der EGMR jede Inhaftierung, die länger dauert als „vernünftigerweise notwendig“, für rechtswidrig.
Auch die Europäische Grundrechtecharta ist in dieser Hinsicht klar: Sobald ein milderes Mittel bereitsteht, ist Haft rechtswidrig. Jeder Fall muss einzeln geprüft werden. Minderjährige Kinder dürfen beispielsweise nach Artikel 11.2 der Aufnahmerichtlinie nur im „äußersten Falle“ und „für den kürzestmöglichen Zeitraum“ festgehalten werden – während der Staat alle Anstrengungen unternehmen muss, sie in geeignete Unterkünfte zu entlassen. Kurz: Die pauschale, massenhafte Inhaftierung von Geflüchteten ist verboten. Das neue litauische Asylrecht, das seit Sommer 2021 vorschreibt, Schutzsuchende nach der Einreise für ein halbes Jahr zu inhaftieren, ist europarechtswidrig.
Aber Litauen ist kein Einzelfall. An vielen Orten entlang der EU-Außengrenze ist die katastrophale Unterbringung und Inhaftierung geflüchteter Menschen zum Dauerzustand geworden. Und die EU-Kommission trägt zur Normalisierung und Legalisierung dieser eigentlich rechtswidrig Zustände bei. Hier geht es nicht um eine zeitweise Überforderung der Behörden, sondern um gezielte Verelendung zwecks Abschreckung.
Der litauischen Regierung kann man immerhin zugutehalten, dass sie die Menschen überhaupt unterbringt und gerade jetzt im Winter nicht sich selbst überlässt. Die litauische *Caritas* wies darauf hin, dass angesichts der Minustemperaturen die Unterbringung in einem Gefängnis immer noch besser sei als in einem Zeltlager.

OSTEUROPA: *Und Polen?*

Gilster: Polens Regierung hat billigend in Kauf genommen, dass Menschen an Kälte, Erschöpfung und Hunger sterben. Die IOM zählt 21 Fälle, in denen Menschen, darunter auch Kinder, an der polnisch-belarussischen Grenze umgekommen sind, weil sie keinerlei Versorgung erhielten. Jeder Mensch ist bereits nach wenigen Tagen Fußmarsch durch Wälder und Sümpfe, ohne Wasser und Nahrungsmittel, unterkühlt, geschwächt, durchnässt, am Ende seiner Kräfte. Schnell geht es ums nackte Überleben. Hilfsorganisationen, die in kleinen Teams die Wälder entlang des Sperrgebiets durchkämmen, sind immer wieder auf Menschen mit offenen Füßen gestoßen, die nicht mehr weitergehen konnten; auf Menschen, die im nassen Schlafsack im Unterholz lagen und keine Kraft

mehr zum Aufstehen hatten. Männer, Frauen und Kinder ohne Jacken oder Schuhe – als der Winter bereits hereingebrochen war. Die meisten Menschen hatten Polizeigewalt erlitten. Belarussische Truppen hatten sie mit Schlagstöcken und Hunden in Richtung Polen getrieben, wo sie auf Stacheldraht und polnischen Grenzschutz und Polizei trafen, die sie am Weitergehen hinderten, ihre Handys konfiszierten und sie zurück nach Belarus trieben.
Die Berichte der Betroffenen deuten darauf hin, dass der polnische Grenzschutz im Allgemeinen weniger brutal vorgegangen ist als der belarussische. Gelegentlich haben polnische Beamte medizinische Hilfe vermittelt oder auch Essen und Tee ausgegeben, während die belarussischen Milizen die Geflüchteten eher noch geschlagen und ausgeraubt haben. Insgesamt steht aber fest, dass Polen humanitäre Hilfe auf dem eigenen Territorium verweigert und Menschen widerrechtlich zurück in die Wälder auf belarussischer Seite getrieben hat. Die Regierung hat zudem Hilfsorganisationen behindert und eingeschüchtert. Hätten ehrenamtliche Helfer, Ärzte, Journalisten und Rechtsanwälte Zugang zum Grenzgebiet gehabt, wären zweifellos Menschenleben gerettet worden. Doch es sollte keine Zeugen, keine Beweise der polnischen Menschenrechtsverletzungen und Pushbacks geben.

OSTEUROPA: *Sie sprechen von Pushbacks. Das Wort ist in aller Munde. Aber was genau bedeutet es?*

Gilster: Es gibt das völkerrechtliche Gebot der Nichtzurückweisung, auch Non-refoulement-Gebot oder Refoulement-Verbot genannt. Staaten ist es verboten, fliehende Menschen in andere Staaten zurückzubringen, wo ihnen Folter, grausame, erniedrigende Behandlung oder andere schwere Menschenrechtsverletzungen drohen. Pushbacks bezeichnen den Verstoß gegen dieses Verbot: Polizei und Grenzschutz zwingen Geflüchtete zurück in die Situation, aus der sie zu fliehen versuchen. Weil das Zurückweisungsverbot für Schutzsuchende eine so entscheidende Garantie ist, ist es als Grundprinzip des Flüchtlingsschutzes in der Genfer Flüchtlingskonvention festgeschrieben, ebenso in der europäischen Grundrechte-Charta. Als Bestandteil des Folterverbots hat es absoluten Charakter, ist notstandsfest und gilt ausnahmslos immer und überall.
Dennoch brechen EU-Mitgliedstaaten an den EU-Außengrenzen dieses Recht systematisch und immer unverhohlener – auf dem zentralen Mittelmeer, in der Ägäis, an der kroatisch-bosnischen Grenze. Das ist hinreichend belegt. Polen, auch Litauen, reihen sich hier nun ein, wenn sie ihre Grenzzäune militärisch abriegeln. Helferinnen und Helfer berichten, dass die polnische Polizei sogar Menschen, die weit im Landesinneren aufgegriffen wurden, zurück an die Grenze gebracht hat. Dort findet nicht etwa eine Übergabe an die belarussischen Behörden statt. Die Menschen werden durch den Wald auf die andere Seite getrieben. Manche haben mehr als ein Dutzend solcher Pushbacks erlebt. Selbst aus polnischen Krankenhäusern heraus wurden Menschen nach ihrer medizinischen Behandlung zurück über die Grenze geschickt und wieder schutzlos gemacht. In einem Fall sind sogar drei Menschen mit deutschem Aufenthaltstitel Opfer von Pushbacks geworden. Sie waren aus Deutschland nach Polen gereist, wurden von der polnischen Polizei aufgrund ihres Aussehens aus dem Berlin-Warschau-Expresszug geholt, an die Grenze zu Belarus verschleppt und dort im Wald ausgesetzt. Mehrfach versuchten sie zurück nach Polen und von dort nach Deutschland zu gelangen – vergeblich. Immer

wieder gerieten sie in die Hände des polnischen Grenzschutzes. Seit Wochen sitzen sie nun in Belarus fest, während ihre Familien in Deutschland vor Angst und Sorge nicht mehr weiterwissen.

OSTEUROPA: *Zugleich ist immer wieder von „illegalen Grenzübertritten“ die Rede. Haben diese Menschen die Chance auf einen legalen Grenzübertritt?*

Gilster: Gäbe es sichere und legale Wege, auf denen Menschen den Irak, Syrien, Afghanistan oder andere Kriegs- und Krisengebiete verlassen könnten, würden sich nicht so viele auf irreguläre, lebensgefährliche Fluchtrouten begeben – und sich dabei Schleppern ausliefern. Aktuell ist das belarussische Regime die Schlepperorganisation. Es versprach den schutzsuchenden Menschen eine Brücke über den Burggraben in die Festung Europa. Das Regime hat die Verzweiflung der Menschen und ihre Hoffnung für seine politischen Zwecke genutzt.
Was genau sich Minsk davon versprach, ist nicht klar. Dass Lukašenka und sein Regime wirklich gehofft haben, dass die EU Sanktionen zurücknimmt, damit keine Menschen mehr an die Grenze zu Polen und Litauen gebracht werden, ist wenig wahrscheinlich. Eher ging es um schlichte Vergeltung. Nach dem Motto: Ihr belegt uns mit Sanktionen, dann bereiten wir Euch auch Probleme – mit den Mitteln, die uns zur Verfügung stehen. Als im Dezember deutlich weniger Geflüchtete an die belarussisch-polnische Grenze kamen, feierte Warschau einen Erfolg. Polen habe der Erpressung standgehalten, und die EU habe sich nicht spalten lassen. Übersehen wird, dass ein Ziel des Regimes in Minsk darin bestand, das positive Bild von der Europäischen Union und den Nachbarländern zu beschädigen. Die entsprechenden Bilder für das belarussische Fernsehen bekam Lukašenka geliefert. Auch in Russland bekamen die Menschen in den Nachrichten zu sehen, dass es mit Menschenrechten und Rechtsstaatlichkeit in der EU nicht weit her ist.

OSTEUROPA: *Dieses Bild ist verzerrt...*

Gilster: Gewiss. Es gab in Polen eine sehr große Hilfsbereitschaft der Bevölkerung. Im Grenzgebiet haben Menschen grüne Lichter in die Fenster ihrer Häuser gestellt, um ihre Hilfsbereitschaft zu signalisieren. Dies ist überall in Polen zu einem Symbol von Solidarität geworden. Eine Reihe etablierter NGOs, etwa die *Fundacja Ocalenie, Homo Faber* und *Stowarzyszenie Interwencji Prawnej* haben sich stark engagiert, um Menschen zu helfen. Die polnischen Kirchen helfen durch *Caritas* und *Diakonie*, allerdings eher in den Asylzentren. Unverzichtbar waren jedoch die Graswurzelorganisationen wie das Netzwerk *Grupa Granica* (Grenzgruppe) oder die kleinere Initiative *Medycy na Granicy* (Ärzte an der Grenze). Diese ehrenamtlichen Helfer fuhren die Grenze des Sperrgebiets ab, um Geflüchteten zu helfen – mit Wasser, Tee, Essen, Medikamenten, trockener Kleidung, Schuhen, Taschenlampen oder Akkustrom für Mobiltelefone. Und natürlich mit Informationen und emotionalem Beistand.

OSTEUROPA: *In den polnischen Nachrichten waren andere Bilder zu sehen.*

Gilster: Natürlich! Auch hier findet ein Kampf um Bilder statt. Wer auf Abschottung und Abschreckung setzt, will keine Nachrichten von hilfsbereiten Menschen. Die polnische Regierung wollte die Botschaft vermitteln, dass der Grenzschutz und die Armee tapfer die Grenze verteidigen und erfolgreich die gefährlichen Flüchtlinge abwehren, die nichts anderes als eine Waffe in der Hand Lukašenkas seien.
Tatsache ist aber, dass die humanitäre Hilfe im Grenzgebiet auf erhebliche Unterstützung in der polnischen Gesellschaft stieß. Menschen spendeten Geld, Kleidung, Nahrungsmittel – und organisierten private Hilfstransporte in den Osten des Landes. Die Betroffenheit war groß, als Ende September nicht mehr geleugnet werden konnte, dass Familien mit kleinen Kindern im Wald umherirren. Am 23. Oktober fand in Michałowo bei Białystok ein Protestmarsch der *Matki na granicę* (Mütter an der Grenze) statt, an dem sich mit Danuta Wałęsa, Jolanta Kwaśniewska und Anna Komorowska die Ehefrauen von drei ehemaligen Präsidenten beteiligten. Sehr viele Nichtregierungsorganisationen, der Ombudsmann für Bürgerrechte und auch die katholische Kirche verurteilen das Vorgehen der Regierung und rufen zu Solidarität und dem Schutz der Menschenrechte auf.

OSTEUROPA: *Welche Rolle spielten Organisationen aus dem Ausland?*

Gilster: Die deutsche Bewegung *Seebrücke* brachte Hilfsgüter nach Michałowo, sammelte Spenden und forderte die Bundesregierung auf, zu helfen und Menschen aufzunehmen. Auch mit grünen Lichtern wurde demonstriert: Unzählige Menschen in Deutschland zündeten in der Adventszeit grüne Lichter an und stellten sie in ihre Fenster; Tausende Teelichter leuchteten vor dem Reichstag, auch viele Kirchen wurden grün beleuchtet. Der brandenburgische Hilfsverein *Wir packen's an* bringt regelmäßig Hilfsgüter nach Ostpolen. Und ähnlich wie in Polen gibt es entlang der deutsch-polnischen Grenze eine mobile Helferstruktur. Wer eine Notrufnummer wählt, bekommt Wasser, Essen, Kleidung gebracht. Und erhält Begleitung, um bei den Behörden ein Asylgesuch zu stellen.

OSTEUROPA: *Wie gehen die Behörden in Polen und Litauen mit den privaten Hilfsinitiativen um?*

Gilster: Die Polizei versucht Hilfe zu unterbinden. Wie anderswo werden auch an der östlichen EU-Außengrenze Flüchtlingshelfer eingeschüchtert und kriminalisiert. Jüngst wurden in Litauen Vertreter von *Ärzte ohne Grenzen* sowie Helferinnen und Helfer der kleinen Initiative *Sienos Grupė* (Grenzgruppe) mit Geldbußen wegen unerlaubten Aufenthalts im Grenzgebiet belegt. Sie hatten am 24. Dezember einem verletzten Flüchtling Tee und Essen gebracht, medizinische Ersthilfe geleistet und den Grenzschutz alarmiert. Auch ein Strafverfahren wegen Schlepperei wurde gegen sie eröffnet . . .
In Polen stürmte die Polizei am 15. Dezember bei einer nächtlichen Razzia ein Hilfszentrum des *Klub Inteligencji Katolickiej* (Klub der katholischen Intelligenz) in der östlich von Białystok gelegenen Gemeinde Gródek. Mehrere Dutzend Beamte mit automatischen Waffen durchsuchten die Einrichtung, verhörten die Helfer stundenlang, beschlagnahmten Mobiltelefone und Laptops. Die Polizei hatte keinen Durchsuchungsbefehl, die Verhöre begannen, bevor Anwälte eingetroffen waren. Die Helferinnen und Helfer der katholischen Laienorganisation wurden wie Schwerverbrecher behandelt. Das zeigt, dass es nicht um Strafverfolgung geht, sondern darum, der Zivilgesellschaft Angst zu machen.

OSTEUROPA: *Die EU-Kommission hat Polen, Litauen und Lettland Anfang Dezember angeboten, die Anwendungsregeln im Asylprozess vorübergehend flexibler zu handhaben. Wie beurteilen Sie dies?*

Gilster: Die Begründung dieser Sonderregeln war bemerkenswert. Auf der Pressekonferenz am 1. Dezember 2021, bei der EU-Innenkommissarin Ylva Johansson die Vorschläge vorstellte, betonte sie einerseits, dass die Zahl der Schutzsuchenden „nicht hoch“ sei und von einer „Migrationskrise“ keine Rede sein könne. Andererseits erklärte sie, dass angesichts der „akuten Notlage“ Artikel 78(3) des Vertrags zur Arbeitsweise der EU aktiviert werden könne, um Polen, Lettland und Litauen die Möglichkeit zu geben, die asylrechtlichen EU-Vorschriften auf ein Minimum zu reduzieren.
Kurzgesagt handelt es sich um drei Vorschläge. Erstens sollen Schutzsuchende nicht mehr innerhalb von zehn Tagen registriert werden müssen, sondern von vier Wochen. Damit bleiben Menschen länger schutzlos, es wird ein rechtlicher Schwebezustand erzeugt, der Pushbacks erleichtert. Denn wer nicht registriert ist, kann zurück über die Grenze gebracht werden, ohne dass dies Spuren hinterlässt.
Zweitens soll über die Schutzbedürftigkeit in Grenzverfahren entschieden werden. Während dieser Verfahren, die bis zu vier Monate dauern sollen, werden die Menschen in geschlossenen Lagern festgehalten und gelten als „nicht eingereist“. Der neue juristische Begriff dafür lautet: Fiktion der Nichteinreise. Dieses Konstrukt untergräbt fundamental das Asylrecht. Staatliche Zuständigkeit und damit Verantwortung werden aufgeweicht. Drittens sollen sich die drei Staaten bei Unterbringung und Abschiebungen nicht mehr an die jeweiligen EU-Richtlinien halten müssen. Geltendes Recht wird einfach ausgesetzt.
Auch wenn die Sonderregeln nur für sechs Monate gelten sollen, höhlen sie das europäische Flüchtlingsrecht weiter aus. Was als Übergangsregelung präsentiert wird, ist in Wahrheit eine Vorschau auf die geplanten neuen Schengen-Regeln. Sie erinnern an den geplanten EU-Pakt zu Migration und Flucht: langsame Registrierung, Fiktion der Nichteinreise, schnelle Screenings statt fairer, ordentlicher Prüfung, mehr Haft, schnellere Abschiebung . . .
Die EU-Kommission stellt ihre Vorschläge so dar, als würde sie Polen, Litauen und Lettland in einer Krise „entgegenkommen“. Das ist Augenwischerei. Denn die polnische Regierung hat nie versucht, die geltenden Standards für Asylverfahren und Unterkünfte anzuwenden – oder auch nur diesen Anschein zu wahren. Was die EU-Kommission tut, ist die illegale Praxis nachträglich zu legalisieren. Doch nicht einmal daran hat Warschau Interesse. Der polnische EU-Botschafter erklärte: „Die Kommission hat das Gegenteil dessen getan, was wir vorgeschlagen haben. Auf diesen hybriden Angriff antwortet man nicht, indem man Asylverfahren verlängert, sondern indem man sie abschafft.“

OSTEUROPA: *Polen wird für das rigide Vorgehen viel weniger kritisiert als noch vor sechs Jahren Ungarn. Wie erklären Sie das?*

Gilster: An dem Schweigen lässt sich ablesen, wie viele Regierungen der EU-Staaten mittlerweile Abschottung und Abschreckung mindestens billigend in Kauf nehmen. Für die Grenze zu Belarus gilt das in besonderem Maße, weil diese Route so offensichtlich

vom Lukašenka-Regime in Minsk geschaffen wurde. Und zweifellos auch, weil dies als eine Art Angriff gesehen wurde, hinter dem manche sogar Russland vermuteten.
Schaut man aber auf die Lage an der gesamten Außengrenze der EU, wo vielerorts das Asylrecht faktisch aufgehoben ist, so zeigt sich, dass das Vorgehen überall das gleiche ist. Auf dem Mittelmeer, in der Ägäis, auf dem Balkan und anderswo sind Menschenrechtsverletzungen alltäglich geworden. Massenhaft werden Unschuldige in stacheldrahtbewehrten Haftzentren interniert. Zu beobachten sind behördliche Willkür, unterlassene Hilfeleistung, Straffreiheit für die Verantwortlichen. Und Helfer und Beobachter werden kriminalisiert. Von Stunde zu Stunde gewöhnt sich die europäische Öffentlichkeit mehr an die Rechtlosigkeit mancher Gruppen von Menschen.
Es hat ein vollständiger Kurswechsel stattgefunden. Noch im Jahr 2020 hatte die Kommission in einem Vertragsverletzungsverfahren gegen Ungarn vor dem Europäischen Gerichtshof zu den dort eingerichteten Transitzonen das bestehende europäische Recht verteidigt. Jetzt, nur ein Jahr später, macht die Kommission Vorschläge, die in ähnlicher Weise das Recht aushöhlen und umbauen. Die Europäische Union versucht nicht mehr, die Kluft zwischen ihrem Selbstbild und den täglichen Rechtsbrüchen an der Außengrenze zu schließen, indem sie auf die Einhaltung von Recht pocht. Vielmehr passt sie das Recht an die inhumane Praxis an. So wird Unrecht zu Recht umdeklariert.

OSTEUROPA: *Was ist im Falle der EU-Ostgrenze zu tun?*

Gilster: Alle Geflüchteten müssen sofort humanitäre Hilfe erhalten. Hilfsorganisationen, Ärzte und auch Anwälte müssen unverzüglich und ungehindert ihre wichtige Arbeit vor Ort leisten können. Journalisten müssen frei berichten können. Dann muss klar getrennt werden zwischen dem Ansinnen des Regimes in Minsk – das zweifellos verwerflich war und ist – und der tatsächlichen Dimension des Problems. Menschen sind keine Waffen. Die Bedrohungslage wurde herbeigeredet. Europa sollte nicht auf Erpressungsversuche reagieren, indem es selbst Recht und Humanität über Bord wirft. Das generelle Kalkül der europäischen Regierungen ist aber derzeit: Je größer die Not von Menschen, die nach Europa geflüchtet sind, desto weniger neue Flüchtlinge werden kommen. Diese Annahme ist nicht nur zynisch, sie ist auch falsch. Sie unterschätzt vollkommen, wie verzweifelt die Menschen sind, die nach Europa flüchten. Und sie übersieht, wie der eingeschlagene Kurs die Menschenrechte und Rechtssicherheit generell und für alle Menschen in Europa gefährdet.

Das Gespräch führte Volker Weichsel.

Schlagwörter:
Polen, Belarus, Europäische Union, Asylpolitik, Migrationspolitik, EU-Außengrenze

Andreas Umland

Kein fauler Kompromiss!

Der Donbass, die Ukraine und der Westen

Ein Friedensschluss zwischen Russland und der Ukraine ist ein wichtiges Ziel. Doch zeigt die Erfahrung, dass Konzessionen an Russland keinen dauerhaften Frieden im postsowjetischen Raum sichern. Westliche Nachgiebigkeit und ukrainische Schwäche sind das falsche Signal. Zugeständnisse Kiews an Moskau führen nicht zur Lösung des Grundkonflikts und könnten die Ukraine destabilisieren.

Russland hat im Jahr 2021 an der Grenze zur Ukraine ein immer größeres Truppenkontingent zusammengezogen. Die Furcht vor einem Angriff Moskaus hat in Europa und den USA eine Debatte ausgelöst, wie ein Krieg verhindert werden könnte. Dazu hat Samuel Charap in seinem im November 2021 an prominenter Stelle erschienenem Artikel „The U.S. Approach to Ukraine's Border War Isn't Working" Thesen vorgelegt.[1] Der US-amerikanische Politikwissenschaftler und Mitarbeiter der RAND-Corporation erklärt, ein Kompromiss, und sei er noch so faul, sei das Beste für alle Beteiligten. Damit bringt er eine weit verbreitete Position im westlichen Denken über Osteuropa im Allgemeinen und den Konflikt im Donbass im Besonderen zum Ausdruck. Dahinter steht die Überzeugung, dass ein Kondominium, eine von Russland auf der einen und dem Westen, also der USA und der EU gemeinsam ausgeübte Herrschaft über den postsowjetischen Raum, der einzige Weg sei, um einen weiteren Krieg zu vermeiden.[2]
Dutzende, wenn nicht Hunderte Texte mit dieser Botschaft sind in den letzten Jahren veröffentlicht worden. In Deutschland wird dieses Paradigma unter dem euphemistischen Etikett des „Pluralen Friedens" vertreten.[3] Das Attribut „plural" meint hier die Anwendung

---

Andreas Umland (1967), Dr. phil., Ph.D., Analytiker am Stockholmer Zentrum für Osteuropastudien (SCEEUS) und Dozent für Politikwissenschaft an der Kiewer Mohyla-Academy
Von ihm erschien zuletzt in Osteuropa: (zusammen mit Kostiantyn Fedorenko) Zwischen Front und Parlament. Freiwilligenverbände und Parteien in der Ukraine, in: OE, 3–4/2019. – (mit Tetjana Bezruk) Der Fall Azov. Freiwilligenbataillone in der Ukraine, in: OE, 1–2/2015, S. 33–42.

1 Samuel Charap: The U.S. Approach to Ukraine's Border War Isn't Working. An unsavory compromise may be everyone's best hope. Politico, 19.11.2021.

2 Samuel Charap, Timothy J. Colton: Everyone Loses. The Ukraine Crisis and the Ruinous Contest for Post-Soviet Eurasia. London 2017.

3 Matthias Dembinski, Hans-Joachim Spanger: Pluraler Frieden. Leitlinien für eine neue Russlandpolitik. Frankfurt 2017, <www.hsfk.de/fileadmin/HSFK/hsfk_publikationen/report 0217.pdf>. sowie eine Kurzform in: Osteuropa, 3–4/2017, S. 87–96. Dazu die Repliken von Karsten D. Voigt, Andreas Heinemann-Grüder, Jakub Eberle/Vladimír Handl, Stefan Meister, Oleksandr Suško/Andreas Umland und Jan C. Behrends, ebd., S. 97–142.

Osteuropa, 71 Jg., 8–9/2021, S. 61–67 **doi: 10.35998/oe-2021-0064**

anderer Prinzipien in den internationalen Beziehungen als die Achtung politischer Souveränität und territorialer Integrität von Staaten. Es könne dazu kommen, dass die Unabhängigkeit und Unversehrtheit einiger Länder dem übergeordneten Ziel geopfert werden muss, den europäischen Frieden zu erhalten und einen Dritten Weltkrieg zu verhindern.

Die scheinbare Weisheit eines Kompromisses

Das Besondere an Charaps Argumentation liegt in ihrer inneren Konsistenz und erfrischenden Offenheit. Im Gegensatz zu anderen Kommentatoren rechtfertigt Charap den russländischen Neoimperialismus nicht mit Verweisen auf westliches oder ukrainisches Fehlverhalten. Seine Darstellung enthält weder Putinversteherei noch den Mythos vom „ukrainischen Bürgerkrieg“ zur Verschleierung des Krieges Russlands gegen die Ukraine.[4] Charap entwirft einen Plan für den Erhalt von Frieden, der für viele Ukrainer und westliche Kommentatoren unangenehm zu lesen sein mag. Dennoch erscheint er kohärent, zweckmäßig und nützlich – auf den ersten Blick.

Er rät Washington, Kiew unter Druck zu setzen, damit die Ukraine sich im Donbass auf einen Kompromiss einlässt. Dies sei im eigenen Interesse der Ukraine. In der Tat steht Charap nicht alleine mit der Ansicht da, dass die Hoffnung der Ukraine auf direkte Militärhilfe des Westens, eine baldige NATO- und EU-Mitgliedschaft oder einen Beistandspakt mit den USA unrealistisch sind. So ist Charaps Vorschlag, wie man die wachsenden Spannungen in Osteuropa lindern könnte, in sich schlüssig. Allerdings fehlt ihm der historische Kontext, seine Überlegungen bleiben abstrakt. Er ignoriert erstens die Bilanz der faulen Kompromisse, die der Westen und die Ukraine mit dem revanchistisch gesonnenen Russland geschlossen haben. Er unterschätzt zweitens das Potenzial, das umfassende westliche Sanktionen gegen Russland haben können, wenn sie wirklich zur Eindämmung genutzt werden. Drittens berücksichtigt er nicht die politischen Stimmungen, die sich in der Ukraine seit Beginn des Krieges 2014 herausgebildet haben. Zudem lässt er außen vor, dass es weitergehende sicherheitspolitische Folgen hätte, wenn Kiew auf amerikanischen Druck den Forderungen Moskaus nachkommt. Diese betrifft die Zukunft des seit der Annexion der Krim ohnehin in seiner Glaubwürdigkeit geschwächten Atomwaffensperrvertrags.[5]

Wie Russland lernte, die Eskalation zu lieben

Kompromisse, die zulasten der Souveränität und Integrität von Nachfolgestaaten der UdSSR gehen, hat es in den vergangenen 30 Jahren viele gegeben. Erfolg hatte diese

---

[4] Jakob Hauter: Delegated Interstate War. Introducing an Addition to Armed Conflict Typologies, in: Journal of Strategic Security, 4/2019, S. 90–103. – Ders. (Hg.): Civil War? Interstate War? Hybrid War? Dimensions and Interpretations of the Donbas Conflict in 2014–2020. Stuttgart 2021.

[5] Mariana Budjeryn: The Breach. Ukraine's Territorial Integrity and the Budapest Memorandum. NPIHP Issues Briefs, 3/2014 <www.wilsoncenter.org/publication/issue-brief-3-the-breach-ukraines-territorial-integrity-and-the-budapest-memorandum>. – Andreas Umland: The Ukraine Example. Nuclear Disarmament Doesn't Pay, in: World Affairs, 4/2016, S. 45–49.

Strategie nie. Das aufschlussreichste Beispiel bietet der Fall Moldova. 1992 griff Russland dort militärisch in einen inneren Konflikt ein. Der Kommandeur der 14. Armee General Aleksandr Lebed' (1950–2002) rechtfertigte Russlands dies mit der Behauptung, die neue Führung von Moldova sei schlimmer als die SS.[6] Seit 1992 untergräbt ein von Moskau unterstützter Pseudostaat in Transnistrien und eine reguläre Einheit der russländischen Armee die Souveränität der Republik Moldova. Der Westen hat wenig getan, um Chişinău bei der Wiederherstellung seiner staatlichen Integrität zu helfen. Ähnlich erging es Georgien nach dem August-Krieg zwischen Georgien und Russland von 2008.

Als Russland Ende Februar 2014 mit der Annexion der Krim begann, sahen die EU und die USA nicht nur erneut von physischen Gegenmaßnahmen ab, seien es militärische oder wirtschaftliche. Der Westen setzte Kiew unter Druck, seine Truppen nicht zur Verteidigung gegen Russlands Aggression einzusetzen. Die sanften westlichen Sanktionen, die nach der Annexion der Krim verhängt wurden, waren zu wenig und kamen zu spät. Das Ergebnis der Zurückhaltung des Westens war weder eine Lösung der Krim-Frage in Übereinstimmung mit dem Völkerrecht noch Frieden.

Stattdessen sah sich der Kreml durch die eklatante Diskrepanz zwischen öffentlicher Rhetorik und politischer Praxis des Westens nach dem Anschluss der Krim an Russland ermutigt weiterzumachen. Im März 2014 startete Moskau einen breiten hybriden Angriff auf das ukrainische Festland, an dem zig staatliche Behörden, paramilitärische Gruppen, Stellvertreterorganisationen und reguläre Truppen beteiligt waren und sind. Neben Tausenden von ukrainischen Soldaten und Zivilisten, die bei diesen Operationen getötet wurden, kamen am 17. Juli 2014 auch 298 Menschen, überwiegend EU-Bürger, ums Leben, als die Passagiermaschine MH17 beim Überflug des Kriegsgebiets von einer russländischen Flugabwehrrakete abgeschossen wurde.

Erst nach diesem „Kollateralschaden" der Aggression Russlands gegen die Ukraine verschärften die westlichen Staaten ihre Sanktionen. Die am 29. Juli 2014 von der EU beschlossenen Beschränkungen bestimmter Russlandexporte waren weniger eine Bestrafung der Moskauer Expansionspolitik als eine Reaktion auf den vom Kreml unbeabsichtigten, ja vermutlich sogar bedauerten Kriegsunfall.

Die gegenwärtig drohende neue Eskalation zwischen Russland und der Ukraine legt nahe, dass dringend ein Weg zum Spannungsabbau gefunden werden muss. Charap meint, dass dies in Ermangelung besserer Optionen nur durch westlichen Druck auf die Ukraine erreicht werden kann. Daraus erwachsende Zugeständnisse Kiews könnten womöglich Moskau zumindest vorläufig zufriedenstellen. Sie hätten jedoch schwerwiegende Folgen und würden das Gegenteil der beabsichtigten Wirkung erreichen. Die Bilanz bisheriger westlicher, nicht zuletzt deutscher Versuche, Russland entgegenzukommen, ist ernüchternd.[7]

Eine Ad-hoc-Vereinbarung zum Donbass wäre für den Kreml nur ein Teilerfolg. Denn das Donezbecken ist nur ein Mittel zum Zweck. Der Donbass spielt – anders als die Krim – an sich keine militärische, geostrategische und propagandistisch auszuschlachtende Rolle für den Kreml. Moskau braucht den Donbass nicht, er dient nur als ein Hebel zur

---

[6] Press-konferencija generala Lebedja 1992. 10.9.1992, <www.youtube.com/watch?v=eOyjEzMd15s>. – Charles King: The Moldovans. Romania, Russia, and the Politics of Culture. Stanford 1999, S. 200.

[7] Andreas Umland: Merkel's Ambivalent Legacy in Post-Soviet Eastern Europe. German *Ostpolitik* in the Shadow of Russia's Imperial Revenge. Foreign Policy Association, 8.10.2021.

Destabilisierung und Beeinflussung der Ukraine. Ein Kompromiss über den Donbass würde daher die eigentlichen Interessen Moskaus nicht befriedigen.
Schlimmer noch, Moskau sähe sich in der Gültigkeit dreier früherer Annahmen bestätigt: Erstens: Militärische Drohgebärden funktionieren. Zweitens: Die Unabhängigkeit der Ukraine bleibt unvollständig. Drittens: Der Westen lässt sich – das zeigen die Erfahrung in Transnistrien, Abchasien, Südossetien und auf der Krim zum Komplizen bei der Untergrabung der Integrität postsowjetischer Staaten machen, was sich in seiner Haltung zu den russländischen Übergriffen zeigte.
Der Kreml könnte daraus ableiten, dass weitere Konzessionen möglich wären: Zum Beispiel könnte er kalkulieren, wenn der Westen bereit wäre, zur Lösung des Donbass-Konflikts das Völkerrecht zu ignorieren, ließe sich daraus auch was für den Transnistrien-Konflikt ableiten. Könnten Joe Biden, Ursula von der Leyen, Olaf Scholz und Emmanuel Macron mit Volodymyr Selens'kij darüber sprechen, den Nordkrimkanal wieder zu öffnen und die Süßwasserversorgung für die Krim wiederherzustellen? Könnten Washington und Brüssel nicht auf Kiew einwirken, dass es die multikulturelle Geschichte von Odessa und Bessarabien berücksichtigt und Moskau bei der Schaffung zweier autonomer Regionen in der Südukraine unterstützt? Und so weiter und so fort ...

Die ungenutzte Macht der Sanktionen

Die zweite Schwäche von Charaps Vorschlägen besteht darin, dass er ernsthafte Wirtschaftssanktionen als westliches Instrument zur Eindämmung Russlands unterschätzt. Charap scheint davon auszugehen, dass solche Sanktionen nicht ausreichend verhängt werden können oder nicht in ausreichendem Maße wirken. Diese Annahme ist grundlegend für Charaps Schlussfolgerung, dass westlicher Druck auf Kiew der einzig verbliebene Weg aus der jetzigen Sackgasse ist.
Selbstverständlich kann man die Auswirkungen umfassender sektoraler Sanktionen auf Russlands Führung nicht präzise bestimmen. Es gibt jedoch Anzeichen dafür, dass Handels- und andere Restriktionen gegen Russland wirksamer sein könnten als die gegen Nordkorea. Das legen jüngere politökonomische Untersuchungen zu Russland nahe. Die bisherigen westlichen Sanktionen gegen Russland sind, trotz des großen öffentlichen Aufhebens, das in Europa um sie gemacht wird, begrenzt. Viele der Beschränkungen zielen auf Einzelpersonen und einzelne Unternehmen; die meisten Maßnahmen treffen nicht direkt Russlands Wirtschaft als Ganze. Die einzigen wirksamen Wirtschaftssanktionen, die von der EU im Sommer 2014 verhängt wurden, sind nicht sektorale, sondern eher subsektorale. Sie betreffen nur den Verkauf bestimmter, eng umrissener Hochtechnologien und Finanzdienstleistungen durch die EU an Russland.
Die aktuellen Sanktionen lassen den Großteil der physischen und monetären Transaktionen zwischen Russland und dem Westen unberührt. Abgesehen von der Rüstungsindustrie wurde bisher kein russländischer Wirtschaftszweig von der EU oder den USA umfassend sanktioniert. Die Annahme, dass Sanktionen, die zu einer substantiellen Einschränkung des wirtschaftlichen Austauschs mit ganzen Sektoren der russländischen Wirtschaft führen, keine Auswirkungen auf das Verhalten des Kreml haben würden, ist unbegründet. Vielmehr ist das Gegenteil zu erwarten.

Das legen die Ergebnisse zweier Studien über die Folgen der existierenden Sanktionen gegen Russland nahe.[8] Diese Untersuchungen zeigen erhebliche negative, indirekte Auswirkungen auf die wirtschaftliche Entwicklung Russlands. Die an und für sich geringfügigen Maßnahmen haben zwar nicht zu einem wirtschaftlichen Niedergang Russlands geführt.[9] Sie haben aber in den Jahren seit 2014 ein deutlich höheres Wachstum verhindert. Das ungenutzte Potenzial westlicher Sanktionen muss im Zusammenhang mit zwei anderen empirischen Studien der in Washington lebenden russischen Ökonomin Marija Snegovaja gesehen werden.[10] Snegovaja hat eine Korrelation zwischen Russlands Expansionsbestrebungen und den Einnahmen aus dem Export von Energieträgern sowie der damit verbundenen sozioökonomischen Lage des Landes nachgewiesen. Die Aggressivität der außenpolitischen Rhetorik des Präsidenten hängt mit der Höhe des Ölpreises und den Exporterlösen zusammen. Auch die Öffentliche Meinung ist in Phasen guter sozioökonomischer Entwicklung eher zu außenpolitischen Risiken bereit.[11]

Snegovajas Studien befassen sich zwar nicht explizit mit den Auswirkungen von Sanktionen. Sie deuten jedoch darauf hin, dass die russländische Wirtschaftsleistung und ihre Auswirkungen auf die soziale Lage im Lande ein Bestimmungsfaktor des außenpolitischen Denkens der politischen Elite und der Bevölkerung Russlands sind. Dass härtere neue Handelsrestriktionen wirkungslos blieben und den Kreml nicht zur Mäßigung bringen würden, wissen wir bislang nicht. Auf der Basis der angeführten Studien können wir vielmehr vermuten, dass Sanktionen sehr wohl das politische Kalkül der Entscheidungsträger in Moskau beeinflussen können.

Charaps Maxime, dass ein ungerechter Kompromiss zwischen der Ukraine und Russland besser als Krieg ist, könnte eines Tages aktuell werden. Heute, solange härtere Sanktionen gegen Russland noch nicht zum Einsatz gekommen sind, ist diese Schlussfolgerung verfrüht. Eine durch westlichen Druck ausgelöste ukrainische Kapitulation im Donbass ist eine schlechte Option.

Innenpolitische Risiken einer ukrainischen Kapitulation

Eine letzte implizite Fehlkalkulation in Charaps Vorschlag betrifft die Auswirkungen eines weiteren Souveränitätsverlustes auf die ukrainische Gesellschaft. De facto müsste Kiew zustimmen, dass Moskau nach der annektierten Krim nun die Kontrolle über einen weiteren Teil des ukrainischen Territoriums erhält – den östlichen Donbass. Das mag aus einem Büro in Washington oder London nach einer unappetitlichen, aber um des lieben Friedens willen schluckbaren Kröte aussehen.

---

8 Erik Andermo, Martin Kragh: Sanctions and Dollar Dependency in Russia. Resilience, Vulnerability, and Financial Integration, in: Post-Soviet Affairs, 3/2021, S. 276–301. – Anders Åslund, Maria Snegovaya: The Impact of Western Sanctions on Russia and How They Can Be Made Even More Effective. Atlantic Council, Mai 2021 <www.atlanticcouncil.org/wp-content/uploads/2021/05/The-impact-of-Western-sanctions-on-Russia-and-how-they-can-be-made-even-more-effective-5.2.pdf>.

9 Richard Connolly: Russia's Response to Sanctions. How Western Economic Statecraft is Reshaping Political Economy in Russia. Cambridge 2018.

10 Maria Snegovaya: What Factors Contribute to the Aggressive Foreign Policy of Russian Leaders? In: Problems of Post-Communism, 1/2020, S. 93–110.

11 Maria Snegovaya: Guns to Butter. Sociotropic Concerns and Foreign Policy Preferences in Russia, in: Post-Soviet Affairs, 3/2020, S. 268–279.

Aus Kiew betrachtet, erscheint dies als eine hochriskante Strategie. Zwar wäre es Washington vielleicht möglich, Kiew zu einer Umsetzung der Minsker Vereinbarungen nach russischer Lesart zu drängen. Dies würde im Endeffekt bedeuten, dass die derzeit besetzten Gebiete im Donbass dauerhaft unter eine von Kiew abgesegnete informelle Vormundschaft Moskaus fallen. Wird nur genügend westlicher Druck ausgeübt, könnte man so zu einer für Russland vorläufig annehmbaren Lösung kommen. Die größte Herausforderung für Kiew und den Westen bestünde allerdings darin, die ukrainische Gesellschaft und vor allem jene Teile, die seit über sieben Jahren in diesen Krieg verwickelt sind, dazu zu bringen, sich mit einer solchen Lösung abzufinden.

Die Ukrainer haben Erhebliches für die Verteidigung ihres Vaterlandes im Donezbecken geleistet und Opfer gebracht. Millionen haben Ressourcen, Zeit, Nerven, Energie und Gesundheit investiert. Tausende haben Verwandte und Freunde im Krieg verloren. Zehntausende leiden an den Folgen des Krieges. Viele ukrainische Bürgerinnen und Bürger würden kaum einem fragwürdigen Friedensschluss mit Russland zustimmen. Tatsächlich misstrauen Teile der ukrainischen Gesellschaft bereits heute der Führung wegen der – ihrer Meinung nach – zu laxen Haltung Kiews gegenüber Moskau und den beiden „Volksrepubliken“ im Osten. So gibt es bereits eine „Bewegung zum Widerstand gegen die Kapitulation“, die sich nach der Präsidentenwahl 2019 gebildet hatte, weil sie dem neuen Staatsoberhaupt Zelens'kyj nicht traut.[12] Angesichts dessen könnte ein zweifelhafter Kompromiss zwischen Kiew und Moskau nicht nur zu Unruhen in der Ukraine führen. Im schlimmsten Fall könnten Proteste gegen Zugeständnisse an Russland in einen – nunmehr realen – Bürgerkrieg in der Hauptstadt und anderswo münden. Erinnern wir uns: Im Sommer 2015 hatte der damalige Präsident Petro Porošenko, alles andere als eine Taube, unter westlichem Druck den Prozess einer Verfassungsänderung eingeleitet, die einen Sonderstatus für die besetzten ostukrainischen Gebiete vorsah. Dies führte zu Unruhen vor dem ukrainischen Parlament. Dabei starben mehrere Menschen, Dutzende wurden teils schwer verletzt.

Seitdem ist die ukrainische Abneigung gegen jedes weitere Zugeständnis an Russland eher gewachsen. Der Kreml dürfte sich der enormen innenpolitischen Risiken in der Ukraine bewusst sein, die ein grundlegender Richtungswandel Kiews in Bezug auf den Donbass oder die Krim nach sich ziehen würde. Womöglich war und ist die Eskalation gesellschaftlicher Spannungen in der Ukraine ein wichtiges, wenn nicht das Hauptziel von Russlands hybridem Krieg.

Zwischen Scylla und Charybdis

Die Wahl, vor der die ukrainische Führung heute steht, ist noch schwieriger, als dies viele im Westen erkennen. Die Alternative für Kiew heißt nicht, wie Charap es nahelegt: Entweder ein aufopferungsvoller Krieg gegen Russland oder ein erniedrigender Friedensdeal mit Moskau. Vielmehr birgt eine mögliche Teilbefriedigung der Moskauer Begehrlichkeiten weitere innen- und außenpolitische Gefahren für Kiew. Deren Folgen könnten in der Summe größer sein als die einer bewaffneten Eskalation heute.

Die Erzeugung solcher Handlungsdilemmata und die Verschleierung ihrer Implikationen waren schon ein Merkmal der sowjetischen Außen- und Innenpolitik. Trotz der wachsenden

---

[12] Ruch oporu kapituljacii. <https://rok.org.ua>.

Skepsis des Westens gegenüber dem Kreml gelingt es Putin & Co. immer wieder, die Agenda des Westens zu lenken – vor allem, was den postsowjetischen Raum betrifft. „Hier“, sagt der Kreml, „ist dieses Problem, und hier sind die beiden alternativen Lösungen. Eure Entscheidung!“ Zu viele im Westen folgen solchen Hinweisen, anstatt über den von Moskau gezeichneten Tellerrand hinauszuschauen.

Um in der Konfrontation mit Russland bessere Ergebnisse zu erzielen, sollte der Westen und nicht Moskau die Tagesordnung von Verhandlungen bestimmen und deren Richtung vorgeben. Derartige Initiativen und Botschaften müssen nicht öffentlich werden. Sie lassen sich auch über diplomatische Kanäle vermitteln, müssen jedoch unmissverständlich sein. Damit überhaupt klare westliche Positionen formuliert und verfolgt werden können, kann es notwendig sein, dass Ad-hoc-Koalitionen williger Staaten die Initiative ergreifen.

Würde Washington Kiew öffentlich unter Druck setzen, damit es den Forderungen Moskaus nachgibt, wäre das ein fatales Signal an die ukrainische Gesellschaft und die internationale Gemeinschaft. Es wäre ein Beleg dafür, dass am Ende Macht vor Recht kommt. Würden sich die USA so verhalten, wie es Charap vorschlägt, käme dies einer Anerkennung des revisionistischen und revanchistischen Vorgehens einer Atommacht durch eine andere gleich. Das Opfer einer solchen Kabale der Supermächte wäre ein Nichtnuklearstaat, der gemäß dem Atomwaffensperrvertrag keine Atomwaffen besitzen, entwickeln oder erwerben darf. Der Westen würde grundlegende Prinzipien der UNO, der OSZE und des Europarats preisgeben. Russland ist zwar Mitglied dieser internationalen Organisationen. Es nutzt deren Foren zur Verteidigung seiner Gebietsgewinne in anderen Mitgliedstaaten dieser Organisationen, in der Ukraine, in Georgien und in Moldova.

Die tragische Ironie der Geschichte besteht darin, dass die junge unabhängige Ukraine einige Jahre lang über die weltweit drittgrößte Anzahl nuklearer Sprengköpfe verfügte, die sie aus der Konkursmasse der untergegangenen Sowjetunion geerbt hatte. Unter dem gemeinsamen Druck Moskaus und Washingtons erklärte sich die Ukraine 1994 bereit, dieses Arsenal an Russland zu übergeben und dem Atomwaffensperrvertrag als Nichtnuklearstaat beizutreten.[13] Als Gegenleistung erhielt die Ukraine mit dem Budapester Memorandum Sicherheitszusagen der drei Depositarstaaten des Nichtverbreitungsabkommens, der USA, Großbritanniens und Russlands.[14]

Im Frühjahr 2014 erwies sich allerdings, dass diese Garantien das Papier nicht wert waren, auf dem sie standen. Eine der drei Großmächte, welche die Unverletzlichkeit der Grenzen und Souveränität der Ukraine garantiert hatte, entpuppte sich als militärischer Aggressor. Russland ignorierte das Gewaltverbot und zerstörte durch die Annexion der Krim die territoriale Integrität der Ukraine.

Schlagwörter:
Ukraine, Russland, Donbass, Kondominium, Krieg, Friedensschluss, Sanktionen, USA, EU

---

[13] Steven Pifer: The Eagle and the Trident. U.S.-Ukraine Relations in Turbulent Times. Washington 2017.

[14] Budapest Memorandum on Security Assurances. Council on Foreign Relations, 5.12.1994, <web.archive.org/web/20170312052208/http://www.cfr.org/nonproliferation-arms-control-and-disarmament/budapest-memorandums-security-assurances-1994/p32484>.

„Der Willkür sind keine Grenzen gesetzt“

Der Rechtsanwalt Andrej Močalov über politische Prozesse in Belarus

Seit Mitte 2020 wurden in Belarus über 1000 Menschen verhaftet und in politischen Strafverfahren unter gröbsten Verstößen gegen die Prinzipien der Rechtsstaatlichkeit abgeurteilt. Einige haben ihre Strafe abgesessen, doch viele sind zu fünf, zehn oder gar 14 Jahren Strafkolonie verurteilt worden. Viele Tausend Menschen wurden zudem wegen der Teilnahme an den großen Protesten nach den Präsidentschaftswahlen im August und September festgenommen und zu Arreststrafen verurteilt. Der Rechtsanwalt Andrej Močalov hat zahlreiche Personen in Verwaltungsverfahren und politischen Strafprozessen verteidigt. Er berichtet über die Willkür der Gerichte, die Allgegenwart von Folter und die Straflosigkeit, mit der die Täter aus den Staatsorganen rechnen können.

OSTEUROPA: *Herr Močalov, Sie haben in den vergangenen Monaten zahlreiche Menschen verteidigt, die in Prozessen mit offenkundig politischen Motiven angeklagt wurden. Was wird diesen Menschen vorgeworfen?*

Andrej Močalov: Ich habe sowohl Menschen verteidigt, die in Strafprozessen angeklagt waren, als auch in rund 100 Fällen Personen, denen eine Ordnungswidrigkeit vorgeworfen wurde. In diesem Fall beträgt die Höchststrafe, die das Gericht verhängen kann, 30 Tage Haft.
In den Strafverfahren wurde nach einer Reihe von Paragraphen Anklage erhoben: Sachbeschädigung (Artikel 216), Hooliganismus (Art. 339), Landfriedensbruch (Art. 293), grober Verstoß gegen die öffentliche Ordnung (Art. 342), Verstoß gegen die ärztliche Schweigepflicht (Art. 178), Steuerhinterziehung (Art. 243), Gründung einer extremistischen Organisation (Art. 361.1), Beleidigung einer Amtsperson (Art. 369), Verstoß gegen die Gleichberechtigung der Bürger (Art. 190), Widerstand gegen die Staatsgewalt (Art. 363). All diese Strafverfahren hatten unverkennbar einen politischen Hintergrund. Zudem wurden sie alle unter grober Verletzung der Strafprozessordnung sowie grundlegender Verfassungsprinzipien geführt.

OSTEUROPA: *Um welche Verstöße gegen die Strafprozessordnung geht es?*

Močalov: In Strafprozessen verweigern die Gerichte systematisch die Zulassung von Beweismaterialien, die der Anwalt des Angeklagten gesammelt hat. Ebenso werden ihm bei der Sammlung solcher entlastenden Materialien Steine in den Weg gelegt.

Andrej Močalov, Rechtsanwalt, Minsk

OSTEUROPA, 71. Jg., 8–9/2021, S. 69–75 doi: 10.35998/oe-2021-0065

Mir ist es mehrfach gelungen, Beweise zu sammeln, die eindeutig zeigten, dass der Verdächtigte oder die Angeklagte die ihnen zur Last gelegte Tat nicht begangen hat. Doch diese Beweise wurden in nahezu allen Fällen entweder mit einer formalen Begründung nicht zum Prozess zugelassen oder Untersuchungsrichter und Richter ignorierten sie einfach. Nichts zeigt so eindeutig, wie abhängig die Justiz in Belarus ist. Die Gerichte fällen ihre Urteile auf der Basis von Aussagen, die Mitarbeiter der Sicherheitsorgane machen, auch wenn vorliegende Beweise, etwa Videoaufnahmen, diese Aussagen klar widerlegen. Der Willkür sind keine Grenzen gesetzt. Einer der politischen Gefangenen in Belarus wurde zu einer Haftstrafe verurteilt – ohne Bewährung –, weil er einer anderen Person, die bei einer Demonstration festgenommen wurde, im Haushalt geholfen hatte. Dies wurde als „Beihilfe zur Organisation von Massenunruhen" gewertet.
In aller Regel ignoriert die Staatsanwaltschaft, die eigentlich ein Aufsichtsorgan ist, selbst die offensichtlichsten Verstöße. Dies zeigt, wie die Lage in Belarus ist. Lukašenka hat das Paradigma persönlich vorgegeben: „Manchmal sind Gesetze nicht am Platz."[1]
Und weitere Rechte der Angeklagten werden massiv verletzt. Ihre Anwälte dürfen sie während des Prozesses gar nicht oder seltener als gesetzlich geregelt besuchen. Die Anwälte erhalten nur eingeschränkten Zugang zu den Prozessakten oder werden in anderer Weise in ihrer Arbeit behindert.
In vielen Fällen werden die Anwälte nicht zu ihren inhaftierten Mandanten vorgelassen, weil auf diese Weise Spuren von Prügel oder Folter verborgen werden sollen oder weil der Mandant auf andere Weise zu fiktiven „Geständnissen" gebracht werden soll, in denen er oder sie Dinge behauptet, die nichts mit dem tatsächlichen Geschehen zu tun haben. Manchmal dauert es nach der Verhaftung über eine Woche, bis erstmals ein Anwalt den Verhafteten im Untersuchungsgefängnis aufsuchen kann.
Solche Verstöße gegen die Rechte von Angeklagten gibt es auch in Verfahren, die keinen politischen Charakter haben. Doch in diesen Prozessen geschehen sie nicht mit jener Regelmäßigkeit wie in den politischen Verfahren. Zudem reagiert die Staatsanwaltschaft in den politischen Prozessen nicht auf Beschwerden, was sie sonst durchaus tut.
In einigen politischen Verfahren des vergangenen Jahres wurde zudem ein Teil der Prozessmaterialien in einer gesonderten Akte geführt, in die nur der Ermittlungsrichter und der Richter Einblick haben, nicht aber der Angeklagte und sein Anwalt. Gleichwohl werden diese Materialien bei der Urteilsfindung herangezogen. Dies ist ein grober Verstoß gegen die Strafprozessordnung – und doch Alltag in Belarus.

OSTEUROPA: *Sie sprachen von Prügel und Folter.*

Močalov: Viele der in den vergangenen Monaten inhaftierten Menschen wurden grausam und unmenschlich behandelt. Eine meiner Mandantinnen, Vol'ha Zalatar, wurde nach ihrer Verhaftung Mitte März mehrere Stunden geschlagen, um sie dazu zu bewegen, gegen sich selbst auszusagen. Ich habe die Folterspuren an ihrem Körper gesehen und mich sofort an die Staatsanwaltschaft und das Untersuchungskomitee gewandt. Bis

---

[1] Lukašenka verwendete diese Phrase in einer Rede vor Vertretern der Staatsanwaltschaft am 10.9. 2020, um sie im folgenden Satz scheinbar wieder aufzuheben: „Im gegebenen Fall ist die Situation eine andere. Ich wiederhole: Ich rufe Sie nicht dazu auf, gegen Gesetze zu verstoßen, Sie haben ausreichend Gesetzgebung und Gesetze, um dieses Land vor diesem Überfall zu schützen, damit es nicht die Varianten Ukraine, Libyen, Syrien und so weiter wiederholt." <www.currenttime.tv/a/lukashenko-prizval-prokurorov-spasti-stranu/30830812.html>. – Red.

heute – nach über acht Monaten – haben sie immer noch nicht reagiert. Die vorgeschriebene medizinische Untersuchung nach der Verhaftung wurde solange hinausgeschoben, bis die Spuren der Schläge nicht mehr zu sehen waren.

OSTEUROPA: *Wie erkennt man, ob es sich um ein politisches Verfahren handelt?*

Močalov: In vielen Fällen ist der Straftatbestand als solcher bereits ein eindeutiger Hinweis, dass es sich um einen politischen Prozess handelt. Doch dies ist nicht in allen Fällen so. Artikel 178 des Strafgesetzbuches, Verstoß gegen die ärztliche Schweigepflicht, wird man kaum als politischen Artikel bezeichnen können. Aber genau nach diesem Artikel wurde die Journalistin Ekaterina Borisevič von der unabhängigen Nachrichtenplattform tut.by verurteilt. Sie hatte berichtet, dass der von Mitarbeitern der Sicherheitsapparate im November 2020 getötete junge Mann (Roman Bondarenko) entgegen der Behauptung der Behörden nicht alkoholisiert war. Dies war nichts anderes als persönliche Rache.

OSTEUROPA: *Und welches sind die häufigsten Artikel in politischen Verfahren?*

Močalov: Grober Verstoß gegen die öffentliche Ordnung (Art. 342) und Gründung einer extremistischen Organisation (Art. 361.1). Nach diesen Paragraphen wurde zum Beispiel Anfang Dezember 2021 Vol'ha Zalatar verurteilt. Das Stadtgericht Minsk befand sie für schuldig, eine „extremistische Gruppierung“ gegründet und geleitet zu haben: den Telegram-Kanal „Žadnoviči 2020 – Klub der Viktor-Zoj-Fans“. Die Anklage konnte keine Beweise erbringen, dass sie den Kanal eingerichtet und administriert hat, er lief nach ihrer Verhaftung auch weiter. Der Vorwurf ist aus vielen weiteren Gründen absurd. Juristische Minimalstandards wurden verletzt. Nur ein Beispiel: Das Innenministerium hat den Kanal erst im Oktober 2021 zu einer „extremistischen Gruppierung“ erklärt. So steht es auch in der Anklageschrift. Vol'ha Zalatar wurde aber bereits im März 2021 verhaftet. Nullum crimen, sine lege – kein Verbrechen ohne Gesetz – heißt ein elementarer Rechtsgrundsatz. Und doch wurde sie nach Art. 361,1 zu drei Jahren Freiheitsstrafe verurteilt.
Zusätzlich wurde sie für schuldig befunden, grobe Verstöße gegen die öffentliche Ordnung organisiert und sich daran beteiligt zu haben. Sie habe diese Verstöße finanziert und Menschen dazu angeleitet. Es fehlt jeglicher Beweis für die Vorwürfe. Die Anklageschrift ist reich an kunstvollen Wendungen, die mit einem juristischen Schriftsatz nichts zu tun haben. Es ging offensichtlich darum, überhaupt irgendeine Anklage hinzubekommen. So wurde ihr etwa vorgeworfen, sie habe „die gesellschaftlichen Normen des Anstands verletzt und die Mitglieder der Gruppe moralisch unterstützt“. Auf Basis von Artikel 342 wurde sie dafür zu zwei Jahren Haft verurteilt. Insgesamt wurde die Strafe auf fünf Jahre festgesetzt. Vol'ha Zalatar hat fünf minderjährige Kinder.

OSTEUROPA: *Gab es in Zusammenhang mit den Protesten gegen die Fälschungen bei der Präsidentschaftswahl einen Prozess, in dem der Angeklagte freigesprochen wurde?*

Močalov: Nein. Nicht einen einzigen. Allerdings ist das keine Besonderheit der politischen Prozesse der letzten Monate. In den vergangenen fünf Jahren endete in Belarus statistisch gesehen von 500 Strafprozessen nur ein einziger mit einem Freispruch. Dies ist Ausdruck der totalen Zentralisierung des Justizsystems. Von einer Unabhängigkeit der Gerichte kann keine Rede sein. Die Justiz ist in Belarus ein ausführendes Organ der Staatsgewalt. Gemäß der belarussischen Verfassung obliegt es dem Präsidenten, sämtliche Richter an allgemeinen Gerichten zu berufen oder zu entlassen. Nach persönlichen Gutdünken per Präsidialerlass.

Nimmt man hinzu, dass seit einem Jahr in Belarus die Regel gilt, dass „für Gesetze manchmal kein Platz ist“ und dass der KGB in offiziellen Verlautbarungen von „Säuberungen“ gesprochen hat, die er durchgeführt habe, so wird klar, dass ein Freispruch in einem Strafverfahren absolut unmöglich ist.

Einzige vorstellbare Ausnahme: „Erfolgreiche Verhandlungen“ mit den EU-Staaten und den USA, also ein Handel, bei dem Minsk die politischen Gefangenen in die Waagschale wirft.

OSTEUROPA: *Gelegentlich heißt es, weil das Urteil ohnehin feststehe, sei die Arbeit der Anwälte in Belarus sinnlos.*

Močalov: Solche Ansichten sind natürlich verbreitet. Für die Prozesse mit großer öffentlicher Aufmerksamkeit ist das auch weitgehend richtig. Aber wir haben bislang über die Strafprozesse gesprochen. In einigen Verfahren, in denen es um Ordnungswidrigkeiten ging und über die nicht in der Presse berichtet wurde, ist es mir und meinen Kollegen jedoch durchaus gelungen, einen Freispruch oder in zweiter Instanz eine Milderung des Urteils zu erwirken.

Ich habe mehrere Dutzend Menschen verteidigt, die im vergangenen Jahr zur Zeit der ersten Proteste gegen die Präsidentschaftswahlen zwischen dem 9. und dem 12. August festgenommen und wegen einer Ordnungswidrigkeit, die sie angeblich begangen hätten, zu einer Arreststrafe oder einer Geldbuße verurteilt wurden. Ebenso wie meine Kollegen habe ich diese Urteile angefochten – und sie wurden alle aufgehoben. Bis vor das Oberste Gericht sind wir gezogen. All diese Menschen wurden nach ihrer Verhaftung brutal geschlagen, manche gezielt gefoltert. Einige versuchen, die Täter vor Gericht zu bringen, dabei helfe ich ihnen gegenwärtig.

Dass ein Strafprozess mit einem Freispruch endet, ist zwar ausgeschlossen. Aber in einigen Strafverfahren, die abseits des öffentlichen Interesses stattfanden, ist es meinen Kollegen und mir gelungen, eine Einstellung des Verfahrens zu erwirken. Manchmal wurde auch ein bestimmter, besonders schwerwiegender Vorwurf fallengelassen. Einige Personen, die zunächst nach Artikel 364 des Strafgesetzbuchs wegen Gewalt oder Androhung von Gewalt gegen einen Polizisten angeklagt waren – ihnen drohte eine Freiheitsstrafe von bis zu sechs Jahren –, wurden im Verlaufe des Prozesses nur noch nach Artikel 263 wegen Widerstands gegen die Staatsgewalt angeklagt. Die Höchststrafe nach diesem Artikel sind zwei Jahre Freiheitsentzug. Die beiden Tatbestände liegen sehr nahe beieinander, aber das Strafmaß unterscheidet sich erheblich.

Vielleicht kann man auch im Fall von Ekaterina Borisevič davon sprechen, dass es ein Verdienst ihrer Anwälte war, dass die Haftstrafe nicht höher ausgefallen ist als sechs Monate. Dies war unter dem gegebenen Artikel 178 das geringstmögliche Strafmaß. So wie die Lage der Dinge in Belarus ist, kann man ein Urteil mit Verhängung des Mindeststrafmaßes oder ein Strafmaß, das unter Anrechnung der Untersuchungshaft nach Abschluss des Gerichtsverfahrens zur Freilassung führt, als Freispruch betrachten.

OSTEUROPA: *Das belarussische Menschenrechtszentrum Vjasna dokumentiert das Schicksal der Menschen, die vom belarussischen Menschenrechtsrat als politische Gefangene eingestuft werden. Wie bewerten Sie diese Arbeit?*

Močalov: Diese Arbeit ist äußerst wichtig! Der Staat bricht in Belarus systematisch das geltende Recht. Die Bürgerrechtler und ehrenamtlichen Helfer von *Vjasna* sammeln und dokumentieren alle Rechtsverstöße der Polizei und der Gerichte. Man kann ihre Verdienste gar nicht hoch genug einschätzen. Sie bewahren das Rechtsbewusstsein in der Gesellschaft und leisten so einen wesentlichen Beitrag zum künftigen Aufbau eines Rechtsstaats in Belarus.
Von großer Bedeutung ist auch das ganze Spektrum der praktischen Unterstützung, die *Vjasna* den Opfern von Gewalt sowie den Verfolgten und ihren Familien gibt.
Eines darf man aber dabei nicht vergessen: Die Bürgerrechtler können in aller Regel nur dann einen Fall politischer Verfolgung dokumentieren, wenn sich die Familie der oder des Betroffenen an *Vjasna* wendet. Doch die Verwandten haben oft Angst, dass es dem Verdächtigten, Angeklagten oder Verurteilten zum Nachteil gereicht, wenn er als politischer Gefangener anerkannt wird. Sie fürchten, die Meldung könne ein besonders hartes Urteil oder besonders schlechte Haftbedingungen nach sich ziehen. Andere Informationsquellen als die Familien hat *Vjasna* nicht, denn bis zum Sommer 2021 wurde ihre Arbeit massiv behindert und seitdem ist sie faktisch verboten.

OSTEUROPA: *Ein Kollege und guter Bekannter von Ihnen ist der Anwalt Maksim Znak. Er wurde in einem besonders infamen Verfahren zu einer Freiheitsstrafe von 10 Jahren verurteilt.*

Močalov: Der Prozess gegen Maksim Znak und Marija Kolesnikova, die im gleichen Verfahren wie er angeklagt wurde, war in der Tat besonders absurd. Die Behörden gingen ganz nach sowjetischem Prinzip vor: Für jeden findet sich ein passender Paragraph. Obwohl der Prozess von ganz besonderer öffentlicher Bedeutung war, wurde er hinter verschlossenen Türen geführt. Keinerlei relevante Information über das Verfahren wurde veröffentlicht. Angeklagt und verurteilt wurden Maksim Znak und Marija Kolesnikova wegen Hochverrats nach Artikel 357, Absatz 1 des Strafgesetzbuchs (Verschwörung oder andere Handlungen zum Zwecke der Ergreifung der Staatsmacht) und nach Artikel 361, Absatz 3 (Mittels Massenmedien oder im Internet verbreiteter Aufruf zu Handlungen, die die nationale Sicherheit der Republik Belarus gefährden) sowie wegen „Gründung einer Terrororganisation“ nach Artikel 361, Absatz 1.
Diese Straftatbestände sah das Gericht erfüllt. Doch was haben Kolesnikova und Znak getan? Sie haben sich im Rahmen ihrer von der Verfassung garantierten Rechte am Wahlkampf von Viktor Babariko beteiligt, bis dieser verhaftet wurde. Nach den Präsidentschaftswahlen hat Maksim Beweise für Verstöße gegen das Wahlgesetz gesammelt und als Rechtsvertreter der Präsidentschaftskandidatin Svetlana Tichanovskaja versucht, das offizielle Wahlergebnis vor Gericht anzufechten. Er hatte 25 Aktenordner mit

Beweisen vorgelegt, aus denen klar hervorging, dass das offizielle Ergebnis annulliert werden muss. Doch das Oberste Gericht hat die Klage erst gar nicht zugelassen und die Beweise somit nicht einmal gesichtet.
Ebenfalls wurde Znak und Kolesnikova die Gründung des Koordinationsrats der Belarussischen Gesellschaft zur Last gelegt, also die Schaffung eines Diskussionsforums für die Suche nach einer friedlichen Lösung der politischen Krise nach den Präsidentschaftswahlen, anstelle von Gewalt und Einschüchterung, auf die der staatliche Machtapparat setzte.
Die Ermittlungsbehörden und das Gericht haben also friedliche und legale Handlungen, deren Ziel die Regulierung eines politischen Konflikts war, als Verbrechen bewertet.
Persönlich kann ich berichten, dass Maksim Znak und Marija Kolesnikova ungebrochen sind. Sie haben sich mit größtem Mut und höchster Professionalität konsequent für Rechtsstaatlichkeit eingesetzt und tun dies auch nach den Unrechtsurteilen weiter, mit denen sie zu zehn bzw. im Falle von Marija Kolesnikova elf Jahren Strafkolonie verurteilt wurden.

OSTEUROPA: *Sie haben jüngst Ihre Anwaltslizenz verloren. Wie kam es dazu?*

Močalov: In der Tat wurde ich im Juni 2021 aus der Anwaltskammer ausgeschlossen. Als Anlass wurde genommen, dass ich in einem Interview mit dem polnischen Sender BelSat gesagt hatte, dass meine Mandantin Vol'ha Zalatar nach ihrer Verhaftung gefoltert wurde, um sie dazu zu zwingen, gegen sich selbst auszusagen. Es war mir gelungen, kurz nach ihrer Verhaftung zu ihr in die Zelle vorgelassen zu werden. Ich fand eine verprügelte Frau vor. Ich sage Ihnen, so etwas lässt einen nicht gleichgültig.
Wir haben Beschwerde bei der Staatsanwaltschaft und beim Untersuchungskomitee eingereicht, und als diese nicht reagierten, beschlossen wir, an die Öffentlichkeit zu gehen. Es ist bezeichnend, dass die Disziplinarkommission meiner Anwaltskammer gar nicht bestritten hat, dass meine Mandantin gefoltert wurde. Alles, was mir vorgeworfen wurde, war, dass ich einen Sachverhalt bekannt gegeben habe, der nach Ansicht der Kommissionsmitglieder zuvor durch ein Gerichtsurteil hätte bestätigt werden müssen. Erst danach hätte ich das Recht gehabt, öffentlich darüber zu sprechen. Das ist absurd und widerspricht den ethischen Prinzipien des Anwaltsberufs.
Es gibt klare Hinweise darauf, dass die Forderung, mich aus der Kammer auszuschließen, aus dem Justizministerium kam. Die Leitung der Anwaltskammer leugnet dies nicht einmal, obwohl es eindeutig widerrechtlich ist, denn die Anwaltskammer ist ein unabhängiges Organ.
Man darf davon ausgehen, dass der Ausschluss von Anwälten aus der Anwaltskammer, die den verbliebenen unabhängigen Medien Auskünfte erteilen, der weiteren Zerstörung des öffentlichen Raums dient.
Seit August 2020 wurden über 40 Anwälten die Lizenz entzogen. Neben dem Ausschluss aus der Anwaltskammer gibt es noch ein anderes Verfahren: Eine staatliche Überprüfungskommission kommt zu dem Schluss, dass der entsprechende Anwalt nicht ausreichend qualifiziert sei. So geschehen mit Irina Voronkova, der Anwältin von Eduard Babariko. Daraufhin hat das Justizministerium im November 2020 ihre Lizenz annulliert. Ebenso die Lizenzen der beiden anderen Anwälte von Babariko, die zuvor aus der Anwaltskammer ausgeschlossen worden waren. Auch Natal'ja Vancovič, die nach

mir die Verteidigung von Vol'ha Zalatar übernommen hatte, bescheinigte die Kommission mangelnde Qualifikation, und dies wenige Tage vor dem Urteil.

OSTEUROPA: *Seit Sie Ihre Lizenz verloren haben, arbeiten Sie an einer Dokumentation der Gewalt, die die Einsatzkräfte im August 2020 gegen friedliche Demonstranten anwendeten.*

Močalov: Das ist richtig. Im August 2020 habe ich gemeinsam mit einigen Kollegen im Minsker Unfallkrankenhaus eine juristische „Notaufnahme“ bereitgestellt. Was ich dort gesehen habe, werde ich nie wieder vergessen. In den Tagen nach der Wahl am 9. August lieferten die Krankenwagen ohne Unterbrechung bewusstlose, blutüberströmte Menschen ein, mit offenen Brüchen, klaffenden Kopfwunden und vielen anderen schweren Verletzungen. Einmal war ich auf der Intensivstation. Es war unbeschreiblich. Es war, als sei Krieg. Aber die Menschen wurden nicht von der Front gebracht, sondern von Polizeiwachen, aus einem der berüchtigten Erstaufnahmegefängnisse oder aus einer der Haftanstalten für Arreststrafen.
Die Staatsanwaltschaft hat jedoch kein einziges Untersuchungsverfahren gegen die Verantwortlichen angestrengt. Daher haben meine Kollegen und ich begonnen, Materialien für eine „rechtsanwaltliche Untersuchung“ zu sammeln. Wir haben Opfer befragt, Zeugen gesucht, Beweise zusammengetragen, Videoaufzeichnungen, ärztliche Berichte. Das ganze Ausmaß der Foltermethoden und des absichtlichen Quälens wurde mir dabei erst bewusst. Man kann es sich nicht vorstellen, und doch tun dies Menschen, die mitten unter uns leben.
Dann nahmen die Repressionen aber rasch zu und ich musste mich aktuellen Fällen widmen. Die Dokumentation blieb liegen. Seit mir die Lizenz entzogen wurde, arbeite ich wieder an dieser Dokumentation und werde sie bald abschließen. Da das belarussische Untersuchungskomitee mittlerweile offiziell erklärt hat, dass es keine Untersuchung zu der Folterung und der unmenschlichen Behandlung von Verhafteten im August 2021 eröffnen wird, ist diese Dokumentation besonders wichtig.

Das Gespräch führte und übersetzte Volker Weichsel, Berlin

Schlagwörter:
Belarus, Menschenrechte, politische Gefangene, Diktatur, Strafrecht, Unrechtsstaat

100xsolidaritaet.de

Die Menschenrechtslage in Belarus

Bericht des Menschenrechtszentrums *Vjasna*

Übersicht

- Im Oktober und November 2021 setzten die Behörden Strafverfolgung weiter als politisches Instrument ein. Das Menschenrechtszentrum *Vjasna* weiß von 95 Menschen, die im Laufe des Oktobers, und von 143, die im November in politisch motivierten Strafverfahren verurteilt wurden.
- Am 1. November betrug die Zahl der politischen Gefangenen 831, am 1. Dezember 888. Sie steigt ständig weiter.
- Auch sieben Mitglieder von *Vjasna* befinden sich weiterhin seit Juni 2021 auf der Basis willkürlicher Anschuldigungen in Untersuchungshaft: Ales' Bjaljacki (Vorsitzender), Valjancin Stefanovič (Mitglied des Vorstands, Vizepräsident der Internationalen Föderation für Menschenrechte, FIDH), Uladzimir Labkovič (Rechtsanwalt und Koordinator der Kampagne „Bürgerrechtler für freie Wahlen"), Marfa Rabkova (Koordinatorin des Freiwilligen-Netzwerks von *Vjasna*), Leanid Sudalenka (Leiter des Zentrums für strategische Klagen, Homel') sowie die Freiwilligen Taccjana Lasica und Andrėj Čapjuk.
- 30 Journalisten und Medienmitarbeiter werden weiterhin in Haftanstalten und Strafkolonien festgehalten.
- Der Oberste Gerichtshof hat im Oktober die beiden ältesten Menschenrechtsorganisationen in Belarus, das Belarussische Helsinki-Komitee und das Zentrum *Pravovaja Initiativa* (Rechtsinitiative) aufgelöst. Insgesamt befinden sich mittlerweile 275 gemeinnützige Organisationen im Prozess der Zwangsauflösung.
- Weiterhin werden die Teilnehmer friedlicher Aktionen und willkürlich auch einzelne Menschen wegen der Verwendung der Farben Weiß-Rot-Weiß festgenommen, selbst auf privaten Grundstücken und in privaten Häusern. Im Oktober wurden 152 solche Verhaftungen bekannt, im November 275. Gegen Menschen, die von ihrem Recht auf freie Versammlung oder auf freie Meinungsäußerung Gebrauch gemacht haben, wurden im Oktober in sechs Fällen Geldstrafen in Höhe von insgesamt 185 Basiseinheiten (1859 €) und in 59 Fällen Arreststrafen von insgesamt 892 Tagen verhängt. Im November folgten weitere Geldstrafen in 12 Fällen in Höhe von insgesamt 630 Basiseinheiten (6400 €) und in 81 Fällen Arreststrafen von insgesamt Tagen.
- Erneut sind zahlreiche Fälle bekannt geworden, in denen Personen, die wegen der Teilnahme an friedlichen Versammlungen zu einer Arreststrafe verurteilt wurden, sowie politische Gefangene misshandelt wurden. *Vjasna* qualifiziert die von den Justizvollzugsbehörden gezielt geschaffenen unmenschlichen Haftbedingungen als Folter.
- Das Menschenrechtszentrum *Vjasna* hat den Marion-Dönhoff-Preis für internationale Verständigung und Versöhnung erhalten.

Die Menschenrechtsorganisation *Vjasna* informiert täglich über die Menschenrechtsverletzungen und die politischen Repressionen in Belarus. Die hier mit geringfügigen Kürzungen dokumentierten Monatsberichte für den Oktober und den November 2021 erschienen unter <https://spring96.org/be/news/105541> und <https://spring96.org/ru/news/105919>.

OSTEUROPA, 71. Jg., 8–9/2021, S. 77–84 doi: 10.35998/oe-2021-0066

Politische Gefangene und politisch motivierte Strafverfolgung

Die strafrechtliche Verfolgung von Protestierenden und Andersdenkenden ist in Belarus nach wie vor die schwerste Form der Repression. Immer mehr gesellschaftliche Gruppen sind von dieser systematischen Unterdrückung betroffen.

Nach Informationen von *Vjasna* wurden im Oktober 95 Personen aus politischen Gründen zu verschiedenen Strafen, darunter auch Freiheitsentzug verurteilt. Im November folgten weitere 143.[1]

Die Zahl der politischen Gefangenen betrug am 1. November 831 Menschen, am 1. Dezember 888. Sie steigt stetig weiter an.[2]

Ales' Bjaljacki, Valjancin Stefanovič sowie weitere sieben bei *Vjasna* engagierte Personen befinden sich weiterhin in Untersuchungshaft. Am 3. November sprach das Gericht des Stadtbezirks Mitte in Homel' im Prozess gegen den Bürgerrechtler Leanid Sudalenka und die *Vjasna*-Freiwilligen Taccjana Lasica und Maryja Tarasenka das Urteil.[3] Ihnen wird vorgeworfen, grobe Verletzungen der öffentlichen Ordnung organisiert und vorbereitet zu haben (Artikel 342 Teil 1 des Strafgesetzbuchs), Personen für solche Ausschreitungen geschult und finanziell oder anderweitig materiell unterstützt zu haben (Artikel 342, Teil 2 des Strafgesetzbuchs). Das gesamte Verfahren fand hinter verschlossenen Türen statt. Aus Briefen, die Sudalenka aus der Haft geschickt hat, gehen einige Umstände des Prozesses hervor: Die Angeklagten saßen in einem Metallkäfig, der Richter lehnte ihre Anträge ab, in denen sie die Wahrung ihrer in der Verfassung verbrieften Rechte forderten.[4] Sudalenka wurde zu drei Jahren Strafkolonie verurteilt, Lasica zu zweieinhalb Jahren. Angeklagt war in diesem Verfahren zunächst auch die *Vjasna*-Freiwillige Marija Tarasenko. Die Anklage forderte auch für sie zweieinhalb Jahre Haft. Sie hat Belarus vor ihrer Festnahme verlassen, ihr Fall wurde von den beiden übrigen abgetrennt.

Am 5. Oktober ließ das Amt für Finanzermittlungen die Wohnung, das Sommerhaus und das Büro der Bürgerrechtlerin Tacjana Rėvjaka durchsuchen. Rėvjaka wurde anschließend zu zwei Verhören auf das Amt sowie zum Ermittlungskomitee gebracht.

Am 8. November verurteilte das Gericht des Lenin-Stadtbezirks in Brest eine fünfte Gruppe von Angeklagten im Prozess wegen angeblicher „Massenunruhen" am 9. und 10. August 2020. Der Richter Aleksandr Semenčuk sprach alle zwölf Angeklagten schuldig und verurteilte sie zu Haftstrafen zwischen dreieinhalb und fünf Jahren. Sie alle sind politische Gefangene.[5]

Das Stadtgericht Minsk verurteilte unter Richterin Anastasija Popko am 10. November den Blogger und Aktivisten der anarchistischen Bewegung Nikolaj Dedka nach den Paragraphen 342, 361 und 295-3 des Strafgesetzbuches zu fünf Jahren Besserungskolonie. Dedka bestreitet alle Vorwürfe. Er war am 11. November 2020 verhaftet und dabei massiv geschlagen worden. In der Zelle wurde er gezwungen, sich zu entkleiden, anschließend nahmen Polizisten ihn auf Video auf. Bei Verhören wurde er gefoltert.

---

1 <https://spring96.org/be/news/105523>.

2 Eine auf Deutsch dokumentierte und täglich aktualisierte Liste der politischen Gefangenen und ihrer Schicksale findet sich unter: <https://100xsolidaritaet.de/>.

3 <https://spring96.org/ru/news/105628>.

4 <https://spring96.org/ru/news/105191>.

5 <https://spring96.org/ru/news/105628>.

Gegen Svjatlana Cichanoŭskaja und Pavel Latuška wurden im Oktober zusätzliche Strafermittlungen aufgenommen. Die Behörden werfen ihnen nun auch vor, sie hätten „Pseudostaatsorgane, Pseudoministerien und Pseudovertretungen geschaffen und in Fortführung ihres kriminellen Tuns Gespräche mit Vertretern ausländischer Staaten und internationaler Organisationen geführt".

Eine Kommission der Vereinten Nationen hat sich bei einer Sitzung im November mit einer Beschwerde von Sergej Tichanovskij befasst, der bei einer Wahlkampfveranstaltung am 29. Mai 2020 verhaftet worden war und seitdem in Untersuchungshaft sitzt. Der Ausschuss stellte fest, dass Tichanovskij grundlos verhaftet wurde und die belarussischen Behörden ihn unverzüglich freilassen, eine Untersuchung der Umstände seiner Verhaftung einleiten und ihm eine Entschädigung zahlen müssen.[6]

Verstöße gegen das Recht auf friedliche Versammlung und freie Meinungsäußerung

Die straf- und ordnungsrechtliche Verfolgung friedlicher Demonstranten und Andersdenkender geht weiter.

Immer noch werden Personen wegen Teilnahme an den Protesten vom August 2020 verurteilt. Am 1. Oktober verurteilte der vorsitzende Richter des Gerichts im Stadtbezirk Mitte von Minsk, Dzmitryj Karsjuk, den 27-jährigen Pavel Lukajanaŭ, der als politischer Gefangener anerkannt ist, wegen „Teilnahme an Unruhen" in der Nacht vom 10. auf den 11. August 2020 zu vier Jahren Haft in einer Strafkolonie.[7] Am 2. November verurteilte Richterin Tat'jana Pirožnokova im Gericht des Moskauer Bezirks von Minsk den 28-jährigen Minsker Denis Lozovskij unter der gleichen Anschuldigung zu drei Jahren. Am gleichen Tag wurde Igor' Koranevskij von Richter Aleksandr Jakunčichin am Gericht des Minsker Stadtbezirks Sovetskij zu drei Jahren Freiheitsbeschränkung ohne Einweisung in eine Strafanstalt verurteilt. Insgesamt ergingen im November mehr als ein Dutzend Urteile gegen Teilnehmer der Ereignisse nach den Wahlen im August 2020.

Polizisten führen weiterhin in mehreren Städten Sondereinsätze durch, nicht zuletzt in vielen Stadtteilen und Vororten von Minsk. Sie brechen in Häuser und Wohnungen ein, um nach Protestsymbolen zu suchen, und nehmen Personen bei der Arbeit fest; täglich finden Durchsuchungen und Verhöre statt. Im Oktober wurden nach Wissen von *Vjasna* 140 Menschen verhaftet.

Die Behörden gehen weiter gegen jede Äußerung der Unzufriedenheit gegen ihr Vorgehen mit Druck und Repression vor. Menschen, die an den Fenstern ihrer Wohnung Fahnen aufhängen oder Aufkleber anbringen, oder in den sozialen Medien bestimmte Nachrichten verbreiten oder kommentieren, werden verhaftet und wegen Verstoß gegen das Ordnungswidrigkeitsgesetz angeklagt.

Im Oktober wurden wegen der Ausübung des Rechts auf friedliche Versammlung und freie Meinungsäußerung in sechs Fällen Geldstrafen in Höhe von insgesamt 185 Basiseinheiten (1859 €) und in 59 Fällen Arreststrafen von insgesamt 892 Tagen verhängt. In fünf Fällen, bei denen Geldstrafen verhängt wurden, und in 21 Fällen, bei denen das

---

[6] <https://spring96.org/ru/news/105630>. – Sergej Tichanovskij wurde am 14. Dezember 2021 wegen der „Vorbereitung und Organisation von Massenaufständen" zu 18 Jahren Haft in einem Straflager unter verschärften Bedingungen verurteilt. – Red.

[7] <http://spring96.org/ru/news/105179>.

Urteil auf Arreststrafe lautet, wurden den Verurteilten nach Art. 19.11 des Ordnungswidrigkeitsgesetzes „die Verbreitung, Herstellung, Aufbewahrung oder der Transport von Informationsmaterialien" vorgeworfen, die „Aufrufe zu extremistischen Aktivitäten enthalten oder solche Aktivitäten fördern". Dieser Artikel wird immer häufiger zur Unterdrückung von Dissidenten eingesetzt.

Am 6. Oktober verurteilte das Gericht des Stadtbezirks Moskau von Brest im „Reigen-Prozess" sechs Angeklagte aus der achten in diesem Verfahren angeklagten Gruppe wegen grober Verletzung der öffentlichen Ordnung (Art. 341, Absatz 1 des Strafgesetzbuchs) zu Haftstrafen zwischen 1,5 und zwei Jahren.[8] Am 13. September 2020 hatten Menschen während einer Demonstration im Zentrum von Brest einen Reigen getanzt und gesungen. Sie wurden mit einem Wasserwerfer auseinandergetrieben, Dutzende von ihnen wurden später angeklagt. Der Prozess gegen die achte Angeklagten-Gruppe wurde von Richterin Maryja Aliferuk verhandelt, Kläger im Namen des Staates war Andrėi Manko. Am 15. November verurteilte Richterin Ekaterina Romaško im selben Großverfahren in zwei Gruppen 15 weitere Personen zu Strafen zwischen einem Jahr Freiheitsbeschränkung und anderthalb Jahren Strafkolonie. Es handelt sich um einen der größten politischen Prozesse in der Geschichte von Belarus. Gegen 115 Personen wurden Ermittlungen eingeleitet, gegen 108 Anklage erhoben, 102 Personen wurden bereits verurteilt.

Immer häufiger werden zum Zweck der Unterdrückung in ganz Belarus Strafverfahren wegen Verleumdung des Präsidenten, der Beleidigung von Ministern, Richtern, Staatsanwälten, Polizisten (Artikel 367, 368, 369, 391 des Strafgesetzbuchs) eingesetzt.

So verurteilte etwa Richter Aleh Kaljada vom Gericht des Minsker Stadtbezirks Zavodskij Michail Bahdan wegen Beleidigung von Polizeibeamten (Artikel 369 Strafgesetzbuch) am 5. Oktober zu zwei Jahren Hausarrest und zu einer Zahlung von 2000 Rubel an die Geschädigten.[9] Bahdan hatte in einem Social-Media-Kanal unter ein Foto, das Polizisten zeigte, die Luftballons von einem Baum entfernen, den Kommentar geschrieben: „Auf solche Helden wartet die Welt."

Aljaksandr Litvišėnka aus Mahilaŭ wurde wegen Beamtenbeleidigung und Beleidigung des Präsidenten zu 1,5 Jahren Strafkolonie verurteilt. Er hatte in einem Telegram-Kanal einen Polizeibeamten als „Dreck" und in einem anderen Telegram-Kanal Aljaksandr Lukšėnka als „Abschaum" bezeichnet.

Sjarhej Krupenič und seine Ehefrau Anastasija Krupenič-Kandrac'eva wurden im November zum neunten Mal in Folge in Ordnungswidrigkeitsverfahren zu Arreststrafen verurteilt.[10] Sie hatten sich in ihrem privaten Chat Nachrichten aus Telegram-Kanälen geschickt, die die Behörden als „extremistisch" eingestuft haben. Beide sind seit mehr als dreieinhalb Monaten in Haft.

Am 13. Oktober fand auf der Polizeiwache der nahe der litauischen Grenze gelegenen Kleinstadt Astravec hinter verschlossenen Türen die Verhandlung im Fall von Artur Žvirydoŭski statt.[11] Er war wegen Hooliganismus (Art. 339, 1) und Schmähung von Staatssymbolen (Art. 370) angeklagt. Laut Anklageschrift hatte er im Juni 2021 an einem Schulgebäude in Astravec nachts eine weiß-rot-weiße Fahne aufgehängt und drei Streifen in den Farben Weiß-Rot-Weiß auf einen Stein gemalt. Außerdem habe er eine rot-grüne Flagge von einem Gebäude der Kreisverwaltung gerissen. Das Urteil lautet auf drei Jahre Strafkolonie.

---

8 <https://spring96.org/ru/news/105237>.

9 <https://spring96.org/ru/news/105261>.

10 <https://spring96.org/ru/news/105293>.

11 <https://spring96.org/ru/news/105337>.

Inhaftierte Menschenrechtler: Ales' Bjaljacki, Valjancin Stefanovič, Uladzimir Labkovič, Marfa Rabkova (oben, v.l.n.r.), Leanid Sudalenka, Taccjana Lasica, Andrėj Čapjuk (unten)

Die Banalität des Bösen. Gerichtssaal in Belarus.

In Minsk wurde am 2. November Vadim Cegel'nik von Richterin Lilija Telica wegen Beamtenbeleidigung (Art. 369) sowie Organisation und Vorbereitung grober Verletzungen der öffentlichen Ordnung (Art. 342) – konkret wegen Aufrufen zur Teilnahme an Protestveranstaltungen über soziale Medien zwischen Juli und November 2020 – zu drei Jahren Strafkolonie verurteilt.[12]
Diese und andere Fälle[13] zeigen, dass die freie Meinungsäußerung in Belarus weiter unterdrückt wird.
Im Oktober begann das Innenministerium, Konten und Websites in den sozialen Medien als „extremistisch" einzustufen. Betroffen ist etwa dze.chat, wo zahlreiche Nachbarschafts-Chatgruppen verzeichnet sind.[14] Ebenfalls als „extremistisch" wurde der Telegram-Kanal „Busly ljacjac" (Die Störche ziehen) und der dazugehörige Chat eingestuft, sowie NEXTA, NEXTA-Live, LUXTA u.a. Wer Nachrichten dieser „Gruppierungen" empfängt, dem droht das Innenministerium mit einer Strafanzeige.

Druck auf Journalisten und die Medien

Ende November 2021 waren 30 Journalisten in Haft. In Belarus werden nach wie vor Journalisten wegen der Ausübung ihres Berufs willkürlich festgenommen und ihre Wohnungen werden durchsucht.
Am 5. Oktober fand eine Razzia in der Redaktion der Lokalzeitung *Chancavickij Čas* statt. Die Einsatzkräfte beschlagnahmten Computer und Telefone. Der Chefredakteur wurde kurzzeitig festgenommen.
Die Polizei der Stadt Luninec nahe Pinsk leitete nach Art. 23.5 des Ordnungswidrigkeitsgesetzes ein Verfahren gegen *media-polesye.by* ein wegen Veröffentlichung von „Falschnachrichten". Um welche konkrete Nachricht es sich handelt, wurde nicht mitgeteilt. Die Seite wurde bereits vor einem Monat durch die Staatsanwaltschaft des Gebiets Brest für sechs Monate gesperrt. Die Online-Zeitung wurde bereits nach demselben Artikel zu einer Geldstrafe verurteilt, weil sie von einer anderen Website Informationen über einen Prozess gegen Teilnehmer eines Protestmarschs in Pinsk nach den Wahlen 2020 übernommen hatte.
Gegen den Journalisten Henadz Mažeika von der Zeitung *Komsomol'skaja Pravda v Belarusi* wurde ein Strafverfahren wegen Aufstachelung zu sozialem Hass (Artikel 130 des Strafgesetzbuches) und Beamtenbeleidigung (Artikel 369 des Strafgesetzbuches) eröffnet.[15] Mažeika befindet sich in der Untersuchungshaftanstalt in Žodzina in einer Zelle, die wegen Covid-19 unter Quarantäne steht. Daher dürfen ihn weder seine Anwälte noch seine Familie besuchen. Zudem ist es ihm untersagt, Pakete zu empfangen. Mažeika ist vom belarussischen Menschenrechtsrat als politischer Gefangener anerkannt.
In Kryčaŭ östlich von Mahilaŭ nahm die Polizei Siarhei Njaroŭny, einen Journalisten und ehemaligen Redakteur der Zeitung *Vol'ny Horad* (Freie Stadt), fest. Die Wohnung des Journalisten wurde durchsucht und seine IT-Ausrüstung beschlagnahmt. Njaroŭny ist wegen „Verbreitung extremistischer Inhalte" (Art. 19.11 des Ordnungswidrigkeitsgesetzes) angeklagt.

---

12 <https://spring96.org/ru/news/105568>.
13 <https://spring96.org/be/news/105523>.
14 <https://spring96.org/ru/news/105373>.
15 <https://nashaniva.com/?c=ar&i=279081>.

Am 28. Oktober sperrten die Behörden den Zugang zur Website der Zeitung *Novy Čas* sowohl für Zugriffe aus Belarus als auch für solche aus dem Ausland. Die Polizei durchsuchte die Wohnungen der Redakteure Aksana Kolb und Sjarhej Pul'ša sowie des Fotografen Dzmitrij Dzmitryeŭ.
Iryna Slaŭnikava vom Fernsehsender *Belsat* wurde bei ihrer Rückkehr von einer Auslandsreise zusammen mit ihrem Ehemann Aljaksandr Lojka verhaftet und wegen der Verbreitung „extremistischer Inhalte" zu einer Arreststrafe verurteilt.
Der wegen Behinderung von Polizeiarbeit (Art. 365 Strafgesetzbuch) angeklagte Journalist Dzjanis Ivašyn aus Hrodna wird nun zusätzlich des Hochverrats (Art. 356) beschuldigt. Er ist als politischer Gefangener anerkannt und wird gegenwärtig in einer Strafzelle des Gefängnisses von Hrodna festgehalten.
Der Chefredakteur von *Naša Niva* Jahor Marcinovič, auch als politischer Gefangener anerkannt, wird unter unmenschlichen Bedingungen in einer stickigen, überfüllten Zelle im Keller des Untersuchungsgefängnisses Nr. 1 in Minsk festgehalten.[16]
Am 5. November wurden die Internetseite und die Kanäle des lokalen Ablegers von *Vjasna* in Hrodna zu „extremistischen Materialien" erklärt.

Verstöße gegen die Vereinigungsfreiheit

Die belarussischen Behörden haben das Recht auf Vereinigungsfreiheit komplett aufgehoben. Im Oktober 2021 löste der Oberste Gerichtshof das Belarussische Helsinki-Komitee und das Zentrum *Pravovaja Initiativa* (Rechtsinitiative) auf, zwei der ältesten unabhängigen Organisationen des Landes, die sich für die Förderung und den Schutz der Menschenrechte einsetzen.[17]
Bis Ende Oktober wurden 275 gemeinnützige Vereine zwangsaufgelöst.[18]
Die belarussischen Menschenrechtsorganisationen haben eine gemeinsame Erklärung verabschiedet, in der sie die Aufhebung der Vereinigungsfreiheit und den Druck auf Menschenrechtsorganisationen kritisieren und erklären, dass sie sich weiter friedlich für die Menschenrechte und den Aufbau einer Gesellschaft einsetzen, in der die Rechte jedes Einzelnen gewahrt sind und das Recht oberstes Prinzip ist.[19]

Folter. Grausame, unmenschliche und erniedrigende Behandlung

Nach Verbüßung einer Arreststrafe in einer Haftanstalt in Minsk starb Alena Amelina an den Folgen einer Coronavirus-Infektion. Sie war im September wie bereits schon einmal im April einer Ordnungswidrigkeit beschuldigt und verhaftet worden. Die Journalistin Kacjaryna Karpickaja von *Naša Niva*, die sich in der gleichen Zelle wie Alena Amelina befand, hat berichtet, dass sich Amelinas Gesundheitszustand plötzlich verschlechterte. „Wir haben sie gezwungen, etwas zu essen. Sie haben ihr einfach nur Paracetamol gegeben und als es ihr immer schlechter ging ein Antibiotikum."

---

[16] <https://nashaniva.com/?c=ar&i=279704&lang=ru>.
[17] <https://spring96.org/ru/news/105220>.
[18] Siehe die Dokumentation in diesem Band auf S. 77–104.
[19] <https://spring96.org/ru/news/105249>.

Einige politische Gefangene wurden zu Haftstrafen von ca. einem Jahr verurteilt und sind unter Anrechnung der Untersuchungshaft freigekommen. Sie berichten, dass weiterhin diejenigen, die aus politischen Gründen verhaftet und verurteilt wurden, gezielt schlechten Haftbedingungen unterworfen werden, die an Folter grenzen, grausam, erniedrigend und unmenschlich sind.
Vjasna erhält weiterhin Informationen über unmenschliche Haftbedingungen in den Minsker Untersuchungsgefängnissen.[20] Personen, die aus politischen Gründen inhaftiert und verhaftet wurden, werden in überfüllten Zellen gehalten, erhalten keine medizinische Versorgung, ihnen wird der Hofgang verweigert, Pakete werden nicht zugestellt. Die Wärter reagieren nicht auf Beschwerden über Kakerlaken in den Zellen, Covid-19-Patienten werden oft nicht behandelt, bleiben oft in derselben Zelle wie nicht erkrankte Gefangene.
Auch Gefangene, die nicht aus politischen Gründen verurteilt wurden, werden in den Strafkolonien unter Druck gesetzt und gefoltert.

Garantien für ein faires Verfahren. Verfolgung von Anwälten

Gegen die Rechtsanwältin Natallja Mackevič wurde ein Disziplinarverfahren eröffnet, woraufhin ihr am 12. Oktober auf Anordnung des Justizministeriums zunächst vorübergehend die Lizenz entzogen wurde, bevor sie am 25. Oktober aus der Anwaltskammer ausgeschlossen wurde. Mackevič hatte Sjarhej Cichanoŭski und Viktar Babaryka sowie eine Reihe anderer politischer Gefangener verteidigt. Dass eine hochprofessionelle Anwältin mit tadellosem Ruf aus der Anwaltskammer ausgeschlossen wurde, ist ein weiterer deutlicher Hinweis darauf, dass die belarussische Anwaltskammer ihre Funktion als unabhängige Selbstverwaltungsorganisation verloren hat, die Anwälte vor ungerechtfertigten Angriffen staatlicher Institutionen schützt und demokratische Werte und Menschenrechte wahrt.[21]
Am 28. Oktober wurde auch Jaŭhen Pylčanka, der letzte der fünf Anwälte von Viktar Babaryka, aus der Anwaltskammer ausgeschlossen.
Am 28. November verlängerte die Kommission zur Überprüfung der Qualifikation von Anwälten zwei weiteren Rechtsvertretern die Lizenz und beschloss, einen Entzug der Lizenz im Falle weiterer sieben Anwälte zu erwägen. Diese Beispiele zeugen davon, in welchem Maße die staatlichen Behörden gegen die freie Ausübung des Anwaltsberufs vorgehen.

Die Todesstrafe

Vom 5. bis 10. Oktober organisierten belarussische Menschenrechtler aus Anlass des Internationalen und europäischen Tags gegen die Todesstrafe zum neunten Mal eine einwöchige Kampagne. Die Botschafter mehrerer EU-Staaten, darunter der französische Botschafter Nicolas de Lacoste, der tschechische Botschafter Tomáš Pernický und die schwedische Botschafterin Christina Johannesson, veröffentlichten Videoappelle, in denen sie die Abschaffung der Todesstrafe in Belarus fordern. Ähnliche Videos veröffentlichten auch die britische Botschafterin Jacqueline Perkins sowie Dirk Schübel, Leiter der EU-Delegation in Belarus.

---

20 <https://spring96.org/ru/news/105359>.
21 Siehe dazu das Gespräch mit Rechtsanwalt Andrej Močalov auf S. 69–76 in diesem Band.

Die totale Zerstörung

Auf den Aufbruch folgte die Zerstörung. Im August 2020 brach sich in Belarus Bahn, was in den Jahren zuvor unter einer Decke von immer noch autoritärer, aber nicht mehr ganz so scharfer staatlicher Kontrolle entstanden war. Hunderte zivilgesellschaftliche Organisationen waren der Nährboden für den Protest gegen das offiziell verkündete, offensichtlich und nachgewiesenermaßen haltlose angebliche Ergebnis der Präsidentschaftswahl. Für den wochenlangen Protest gegen die massive und ziellose Gewalt, mit der der noch amtierende Präsident Aljaksandr Lukašenka die ersten Demonstrationen niederschlagen ließ.

Die allermeisten dieser Vereine, Clubs, Verbände, Kontaktstellen, Zentren und Informationsbüros waren nicht unmittelbar politisch. Sie stellten sich nicht gegen das autoritäre Regime und kämpften nicht einmal explizit für eine Ausweitung der gesellschaftlichen Freiräume. Es ging um Lokalgeschichte, Naturschutz, Nachbarschaftshilfe, Bildung, Pädagogik, Altenbetreuung, Sport und vieles mehr. Die Engagierten nutzten den vorhandenen Spielraum einfach, verschoben die Grenzen durch ihr tägliches Tun. Nicht Konfrontation mit dem Staat war das Ziel, sondern Kooperation.

Doch nach dem, was in den Tagen nach der Wahl am 9. August geschehen war, gab es kein Halten mehr. Die Empörung und dann auch die Hoffnung, dass alles ganz anders werden könnte, brachen hervor. Doch der Staat reagierte auf die friedlichen Demonstrationen mit Brutalität und Massenverhaftungen. Zuerst wurden jene verhaftet, die sich an die Spitze der Protestbewegung gestellt hatten. Dann wurden Tausende Teilnehmer der Demonstrationszüge festgenommen und für einige Tage oder Wochen in Arrestgefängnisse gesteckt. Es folgten Verhaftungen von immer mehr Personen, gegen die Strafprozesse eröffnet wurden. 889 Menschen hat der Belarussische Menschenrechtsrat als politische Gefangene anerkannt. Stand: 1. Dezember 2021. Die Zahl wächst täglich weiter. Viele von ihnen wurden bereits zu mehrjährigen Haftstrafen verurteilt.

Und seit Frühjahr 2021 zerstören Innenministerium und Justiz die Strukturen der Zivilgesellschaft. Fast 300 Organisationen sind bereits zwangsaufgelöst worden. Rund 60 aus dem Bereich Bildung und Wissenschaft, knapp 50 aus dem Bereich Kultur und Literatur; 50 Wohlfahrts- und Gesundheitseinrichtungen, über 25 Sportclubs, rund 20 Natur- und Tierschutzvereine, ebenso viele aus dem Bereich Familie und Jugend. Die Liste, auf der der Belarussische Journalistenverband ebenso steht wie der Handballclub „Vitjaz'" aus Minsk, das Belarussische Helsinki-Komitee ebenso wie eine Imkervereinigung, liest sich wie ein Telefonbuch der freien und vielfältigen Gesellschaft. Die Lektüre ist ein Requiem, alle diese Organisationen befinden sich in Auflösung – Zwangsauflösung.

Red.

OSTEUROPA, 71. Jg., 8–9/2021, S. 85–112

Gesellschaftliche Organisationen, die in Belarus im Jahr 2021 zwangsaufgelöst wurden

Stand: 1.12.2021

Nr.	Name	Rechtsform	Ort	Status
1	Bund „Bildung für Nachhaltige Entwicklung" (Associacija „Obrazovanie dlja ustojčivogo razvitija")	Bund (associacija)	Minsk	in Auflösung seit: 22.07.2021
2	Bund für Fortbildung und Aufklärung (Associacija dopolnitel'nogo obrazovanija i prosveščenija)	Bund (associacija)	Minsk	in Auflösung seit: 22.07.2021
3	Bund der gemeinnützigen Organisationen zur Bekämpfung der HIV/AIDS-Epidemie „BelSet antiSPID" (Associacija nekommerčeskich organizacij po protivodejstviju ėpidemii VIČ/SPIDa „BelSet antiSPID")	Bund (associacija)	Minsk	in Auflösung seit: 22.07.2021
4	Bund der Organisationen aus dem Bereich historische Bildungsarbeit „Große Loge" (Associacija organizacij istoriko-prosvetitel'skogo charaktera dejatel'nosti „Velikaja Loža")	Bund (associacija)	Minsk	in Auflösung seit: 22.07.2021
5	Internationaler ökologischer Verband der Unternehmer mit sauberen Absichten „Heimisch" (Meždunarodnyj ėkologičeskij sojuz predprinimatelej s čistymi pomyslami „Rodnoj")	Bund (associacija)	Gebiet Vitebsk	in Auflösung seit: 25.08.2021
6	Jugendverein „Neue Gesichter" (Belorusskoe molodežnoe obščestvennoe ob''edinenie „Novye Liza")	Verein (obščestvennoe ob''edinenie)	Minsk	in Auflösung seit: 27.09.2021
7	„Familienhaus", e.V. (Blagotvoritel'noe obščestvennoe ob''edinenie „Semejnyj očag")	Verein (obščestvennoe ob''edinenie)	Gebiet Hrodna	in Auflösung seit: 06.09.2021
8	Frauenverein von Borissov „Provinz" (Borisovskoe ženskoe social'noe obščestvennoe ob''edinenie „Provincija")	Verein (obščestvennoe ob''edinenie)	Gebiet Minsk	in Auflösung seit: 29.10.2021

9	Autoclub „Nitrous Garage“, Vitebsk (Vitebskoe gorodskoe molodežnoe obščestvennoe ob’’edinenie avtoljubitelej „Klub ‚Nitrous Garaž‘“)	Verein (obščestvennoe ob’’edinenie)	Gebiet Vitebsk	in Auflösung seit: 15.09.2021
10	Verein zur Förderung des Agroökotourismus „Ėkookutur“, Vitebsk (Vitebskoe oblastnoe obščestvennoe ob’’edinenie sodejstvija razvitiju agroėkoturzima „Ėkookutur“)	Verein (obščestvennoe ob’’edinenie)	Gebiet Vitebsk	in Auflösung seit: 15.09.2021
11	Jugendverein für Lokalgeschichte „Talaka“, Gomel’ (Gomel’skaja molodežnaja krajevedčeskaja obščestvennaja organizacija „Talaka“)	Verein (obščestvennoe ob’’edinenie)	Gebiet Homel’	in Auflösung seit: 15.09.2021
12	Verbraucherschutz, e.V. (Gorodskoe obščestvennoe ob’’edinenie „Pravozaščita potrebitelej“)	Verein (obščestvennoe ob’’edinenie)	Minsk	in Auflösung seit: 31.08.2021
13	Zentrum der Gemeinschaft, e.V. (Gorodskoe obščestvennoe ob’’edinenie „Zentar Supolnasz“)	Verein (obščestvennoe ob’’edinenie)	Minsk	in Auflösung seit: 02.08.2021
14	Jugendsportverein Grodno „Kiokušin Kajkan“ (Grodnenskoe gorodskoe molodežnoe sportinovnoe obščestvennoe ob’’edinenie „Federazija Kiokušinkaj“)	Verein (obščestvennoe ob’’edinenie)	Gebiet Hrodna	in Auflösung seit: 22.10.2021
15	Jugendverein Grodno „Fitness-Club ‚Große Energie‘“ (Grodnenskoe molodežnoe obščestvennoe ob’’edinenie „Fitness-Club ‚Vysokaja Energija‘“)	Verein (obščestvennoe ob’’edinenie)	Gebiet Hrodna	in Auflösung seit: 17.09.2021
16	Jugendverein Grodno „Fitnessschule“ (Grodnenskoe molodežnoe obščestvennoe ob’’edinenie „Škola fitnesa„)	Verein (obščestvennoe ob’’edinenie)	Gebiet Hrodna	in Auflösung seit: 10.09.2021
17	Fanclub des Hockeyvereins „Neman„, Grodno (Grodnenskoe obščestvennoe ob’’edinenie „Klub bolelščikov chokejnogo kluba ‚Neman‘“)	Verein (obščestvennoe ob’’edinenie)	Gebiet Hrodna	in Auflösung seit: 10.09.2021
18	Vereinigung der Litauer „Vytis“ (Kulturno-istoriko-prosvetitel’skaja gorodskaja obščestvennaja organizacija „Ob’’edinenie litovcev ‚Vytis‘“)	Verein (obščestvennoe ob’’edinenie)	Minsk	in Auflösung seit: 30.07.2021
19	Verein der Litauer „Ruta“, Lida (Lidskoe obščestvennoe ob’’edinenie litovcev „Ruta“)	Verein (obščestvennoe ob’’edinenie)	Gebiet Hrodna	in Auflösung seit: 13.09.2021

20	Gender-Perspektiven, e.V. (Meždunarodnoe obščestvennoe ob"edinenie „Gendernye perspektivy“)	Verein (obščestvennoe ob"edinenie)	Minsk	in Auflösung seit: 28.09.2021
21	Gemeinschaft der Belarussen in aller Welt „Vaterland“ (Meždunarodnoe obščestvennoe ob"edinenie „Z'hurtavanne belarusau svetu ‚Backauščyna‘“)	Verein (obščestvennoe ob"edinenie)	Minsk	in Auflösung seit: 24.09.2021
22	Bildung ohne Grenzen, e.V. (Meždunarodnoe obščestvennoe ob"edinenie „Obrazovanie bez granic“)	Verein (obščestvennoe ob"edinenie)	Gebiet Minsk	in Auflösung seit: 30.08.2021
23	Internationaler Bildungsverein „AKT“ (Meždunarodnoe obščestvennoe prosvetitel'skoe ob"edinenie „AKT“)	Verein (obščestvennoe ob"edinenie)	Minsk	in Auflösung seit: 22.09.2021
24	Historische Versammlung, e.V. (Mestnoe istoriko-kulturnoe obščestvennoe ob"edinenie „Istoričeskoe sobranie“)	Verein (obščestvennoe ob"edinenie)	Gebiet Minsk	in Auflösung seit: 29.10.2021
25	Klub der Honorarkonsuln, e.V. (Mestnoe obščestvennoe ob"edinenie „Obščestvo početnych konsulov“)	Verein (obščestvennoe ob"edinenie)	Minsk	in Auflösung seit: 03.08.2021
26	Verein der Polen „Polonička“ (Minskoe gorodskoe kul'turno-prosvetitel'skoe obščestvennoe ob"edinenie poljakov „Polonička“)	Verein (obščestvennoe ob"edinenie)	Minsk	in Auflösung seit: 02.08.2021
27	Städtischer Verein „Synthese der menschlichen Entwicklung“, Minsk (Minskoe gorodskoe obščestvennoe ob"edinenie „Sintez Razvitija Čeloveka“)	Verein (obščestvennoe ob"edinenie)	Minsk	in Auflösung seit: 30.07.2021
28	Städtischer Wohltätigkeitsverein „Resonanz“, Mogilev (Mogilevskaja gorodskaja blagotvoritel'naja obščestvennaja organizacija „Otklik“)	Verein (obščestvennoe ob"edinenie)	Gebiet Mahilaŭ	in Auflösung seit: 06.09.2021
29	Tierschutzverein Mogilev „Vier Pfoten“ (Mogilevskoe obščestvennoe ob"edinenie zaščity žyvotnych „Četyre lapy“)	Verein (obščestvennoe ob"edinenie)	Gebiet Mahilaŭ	in Auflösung seit: 14.09.2021
30	Jugendverein „Kante“ (Molodežnoe obščestvennoe ob"edinenie „Gran'“)	Verein (obščestvennoe ob"edinenie)	Gebiet Vitebsk	in Auflösung seit: 21.09.2021

31	Jugendverein „Schwimmclub von Alexandra Gerasimenja“ (Molodežnoe obščestvennoe ob”edinenie „Klub plavanija Aleksandry Gerasimeni“)	Verein (obščestvennoe ob”edinenie)	Minsk	in Auflösung seit: 10.08.2021
32	Jugendverein „Jugendinitiative“ (Molodežnoe obščestvennoe ob”edinenie „Molodežnaja Iniciativa“)	Verein (obščestvennoe ob”edinenie)	Minsk	in Auflösung seit: 06.10.2021
33	Jugendverein „Generation NEXT“ (Molodežnoe obščestvennoe ob”edinenie „Pokolenie NEKST“)	Verein (obščestvennoe ob”edinenie)	Minsk	in Auflösung seit: 03.08.2021
34	Jugendverein „Sportclub ‚Berserk‘“ (Molodežnoe obščestvennoe ob”edinenie „Sportivnyj klub ‚Berserk‘“)	Verein (obščestvennoe ob”edinenie)	Minsk	in Auflösung seit: 31.08.2021
35	Jugendverein „Phalansterium“ (Molodežnoe obščestvennoe ob”edinenie „Falanster“)	Verein (obščestvennoe ob”edinenie)	Minsk	in Auflösung seit: 31.08.2021
36	Wohltätigkeitsorganisation „Kinderkrankenhaus Grodno“ (Obščestvennaja blagotvoritel’naja organizacija „Grodnenskij detskij chospis“)	Verein (obščestvennoe ob”edinenie)	Gebiet Hrodna	in Auflösung seit: 20.08.2021
37	„Sumpf“, e.V. (Obščestvennaja organizacija „Bahna“)	Verein (obščestvennoe ob”edinenie)	Minsk	in Auflösung seit: 31.08.2021
38	Baseball-Softball-Club „Löwen von Mahilaŭ“ (Obščestvennoe ob”edinenie „Bejsbolno-softbol’nyj klub ‚Mogilevskie l’vy‘“)	Verein (obščestvennoe ob”edinenie)	Gebiet Mahilaŭ	in Auflösung seit: 15.09.2021
39	Belarussischer Journalistenverband (Obščestvennoe ob”edinenie „Belorusskaja associacija žurnalistov“)	Verein (obščestvennoe ob”edinenie)	Minsk	in Auflösung seit: 30.08.2021
40	Belarussischer Bund für Kontakte zur Gesellschaft (Obščestvennoe ob”edinenie „Belorusskaja associacija po svjazami s obščestvennostju“)	Verein (obščestvennoe ob”edinenie)	Minsk	in Auflösung seit: 10.09.2021
41	Belarussisches Komitee des Internationalen Rats für Denkmalpflege „Icomos“ (Obščestvennoe ob”edinenie „Belorusskij komitet meždunarodnogo soveta po pamjatnikam i mestam ‚Ikomos‘“)	Verein (obščestvennoe ob”edinenie)	Minsk	in Auflösung seit: 15.09.2021
42	Verein für Lokalgeschichte in Belyniči (Obščestvennoe ob”edinenie „Belyničskoe krajevedčeskoe obščestvo“)	Verein (obščestvennoe ob”edinenie)	Gebiet Mahilaŭ	in Auflösung seit: 01.10.2021

43	Diariuš, e.V. (Obščestvennoe ob"edinenie „Diariuš")	Verein (obščestvennoe ob"edinenie)	Minsk	in Auflösung seit: 29.07.2021
44	Debatten- und Studienverein „Liberaler Club" (Obščestvennoe ob"edinenie „Diskussionno-analitičeskoe soobščestvo ‚Liberalnyj klub'")	Verein (obščestvennoe ob"edinenie)	Minsk	in Auflösung seit: 26.10.2021
45	Frauenclub „Cleo" (Obščestvennoe ob"edinenie „Ženskij Klub ‚KLEO'")	Verein (obščestvennoe ob"edinenie)	Minsk	in Auflösung seit: 21.07.2021
46	Unabhängige demokratische Frauenbewegung (Obščestvennoe ob"edinenie „Ženskoe nezavisimoe demokratičeskoe dviženie")	Verein (obščestvennoe ob"edinenie)	Minsk	in Auflösung seit: 28.09.2021
47	Frauen für die Wiederbelebung der Region Narač (Obščestvennoe ob"edinenie „Ženščiny za vozroždenie Naročanskogo kraja")	Verein (obščestvennoe ob"edinenie)	Gebiet Minsk	in Auflösung seit: 29.10.2021
48	Verbraucherschutzverein „Kooperative" (Obščestvennoe ob"edinenie „Zaščita prav potrebitelej ‚Sodružestvo'")	Verein (obščestvennoe ob"edinenie)	Minsk	in Auflösung seit: 29.07.2021
49	Grüne Wirtschaft, e.V. (Obščestvennoe ob"edinenie „Zelenaja ėkonomika")	Verein (obščestvennoe ob"edinenie)	Minsk	in Auflösung seit: 29.07.2021
50	Bodenreform, e.V. (Obščestvennoe ob"edinenie „Zemel'naja reforma")	Verein (obščestvennoe ob"edinenie)	Minsk	in Auflösung seit: 29.10.2021
51	Informative und soziale Innovationen, e.V. (Obščestvennoe ob"edinenie „Informacionnye i social'nye innovacii")	Verein (obščestvennoe ob"edinenie)	Minsk	in Auflösung seit: 31.08.2021
52	Fanclub des Fußballvereins „Neman" (Obščestvennoe ob"edinenie „Klub bolelščikov futbol'nogo kluba ‚Neman'")	Verein (obščestvennoe ob"edinenie)	Gebiet Hrodna	in Auflösung seit: 06.09.2021
53	Komitee zum Schutz der Arbeitnehmerrechte (Obščestvennoe ob"edinenie „Komitet zaščity prav trudjaščichsja")	Verein (obščestvennoe ob"edinenie)	Minsk	in Auflösung seit: 14.09.2021
54	Beratungszentrum für internationale Wissenschafts-kooperation (Obščestvennoe ob"edinenie „Konsul'ta-cionnyj Centr meždunarodnogo naučnogo sotrudničestva")	Verein (obščestvennoe ob"edinenie)	Minsk	in Auflösung seit: 26.08.2021

55	Verein für Verbraucherrechte, Lida (Obščestvennoe ob''edinenie „Lidskoe obščestvo zaščity potrebitelej“)	Verein (obščestvennoe ob''edinenie)	Gebiet Hrodna	in Auflösung seit: 17.09.2021
56	Amateureishockeyclub „Schwarze Habichte Lida“ (Obščestvennoe ob''edinenie „Ljubitel'skij chokejnyj klub ‚Černyje jastreby Lidy‘“)	Verein (obščestvennoe ob''edinenie)	Gebiet Hrodna	in Auflösung seit: 10.09.2021
57	Neue Wirtschaft, e.V. (Obščestvennoe ob''edinenie „Novaja ėkonomika“)	Verein (obščestvennoe ob''edinenie)	Minsk	in Auflösung seit: 27.07.2021
58	Bildungszentrum „POST“ (Obščestvennoe ob''edinenie „Obrazovatel'nyj centr ‚POST‘“)	Verein (obščestvennoe ob''edinenie)	Minsk	in Auflösung seit: 06.08.2021
59	Francysk-Skaryna-Gesellschaft für belarussische Sprache (Obščestvennoe ob''edinenie „Obščestvo belorusskogo jazyka imeni Francyska Skoriny“)	Verein (obščestvennoe ob''edinenie)	Minsk	in Auflösung seit: 08.11.2021
60	Gesellschaft für Verbraucherrechte in Grodno „Revisor“ (Obščestvennoe ob''edinenie „Obščestvo zaščity prav potrebitelej g. Grodno ‚Revizor‘“)	Verein (obščestvennoe ob''edinenie)	Gebiet Hrodna	in Auflösung seit: 27.08.2021
61	Gesellschaft der medizinischen Polonia (Obščestvennoe ob''edinenie „Obščestvo medicinskoj Polonii“)	Verein (obščestvennoe ob''edinenie)	Minsk	in Auflösung seit: 31.08.2021
62	Polnisches Volksensemble für Lieder und Tänze „Lechiti“ (Obščestvennoe ob''edinenie „Polskij narodnyj ansambl pesni i tanca ‚Lechiti‘“)	Verein (obščestvennoe ob''edinenie)	Gebiet Hrodna	in Auflösung seit: 13.10.2021
63	Bildungszentrum „Quellen“ (Obščestvennoe ob''edinenie „Prosvetitel'skij centr ‚Vytoki‘“)	Verein (obščestvennoe ob''edinenie)	Gebiet Minsk	in Auflösung seit: 29.10.2021
64	Rotary-Club „Neues Rathaus“ (Obščestvennoe ob''edinenie „Rotari klub ‚Novaya Ratuša‘“)	Verein (obščestvennoe ob''edinenie)	Minsk	in Auflösung seit: 03.08.2021
65	Royal Pride, e.V. (Obščestvennoe ob''edinenie „Rojal-Prajd“)	Verein (obščestvennoe ob''edinenie)	Gebiet Hrodna	in Auflösung seit: 13.10.2021
66	Belarussischer Schriftstellerverband (Obščestvennoe ob''edinenie „Sojuz belorusskich pisatelej“)	Verein (obščestvennoe ob''edinenie)	Minsk	in Auflösung seit: 01.10.2021
67	Unternehmerverband des Gebiets Brest (Obščestvennoe ob''edinenie „Sojuz predprinimatelej Brestskoj oblasti“)	Verein (obščestvennoe ob''edinenie)	Gebiet Brest	Aktivität eingestellt

68	Sportclub „Apperkot“ (Obščestvennoe ob”edinenie „Sportivnyj klub ‚Apperkot‘“)	Verein (obščestvennoe ob”edinenie)	Gebiet Hrodna	in Auflösung seit: 17.09.2021
69	Sportclub „Grodno 4x4“ (Obščestvennoe ob”edinenie „Sportivnyj klub ‚Grodno 4x4‘“)	Verein (obščestvennoe ob”edinenie)	Gebiet Hrodna	in Auflösung seit: 30.08.2021
70	Touristenclub „Lučesa“ (Obščestvennoe ob”edinenie „Turistskij klub ‚Lučesa‘“)	Verein (obščestvennoe ob”edinenie)	Gebiet Vitebsk	in Auflösung seit: 15.09.2021
71	Fußballclub „Ošmjany“ (Obščestvennoe ob”edinenie „Futbol’nyj klub ‚Ošmjany‘“)	Verein (obščestvennoe ob”edinenie)	Gebiet Hrodna	in Auflösung seit: 15.11.2021
72	Zentrum zur Unterstützung gesellschaftlicher Initiativen „Dritter Sektor“ (Obščestvennoe ob”edinenie „Centr informacionnoj podderžki obščestvennych iniciativ ‚Tretij Sektor‘“)	Verein (obščestvennoe ob”edinenie)	Gebiet Hrodna	in Auflösung seit: 03.09.2021
73	Zentrum für Menschenrechte (Obščestvennoe ob”edinenie „Centr po pravam čeloveka“)	Verein (obščestvennoe ob”edinenie)	Minsk	in Auflösung seit: 03.08.2021
74	Zentrum für soziale Innovationen (Obščestvennoe ob”edinenie „Centr social’nych innovacij“)	Verein (obščestvennoe ob”edinenie)	Minsk	in Auflösung seit: 02.08.2021
75	Ökohaus, e.V. (Obščestvennoe ob”edinenie „Ėkodom“)	Verein (obščestvennoe ob”edinenie)	Minsk	in Auflösung seit: 31.08.2021
76	BNF „Wiedergeburt“, e.V. (Obščestvennoe ob”edinenie BNF „Adradžėnne“)	Verein (obščestvennoe ob”edinenie)	Minsk	in Auflösung seit: 10.11.2021
77	Verein der Fahrradfahrer „VeloGrodno“ (Obščestvennoe ob”edinenie velosipedistov „VeloGrodno“)	Verein (obščestvennoe ob”edinenie)	Gebiet Hrodna	in Auflösung seit: 30.08.2021
78	Verein der deutschen Kultur „Brücken“ (Obščestvennoe ob”edinenie nemeckoj kul’tury „Mosty“)	Verein (obščestvennoe ob”edinenie)	Minsk	in Auflösung seit: 04.08.2021
79	Jugendverein „Union“, Orša (Oršanskoe molodežnoe obščestvennoe ob”edinenie „Zvjaz“)	Verein (obščestvennoe ob”edinenie)	Gebiet Vitebsk	in Auflösung seit: 08.09.2021
80	Bildungsverein „Bindeglied“ (Prosvetitel’sko-social’noe obščestvennoe ob”edinenie „Zveno“)	Verein (obščestvennoe ob”edinenie)	Minsk	in Auflösung seit: 05.10.2021
81	Bildungsverein „Lew-Sapieha-Fonds“ (Prosvetitel’skoe obščestvennoe ob”edinenie „Fond imeni Lva Sapegi“)	Verein (obščestvennoe ob”edinenie)	Minsk	in Auflösung seit: 20.08.2021

82	Jugendverein „Bürgerforum“ (Respublikanskaja obščestvennaja molodežnaja organizacija „Graždanskij Forum“)	Verein (obščestvennoe ob”edinenie)	Minsk	in Auflösung seit: 17.09.2021
83	Bildungsgesellschaft „Sag die Wahrheit“ (Respublikanskoe issledovatel’sko-prosvetitel’skoe obščestvennoe ob”edinenie „Govori pravdu“)	Verein (obščestvennoe ob”edinenie)	Minsk	in Auflösung seit: 08.10.2021
84	Jugendverein „Next Stop – New Life“ (Respublikanskoe molodežnoe obščestvennoe ob”edinenie „Nekst Stop – Nju Lajf“)	Verein (obščestvennoe ob”edinenie)	Gebiet Minsk	in Auflösung seit: 15.10.2021
85	Belarussisches PEN-Zentrum (Respublikanskoe obščestvennoe ob”edinenie „Belorusskij PEN-Centr“)	Verein (obščestvennoe ob”edinenie)	Minsk	in Auflösung seit: 09.08.2021
86	Perspektive, e.V. (Respublikanskoe obščestvennoe ob”edinenie „Perspektiva“)	Verein (obščestvennoe ob”edinenie)	Minsk	in Auflösung seit: 07.09.2021
87	Initiative Recht, e.V. (Respublikanskoe obščestvennoe ob”edinenie „Pravovaja iniciativa“)	Verein (obščestvennoe ob”edinenie)	Minsk	in Auflösung seit: 05.10.2021
88	Bund der belarussischen Schulen (Respublikanskoe obščestvennoe ob”edinenie „Tovariščestvo belorusskoj školy“)	Verein (obščestvennoe ob”edinenie)	Minsk	in Auflösung seit: 17.09.2021
89	Pfadfinderverein „Charcerstvo“, (Respublikanskoe obščestvennoe ob”edinenie „Charcerstvo“)	Verein (obščestvennoe ob”edinenie)	Gebiet Brest	in Auflösung seit: 26.10.2021
90	Christliche Unternehmerinitiative, e.V. (Respublikanskoe obščestvennoe ob”edinenie „Christianskaja delovaja iniciativa“)	Verein (obščestvennoe ob”edinenie)	Gebiet Brest	in Auflösung seit: 19.10.2021
91	Belarussisches Helsinki-Komitee (Respublikanskoe pravozaščitnoe obščestvennoe ob”edinenie „Belorusskij Helsinskij Komitet“)	Verein (obščestvennoe ob”edinenie)	Minsk	in Auflösung seit: 30.09.2021
92	Handballclub „Vitjaz“ (Sportivnoe obščestvennoe ob”edinenie „Gandbolnyj klub ‚Vityaz‘“)	Verein (obščestvennoe ob”edinenie)	Minsk	in Auflösung seit: 31.08.2021
93	Sportverein „Unterstützung für junge Eishockeyspieler“ (Sportivnoe obščestvennoe ob”edinenie „Podderžka junych hokkeistov“)	Verein (obščestvennoe ob”edinenie)	Gebiet Hrodna	in Auflösung seit: 10.09.2021

94	Menschenrechts- und Bildungsverein „Bewegung ‚Für Freiheit'" (Pravozaščitno-prosvetitel'noe obščestvennoe ob''edinenie „Dviženie ‚Za Svobodu'")	Verein (obščestvennoe ob''edinenie)	Minsk	in Auflösung seit: 19.11.2021
95	Verein „Park der technischen Extremsportarten" (Obščestvennoe ob''edinenie „Park ekstremal'no-techničeskich vidov sporta")	Verein (obščestvennoe ob''edinenie)	Gebiet Hrodna	in Auflösung seit: 28.10.2021
96	Kultur- und Bildungsverein „Barvinok", Grodno (Grodnenskoe kul'turno-prosvetitel'skoe obščestvennoe ob''edinenie „Barvinok")	Verein (obščestvennoe ob''edinenie)	Gebiet Hrodna	in Auflösung seit: 28.10.2021
97	Kinder- und Jugendclub für Taekwondo „Jirisan" (Obščestvennoe ob''edinenie „Detsko-junošeskij klub taekwondo ‚Čirisan'")	Verein (obščestvennoe ob''edinenie)	Gebiet Hrodna	in Auflösung seit: 28.10.2021
98	Jugendsportverein „Föderation zu Karatekontakt Kiokušin Kajkan" (Molodežnoe sportivnoe obščestvennoe ob''edinenie „Federacija kontaktnogo karate kiokušinkan")	Verein (obščestvennoe ob''edinenie)	Gebiet Hrodna	in Auflösung seit: 28.10.2021
99	Verein kinderreicher Eltern, Smorgon (Smorgonskoe obščestvennoe ob''edinenie mnogodetnych roditelej)	Verein (obščestvennoe ob''edinenie)	Gebiet Hrodna	in Auflösung seit: 28.10.2021
100	Athleten- und Sportclub „Tisandr'" (Molodežnoe obščestvennoe ob''edinenie „Fizkul'turno-sportivnyj klub ‚Tisandr'")	Verein (obščestvennoe ob''edinenie)	Gebiet Hrodna	in Auflösung seit: 05.11.2021
101	Verein der praktizierenden Psychologen, Gebiet Grodno (Grodnenskoe oblastnoe obščestvennoe ob''edinenie praktičeskich psichologov)	Verein (obščestvennoe ob''edinenie)	Gebiet Hrodna	in Auflösung seit: 05.11.2021
102	Verein junger Wissenschaftler des Gebiets Grodno „VIT" (Grodnenskoe oblastnoe obščestvennoe ob''edinenie molodych učenych „VIT")	Verein (obščestvennoe ob''edinenie)	Gebiet Hrodna	in Auflösung seit: 29.10.2021
103	„Fitnessclub ‚Body-Art'", Gebiet Grodno (Grodnenskoe gorodskoe sportivnoe obščestvennoe ob''edinenie „Fitness Klub ‚Bodi-Art'")	Verein (obščestvennoe ob''edinenie)	Gebiet Hrodna	in Auflösung seit: 29.10.2021
104	Wohltätigkeitsverein „Öko-Region" (Blagotvoritelnoe obščestvennoe ob''edinenie „Eko-Region")	Verein (obščestvennoe ob''edinenie)	Gebiet Hrodna	in Auflösung seit: 11.11.2021

105	„Vaterland“, e.V., Grodno (Grodnenskoe obščestvennoe ob”edinenie „Otečestvo“)	Verein (obščestvennoe ob”edinenie)	Gebiet Hrodna	in Auflösung seit: 11.11.2021
106	Belarussischer Curling-Verband (Obščestvennoe ob”edinenie „Belorusskaja Associacija Kjorlinga“)	Verein (obščestvennoe ob”edinenie)	Minsk	in Auflösung seit: 16.11.2021
107	Schachclub, e.V., Smorgon (Smorgonskoe obščestvennoe ob”edinenie „Šachmatnyj Klub“)	Verein (obščestvennoe ob”edinenie)	Gebiet Hrodna	in Auflösung seit: 19.11.2021
108	Gesellschaft für russische Literatur, e.V. (Obščestvennoe ob”edinenie „Grodnenskoe russkoe literaturnoe obščestvo“)	Verein (obščestvennoe ob”edinenie)	Gebiet Hrodna	in Auflösung seit: 19.11.2021
109	Bildungsverein für Menschen mit Behinderung „Hoffnungsstreif“ (Prosvetitel’skoe obščestvennoe ob”edinenie invalidov „Luč nadeždy“)	Verein (obščestvennoe ob”edinenie)	Minsk	in Auflösung seit: 23.11.2021
110	Junges Bildungszentrum „Fialta“ (Obščestvennoe ob”edinenie „Molodežnyj obrazovatel’nyj centr ‚Fialta‘“)	Verein (obščestvennoe ob”edinenie)	Minsk	in Auflösung seit: 30.07.2021
111	Militärhistorischer Club „Dajnava“ (Obščestvennoe ob”edinenie „Voenno-istoričeskij klub ‚Dajnava‘“)	Verein (obščestvennoe ob”edinenie)	Gebiet Hrodna	in Auflösung seit: 12.11.2021
112	American-Football-Team „Barbaren“ (Obščestvennoe ob”edinenie „Komando po amerikanskomu futbolu ‚Varvary‘“)	Verein (obščestvennoe ob”edinenie)	Gebiet Hrodna	in Auflösung seit: 26.10.2021
113	Wohltätigkeitseinrichtung „Raum des Erfolgs“ (Blagotvoritel’noe social’no-informacionnoe učreždenie „Prostranstvo uspecha“)	Einrichtung (učreždenie)	Gebiet Vitebsk	in Auflösung seit: 15.07.2021
114	Wohltätigkeitseinrichtung „Barmherzigkeit in Polesien“ (Blagotvoritel’noe učreždenie „Polesskaja Dobrota“)	Einrichtung (učreždenie)	Gebiet Brest	in Auflösung seit: 29.12.2021
115	Informations- und Forschungsstelle „Büro für Stadtplanung“ – Urbanistik-Plattform Minsk (Informacionno-issledovatel’skoe učreždenie „Bjuro urbanističeskich rešenij“ – Minskaja urbanističeskaja platforma)	Einrichtung (učreždenie)	Minsk	in Auflösung seit: 25.08.2021

116	Informations- und Forschungsstelle „Klub der Philosophiefans“ (Informacionno-issledovatel’skoe učreždenie „Klub ljubitelej filosofii“)	Einrichtung (učreždenie)	Gebiet Minsk	aufgelöst am: 21.09.2021
117	Informations- und Forschungsstelle „Büro für regionale Entwicklung“ (Informacionno-issledovatel’skoe učreždenie „Regional’noe Bjuro Razvitija“)	Einrichtung (učreždenie)	Gebiet Minsk	in Auflösung seit: 16.07.2021
118	Informations- und Beratungsstelle „Agentur Propus“ (Informacionno-konsaltingovoe učreždenie „Agentstvo Propus“)	Einrichtung (učreždenie)	Gebiet Brest	in Auflösung seit: 23.07.2021
119	Informations- und Beratungsstelle „Agentur für regionale Entwicklung ‚Dzedzič‘“ (Informacionno-konsaltingovoe učreždenie „Agentstvo regional’nogo razvitija ‚Dzedzič‘“)	Einrichtung (učreždenie)	Gebiet Brest	in Auflösung seit: 01.07.2021
120	Kultur- und Bildungseinrichtung „Boden der Zukunft“ (Kul’turno-proisvetitel’skoe učreždenie „Grunt buduščego“)	Einrichtung (učreždenie)	Gebiet Brest	in Auflösung seit: 14.06.2021
121	Informations- und Beratungsstelle „Zentrum zum Aufbau von Schulungsanbietern“ (Informacionno-konsaltingovoe učreždenie „Centr razvitija provajderov dopolnitel’nogo obrazovanija“)	Einrichtung (učreždenie)	Minsk	in Auflösung seit: 22.07.2021
122	Informations- und Beratungseinrichtung „Unterstützung bei der Unternehmensentwicklung“ (Informacionno-konsaltingovoe učreždenie „Sodejstvie Razvitiju Biznesa“)	Einrichtung (učreždenie)	Gebiet Minsk	in Auflösung seit: 26.07.2021
123	Informations- und Beratungsstelle zur Unterstützung von Lehrerinitiativen „EdCamp“ (Informacionno-konsaltingovoe učreždenie podderžki učitel’skich iniciativ „EdKemp“)	Einrichtung (učreždenie)	Minsk	in Auflösung seit: 25.08.2021
124	Informations- und Hilfsstelle „Studentische Denkfabrik“ (Informacionno-praktičeskoe učreždenie „Studenčeskaja fabrika mysli“)	Einrichtung (učreždenie)	Minsk	in Auflösung seit: 22.07.2021

125	Informations- und Hilfsstelle „Effektives Gebäudemanagement“ (Informacionno-praktičeskoe učreždenie „Ėffektivnoe upravlenie zdanijami“)	Einrichtung (učreždenie)	Minsk	in Auflösung seit: 25.08.2021
126	Wohltätige Informations- und Bildungsstätte „Gutes Leben“ (Informacionno-prosvetitel'skoe blagotvoritel'noe učreždenie „Dobrožitie“)	Einrichtung (učreždenie)	Gebiet Minsk	in Auflösung seit: 26.07.2021
127	Informations- und Informations- und Bildungsstätte „Amaroka“ (Informacionno-prosvetitel'skoe učreždenie „Amaroka“)	Einrichtung (učreždenie)	Minsk	in Auflösung seit: 22.07.2021
128	Informations- und Bildungsstätte „Gedevs“ (Informacionno-prosvetitel'skoe učreždenie „Gedevs“)	Einrichtung (učreždenie)	Minsk	in Auflösung seit: 25.08.2021
129	Informations- und Bildungsstätte „Pro Fahrrad Brest“ (Informacionno-prosvetitel'skoe učreždenie „Za velo Brest“)	Einrichtung (učreždenie)	Gebiet Brest	in Auflösung seit: 03.09.2021
130	Informations- und Bildungsstätte „Plattform“ (Informacionno-prosvetitel'skoe učreždenie „Platforma“)	Einrichtung (učreždenie)	Minsk	in Auflösung seit: 25.08.2021
131	Informations- und Bildungsstätte „Zentrum für neue politische, wirtschaftliche und soziale Ideen“ (Informacionno-prosvetitel'skoe učreždenie „Centr novych političeskich, ėkonomičeskich i social'nych idej“)	Einrichtung (učreždenie)	Minsk	in Auflösung seit: 25.08.2021
132	Informations- und Bildungsstätte „Zentrum für strategische und außenpolitische Forschung“ (Informacionno-prosvetitel'skoe učreždenie „Centr strategičeskich i vnešnepolitičeskich issledovanij“)	Einrichtung (učreždenie)	Minsk	in Auflösung seit: 22.07.2021
133	Informations- und Bildungsstätte zur Archivierung und Popularisierung von Mikrosprachen „Dialekte“ (Informacionno-prosvetitel'skoe učreždenie po archivirovaniju i populjarizacii mikrojazykov „Dialekty“)	Einrichtung (učreždenie)	Gebiet Brest	in Auflösung seit: 01.09.2021

134	Forschungs- und Bildungsstätte „Zentrum für Europaforschung“ (Issledovatelsko-prosvetitel’skoe učreždenie „Centr evropejskich issledovanij“)	Einrichtung (učreždenie)	Minsk	in Auflösung seit: 22.07.2021
135	Forschungsstätte „Zentrum für medizinische und technologische Innovationen“ (Issledovatel’skoe učreždenie „Centr medicinskich technologij i innovacij“)	Einrichtung (učreždenie)	Gebiet Minsk	in Auflösung seit: 26.07.2021
136	Beratungs- und Bildungsstätte für Naturschutz „Umwelt“ (Konsul’tativno-prosvetitel’skoe učreždenie po ochrane prirody „Ėkosreda“)	Einrichtung (učreždenie)	Minsk	in Auflösung seit: 22.07.2021
137	Jugendberatungsstelle für Kompetenzausbau und Beteiligung an sozialen Projekten „Ich bin froh“ (Konsul’tativno-tvorčeskoe učreždenie po povyšeniju kompetencij i uveličeniju učastija v social’nych projektach molodych ljudej „Ja rada“)	Einrichtung (učreždenie)	Minsk	in Auflösung seit: 22.07.2021
138	Beratungs- und Informationsstelle zur Förderung von Rechtskultur „Territorium der Rechte“ (Konsul’tacionno-informacionnoe učreždenie po populjarizacii pravovoj kul’tury „Territorija prav“)	Einrichtung (učreždenie)	Minsk	in Auflösung seit: 22.07.2021
139	Kultur- und Informationsstelle „Werkstatt für soziales Kino“ (Kulturno-informacionnoe učreždenie „Masterskaja socialnogo kino“)	Einrichtung (učreždenie)	Minsk	in Auflösung seit: 22.07.2021
140	Kultur- und Bildungsstelle „Zentrum für Projekte und Initiativen ‚Metamorphosen der Stadt‘“ (Kulturno-obrazovatelnoe učreždenie „Centr proektov i iniciativ ‚Metamorfozy goroda‘“)	Einrichtung (učreždenie)	Gebiet Brest	in Auflösung seit: 14.07.2021
141	Kultur- und Bildungsstätte „ACET“ (Kul’turno-prosvetitel’skoe učreždenie „ACET“)	Einrichtung (učreždenie)	Gebiet Vitebsk	in Auflösung seit: 15.07.2021
142	Kultur- und Bildungsstätte „Brester Oase“ (Kul’turno-prosvetitel’skoe učreždenie „Brestskij Aazis“)	Einrichtung (učreždenie)	Gebiet Brest	in Auflösung seit: 23.07.2021
143	Kultur- und Bildungsstätte „Europäische Brama“ (Kul’turno-prosvetitel’skoe učreždenie „Evropejskaja Brama“)	Einrichtung (učreždenie)	Gebiet Brest	in Auflösung seit: 23.07.2021

144	Kultur- und Bildungsstätte „Journalistenwerkstatt Presseclub“ (Kul’turno-prosvetitel’skoe učreždenie „Žurnalistskaja masterskaja Press-klub“)	Einrichtung (učreždenie)	Minsk	in Auflösung seit: 22.07.2021
144	Kultur- und Bildungsstätte „Gediminassäulen“ (Kul’turno-prosvetitelskoe učreždenie „Koljumna“)	Einrichtung (učreždenie)	Gebiet Vitebsk	in Auflösung seit: 27.08.2021
145	Kultur- und Bildungsstätte „Kresy“ (Kul’turno-prosvetitel’skoe učreždenie „Kresy“)	Einrichtung (učreždenie)	Gebiet Brest	in Auflösung seit: 26.08.2021
146	Kultur- und Bildungsstätte „Mehr Kultur in der Stadt“ (Kul’turno-prosvetitel’skoe učreždenie „Sodejstvie kul’turnomu razvitiju gorodov“)	Einrichtung (učreždenie)	Gebiet Minsk	in Auflösung seit: 16.07.2021
147	Kultur- und Bildungsstätte „Stadtprojekte“ (Kul’turno-prosvetitel’skoe učreždenie „Urbanističeskie projekty“)	Einrichtung (učreždenie)	Minsk	in Auflösung seit: 22.07.2021
148	Zentrum für Erholung und Entwicklung „Portal“ (Kul’turno-prosvetitel’skoe učreždenie „Centr otdycha i razvitija ‚Portal‘“)	Einrichtung (učreždenie)	Gebiet Hrodna	in Auflösung seit: 23.07.2021
149	Zentrum für Stadtprojekte und -initiativen „Prastora“ (Kulturno-prosvetitelskoe učreždenie „Centr urbanističeskich projektov i iniciativ ‘Prastora’“)	Einrichtung (učreždenie)	Gebiet Vitebsk	in Auflösung seit: 14.07.2021
150	Rock-Club Hrodna (Kul’turno-prosvetitel’skoe učreždenie „Grodnenskij rok-klub“)	Einrichtung (učreždenie)	Gebiet Hrodna	in Auflösung seit: 23.07.2021
151	Kultur- und Bildungsstätte für Arbeit mit der Bevölkerung und Selbstentwicklung „Kreise der Zukunft“ (Kul’turno-prosvetitel’skoe učreždenie po rabote s naseleniem i samorazvitiju „Baranki buduščego“)	Einrichtung (učreždenie)	Gebiet Brest	in Auflösung seit: 23.07.2021
152	Kultur- und Bildungsstätte für Arbeit mit der Bevölkerung und Selbstentwicklung „Gemeinsame Zukunft“ (Kul’turno-prosvetitel’skoe učreždenie po rabote s naseleniem i samorazvitiju „Obščee Buduščee“)	Einrichtung (učreždenie)	Gebiet Brest	in Auflösung seit: 09.08.2021

153	Kultur- und Bildungsstätte „Pol des Wissens“ (Kul’turno-prosvetitel’skoe učreždenie po rasprostraneniju naučnych znanij „Poljus znanija“)	Einrichtung (učreždenie)	Gebiet Minsk	in Auflösung seit: 26.07.2021
154	Private Kultur- und Bildungsstätte „Zentrum des Stadtlebens“ (Kul’turno-prosvetitel’skoe častnoe učreždenie „Centr gorodskoj žizni“)	Einrichtung (učreždenie)	Gebiet Hrodna	in Auflösung seit: 12.05.2021
155	Jugend- und Sportstätte „Pfadfinderorganisation ‚Hort‘“ (Molodežno-sportivnoe častnoe učreždenie „Charcerskaja organizacija ‚Chort‘“)	Einrichtung (učreždenie)	Gebiet Minsk	in Auflösung seit: 16.07.2021
156	Forschungsstelle „Ökologische Wiederherstellung der Erde“ (Naučno-issledovatel’skoje učreždenie „Vosstanovlenie ėkologii zemli“)	Einrichtung (učreždenie)	Minsk	in Auflösung seit: 22.07.2021
157	Ökologische Forschungs- und Beratungsstelle „Technologien für nachhaltige Entwicklung“ (Naučno-konsul’tacionnoe ėkologičeskoe učreždenie „Technologii Ustojčivogo Razvitija“)	Einrichtung (učreždenie)	Minsk	in Auflösung seit: 22.07.2021
158	Menschenrechts- und Bildungsstelle für Umwelt- und Eigentumsrechte „Vakolica“ (Pravozaščitno-prosvetitel’skoe učreždenie v oblasti ėkologičeskich i imuščestvennych prav „Vakolica“)	Einrichtung (učreždenie)	Gebiet Minsk	in Auflösung seit: 14.07.2021
159	„Komitee ‚Solidarität‘“ (Prosvetitel’sko-blagotvoritel’noe učreždenie „Komitet ‚Solidarnost‘“)	Einrichtung (učreždenie)	Minsk	in Auflösung seit: 07.09.2021
160	Forschungszentrum für öffentliche Verwaltung „SIMPA“ (Prosvetitel’sko-issledovatel’skoe učreždenie „Centr issledovanija obščestvennogo upravlenija ‚SIMPA‘“)	Einrichtung (učreždenie)	Minsk	in Auflösung seit: 22.07.2021
161	Büro für Rechte von Menschen mit Behinderungen (Prosvetitel’skoe pravozaščitnoe učreždenie „Ofis po pravam ljudej s invalidnostju“)	Einrichtung (učreždenie)	Minsk	in Auflösung seit: 22.07.2021

162	„Gleichheit und Gerechtigkeit“ (Prosvetitel’skoe social’no-informacionnoe učreždenie „Ravenstvo i spravedlivost’“)	Einrichtung (učreždenie)	Gebiet Brest	in Auflösung seit: 09.09.2021
163	Büro für europäische Expertise und Kommunikation (Prosvetitel’skoe učreždenie „Ofis evropejskoj ekspertizy i kommunikacij“)	Einrichtung (učreždenie)	Minsk	in Auflösung seit: 22.07.2021
164	Informationsbüro Bologna-Prozess „Philomaten“ (Prosvetitel’skoe učreždenie „Ofis rasprostranenija informacii o teorii bolonskogo processa ‚Filomaty‘“)	Einrichtung (učreždenie)	Minsk	in Auflösung seit: 25.08.2021
165	Soziale Interventionen (Prosvetitel’skoe učreždenie „Social’nye intervencii“)	Einrichtung (učreždenie)	Minsk	in Auflösung seit: 22.07.2021
166	Zentrum für Rechtstransformation (Prosvetitel’skoe učreždenie „Centr pravovoj transformacii“)	Einrichtung (učreždenie)	Minsk	in Auflösung seit: 22.07.2021
167	Sozialstelle „Welt ohne Waisen“ (Social’no-blagotvoritel’noe učreždenie „Mir bez sirot“)	Einrichtung (učreždenie)	Gebiet Vitebsk	in Auflösung seit: 25.08.2021
168	Sozialstelle „Zentrum zur Unterstützung von Menschen in schwierigen Situationen ‚Gutes für alle‘“ (Social’no-blagotvoritel’noe učreždenie „Centr okazanija pomošči ljudjam v složnoj situacii ‚Vsem dobra‘“)	Einrichtung (učreždenie)	Minsk	in Auflösung seit: 25.08.2021
169	Digitale Wirtschaft für NGOs, e.V. (Social’no-blagotvoritel’noe učreždenie „Cifrovaja ėkonomika dlja NKO“)	Einrichtung (učreždenie)	Gebiet Hrodna	in Auflösung seit: 26.08.2021
170	Stelle zur Unterstützung wichtiger gesellschaftlicher Infrastrukturprojekte „ImenaMedia“ (Social’no-blagotvoritel’noe učreždenie po podderžke infrastrukturnych obščestvenno značimych proektov „ImenaMedia“)	Einrichtung (učreždenie)	Minsk	in Auflösung seit: 22.07.2021
171	Informationsstelle „Stadtentwicklung“ (Social’no-informacionnoe učreždenie „Gorodskoe razvitie“)	Einrichtung (učreždenie)	Minsk	in Auflösung seit: 22.07.2021

172	Informationsstelle „Werkstatt der Brüder Labut“ (Social’no-informacionnoe učreždenie „Masterskaja brat’ev Labut“)	Einrichtung (učreždenie)	Gebiet Vitebsk	in Auflösung seit: 24.08.2021
173	Werkstatt für unternehmerische Fähigkeiten und effektives Handeln für nachhaltige Regionalentwicklung“ (Social’no-informacionnoe učreždenie „Masterskaja predprinimatel’skich navykov i effektivnych praktik ustojčivogo regional’nogo razvitija“)	Einrichtung (učreždenie)	Gebiet Minsk	in Auflösung seit: 28.07.2021
174	Neue Horizonte der Wahrheit, e.V. (Social’no-informacionnoe učreždenie „Novye gorizonty istiny“)	Einrichtung (učreždenie)	Gebiet Hrodna	in Auflösung seit: 26.08.2021
175	TimeAct, e.V. (Social’no-informacionnoe učreždenie „TajmAkt“)	Einrichtung (učreždenie)	Minsk	in Auflösung seit: 22.07.2021
176	Traditionen und Innovationen der Seenlandschaft Poozër’e, e.V. (Social’no-informacionnoe učreždenie „Tradicii i innovacii Poozerja“)	Einrichtung (učreždenie)	Gebiet Vitebsk	in Auflösung seit: 24.08.2021
177	Informationsstelle zur Unterstützung des Agrar-ökotourismus „Ökobesuch“ (Social’no-informacionnoe učreždenie po poderžke agroėkoturizma „Ėkovizit“)	Einrichtung (učreždenie)	Gebiet Hrodna	in Auflösung seit: 02.08.2021
178	Projektentwicklungsstelle „Praleska-Projekt“ (Social’no-informacionnoe učreždenie po razrabotke i realizacii proektov „Praleska-proekt“)	Einrichtung (učreždenie)	Gebiet Minsk	in Auflösung seit: 26.07.2021
179	Kommunikationsstelle für die Entwicklung sozialer Netzwerke im Internet „Mirovič Media“ (Social’no-kommunikacionnoe učreždenie po razvitiju social’nych setej v internete „Mirovič Media“)	Einrichtung (učreždenie)	Minsk	in Auflösung seit: 25.08.2021
180	Soziokulturelle Einrichtung „Vitebsk für mich“ (Social’no-kul’turnoe učreždenie „Vitebsk dlja menja“)	Einrichtung (učreždenie)	Gebiet Vitebsk	in Auflösung seit: 27.08.2021

181	Soziokulturelle Einrichtung „Das Lied bleibt beim Menschen“ (Social’no-kul’turnoe učreždenie „Pesnja ostajetsja s Čelovekom“)	Einrichtung (učreždenie)	Gebiet Vitebsk	in Auflösung seit: 25.08.2021
182	Soziokulturelle Einrichtung „Theater Flügel des Dieners“ (Social’no-kul’turnoe učreždenie „Teatr Krylja cholopa“)	Einrichtung (učreždenie)	Gebiet Brest	aufgelöst am: 03.09.2021
183	Soziokulturelle Einrichtung „Zentrum der Initiativen“ (Social’no-kul’turnoe učreždenie „Centr iniciativ“)	Einrichtung (učreždenie)	Gebiet Mogilev	in Auflösung seit: 14.07.2021
184	Zentrum für interkulturelles Verständnis unter Jugendlichen „Ivajpi-baj“ (Social’no-kul’turnoe učreždenie „Centr organizacii meroprijatij dlja razvitija kul’turnogo vzaimoponimanija molodeži ‚Ivajpi-baj‘“)	Einrichtung (učreždenie)	Minsk	in Auflösung seit: 22.07.2021
185	Zentrum zur Förderung von Familienwerten „Haus der glücklichen Familie“ (Social’no-kul’turnoe učreždenie „Centr prodviženija semejnych cennostej ‚Dom sčastlivoj semi‘“)	Einrichtung (učreždenie)	Gebiet Minsk	in Auflösung seit: 26.07.2021
186	Soziokulturelle Einrichtung zur Entwicklung der belarussischen Sprache und Kultur „Unsere Sprache von vorn“ (Social’no-kul’turnoe učreždenie razvitija belorusskogo jazyka i kul’tury „Mova Nanova“)	Einrichtung (učreždenie)	Gebiet Minsk	in Auflösung seit: 15.07.2021
187	Ecointour group, e.V. (Social’no-kul’turnoe, ėkologo-turističeskoe učreždenie „Ekointur grupp“)	Einrichtung (učreždenie)	Gebiet Minsk	in Auflösung seit: 26.07.2021
188	Zentrum für weibliche Persönlichkeitsentwicklung (Social’no-obrazovatel’noe učreždenie „Centr ličnostnogo razvitija ženščin“)	Einrichtung (učreždenie)	Gebiet Hrodna	in Auflösung seit: 23.07.2021
189	Familienclub „Regenbogen-Terem“ (Social’no-prosvetitel’skoe učreždenie „Semejny klub ‚Radužnyj terem‘“)	Einrichtung (učreždenie)	Gebiet Minsk	in Auflösung seit: 26.07.2021

190	Zentrum für Tierfreunde „Lavbril“ (Social’no-prosvetitel’skoe učreždenie „Centr ljubitelej životnych ‚Lavbril‘“)	Einrichtung (učreždenie)	Gebiet Minsk	in Auflösung seit: 20.07.2021
191	„UNOVIS-FORUM“ (Social’no-prosvetitel’skoe učreždenie v oblasti istoriko-kul’turnogo nasledija „UNOVIS-FORUM“)	Einrichtung (učreždenie)	Gebiet Vitebsk	aufgelöst am: 25.08.2021
192	Zentrum für effektive Kommunikation „Lebendige Bibliothek“ (Social’no-tvorčeskoe učreždenie „Centr razvitija ėffektivnoj kommunikacii ‚Živaja Biblioteka‘“)	Einrichtung (učreždenie)	Minsk	in Auflösung seit: 22.07.2021
193	Grüne Bewegung, e.V. (Social’no-ėkologičeskoe učreždenie „Zjaleny Ruch“)	Einrichtung (učreždenie)	Minsk	in Auflösung seit: 22.07.2021
194	Leichte Städte, e.V. (Social’no-ėkologičeskoe učreždenie „Legkie goroda“)	Einrichtung (učreždenie)	Gebiet Minsk	in Auflösung seit: 20.07.2021
195	Zentrum für die Entwicklung von Familienhäusern „Zvon-Gora“ (Social’no-ėkologičeskoe učreždenie „Centr razvitija rodovych pomestij ‚Zvon-Gora‘“)	Einrichtung (učreždenie)	Gebiet Vitebsk	in Auflösung seit: 26.08.2021
196	Zentrum für gesunde Veränderungen (Social’noe učreždenie podderžki ljudej v trudnoj žiznennoj situacii „Centr zdorovych peremen“)	Einrichtung (učreždenie)	Gebiet Minsk	in Auflösung seit: 28.07.2021
197	Sporteinrichtung „MC Quadrat“ (Sportivnoe učreždenie „MC kvadrat“)	Einrichtung (učreždenie)	Gebiet Minsk	in Auflösung seit: 26.07.2021
198	Lern- und Bildungsstätte für Selbständigkeit „BIKomarovo“ (Učebno-praktičeskoe učreždenie po podderžke predprinimatel’stva „BIKomarovo“)	Einrichtung (učreždenie)	Gebiet Minsk	in Auflösung seit: 15.07.2021
199	Agentur für regionale Entwicklung und interregionale Zusammenarbeit (Učreždenie „Agentstvo regional’nogo razvitija i mežregional’nogo sotrudničestva“)	Einrichtung (učreždenie)	Gebiet Mogilev	in Auflösung seit: 14.07.2021

200	Forschungszentrum des Instituts für Privatisierung und Management“ (Učreždenie „Issledovatel’skij Centr Instituta privatizacii i menedžmenta“)	Einrichtung (učreždenie)	Minsk	in Auflösung seit: 22.07.2021
201	Beratungs- und Informationszentrum „Agentur für praktische Hilfe“ (Učreždenie „Konsul’tacionno-informacionnyj centr ‚Agentstvo praktičeskoj pomošči‘“)	Einrichtung (učreždenie)	Gebiet Mogilev	aufgelöst am: 20.07.2021
202	Beratungszentrum für die Einführung von IT in der Zivilgesellschaft „Civic Tech“ (Učreždenie „Konsul’tacionnyj centr implentacii informacionnych technologij v graždanskom obščestve ‚Sivik tek‘“)	Einrichtung (učreždenie)	Minsk	in Auflösung seit: 25.08.2021
203	Laboratorium für innovative Projekte (Učreždenie „Laboratorija innovacionych proektov“)	Einrichtung (učreždenie)	Gebiet Minsk	in Auflösung seit: 26.07.2021
204	Werkstatt für nachhaltige Veränderungen (Učreždenie „Masterskaja ustojčivych peremen“)	Einrichtung (učreždenie)	Gebiet Mogilev	in Auflösung seit: 14.07.2021
205	Jugend- und Sportzentrum „Viktriks“ (Učreždenie „Molodežno-sportivnyj centr ‚Viktriks‘“)	Einrichtung (učreždenie)	Gebiet Minsk	in Auflösung seit: 27.07.2021
206	Büro zur Förderung der Erwerbstätigkeit junger Menschen „JularKonsalt“ (Youth Labor Rights) (Učreždenie „Ofis pomošči i podderžki zanjatosti molodeži ‚JularKonsalt‘ (Youth Labor Rights)“)	Einrichtung (učreždenie)	Gebiet Minsk	in Auflösung seit: 19.07.2021
207	Redaktion der Zeitung „Solidarität“, e.V. (Učreždenie „Redakcija gazety ‚Salidarnasc‘“)	Einrichtung (učreždenie)	Gebiet Minsk	in Auflösung seit: 24.08.2021
208	Soziokulturelles Zentrum „Ecologics“ zur Wiederbelebung geistiger, kultureller und historischer Werte (Učreždenie „Social’no-kul’turnyj centr ‘Ėkologiks’ po vozroždeniju duchovnych, kul’turnych i istoričeskich cennostej“)	Einrichtung (učreždenie)	Gebiet Minsk	in Auflösung seit: 26.07.2021
209	Zentrum für bildende und darstellende Kunst „ART Corporation“ (Učreždenie „Centr vizual’nych i ispolnitel’skich iskusstv ‚ART Corporation‘“)	Einrichtung (učreždenie)	Minsk	in Auflösung seit: 25.08.2021

210	Landwirtschaftsforschungszentrum „ĖkoinformIstok“ (Učreždenie „Centr po issledovanijam v sfere selskogo chozjajstva ‘ĖkoinformIstok’“)	Einrichtung (učreždenie)	Gebiet Minsk	in Auflösung seit: 27.07.2021
211	Zentrum zur Entwicklung experimenteller, performativer und bildender Künste „Modellwerkstatt“ (Učreždenie „Centr razvitija ėksperimental’nych, performativnych i vizual’nych iskusstv ‚Modelnyj cech‘“)	Einrichtung (učreždenie)	Minsk	in Auflösung seit: 25.08.2021
212	Zentrum für Regionalentwicklung GDF (Učreždenie „Centr regional’nogo razvitija GDF“)	Einrichtung (učreždenie)	Gebiet Homel’	in Auflösung seit: 14.07.2021
213	Zentrum für sozioökonomische, historische und kulturelle Forschung und Entwicklungsprognose „Europäischer Dialog“ (Učreždenie „Centr social’no-ėkonomičeskich, istoričeskich, kul’turnych issledovanij i prognozov razvitija ‚Evropejskij Dialog‘“)	Einrichtung (učreždenie)	Minsk	in Auflösung seit: 22.07.2021
214	Zentrum für ökologische Lösungen (Učreždenie „Centr ėkologičeskich rešenij“)	Einrichtung (učreždenie)	Minsk	in Auflösung seit: 22.07.2021
215	Zentrum für externe medizinische Hilfe „Svisloč’“ (Učreždenie „Centr ekstrennoj medicinskoj pomošči ‚Svisloč’‘“)	Einrichtung (učreždenie)	Minsk	in Auflösung seit: 25.08.2021
216	Beratungszentrum für internationales Handeln und Recht „Human Constanta“ (Učreždenie „Konsultacionnyj centr po aktual’nym meždunarodnym praktikam i ich implementacii v prave ‚Hjuman Konstanta‘“)	Einrichtung (učreždenie)	Minsk	in Auflösung seit: 22.07.2021
	Erwachsenenbildungsstätte „Bildung Fest“ (Učreždenie dopolnitel’nogo obrazovanija vzroslych ‚Adukacyja Fest‘“)	Einrichtung (učreždenie)	Minsk	in Auflösung seit: 22.07.2021
217	Chor „Cantus Cordis“, e.V. (Učreždenie kul’tury „Chor ‚Cantus Cordis‘“)	Einrichtung (učreždenie)	Gebiet Minsk	in Auflösung seit: 26.07.2021

218	Kindergarten-Sekundarschule „Stadt der Sonne“ (Učreždenie obrazovanija „Učebno-pedagogičeskij kompleks detskij sad-srednjaja škola ‚Gorod Solnca‘“)	Einrichtung (učreždenie)	Minsk	in Auflösung seit: 22.07.2021
219	Privates Regionalzentrum für Management, Weiterbildung und Qualifikationserweiterung (Učreždenie obrazovanija „Častnyj regionalnyj centr menedžmenta, poslediplomnogo obrazovanija i povyšenija kvalifikacii“)	Einrichtung (učreždenie)	Gebiet Vitebsk	in Auflösung seit: 25.08.2021
220	Zentrum für medizinische Hilfe „Belspas“ (Učreždenie ochrany zdorovya „Centr medicinskoj pomošči ‚Belspas‘„)	Einrichtung (učreždenie)	Minsk	in Auflösung seit: 25.08.2021
221	Tierschutzstelle „Vitebsker Dobrik“ (Učreždenie po zaščite životnych „Vitebskij Dobrik“)	Einrichtung (učreždenie)	Gebiet Vitebsk	in Auflösung seit: 27.08.2021
222	Tierschutzstelle „Sonne für alle“ (Učreždenie po zaščite životnych „Solnce dlja vsech“)	Einrichtung (učreždenie)	Gebiet Minsk	in Auflösung seit: 31.08.2021
223	Schutz- und Hilfsstelle für Tiere „Trotzdem“ (Učreždenie po zaščite i pomošči životnym „Vopreki“)	Einrichtung (učreždenie)	Gebiet Minsk	in Auflösung seit: 27.07.2021
224	Werkstatt für grüne Technologien (Učreždenie po prodviženiju principov ustojčivogo razvitija territorij „Masterskaja zelenych technologii“)	Einrichtung (učreždenie)	Gebiet Minsk	in Auflösung seit: 26.07.2021
225	Solidarische Bürgerhilfe,e.V. (Učreždenie po razvitiju obščestvenno-social’nogo partnerstva „Graždanskaja Vzaimopomošč“)	Einrichtung (učreždenie)	Gebiet Hrodna	in Auflösung seit: 23.07.2021
226	Zentrum für Rehabilitation, Entwicklung und Unterstützung „KORSA-Canistherapie“ (Učreždenie reabilitacii, razvitija i podderžki „KORSA-centr kanisterapii“)	Einrichtung (učreždenie)	Gebiet Minsk	in Auflösung seit: 26.07.2021
227	Zentrum Rechtsberatung und Rechtshilfe für sozial gefährdeter Bevölkerungsgruppen „Fürsprache“ (Učreždenie Centr informacionno-pravovoj podderžki social’no-ujazvimych grupp naselenija ‚Advakacyja‘“)	Einrichtung (učreždenie)	Gebiet Vitebsk	in Auflösung seit: 27.08.2021

228	Zentrum zur Weiterbildung von Führungskräften und Spezialisten „Business School IPM“ (Centr povyšenija kvalifikacii rukovodjaščich rabotnikov i specialistov „Biznes škola IPM“)	Einrichtung (učreždenie)	Minsk	in Auflösung seit: 22.07.2021
229	Zentrum für wohltätige Hilfe „Voluntarius“ (Častnoe blagotvoritel’noe učreždenie „Centr volonterskoj pomošči ‚Voljuntarius‘“)	Einrichtung (učreždenie)	Minsk	in Auflösung seit: 22.07.2021
230	Redaktion der Zeitung „Vitebsker Tribüne“, e.V. (Častnoe izdatel’skoe učreždenie „Redakcija gazety ‚Vitebskaja tribuna‘“)	Einrichtung (učreždenie)	Gebiet Vitebsk	in Auflösung seit: 27.08.2021
231	Informations- und Bildungsstätte „Noktuam“ (Častnoe informacionno-prosvetitel’skoe učreždenie „Noktuam“)	Einrichtung (učreždenie)	Gebiet Mogilev	in Auflösung seit: 14.07.2021
232	Laboratorium für offene Daten, e.V. (Častnoe informacionnoe učreždenie „Laboratorija otkrytych dannych“)	Einrichtung (učreždenie)	Minsk	in Auflösung seit: 25.08.2021
233	New platform innovation (Častnoe informacionnoe učreždenie „Nju platform innovejšn“)	Einrichtung (učreždenie)	Minsk	in Auflösung seit: 25.08.2021
234	Institut zur Entwicklung des Lebens auf dem Dorf (Častnoe kul’turno-informacionnoe učreždenie „Institut razvitija žizni v derevne“)	Einrichtung (učreždenie)	Gebiet Minsk	in Auflösung seit: 16.07.2021
235	Vedanta vada, e.V. (Častnoe kul’turno-prosvetitel’skoe učreždenie „Vedanta vada“)	Einrichtung (učreždenie)	Gebiet Mogilev	in Auflösung seit: 14.07.2021
236	Bildungsstätte „Gender-Antwort“ (Častnoe kul’turno-prosvetitel’skoe učreždenie „Gendernyj otvet“)	Einrichtung (učreždenie)	Gebiet Vitebsk	in Auflösung seit: 14.07.2021
237	Private Bildungsstätte „Zavalnja“ (Častnoe kul’turno-prosvetitel’skoe učreždenie „Zavalnja“)	Einrichtung (učreždenie)	Gebiet Vitebsk	in Auflösung seit: 27.08.2021
238	Private Bildungsstätte „Führer einer neuen Ära“ (Častnoe kul’turno-prosvetitel’skoe učreždenie „Lider novoj ėpochi“)	Einrichtung (učreždenie)	Gebiet Vitebsk	in Auflösung seit: 14.07.2021

239	Private Bildungsstätte „ Jugendzentrum Mahilaŭ“ (Častnoe kul’turno-prosvetitel’skoe učreždenie „Mogilevskij molodežnyj centr“)	Einrichtung (učreždenie)	Gebiet Mogilev	in Auflösung seit: 14.07.2021
240	Private Bildungsstätte „Studio ‚Karas‘“ (Častnoe kul’turno-prosvetitel’skoe učreždenie „Studija ‚Karas‘“)	Einrichtung (učreždenie)	Gebiet Minsk	in Auflösung seit: 26.07.2021
241	Private Bildungsstätte „Für die eigene Stadt“ (Častnoe obrazovatel’noe social’no-informacionnoe učreždenie „Za svoj gorod“)	Einrichtung (učreždenie)	Gebiet Brest	aufgelöst am: 09.09.2021
242	Private Projektstelle „ParkStation“ (Častnoe proektnoe učreždenie „ParkStejšen“)	Einrichtung (učreždenie)	Gebiet Homel’	in Auflösung seit: 02.09.2021
243	Private Bildungsstätte „Europäische Jungunternehmer-initiative“ (Častnoe prosvetitel’skoe učreždenie „Evropejskaja molodežnaja predprinimatel’skaja iniciativa“)	Einrichtung (učreždenie)	Gebiet Hrodna	in Auflösung seit: 23.07.2021
244	Private Bildungsstätte „Büro zur Förderung von Initiativen“ (Častnoe prosvetitel’skoe učreždenie „Ofis prodviženija iniciativ“)	Einrichtung (učreždenie)	Minsk	in Auflösung seit: 22.07.2021
245	Gemeinnützige Sporteinrichtung „Team ‚Engelsflügel‘“ (Častnoe social’no-blagotvoritel’noe sportivnoe učreždenie „Komanda ‚Krylja Angelov‘“)	Einrichtung (učreždenie)	Gebiet Minsk	in Auflösung seit: 26.07.2021
246	Talaka By, e.V. (Častnoe social’no-innovacionnoe učreždenie „Talaka Baj“)	Einrichtung (učreždenie)	Minsk	in Auflösung seit: 25.08.2021
247	Zentrum zur Förderung von Frauenrechten (Ihre Rechte) (Častnoe social’no-innovacionnoe učreždenie „Centr po prodviženiju prav ženščin“ (Ee prava)	Einrichtung (učreždenie)	Minsk	in Auflösung seit: 22.07.2021
248	Einrichtung zur Entwicklung von Lesekultur „Liteo“ (Častnoe social’no-innovacionnoe učreždenie po razvitiju kul’tury čtenija „Liteo“)	Einrichtung (učreždenie)	Gebiet Minsk	in Auflösung seit: 16.07.2021

249	Zentrum für Sozialhilfe und Unterstützung von Risikogruppen „Stimulus für Erfolg“ (Častnoe social'no-prosvetitel'skoe učreždenie „Centr social'noj pomošči i podderžki grupp riska ‚Stimul' k uspechu'“)	Einrichtung (učreždenie)	Gebiet Minsk	in Auflösung seit: 16.07.2021
250	Zentrum zur Erkundung ökologischer Innovationen (Častnoe social'no-ėkologičeskoe učreždenie „Centr izučenija ėkologičeskich innovacij“)	Einrichtung (učreždenie)	Minsk	in Auflösung seit: 22.07.2021
251	Nimm und mach, e.V. (Častnoe social'noe učreždenie „Beri i delaj“)	Einrichtung (učreždenie)	Gebiet Homel'	in Auflösung seit: 29.07.2021
252	Zentrum Familie und Kinde (Častnoe social'noe učreždenie „Centr pomošči semjam i detjam“)	Einrichtung (učreždenie)	Gebiet Mogilev	aufgelöst am: 20.07.2021
253	Zentrum für die Entwicklung ländlicher Initiativen (Častnoe social'noe učreždenie „Centr razvitija selskich iniciativ“)	Einrichtung (učreždenie)	Gebiet Homel'	in Auflösung seit: 14.07.2021
254	Erwachsenenweiterbildungszentrum „Kompetenz-Atelier“ (Častnoe učreždenie „Centr dopolnitel'nogo obrazovanija vzroslych ‚Studija poleznych kompetencij'“)	Einrichtung (učreždenie)	Gebiet Hrodna	in Auflösung seit: 23.07.2021
255	Freizeitzentrum für Erwachsene und Kinder „ÖkoLeben“ (Častnoe učreždenie „Centr dosuga vzroslych i detej ‚Ekožizn''“)	Einrichtung (učreždenie)	Gebiet Minsk	in Auflösung seit: 26.07.2021
256	Erbe und Zeit, e.V. (Častnoe učreždenie kul'tury „Nasledie i vremja“)	Einrichtung (učreždenie)	Gebiet Minsk	in Auflösung seit: 16.07.2021
257	Bildungseinrichtung „SmartSchool“ (Častnoe učreždenie obrazovanija „SmartSkul“)	Einrichtung (učreždenie)	Gebiet Minsk	in Auflösung seit: 26.07.2021
258	Nil-Gilevič-Universität (Častnoe učreždenie obrazovanija „Universitet imeni Nila Gileviča“)	Einrichtung (učreždenie)	Minsk	in Auflösung seit: 22.07.2021
259	Zentrum für Weiterbildung von Führungskräften und Fachkräften „Nordwestliche Hochschule für Wirtschaft und Management“ (Častnoe učreždenie obrazovanija	Einrichtung (učreždenie)	Gebiet Minsk	in Auflösung seit: 26.07.2021

	„Centr povyšenija kvalifikacii rukovodjaščich rabotnikov i specialistov ‚Severo-zapadnaja vyššaja škola biznesa i upravlenija‘“			
260	Zentrum für Weiterbildung von Führungskräften und Fachkräften im Bereich Informationstechnologie (Častnoe učreždenie obrazovanija „Centr povyšenija kvalifikacii rukovodjaščich rabotnikov i specialistov v oblasti informacionnych technologij“)	Einrichtung (učreždenie)	Minsk	in Auflösung seit: 25.08.2021
261	Einrichtung für die Entwicklung der traditionellen Zeidlerei „Bruderschaft der barfüßigen Zeidler“ (Častnoe učreždenie razvitija tradicionnogo bortničestva „Bratstvo bosych bortnikov“)	Einrichtung (učreždenie)	Gebiet Minsk	in Auflösung seit: 26.07.2021
262	Chancengleichheit in der Stadt, e.V. (Častnoe ėkologičeskoe učreždenie „Gorod ravnych vozmožnostej“)	Einrichtung (učreždenie)	Gebiet Homel’	in Auflösung seit: 29.07.2021
263	Werkstatt Stadtforschung (Častnoe ėkspertno-informacionnoe učreždenie po podderžke aktivnosti gorožan v sfere urbanistiki „Masterskaja gorodskich issledovanij“)	Einrichtung (učreždenie)	Gebiet Homel’	in Auflösung seit: 14.07.2021
264	Ökologische Bildungs- und Forschungsstelle „Regionales Fachzentrum ‚Ökodemie‘“ (Ėkologičeskoe issledovatel’sko-prosvetitel’skoe učreždenie „Regional’nyj centr ėkspertizy ‚Ėkodemija‘“)	Einrichtung (učreždenie)	Gebiet Minsk	aufgelöst am: 07.09.2021
265	Stiftung „Ökologie der Sinne nach Ljudmila Petrovna Trojan“ (Mestnyj blagotvoritel’nyj fond „Ėkologija mysli po sisteme Ljudmily Petrovny Trojan“)	Stiftung	Minsk	in Auflösung seit: 31.08.2021
266	Stiftung „Gemeinsam hier“ (Mestnyj blagotvoritel’nyj fond „Vmest’e zdes’“)	Stiftung	Gebiet Homel’	in Auflösung seit: 15.10.2021
267	Stiftung „Netzwerk Wirtschaftsentwicklung“ (Mestnyj informacionno-prosvetitel’skij fond „Set’ razvitija biznesa“)	Stiftung	Minsk	in Auflösung seit: 29.07.2021

268	Lokale Kulturstiftung „Land der Burgen“ (Mestnyj kul’turnyj fond „Strana zamkov“)	Stiftung	Minsk	in Auflösung seit: 31.08.2021
269	Lokale Sozialstiftung „Gutes“ (Mestnyj social’nyj fond „Dobra“)	Stiftung	Minsk	in Auflösung seit: 30.07.2021
270	Stiftung „Neue Wirtschaftsstrategie“ (Mestnyj fond razvitija „Novaja ėkonomičeskaja strategija“)	Stiftung	Minsk	in Auflösung seit: 29.07.2021
271	Stiftung für die Entwicklung von Kultur und Bildung (Mestnyj fond razvitija kul’tury i obrazovanija čeloveka)	Stiftung	Minsk	in Auflösung seit: 30.07.2021
272	Stiftung für Regionalentwicklung „Geschäftsstrategie“ (Mestnyj fond regional’nogo razvitija „Biznes-strategija“)	Stiftung	Gebiet Hrodna	in Auflösung seit: 08.10.2021
273	Stiftung für nachhaltige Entwicklung „Afflatus“ (Hrodna) (Mestnyj fond ustojčivogo razvitija „Afflatus“ (Hrodna))	Stiftung	Gebiet Hrodna	in Auflösung seit: 13.09.2021
274	Stiftung „Ökologischer Verkehr“ (Mestnyj ėkologičeskij fond „Ėkologičeskij transport“	Stiftung	Minsk	in Auflösung seit: 30.07.2021
275	Stiftung „Sauberes Handeln“, Minsk (Minskij social’no-ėkonomičeskij fond „Čistoe dejstvie“)	Stiftung	Minsk	in Auflösung seit: 31.08.2021
276	Kultur- und Bildungsstiftung „Ščorsy i Chreptoviči“ (Mestnyj kul’turno-prosvetitel’skij fond „Ščorsy i Chreptoviči“)	Stiftung	Gebiet Hrodna	in Auflösung seit: 19.11.2021
277	Eishockeyclub „Mroja“, Slonim (Slonimskoe obščestvennoe ob”edinenie „Chokkejnyj klub ‚Mroja‘“)	Verein (obščestvennoe ob”edinenie)	Gebiet Hrodna	Gerichtsverfahren am 02.12.2021

Quelle: Lawtrend,
(auf der Basis von Mitteilungen des Justizministeriums über Veränderungen im Vereinsregister)

Übersetzung: Alexander Moisseenko

Dietrich Beyrau

Im Kreislauf der Geschichte

Die Macht und ihre Widersacher in Russland

Das Putin-Regime dehnt seine Macht aus, unterdrückt die Opposition und die Autonomie der Gesellschaft. Die Lage erinnert an frühere Epochen. Sacharov und Naval'nyj, deren Bezugnahme auf das Recht, die „Chronik der laufenden Ereignisse" von gestern und die dokumentarische Kraft sozialer Medien von heute sind Parallelen. Es scheint, als wäre Russlands historische Entwicklung in einem Kreislauf gefangen. Einer beachtlichen Kreativität und Mobilisierungskraft der Gesellschaft steht ein ebenso erstaunliches Destruktionspotential der Führung gegenüber. Die Macht triumphiert auf Kosten der Gesellschaft.

„The zombie is rising and looks disgusting"
Vladimir Sorokin[1]

Es ist merkwürdig. Jede Phase der neueren Geschichte Russlands ruft nicht nur Erinnerungen an ältere Epochen und Ereignisse hervor, sondern suggeriert auch, dass sich Geschichte fast als Kreislauf vollzieht, als Wiederholung des immer schon Bekannten. Die Revolution und der Bürgerkrieg nach 1917/18, manchmal auch die spätere Phase der Perestrojka und die frühen 1990er Jahre wurden mit der *smuta*, der Zeit der Wirren, zu Beginn des 17. Jahrhunderts assoziiert. Mit Stalins Billigung zogen der Filmemacher Sergej Ėjzenštejn und Historiker Vergleiche mit den Konflikten Ivans des Schrecklichen mit den Bojaren, gewissermaßen ein frühneuzeitlicher Klassenkampf. Stalin missfiel dann allerdings doch der naheliegende Vergleich zwischen der *opričnina* Ivans IV. und dem NKVD im zweiten Teil des Films.[2]

Die amtliche Ruhmredigkeit und die Sakralisierung des „Großen Vaterländischen Krieges" unter Präsident Putin erinnern an die Sentenz Alexander Graf von Benckendorfs, des Chefs der Dritten Abteilung Seiner Allerhöchsten Kanzlei (1826–1844), d.h. der Geheimpolizei unter Nikolaj I.:

Dietrich Beyrau (1942), Dr. phil., Prof. em., Historiker, Universität Tübingen
Von Dietrich Beyrau erschien in Osteuropa u.a.: Ein europäischer Intellektueller. György Konrád und seine Publizistik, in: OE 12/2019, S. 111–138. – Der Bolschewismus als Saga. Yuri Slezkine auf literarischen Pfaden, in: OE, 6/2018, S. 135–142. – Angst und Neugier. Die Sowjetunion in der historischen Forschung der Bundesrepublik während des Kalten Krieges, in: OE, 2–3/2013, S. 211–236.

[1] Zit. nach Dina Khapaeva: Triumphant Memory of the Perpetrators: Putin`s Politics of Re-Stalinization, in: Communist and Post-Communist Studies, 2016, 61–93, hier S. 61.

[2] Marie Seton: Sergei M. Eisenstein. London [2]1978, S. 459–63.

Osteuropa, 71. Jg., 8–9/2021, S. 113-136 **doi: 10.35998/oe-2021-0067**

> Die Vergangenheit Russlands war bewundernswert, seine Gegenwart ist mehr als großartig, was seine Zukunft betrifft, so ist sie herrlicher, als man sich in den kühnsten Träumen vorstellen kann.[3]

Ebenso drängt sich der Vergleich der offiziellen Rechtfertigung der gesellschaftspolitischen und ideologischen Lage im heutigen Russland mit der Formel des Bildungsministers Sergej S. Uvarov (1834–1848) auf. Dieser sprach von den drei Säulen des Reiches – der Orthodoxie (*pravoslavie*), der Selbstherrschaft (*samoderžavie*) und des Volkes (*narodnost'*). Damit sollte eine Art geistiger Schlagbaum gegen westliche Einflüsse der Aufklärung, des Konstitutionalismus und der Revolution errichtet werden. Heute ist es die rhetorische Abgrenzung vom „dekadenten Europa" und dem aufmüpfigen „nahen Ausland". Zu den Legitimationsformeln der ersten Hälfte des 19. Jahrhunderts gehörte, was nach 1848 als Zensurterror bezeichnet wurde. Dies erinnert an die vielen Verbote und Repressalien, die seit 2012, der Rückkehr Vladimir Putins ins Präsidentenamt, beschlossen wurden und umgesetzt werden.

Für die Brežnev-Zeit und in mancher Hinsicht auch für das Putin-Regime drängen sich Erinnerungen an das System der „Fütterung" (*kormlenie*) der Dienstleute ebenso auf wie an das *mestničestvo* der vorpetrinischen Zeit, also an das Pfründen- und Platzhaltersystem einerseits, an die Intransparenz der Herrschaftssphäre und nicht zuletzt an die Korruption der Behörden seit Peter dem Großen. Es scheint so, als ob die Behörden früher wie heute gut darin sind,

> außerordentliche Aufgaben und vor allem als persönliche Befehle formulierte politische Aufträge auszuführen – und sich gleichzeitig mit Routinefunktionen etwa der Verbrechensbekämpfung oder des Umwelt- und Katastrophenschutzes schwertun.[4]

Exzessive Machtkonzentration – die heutige „Machtvertikale" – bei gleichzeitiger exekutiver Vollzugsschwäche und Korruption gelten als das bleibende Erbe russländischer Staatlichkeit.[5]

Ein dauerhaftes Thema der Geschichte und Gegenwart Russlands ist die Frage nach der Tradition im Verhältnis zwischen Machtkonzentration und (ziviler) Gesellschaft.[6] Auf der einen Seite ist die Rede von der Kontinuität des – als „extraktiv" charakterisierten – Machtstaates. Er habe immer auch ökonomische Funktionen übernommen oder die

---

[3] Karl Stählin: Geschichte Russlands, Bd. 3. Graz, Homburg 1961, S. 308.

[4] Mischa Gabowitsch: Putin kaputt. Russlands neue Protestkultur. Berlin 2013, S. 298.

[5] Ken Jowitt: Soviet Neotraditionalism. The political Corruption of a Leninist regime, in: Soviet Studies, 3/1983, S. 275–297. – Edward L. Keenan: Muscovite Political Folkways, in: The Russian Review, 2/1986, S. 115–181.

[6] Dietrich Geyer: „Gesellschaft" als staatliche Veranstaltung. Sozialgeschichtliche Aspekte des russischen Behördenstaates im 18. Jahrhundert, in: Ders. (Hg.): Wirtschaft und Gesellschaft im vorrevolutionären Russland. Köln 1975, S. 20–52. – Manfred Hildermeier: Rußland oder Wie weit kam die Zivilgesellschaft? In: Ders., Jürgen Kocka, Christoph Conrad (Hg.): Europäische Zivilgesellschaften in Ost und West. Begriff, Geschichte, Chancen. Frankfurt/Main 2000, S. 113–148.

Wirtschaft – die Kaufleute, Unternehmer und heute die „Oligarchen" – kontrolliert oder für sich arbeiten lassen.[7]

Die Fixierung mancher Historiker und Beobachter auf den Machtstaat führt dazu, dass sie die Existenz und Relevanz der Aufklärung, der Bildung und Kultur, der Literatur und der Schriftsteller sowie der revolutionären Bewegungen in Russland unterschätzen. Diese bilden einen Traditionsstrang, ohne den die neuere russländische Geschichte nicht zu verstehen ist. Die unterschiedlichen Sichtweisen auf Staat und Gesellschaft Russlands setzen sich fort in den Diskussionen um das Gewicht des vom Mainstream abweichenden oder gar oppositionellen Denkens, so des Dissenses der 1950er bis 1980er Jahre und der Protestbewegungen seit den 2000er Jahren. Selbst wenn eine obrigkeitlich sozialisierte Bevölkerung mit dem Machtstaat und seinen Praktiken im Großen und Ganzen zufrieden ist, so handelt es sich doch um prekäre Befindlichkeiten. In der Stalinzeit waren Begeisterung und Angst „wie Hefe verknotet".[8] Seither erfordern öffentlich gezeigter Unmut und Protest gegen Willkür und Unrecht mehr Kraft und Mut als die öffentlich demonstrierte Verehrung der Macht. Die mehr oder minder freiwillig gezeigte „Liebe des Volkes" zur Obrigkeit bleibt ambivalent.[9]

Protestformen seit dem 19. Jahrhundert. Ein Überblick

In den wechselnden Perioden der Geschichte Russlands korrelierten die Formen des Protestes mit dem Verhältnis von Staat und Gesellschaft. Das späte Zarenreich war gespalten zwischen den Ober- und Bildungsschichten auf der einen Seite und den städtischen und ländlichen Unterschichten auf der anderen Seite. Es konkurrierte der alte Staatsapparat mit einer adlig-bürgerlichen zivilen Gesellschaft, organisiert in Parteien und Berufs- wie Interessenverbänden, in ständischen und lokalen Vertretungen der Städte und des Landes, den sogenannten Zemstva.

Spätestens seit der Revolution von 1905 wurden die Unterschichten in Stadt und Land zu einem politischen Faktor, der sich ansatzweise in der Bildung ziviler Organisationen in den Sowjets, Gewerkschaften und Bauernvereinigungen erkennen ließ. Nach 1907 wurden sie allerdings behindert und unterdrückt. Die typischen Kampfes- und Protestformen waren Streiks in der Fabrikbevölkerung, Bauernaufstände und Petitionen an die Obrigkeit sowie fast schon systematischer Terror. Er wurde vor allem von der revolutionären Intelligenz praktiziert, die sich als Vollstrecker des „Volkswillens" imaginierte. Nach dem Blutbad von Revolution und Bürgerkrieg kam es in den 1920er Jahren noch zu Streiks, aber Staat und Partei vereinigten nun ein uneingeschränktes Gewaltmonopol, das spätestens seit Ende der 1920er Jahre mit der Kollektivierung der Landwirtschaft terroristische Züge gegen die eigene Bevölkerung annahm, und selbst im „Großen Vaterländischen Krieg" kaum unterbrochen wurde. Wenn unter Stalin von Gesellschaft

---

[7] Richard Pipes: US-Soviet Relations in the Era of Détente. Boulder, CO 1981, S. 64–70. – Richard Sakwa: Putin and the Oligarchs. The Khodorkovsky-Yukos Affair. London, New York 2014.

[8] Boris Chasanow: Mythos Russland. Betrachtungen aus deutscher Zuflucht. Mainz 1986, S. 36.

[9] Andrej Amalrik: Aufzeichnungen eines Revolutionärs. Berlin 1983, S. 230. – Alexander Sinowjew: Kommunismus als Realität. Zürich 1981, S. 74. – Lev Gudkov: Wahres Denken. Analysen, Diagnosen, Interventionen. Norderstedt 2017.

gesprochen werden soll, dann von einer für die Industrialisierung und den Krieg mobilisierten Gesellschaft, deren unterdrückte Konflikte sich am ehesten in der Kollaboration mit den deutschen Besatzern zeigten.[10]

Strukturmerkmale des Dissenses

Die sowjetische Bevölkerung hatte unter der Herrschaft von Lenin und Stalin und im Zweiten Weltkrieg einen so hohen Blutzoll gezahlt, dass nach Stalins Tod 1953 in der Gesellschaft Gewalt als Mittel des Widerstands und Protests weitgehend entfiel. Als letzte Zuckungen der Gewalttradition können die Aufstände in manchen Zwangsarbeitslagern bezeichnet werden, die hauptsächlich von Offizieren und Kämpfern der nationalen Widerstandsbewegungen initiiert und geführt wurden.[11] Eine Ausnahme waren die Arbeiterunruhen von Novočerkassk im Juni 1962, die sich zu einem lokalen Volksaufstand ausweiteten. Er wurde von KGB-Truppen niedergeschlagen.[12] In der Regel blieben seither Proteste und Widerstand in Russland und den anderen Sowjetrepubliken friedlich, dies nicht nur wegen der Übermacht staatlicher Organisation, sondern auch aus grundsätzlichen Erwägungen. Sie waren nicht zuletzt durch die Gewalterfahrungen der Vergangenheit bestimmt. Unter dem Trauma der Stalinzeit litten offenbar nicht nur die unmittelbaren Opfer, sondern auch die Täter, erkennbar in der Entstalinisierung nach 1953. Sie lässt sich cum grano salis als eine Selbstbeschränkung diktatorischer oder autoritärer Herrschaft verstehen. Ohne erkennbaren äußeren Druck verzichteten die Partei und der Staat auf Terror als Herrschaftsmittel. Das bedeutete nicht den Verzicht auf Repressalien im Falle von Widersetzlichkeit und offenem Widerspruch. Dies sollte eine Generation zumeist von Jugendlichen und Studenten zu spüren bekommen, die sich allzu sehr für den jugoslawischen Selbstverwaltungssozialismus, den polnischen oder den ungarischen Revisionismus interessierten.[13]

In der sich immer noch durch den Marxismus-Leninismus legitimierenden Sowjetunion waren es seit den 1960er Jahren vor allem Gruppen aus der Intelligencija, also Träger und Multiplikatoren von alternativen Ideen, die mit dem *Samizdat* und dem *Tamizdat* – dem amtlich nicht genehmigten Selbstverlag oder der Publikation im Ausland – eine Gegenöffentlichkeit schufen. Ihre Werkzeuge waren die Schreibmaschine und Kohlepapier, manchmal sogar noch handschriftliche Abschriften, in der späteren Phase schon maschinelle Kopien, verbreitet in den informellen kommerziellen Netzwerken. Zu Beginn der Perestrojka bestimmte der Dissens maßgeblich Themen der öffentlichen Debatten, vor allem über die Geschichte des Stalinsystems. In lockerer Verbindung mit dem intellektuellen Dissens der Hauptstädte standen nationale Bewegungen etwa der Krimtataren, der Litauer oder – vor allem im Westen der Ukrainischen SSR – der Ukrainer. Das politische Spektrum des Dissenses reichte von rechtsnationalistisch bis zu sozialistisch-sozialdemokratisch und liberal orientierten Ansichten.

---

[10] Manfred Hildermeier: Geschichte Russlands. Vom Mittelalter bis zur Oktoberrevolution. München [3]2013. – Ders.: Die Sowjetunion 1917–1991. Berlin u.a. [3]2016.

[11] Anne Applebaum: Der Gulag. Berlin 2003, S. 511–533.

[12] Samuel Baron: Bloody Sunday in the Soviet Union. Novočerkassk 1962. Stanford, CA 2001.

[13] Dietrich Beyrau: Intelligenz und Dissens. Die russischen Bildungsschichten in der Sowjetunion 1917 bis 1985. Göttingen 1993, S. 171–173.

Im Vordergrund stand der Protest gegen die Zensur, bürokratische Willkür und den ideologischen Konformitätszwang, der trotz Auszehrung der Ideologie des Marxismus-Leninismus im Konfliktfall immer noch durchgesetzt wurde.[14] Das einzige Instrument, das Nonkonformisten aller Schattierungen dagegen in Stellung bringen konnten, war die Berufung auf die Verfassung – ausgerechnet auf die Stalinsche von 1936. Sie schien Grundrechte zu garantieren, band ihre Inanspruchnahme aber zugleich an Pflichten gegenüber Staat und Partei. Zudem standen alle Rechtsansprüche unter dem Vorbehalt der Anerkennung durch die Partei (Art. 6). Diese Berufung auf die Verfassung und die seit 1953 veränderten (Straf-)Gesetze war ein aberwitziges Ziel. Denn nur unter Beachtung der Gesetze bestand eine minimale Chance, eigene Anliegen zu Gehör zu bringen, z.B. seinen Glauben frei ausüben oder sich versammeln zu dürfen. Von daher gewann der Tag der Verfassung (5. Dezember) seine Bedeutung, den einige Dissidenten erfunden hatten und der seit 1965 mit kleinen Schweige- und Stehdemonstrationen auf dem Puškinplatz in Moskau begangen wurde. Dabei berief man sich zugleich auf die Allgemeine Erklärung der Menschenrechte der Vereinten Nationen von 1948, die auch die Sowjetunion unterzeichnet hatte. Nach 1975 kam noch die KSZE-Schlussakte von Helsinki mit ihrem sogenannten Korb III als völkerrechtlicher Bezugspunkt hinzu.[15] Als Vladimir Bukovskij (1942–2019), einer der Initiatoren der Versammlungen zum Tag der Verfassung verhaftet und unter Zwang in eine Psychiatrie eingeliefert wurde, wunderte sich der ihn behandelnde Psychiater über seinen Einsatz für die Verfassung und die Einhaltung von Gesetzen: Denn welcher normale Mensch nehme die Verfassung ernst? Bukovskij lebe in einer irrealen Welt seiner Erfindungen. Er reagiere unangemessen auf seine Umwelt. Und als Bukovskij auf den politischen Einsatz Lenins als Vorbild verwies, unterstellte man ihm Größenwahn.[16] Der Legalismus der Dissidenten stieß in der breiteren Intelligenz auf keine große Resonanz: Die aktiven „Verteidiger der Rechte“ (*pravozaščitniki*) übten sich, so Mischa Gabowitsch,

> in der Kunst des politischen Jiu-Jitsu: Gesetze, die zu Zwecken des Machterhalts und Machtausbaus verabschiedet worden waren, versuchen sie beim Wort zu nehmen und zum Schutz staatlich Verfolgter zu nutzen.[17]

Aus Sicht der Protestierenden wäre damals angesichts der polizeilichen und behördlichen Willkür die Einhaltung der unvollkommenen Gesetze schon ein Fortschritt gewesen.

---

[14] Zum *Samizdat, Tamizdat* und *Dissens* neben Beyrau, Intelligenz [Fn. 13], Rudolf Tökes, (Hg.): Dissent in the USSR. Politics, Ideology and People. Baltimore ^{2}1976. – Ludmilla Alexeyeva: Soviet Dissent. Contemporary Movements for National, Religious and Human Rights. Middletown, CT 1984. – Blick zurück nach vorn. Samizdat, Internet und die Freiheit des Wortes. Berlin 2010 [= OSTEUROPA, 11/2010]. – Friederike Kind-Kovács, Jessie Labov (Hg.): Samizdat, Tamizdat & Beyond. Transnational Media During and After Socialism. New York, London 2013.

[15] Benjamin Nathans: The Dictatorship of Reason. Alexander Yesenin-Volpin and the Idea of Right Under Developed Socialism, in: Slavic Review, 4/2007, S. 630–663.

[16] Gordon B. Smith: Reforming the Russian Legal System. Cambridge 1996, S. 64–65. – Wladimir Bukowski: Wind vor dem Eisgang. Roman. Frankfurt/Main u.a. 1978, S. 207.

[17] Gabowitsch, Putin Kaputt [Fn. 4], S. 275.

Amsterdam, 4.1.1975: Demonstranten fordern die Freilassung von Vladimir Bukovskij

„Antisowjetische Agitation". Julij Daniėl' und Andrej Sinjavskij auf der Anklagebank, Moskau 1966. Das Urteil: fünf Jahre (Daniėl') bzw. sieben Jahre (Sinjavskij) Arbeitslager

Die Dissidenten taten etwas, was der Schriftsteller Andrej Sinjavskij (1925–1997) als die Simulation von Freiheit in einem unfreien Land definierte, in der Hoffnung auf die Vorbildwirkung eines solchen Verhaltens. Die Dissidenten setzten auf die Macht des Wortes. Es ging darum, die besonders in der Intelligencija verbreitete Verhaltensweise des „Doppelsprechs" (*dvoejazyčie*), der „gespaltenen Zunge" und des gespaltenen Denkens zu überwinden: das Eine zu denken und vielleicht im privaten Kreis auch auszusprechen, aber in der Öffentlichkeit das Andere zu sagen. Dieses Verhalten eines zynischen Konformismus wird von manchen Autoren dem „naiven" Dissens entgegengehalten.[18]

Als wirkungsmächtigste Repräsentanten dieses „naiven" Dissenses können der Schriftsteller Aleksandr Solženicyn und der Physiker Andrej Sacharov gelten. Als Intellektuelle setzten sie auf die Macht des Wortes, des Arguments und des Appells zuerst an die Mächtigen im Land und dann in Gestalt des *Samizdat* und *Tamizdat* auf die ausländischen Radiostationen (BBC, Golos Ameriki, Radio Svoboda) als Resonanzverstärker. Beide zu internationaler Prominenz gelangten Dissidenten beschworen bürgerliche Freiheiten und nahmen sie für sich in Anspruch. Sie forderten die Abwendung von ideologischen Stereotypen und – in unterschiedlicher Deutung und Intensität – die Anerkennung von Menschen- und Bürgerrechten.

Solženicyn setzte mehr auf eine „Wiedergeburt" eines betont slawisch-orthodoxen Russlands, das die Ukraine und Belarus einschloss. Sacharov orientierte sich mehr an westlichen Modellen zunächst der Technokratie, dann an Demokratie, Rechtsstaatlichkeit und Menschenrechten. Er hatte zunächst aufgrund der gesellschaftlichen Implikationen des wissenschaftlichen und technischen Fortschritts auf eine Konvergenz beider Systeme gehofft.[19]

Der Kreis der bis Anfang der 1980er Jahre im Dissens und im *Samizdat* und *Tamizdat* aktiven Personen ist gering – verglichen mit dem Personal ihrer Herkunftsmilieus der Akademien, Hochschulen und wissenschaftlichen Zentren sowie der Verbände der „kreativen" Intelligenz, vor allem der Schriftsteller. Der Verband der Filmschaffenden spielte erst in der Perestrojka eine maßgebliche Rolle. Der vergleichsweise kleine Kreis aktiver Dissidenten in vielen Städten sagt wenig aus über ihre Wirkung. Es gab einen Schwarzmarkt für manche ihrer Texte, nicht lizensierten Erzählungen und Romane. Wichtiger dürfte allerdings die Lautverstärkung durch die ausländischen Radiostationen gewesen sein. Bezogen auf ihre Milieus konnten sich dagegen manche religiöse und nationale Bewegung auf eine vergleichsweise breite Basis stützen – wie die bereits erwähnten Krimtataren, der katholische Widerstand in Litauen oder Gruppen in der Westukraine.[20]

Mit der „Chronik der laufenden Ereignisse" (1968 bis 1983) und Folgeperiodika gelang es den Dissidenten immerhin, so etwas wie ein „Zentralorgan" von Dissens und Opposition zu schaffen, das Leser im In- und Ausland über Aktionen, vor allem auch über Durchsuchungen und Verhaftungen in der ganzen Sowjetunion informierte.[21]

---

[18] Alexei Yurchak: Everything was forever, until it was no more: The last Soviet generation. Princeton, NJ 2005.

[19] Alexander Solschenizyn: Russlands Weg aus der Krise. München 1990. – Andrej Sacharow: Mein Leben. München, Zürich 1991.

[20] Ludmilla Alexeyeva: Quantitative and Qualitative Characteristics of Soviet Dissent, in: Russia, 7–8/1983, S. 115–135. – Boris Vajl u.a.: Položenie v demokratičeskom dviženii: Trudnosti i perspektivy, in: Forum, 2/1983, S. 3–46.

[21] Mark Hopkins: Russia's Underground Press. The Chronicle of Current Events. Chronika tekuščich sobytij. New York 1983.

Wenn man vom Dissens als Gegenöffentlichkeit spricht, so darf man sich spätestens seit Ende der 1950er Jahre auch die beherrschte Öffentlichkeit nicht mehr als eine Einheitsfront vorstellen, auch wenn die offizielle Sowjetrhetorik dies zu suggerieren versuchte. In der nachstalinschen Sowjetunion entstand trotz aller Zensur und politischen Steuerung der Medien eine informelle, nicht institutionalisierte Form von Pluralität, angefangen von den „dicken" Literatur- und Kulturzeitschriften, den sogenannten *tolstye žurnaly,* die unterschiedliche politische und ideologische Orientierungen vertraten, über die informellen Öffentlichkeiten in den vielen Institutionen, den Betrieben und Wohnquartieren bis zu den eher populären Massenmedien. Hier nicht berücksichtigt sind die höchst unterschiedlich stark entwickelten nationalen Öffentlichkeiten in den verschiedenen Unionsrepubliken. Die Ausdifferenzierung der Medien zeigte sich insbesondere in dem vom Regime finanzierten und unterhaltenen Kulturbetrieb, den Vereinigungen der „kreativen" Berufe der Literaten, Journalisten, Komponisten und Künstler. Besonders der Schriftstellerverband war seit den 1960er Jahren zum Schlachtfeld unterschiedlicher politisch-ideologischer Strömungen geworden. Und nicht zufällig waren es zunächst vor allem Literaten, die je nach Situation in den „Untergrund", d.h. den *Samizdat* und *Tamizdat* auswichen oder ausweichen mussten. Sie wurden aber von den „lizensiert" publizierenden Kollegen und Kolleginnen durchaus wahrgenommen. Mit Berufung auf den *Samizdat* und *Tamizdat* konnten sie sich manchmal für die Erweiterung des Sagbaren einsetzen.[22] Über die nachstalinschen Jahrzehnte hinweg lockerte sich der Zugriff der intern ebenfalls heterogenen Partei auf die Gesellschaft. Zugleich pflegte die Parteiführung versteinerte Herrschaftsrituale und reagierte mit Repressalien auf offenen Widerspruch und abweichendes Verhalten.[23]

Die eher Gebildeten der Generation nach Stalin orientierten ihre intellektuellen Bedürfnisse primär am Buchmarkt, in den Hauptstädten noch am Film und am Theater. Angesichts der Uniformität des Pressewesens, des Radios und des Fernsehens fiel der Belletristik eine eminent politische Rolle zu, da sich die Schriftsteller – anders als Journalisten und Geisteswissenschaftler – Freiräume erkämpft hatten. Es war vor allem eine Minderheit von Literaten, die im Laufe der 1950er bis in die 1980er Jahre oft unter erheblichen Opfern, die Grenzen des Sagbaren testeten. Die Autoren, die auf dem Feld der ideologischen Enthärtung aktiv waren, füllen ein Lexikon. Die Reihe begann mit Il'ja Ėrenburgs *Tauwetter* (russ. 1954) und Vladimir Dudincevs *Der Mensch lebt nicht vom Brot allein* (russ. 1956), erlebte einen Höhepunkt mit Solženicyns *Ein Tag im Leben des Ivan Denisovič* (russ. 1963) und endete nicht mit Džingiz Ajtmatovs *Ein Tag länger als ein Leben* (russ. 1980) mit der Gestalt des Mankurt, des Menschen, dem Gedächtnis und Erinnerung geraubt worden sind.

---

[22] Diane Spechler: Permitted Dissent in the USSR. Novyj Mir and the Soviet Regime. New York 1982. – Polly Jones: Myth, Memory, Trauma. Rethinking the Stalinist Past in the Soviet Union. New Haven, CT et al. 2013. – Dietrich Beyrau: Arcane and Public Spheres in the Soviet Union, in: Jan Claas Behrends, Thomas Lindenberger (Hg.): Underground Publishing and the Public Sphere. Transnational Perspectives. Berlin, Wien 2014, S. 99–142.

[23] Wolfram Eggeling: Die sowjetische Literaturpolitik zwischen 1953 und 1970. Zwischen Entdogmatisierung und Kontinuität. Bochum 1994. – Dirk Kretzschmar: Die sowjetische Kulturpolitik 1970–1985. Von der verwalteten zur selbstverwalteten Kultur. Analyse und Dokumentation. Bochum 1993.

Nicht zufällig galt die Entwicklung der zumeist russisch-sowjetischen Belletristik als Barometer des Sagbaren und des allgemeinen politischen „Klimas", auch gemessen an den Repressalien, Ausweisungen und der Emigration von Literaten und Dissidenten.[24]

Systemmerkmale des gegenwärtigen Regimes

Anders als in der Sowjetunion, in der die Kommunistische Partei ihren Führungsanspruch aus dem Historischen Materialismus ableitete und der marxistisch-leninistischen Ideologie verpflichtet war, ist das heutige Regime nicht auf eine Ideologie festgelegt. Es unterstützt und propagiert nach der konservativen Wende um 2011/12 je nach Situation unterschiedliche Aspekte von multinationalem Etatismus, russischem Nationalismus („nationale Idee"), Groß- und Weltmachtvisionen, Eurasiertum und konservative Werte, die sich negativ hauptsächlich gegen alle Formen „nicht-traditionellen" Zusammenlebens richten.[25] Bei aller Unbestimmtheit und Vielfalt ideologischer Facetten haben zwei Faktoren sakralen Charakter: der „Große Vaterländische Krieg"[26] und der oft schon fundamentalistische Konservativismus der Russisch Orthodoxen Kirche und ihre Staatsfrömmigkeit als das vermeintliche geistliche und geistige Zentrum des „Russentums".[27] Zudem grenzen sich das Regime und seine Sprecher von einem „dekadenten" Westen ab, dies auch mit Rückgriff auf Vordenker der „konservativen Revolution" der Weimarer Republik, russischer Denker der Jahrhundertwende um 1900 und der Emigration wie der Neuen Rechten in Frankreich. Putins Russland präsentiert sich im letzten Jahrzehnt als geistig-moralische Festung gegen die schlechten Einflüsse aus dem Westen, vor allem gegen die angeblich aus dem Westen finanzierten „farbigen" Revolutionen in Russlands Nachbarschaft.

Die Fundamente des gegenwärtigen Regimes sind aber nicht Ideen, sondern der Machterhalt eines staatskapitalistisch formierten Konglomerats von Institutionen: des Präsidenten und seiner zumeist aus Petersburg stammenden Entourage, des FSB und der Polizei, von Militär, Regierung, Parlament, einer hörigen Justiz und Beamtenschaft. Das Machtzentrum bildet eine Kohorte von Managern halbstaatlicher Firmen wie *Gazprom* und von staatshörigen Oligarchen formal oft privater, real aber staatshöriger Großunternehmen. Die Stütze des Machtapparates bildet ein umfangreiches Netz von Gewaltapparaten. Dazu gehören die Geheimdienste, die Polizei, die unter Putin gegründete Nationalgarde sowie bewaffnete Spezialkräfte des Innenministeriums und die Armee. Ihre Angehörigen rekrutieren sich vor allem aus der ländlich-kleinstädtischen Provinz. Militär und Polizei bieten eine der wenigen Aufstiegsmöglichkeiten für diese Bevölkerungsgruppe. Hinzu

---

24 Maurice Friedberg: Russian Classics in Soviet Jackets. New York et al. 1962. – Klaus-Dieter Seemann: Die sowjetische Literaturpolitik seit Stalins Tod in historischer Sicht, in: Jahrbücher für Geschichte Osteuropas, 1/1965, S. 40–64. – Helen von Ssachno: Der Aufstand der Person. Sowjetliteratur seit Stalins Tod. Berlin 1965.

25 Hans-Joachim Spanger: Unheilige Allianz. Putin und die Werte, in: OSTEUROPA, 1/2014, 43–62. – Roland Götz: Die andere Welt. Im Izborsker Klub: Russlands antiwestliche Intelligencija, in: OSTEUROPA, 3/2015, S. 109–138. – Marlene Laruelle: Russian Nationalism: Imaginaries, Doctrines, and Political Battlefields. London 2018.

26 Andrej Kolesnikov: Erinnerung als Waffe. Die Geschichtspolitik des Putin-Regimes, in: OSTEUROPA, 6/2020, S. 3–28.

27 Nikolaj Mitrochin: Russkaja pravoslavnaja cerkov': sovremennoe sostojanie i aktual'nye problemy. Moskau 2004.

kommen die Parteien, vor allem die „Partei der Macht“ *Edinaja Rossija* (Einiges Russland), gegründet 2004, die vor allem in den Behörden verankert ist. In der Staatsduma wird sie unterstützt von der sogenannten Systemopposition. Ihre Funktion erinnert an die der Blockparteien in der DDR.

Da zur Charakterisierung des politischen Systems in Russland weder der Begriff „Diktatur“ noch der einer „Demokratie“ zutreffen, kursierten lange Zeit ursprünglich russische Prägungen wie „gelenkte Demokratie“ (*upravljaemaja demokratija*) oder „souveräne“ Demokratie. Politologen und auswärtige (und manche einheimischen) Beobachter sprechen von „kompetitivem Autoritarismus“, Neo-Patrimonialismus, Pfründenwirtschaft, von Stakeholder-Kapitalismus oder schlicht von Kleptokratie. Der kompetitive Zuschnitt bezieht sich auf die für Wirtschaft und Politik maßgeblichen staatlich kontrollierten Konzerne, die weitgehend marktwirtschaftlich arbeiten, zum anderen auf konkurrierende Interessengruppen.[28]

Wie das sowjetische Regime nach 1953 setzt auch das Putin-Regime mit wechselndem Erfolg auf die Befriedigung der sozialen und wirtschaftlichen Bedürfnisse der Bevölkerung und auf die Attraktion eines „großen“ Russlands, respektiert und gefürchtet von seinen Nachbarn und Gegnern. Die Gleichrangigkeit der Sowjetunion mit den USA seit Beginn der Entspannungsperiode Mitte der 1960er Jahre verschaffte dem Regime eine vergleichbar hohe innere Legitimation und Zustimmung wie die Besetzung der Krim im Frühjahr 2014 unter der Führung Putins. In beiden Fällen hielt die Hochstimmung allerdings nicht lange vor, nicht zuletzt, weil sich seit Mitte der 1970er Jahre und nun wieder seit Ende der 2010er Jahre die sozioökonomische Lage großer Teile der Bevölkerung verschlechtert hat. In beiden Fällen wurde brüchig, was im sowjetischen Fall als informeller „Konsumpakt“ zwischen Herrschern und Beherrschten bezeichnet wurde – politische Loyalität gegen ausreichenden Konsum und politische Stabilität. Dem Antichaos-Reflex nach den 1990er Jahren, die vielfach als *katastrojka* erlebt worden waren, verdankte Putins Stabilisierungspolitik ihren Rückhalt in der Bevölkerung, ähnlich wie dies für Chruščevs und Brežnevs Überwindung des Stalinsystems galt, solange sie den Lebensstandard der Bevölkerung heben konnten.[29] Im staatskapitalistischen Putin-Regime existieren begrenzte bürgerliche Freiheiten. Es herrschen Reisefreiheit und – sieht man von der Lage der Zeugen Jehovas ab – Religionsfreiheit sowie kulturelle Pluralität. Verglichen mit der Sowjetzeit gibt es keine systematische ideologische Indoktrination sowie kaum Interventionen ins private Leben. Weite Teile der Bevölkerung haben größere Spielräume im Konsum und der Gestaltung des privaten Lebens.

---

[28] Gabowitsch, Putin kaputt [Fn. 4], S. 60ff., S. 291–329. – Benno Ennker: Putin und seine Freunde. Die Elite und die Bruchstellen der Macht, in: OSTEUROPA, 6–8/2012, S. 125–144. – Lev Gudkov, Victor Zaslavsky: Russland. Kein Weg aus dem postkommunistischen Übergang? Berlin 2011. – Karen Dawisha: Putin's Kleptocracy. Who Owns Russia? New York 2014. – Vladimir Gel'man: Authoritarian Russia: analyzing post-Soviet regime changes. Pittsburgh 2015. – Mark Galeotti: The Vory. Russia's Super Mafia. New Haven, London 2018. – Margarete Mommsen: Das Putin-Syndikat. Russland im Griff der Geheimdienste. München 2017. – Jan Matti Dollbaum: Protest Trajectories in Electoral Authoritarianism: From Russia's „For fair elections“ movement to Alexei Navalny's presidential campaign, in: Post-Soviet Affairs. Special Issue 36/2020, S. 192–210.

[29] Dietrich Beyrau: Das sowjetische Modell – Über Fiktionen zu den Realitäten, in: Peter Hübner u.a. (Hg.): Arbeiter im Staatssozialismus. Ideologischer Anspruch und soziale Wirklichkeit. Köln u.a. 2005, S. 47–70.

Es gibt allerdings Kontinuitäten von der Sowjetunion in das neue Russland – hier vor allem schon unter El'cin die Übernahme eines erheblichen Teils der sowjetischen Nomenklatura in die Führungspositionen in Staat, Polizei, Geheimdiensten und Militär. Mit ihrer Hilfe etablierte sich wieder eine Übermacht staatlicher Institutionen mit ihrem Zugriff auf die großen Unternehmen sowie die Wiederherstellung eines Arkanbereichs der obersten politischen Führung.[30] Dazu gehören ein unkontrollierter Geheimdienst in Gestalt des FSB, ein wieder einflussreicher Rüstungssektor, eine dem Staat und der Politik gegenüber willfährige Justiz und hörige Medien, unklare Eigentumsformen und Besitzrechte sowie Korruption auf allen Ebenen der Gesellschaft.

Je nach gewählter Perspektive kann man in der staatlichen Ausprägung des Regimes Putins eine Kontinuität autoritärer russischer, manchmal sowjetischer Staatlichkeit sehen: Der Homo sovieticus reproduziere sich ständig in seinen Grundeigenschaften, obwohl das Sowjetregime seit Jahren nicht mehr existiere, resümiert ein Beobachter die Untersuchungen von Lev Gudkov und Victor Zaslavsky.[31] Diese betonen, dass auch drei Jahrzehnte nach der Auflösung der Sowjetunion die Werte und Normen des Homo sovieticus in Schule, Medien und Militär an die Nachgeborenen weitergegeben werden.[32] In den politischen Strukturen und bis zu einem gewissen Grad auch in den politischen Einstellungen großer Teile der Bevölkerung scheint Überkommenes weitergegeben zu werden, festgehalten in Aleksandr Zinov'evs Aperçu: „Die Obrigkeit ist volksnah und das Volk ist obrigkeitlich."[33] Doch die neuen Freiräume zeitigen auch Veränderungen, die sich auch am Protestverhalten ablesen lassen.

Im Unterschied zur Sowjetunion gibt es kein umfassendes Netzwerk einer organisierten präskriptiven Zensur, institutionalisiert in allen Bildungs- und Wissenseinrichtungen sowie in den Medien. Die Erzwingung von Konformität in den seit den 1990er Jahren kommerzialisierten Medien erfolgt durch Besitzwechsel und Kaderaustausch. Das Fernsehen und das Gros der Printmedien wurden auf diese Weise unter Kontrolle gebracht und haben den Auftrag, im Sinne des Regimes zu funktionieren.[34] Mehr Freiräume gab und gibt es – wenn auch nicht immer unangefochten – in der Literatur und weitgehend auch im Kunstbetrieb. Das Internet bietet trotz aller Einschränkungen einen immer noch vergleichsweise wenig kontrollierten Raum, der sicher auch den „Diensten" hinreichende Einblicke in die Stimmungslagen weiter Kreise der Bevölkerung liefert. Seit Beginn der 2000er Jahre wurde es zum eigentlichen Forum von Kritik, Gegenöffentlichkeit und zeitweise auch zum eigentlichen Medium von Protestbewegungen.

---

[30] Olga Kryschtanowskaja: Anatomie der russischen Elite. Die Militarisierung Russlands unter Putin. Köln 2004. – Lev Gudkov: Fatale Kontinuitäten. Vom sowjetischen Totalitarismus zu Putins Autoritarismus, in: Ders.: Wahres Denken [Fn. 9], S. 167–184. – Andrei Soldatov, Michael Rochlitz: The Siloviki in Russian Politics in: Daniel Treisman (ed.): The New Autocracy. Information, Politics and Policy in Putin's Russia. Washington 2018, S. 83–108.

[31] Falk Bomsdorf: Rezension von Lev Gudkov, Victor Zaslavsky, Russland. Kein Weg aus dem postkommunistischen Übergang? Berlin 2011, in: OSTEUROPA, 10/2011, S. 121.

[32] Lev Gudkov: Der Sowjetmensch. Genese und Reproduktion eines anthropologischen Typus, in: Ders. Wahres Denken [Fn. 9], S. 7–34.

[33] Alexander Sinowjew: Gähnende Höhen. Zürich 1981, S. 536f.

[34] Marija Lipman: Kontrolle durch Kooptation. Der Kreml und die Medien, in: OSTEUROPA, 10–12/2018, S. 215–229. – Maria Lipman, Anna Kachkaeva, Michael Poyker: Media in Russia: Between Modernization and Monopoly, in: Treisman, The New Autocracy [Fn. 30], S. 159–190.

Repressalien

Eine Herausforderung für das Putin-System stellte seit Jahren Aleksej Naval'nyj dar. Als Blogger, Anti-Korruptionskämpfer und Politiker gelang es ihm und seinem Team, durch jahrelanges Engagement und die virtuose Nutzung der sozialen Medien eine Gegenöffentlichkeit herzustellen. Mit der „Stiftung zur Bekämpfung der Korruption" traf er einen wunden Punkt der herrschenden Elite. Mit seinen sogenannten Naval'nyj-Stäben im ganzen Land baute er eine alternative politische Infrastruktur auf. Sie schien für das Establishment zu einer solchen Bedrohung geworden zu sein, dass Naval'nyj am 20. August 2020 von Mitarbeitern des Geheimdienstes vergiftet wurde. Nach seiner Behandlung und Genesung in Deutschland kehrte er im Januar 2021 nach Russland zurück und wurde noch am Flughafen festgenommen. Nach den sich daran anschließenden Protesten im In- und Ausland erließen die Regierung und die Staatsduma eine Flut von Gesetzen und Gesetzesänderungen, die kaum noch einen Freiraum lassen für unabhängige oder gar oppositionelle Publikationen und Aktionen.

Mit der Veröffentlichung des Films „Ein Palast für Putin" auf *Youtube* am 19. Januar 2021 dokumentierte das Team Naval'nyjs die Korruption und die Verschwendung Putins und seiner Entourage. Der Film wurde seither 120 Millionen Mal aufgerufen. Danach wurde die „Stiftung zur Bekämpfung der Korruption" verboten. Sie war bereits 2019 zum „ausländischen Agenten" erklärt worden.[35] Sein Leiter Ivan Ždanov floh ins Ausland, stellvertretend wurde sein Vater angeklagt. Es folgten ausufernde Verhöre von Nutzern der Medien Naval'nyjs. Zuvor hatten bereits die Büros seiner Stäbe in Provinzstädten wegen drohender Anklagen und zu erwartender Strafmaßnahmen schließen müssen. Die Anwaltsgruppe „Kommando 20" löste sich unter dem Druck von Verhören und drohenden Anklagen auf. Einige Verteidiger aus der Gruppe verließen das Land. Andere Organisationen sahen sich wegen „Extremismus" angeklagt, ein Allerweltsvorwurf, mit dem jede Form oppositioneller oder nur scheinbar oppositioneller Aktivität durch bürokratische Schikanen erschwert oder verboten werden kann.[36]

Im Mai 2021 wurde die Öffentlichkeit darüber informiert, dass sich die von Michail B. Chodorkovskij, dem ehemaligen Chef des Ölkonzerns *Jukos*, finanzierte Stiftung *Offenes Russland* mit all ihren Vertretungen und Nebenorganisationen wie *Verteidigung des Rechts* (Pravozaščita Otkrytki) unter dem Druck der Kriminalisierung auflöse. 2017 war die bereits im Jahr 2001 von Chodorkovskij in London gegründete Bewegung *Open Russia* zur „unerwünschten Organisation" in Russland erklärt worden. Dies bedeutete ein faktisches Kontaktverbot für russische Mitarbeiter und Anhänger von *Offenes Russland* und selbstverständlich das Verbot ausländischer Finanzierung.

Dem russischen Zweig war der Status einer Rechtsperson verweigert worden. Nun zog man auch die Klage gegen diese Entscheidung zurück. Damit entfällt ein wichtiges Institut, das aus politischen Gründen Angeklagten und politischen Häftlingen finanziell unter die Arme griff und sich auch in der Jugendbildung engagiert hatte.[37]

---

35 Jan Matti Dollbaum, Morva Lallouet, Ben Noble: Nawalny. Seine Ziele, seine Gegner, seine Zukunft. Hamburg 2021, S. 73.

36 Otto Luchterhandt: Operation autoritäre Diktatur. Präsident Putins „Extremismusbekämpfung", in: OSTEUROPA, 3/2021, S. 9–27.

37 Obščestvo Otkrytaja Rossija zakryvaetsja. Agentstvo Social'noj Informacii, 27.5.2021, <www.asi.org.ru/news/2021/05/27/otkrytaya-rossiya-priznannaya-nezhelatelno-zakryvaetsya>.

Am 25. September 2021 wurde die Organisation *OVD-Info*, die Rechtsverstöße der Polizei und anderer Instanzen dokumentiert und Hilfestellung bei Gerichtsverfahren leistet, zum „ausländischen Agenten" erklärt.[38]

Die Verbote und Repressalien, die nach Aleksej Naval'nyjs Verhaftung zunahmen und härter wurden, bilden den vorläufigen Höhepunkt der wachsenden Repressionen. Seit der „Orangen Revolution" in der Ukraine (2004), den Massenprotesten gegen die gefälschten Duma-Wahlen im Dezember 2011 und gegen Putins Wiederwahl im Frühjahr 2012 wurden die seit der Perestrojka geltenden bürgerlichen Freiheiten zunächst eingeschränkt und schließlich außer Kraft gesetzt.

2020 hatten der Präsident und die Staatsduma eine umfassende Änderung der Verfassung von 1993 in Gang gesetzt. Im Vordergrund stand die Verlängerung der Amtszeit des Präsidenten Putin. Daneben änderte man auch eine Reihe zentraler Elemente der Verfassung: u.a. die Kompetenzen bei Abberufung von Richtern der oberen Gerichte und den Vorrang der russländischen Verfassung vor den Normen des Völkerrechts. Zuvor hatte der Artikel 15/4 der Verfassung noch dahin gelautet, dass die allgemein anerkannten Normen des Völkerrechts und völkerrechtliche Verträge der Russländischen Föderation Bestandteil ihres Rechtssystems seien. Wenn man so will, wurde nun die „souveräne Demokratie", die Putins Polittechnologen einst als ideologisches Konstrukt erfanden, um Kritik vom Europarat oder der OSZE an Verletzungen der Menschenrechte und des Völkerrechts abzuwehren, verfassungsrechtliche Realität.[39]

Noch zehn Jahre zuvor durften sich internationale Gremien in Russland immerhin Gehör verschaffen. Kurz vor Ende der Präsidentschaft Dmitrij Medvedevs hatte ein internationales Gremium von Juristen auf Anregung des beim Präsidenten angesiedelten „Rats für die Entwicklung von Zivilgesellschaft und Menschenrechten" vom April bis Dezember 2011 die Rechtmäßigkeit des zweiten Prozesses 2009/10 gegen Michail Chodorkovskij und Platon Lebedev wegen Unterschlagung und Geldwäsche überprüft. Der Europäische Gerichtshof für Menschenrechte hatte zuvor schon die Verhaftung, die Haftbedingungen und die Verfahren gegen Chodorkovskij und Ex-*Jukos*-Mitarbeiter beanstandet. Das Gremium der internationalen Juristen kritisierte die Verurteilung durch die russländische Justiz. Zwar folgte weder der eine noch der andere Präsident der Beurteilung dieses Gremiums, aber Chodorkovskij wurde am 30. Dezember 2013 freigelassen. Die Entscheidung des Europäischen Gerichtshofs für Menschenrechte, die Diplomatie und das internationale Gremium von Juristen übten wahrscheinlich einen gewissen Einfluss auf die Entscheidung des Kremls aus. Russische Mitglieder des Juristengremiums sahen sich öffentlichen Angriffen ausgesetzt.[40]

Nach der Unterwerfung der zentralen Medien, vor allem der Fernsehsender und der meisten überregionalen Zeitungen, die bereits in Vladimir Putins erster Amtszeit abgeschlossen war, stellte das Gesetz über ausländische Agenten vom 13. Juli 2012 eine weitere Zäsur dar. Zunächst war es gegen NGOs gerichtet. Nach mehreren Verschär-

---

38 OVD steht für Otdel vnutrennich del, wörtlich: Abteilung des Innenministeriums, und bezeichnet eine Polizeiwache. Zu OVD-Info siehe Grigorij Ochotin: „Die Demonstranten sind keine Kinder!" Russlands Unrechtsstaat und seine Kinder, in: OSTEUROPA, 12/2020, S. 35–40. Siehe auch <https://ovdinfo.org/inoagent> und <https://ovdinfo.org/inoteka>.

39 Otto Luchterhandt: Missachtung der Verfassung. Eine Zwischenbilanz der Ära Putin, in: OSTEUROPA, 6/2020, S. 29–52.

40 Sakwa, Putin [Fn. 7], S. 153–161.

fungen können heute auch Medien und Einzelpersonen zu „ausländischen Agenten" erklärt werden.[41] Die Einstufung als „ausländischer Agent" stellt nicht nur eine Diskreditierung und Diskriminierung dar, sondern ist für die betroffenen Organisationen und Personen mit erheblichen bürokratischen Kontrollen und Schikanen verbunden. Fast 100 Organisationen haben deshalb ihre Aktivitäten eingestellt. Ende November 2021 zählte *OVD-Info* 173 Organisationen, Medien und Einzelpersonen, die als „ausländische Agenten" registriert worden waren.[42]

Die letzte Sphäre, auf die sich nun der Kontrollanspruch des Putin-Systems richtet, ist das Internet. Schien es lange Zeit so, als ob in Russland – im Unterschied zu China – die digitalen Medien nicht behindert würden, so sind diese zunehmend in den Blick der Polizei und der Kontrollbehörden geraten. Russland hat seit 2016 erhebliche gesetzliche, behördliche und technische Anstrengungen unternommen, um das Internet zu überwachen.[43] 2019 wurde der Messenger Service Telegram geschlossen. Am 17. Juni 2021 verabschiedete die Staatsduma in dritter Lesung ein Gesetz, das ausländische IT-Unternehmen mit einem täglichen Website-Traffic von 500 000 Aufrufen verpflichtet, Niederlassungen in Russland zu gründen und sich bei der Aufsichtsbehörde *Roskomnadzor* registrieren zu lassen. Auf diese Weise können sie für Verstöße gegen russländische Gesetze haftbar gemacht werden.[44]

Die neuen Medien und die Protestbewegungen

Die 1990er Jahre waren geprägt durch Streiks vor allem der Bergarbeiter,[45] die 2000er Jahre durch die „Rentnerproteste" (auch von Invaliden und Veteranen) gegen die „Monetarisierung" der seit der Brežnev-Zeit geltenden materiellen und immateriellen Privilegien wie etwa der ermäßigten oder kostenlosen Nutzung von öffentlichen Transportmitteln, der bevorzugten Zuteilung einer Wohnung sowie des Zugangs zu lebensnot-

---

[41] Grigorij Ochotin: Agentenjagd. Die Kampagne gegen NGOs in Russland, in: OSTEUROPA, 1–2/2015, S. 83–94.

[42] Neravenstvo pered zakonom i sudom. Diskriminacionnye aspekty primenenija zakonodatel'stva ob „inostrannych agentach". Doklad. Moskva 29.11.2021 Auszugsweise auf Deutsch in diesem Band, S. 241-248, hier 241.

[43] Andrej Soldatov: Überwachen und Strafen. Verschärfung der Internetkontrolle in Russland, in: OSTEUROPA, 11–12/2016, S. 3–14. – Alena Epifanova: Deciphering Russia's „Sovereign Internet Law": Tightening Control and Accelerating the Splinternet. DGAP Analysis, 2/2020. – Justin Sherman: Reassessing RuNet: Russian internet isolation and implications for Russian cyber behavior, in: Atlantic Council Issue Brief, 12.7.2021, <www.atlanticcouncil.org/in-depth-research-reports/issue-brief/reassessing-runet-russian-internet-isolation-and-implications-for-russian-cyber-behavior/>. – Alena Epifanova: Subjugating RuNet: The Kremlin's New Levers of Control over Elections and Society. 20.9.2021, The Russian File. Wilson Center <www.wilsoncenter.org/blog-post/subjugating-runet-kremlins-new-levers-control-over-elections-and-society>. – Reporter ohne Grenzen: Alles unter Kontrolle? Internetzensur und Überwachung in Russland. 2. akt. u. überarb. Auflage. Berlin 2021, <www.reporter-ohne-grenzen.de/fileadmin/Redaktion/Downloads/Berichte/2021/Russlandbericht-update.pdf>.

[44] <www.cnews.ru/news/top2021-07-20> – <www.iphones.ru/iNotes/gosduma-prinyala-zakon-obyazuyushchiy-inostrannye-it-kompanii-otkryvat-predtaviteli -v-rossii-06-17-2021>.

[45] Melanie Tatur: Die großen Streiks. Neue Arbeiterbewegung. Systemwechsel und Gewerkschaften im neuen Russland. Bremen 1998.

wendigen Waren. Angesichts der Inflation befürchteten die Protestierenden den faktischen Verlust ihrer bisherigen „Privilegien“. Diese Proteste artikulierten sich meist in den klassischen Formen von Beschwerden, Versammlungen und Demonstrationen. Lokale, sozial und ökologisch motivierte Protestaktionen sind nicht selten. Auch wenn überregionale Medien sie nicht beachten, sind sie nicht immer erfolglos.[46]

Maßgebliche Teile der Generation, die während und nach der Perestrojka erwachsen wurden, haben sich ins Internet zurückgezogen. Nach dem Boom der Printmarktes in der Zeit Gorbačevs ist er infolge der ökonomischen Krisen der späten 1980er und der 1990er Jahre dramatisch geschrumpft. Wenn Zeitungen nicht im Internet frei zugänglich sind, spielen sie für die öffentliche Meinungsbildung keine Rolle. Kritische Zeitungen wie die *Novaja Gazeta* (Neue Zeitung) finden ihr Publikum primär im Internet, dazu kommen Plattformen, Blogs und Kanäle. Doch für die große Mehrheit der Bevölkerung bleibt das Fernsehen trotz der staatlichen Kontrolle und Propaganda das wichtigste Medium. Im Westen hat das Internet die Entgrenzung und Fragmentierung der Öffentlichkeit bewirkt, den professionellen Journalismus entwertet und durch die Selbstermächtigung der Nutzer die Autorschaft von Laien mit allen damit verbundenen Problemen befördert. Auch in Russland ist das Netz zum Tummelplatz unterschiedlicher kommerzieller Interessen, der Unterhaltungsindustrie und aktivistischer Gruppen geworden.[47] Aber es konnte auch zum Raum für eine Gegenöffentlichkeit mit einem ungleich größeren Publikum als seiner Zeit der *Samizdat* und *Tamizdat* werden.

Das Regime toleriert noch einige oppositionelle „analoge“ Medien: etwa die erwähnte *Novaja Gazeta* oder *Novoe Vremja / The New Times*, den Radiosender *Echo Moskvy* und den unabhängigen Fernsehsender *Dožd',* dessen Verbreitung allerdings auf Druck der Behörden durch die Kabelanbieter beschnitten wurde. Seine Reichweite beschränkt sich heute weitgehend auf Moskau und Umgebung. Auch das in Prag angesiedelte, von den USA finanzierte *Radio Svoboda* (Radio Liberty) konnte in Russland mehr oder minder ungehindert senden, ist seit 2016 allerdings als „ausländischer Agent“ stigmatisiert. Angesichts zunehmender Einschränkungen und Behinderungen nach den Massenprotesten von 2011/2012 fanden diese Medien ihr Publikum vor allem in den großen Städten. Dies ist nur möglich durch ihre digitale Präsenz. Repräsentativ ist das Beispiel der *Novaja Gazeta.* Seit Jahren fällt deren Druckauflage kontinuierlich. 2012 waren es durchschnittlich 265 000 Exemplare, heute, im Oktober 2021, erscheint sie dreimal pro Woche mit 90 000 Exemplaren. Gleichzeitig wächst die Reichweite kontinuierlich. Diese beläuft sich monatlich auf 15 Millionen Aufrufe. Zu den wichtigsten unabhängigen und kritischen, nicht immer oppositionellen Internetplattformen und -Periodika zählen die nach Lettland verdrängte *Meduza*, die seit 2021 als „ausländischer Agent“ klassifiziert ist, sowie Portale wie *Lenta.ru*, *Slon.ru*, *Livejournal* (ŽŽ- živoj žurnal).[48]

Seit seiner Gründung während der Proteste von 2011/2012 setzt sich *OVD-Info* als Medien- und Menschenrechtsprojekt für die Verteidigung der Versammlungsfreiheit und

[46] Jan Matti Dollbaum: Aktion und Reaktion. Russlands Protestbewegungen im autoritären System, in: OSTEUROPA, 6/2020, S. 109–120. – Robert Argenbright: Der Müll und die Macht. Abfallwirtschaft und Herrschaft unter Putin, in: OSTEUROPA, 7–9/2020, S. 305–318.

[47] Jürgen Habermas: Überlegungen und Hypothesen zu einem erneuten Strukturwandel der politischen Öffentlichkeit, in: Leviathan. Sonderheft 37/2021, S. 470–500.

[48] Stanislav Byšok, Aleksej Semenov: Naval'nyj. Čelovek, kotoryj ukral les. Istorija blogera i politika. Moskau 2014, S. 205. – Aleksej Muchin, Anastasija Gafarova: Naval'nyj. Itogi. Moskau 2016, S. 173–189.

den Rechtsschutz von Demonstranten und politisch Verfolgten ein. *OVD-Info* war zunächst eine Nebenorganisation von *Memorial*, musste sich allerdings als eigenständige Organisation registrieren lassen. *OVD-Info* verfügt über einen festen Stab von Mitarbeitern und bei Massendemonstrationen, wenn Bedarf existiert, Hunderte Anwälte im ganzen Land mobilisieren und Verhafteten und aus politischen Gründen Angeklagten helfen. Auch hier spielen Smartphones und das Internet eine zentrale Rolle, als polizeiliche Übergriffe und Verhaftungen in Echtzeit dokumentiert werden und den Opfern sofort rechtliche Hilfe geleistet werden kann.[49] In mancher Hinsicht wiederholt *OVD-Info* in aller Öffentlichkeit, was unter ungleich schwierigeren Bedingungen der Brežnev-Zeit die *Chronik der Laufenden Ereignisse* im Verborgenen zu leisten versuchte. Wie zu Zeiten Breženevs wird auch wieder die Zahl der politischen Häftlinge gezählt. Ende Oktober 2021 führte das *Menschenrechtszentrum Memorial* 421 politische Häftlinge in seiner Liste, *OVD-Info* sprach von über 600 Personen.[50]

Trotz aller Verbote und Repressalien gelingt es nach wie vor, dem Regime missliebige Tatsachen publik zu machen. So veröffentlichte die in Russland unterdrückte Website *Gulagu.net* ein Video über Folter und schwere Übergriffe in Gefängnissen und in einem Gefängnis-Krankenhaus in Saratov, worüber *lenta.ru* im Oktober 2021 berichtete. Häftlinge würden systematisch vergewaltigt, um sie zu (falschen) Aussagen über Angeklagte zu zwingen. Die eingesetzten Vergewaltiger werden als „razrabotniki" bezeichnet und „arbeiten" offenbar im Auftrag der örtlichen Gefängnisleitungen und Staatsanwaltschaft. Abgeordnete der Staatsduma nahmen sich der Sache an.[51] Und am 25. November 2021 entließ Präsident Putin den Chef der Strafvollzugsbehörden. Das belegte, dass die Veröffentlichung dieser Aufnahme tatsächlich nützlich war.

Der Protest geht off-line

Die für das Putin-Regime und Außenstehende überraschende Protestwelle 2011/2012 war ein Produkt der neuen Kommunikationsformen im Internet. Die entstehende Gegenöffentlichkeit ging mit Parolen und Plakaten „off-line" auf Straßen und Plätze. Von den USA über Südeuropa, den Nahen Osten bis zur Ukraine und nun Russland war das Internet das Medium, über das sich eine jüngere Generation gegen Diktatur und autoritäre Regime oder die Auswüchse des Kapitalismus spontan, ohne längere organisatorische Vorbereitung, zu Protesten auf zentralen Plätzen des Landes – dem Tahrir, dem Majdan, dem Bolotnaja- und dem Puškinplatz – zum Protest zusammenfand.

Die „Märsche der Millionen" gegen die gefälschten Dumawahlen vom 4. Dezember 2011 und die Präsidentenwahlen vom 4. März 2012 waren getragen von den groß- und mittelstädtischen Mittelschichten, von einer jüngeren, eher gebildeten Generation, die sich über die Verletzung politischer Regeln und den zwischen Putin und Medvedev abgesprochenen Ämtertausch und Putins Rückkehr ins Präsidentenamt empörten. War die ältere Generation an die zu sowjetischen Zeiten üblichen Wahlmanipulationen gewöhnt,

---

[49] OVD-Info. Material Vikipedii – svobodnoj ėncikopedii, <https://ovdinfo.org/inoagent> und <https://ovdinfo.org/inoteka>. –Ochotin, Die Demonstranten [Fn. 13]. 35–40.

[50] Memorial:: količestvo politizaključennych v Rossii v poslednie gody značitel'no vozroslo. Euronews, 28.10.2021 <https://ru.euronews.com/2021/10/28/russia-political-prisoners-memorial>. – Ochotin, Die Demonstranten [Fn. 13], hier S. 38.

[51] Lenta.ru, 11. und 13. Oktober 2021.

als Wahlen ein sinnentleertes herrschaftsfrommes Ritual waren,[52] so fanden sich die Protestierenden damit nicht mehr ab und organisierten eine umfassende Wahlbeobachtung. „Für die Demokratie in Russland waren die Dumawahlen am 4. Dezember weit weniger wichtig als die Wahlbeobachtung.“[53] Protest und Wahlbeobachtung waren das Ergebnis einer Selbstmobilisierung, die nicht zuletzt von Foren im Internet ausgegangen waren. Noch um das Jahr 2010 wurde diskutiert, ob angesichts der sich zunehmend autoritär gebärdenden Regierung die vielen Foren, Serien, Blogs und Plattformen im Netz als Surrogat für eine freie Zivilgesellschaft funktionieren könnten. Einige Initiatoren hatten ihre Produktionen sogar in der Tradition des *Samizdat* gesehen, als Selbstverlag mit dem Anspruch auf Widerständigkeit gegen hegemoniale Tendenzen in der analogen Kultur und den analogen Medien. De facto war das Internet aber wie im Westen zu einem Tummelplatz unterschiedlicher Interessen und Artikulationsweisen geworden – von der Selbstermächtigung von Nutzern als Autoren, über Kultur, Kommerz, Unterhaltung bis zur Politik und gelegentlichem Protest. Je nach Perspektive konnte man im Internet einen Spiegel der analogen Gesellschaft sehen – der Allgegenwart von Staats- oder Regierungshörigkeit – oder doch als einen Ausdruck zivilgesellschaftlicher Pluralität, auch wenn sie noch so schwach war.[54]

Das zu dieser Zeit staatlich noch vergleichsweise wenig kontrollierte Internet funktionierte als ein Netz horizontaler autonomer Kommunikation, das zu spontanen, zunächst wenig organisierten Interaktionen motivierte.[55] Der schnelle Fluss von Informationen, ihre visuelle Dokumentation und ihre Verbreitung konnten besonders in diktatorischen Regimes eine sich mobilisierende Gegenöffentlichkeit schaffen. Trotz der massiv eingeschränkten Versammlungsfreiheit kam es selbst nach der Verhaftung Aleksej Naval'nyjs und seiner Verurteilung im Januar 2021 in vielen Städten Russlands zu großen Demonstrationen, aber auch zu Tausenden von Verhaftungen.[56]

Die vermeintlich freie Kommunikation im Internet verleitet in mancher Hinsicht zur Illusion politischer Selbstermächtigung und Selbstüberschätzung. Proteste haben in Diktaturen oder autoritären Regimen nur eine Chance auf Erfolg, wenn maßgebliche Teileliten oder bewaffnete Kräfte sich auf die Seite der Demonstranten stellen oder zumindest passiv bleiben. Nach den – vermutlich traumatisierenden – Erfahrungen des Regimesturzes in Georgien und der Ukraine, sicher auch nach den Umstürzen in Tunesien und Ägypten hatten die politische Elite in Russland „gelernt“, zusammenzuhalten und den Protesten nicht nachzugeben und sie mit polizeilichen und administrativen Mitteln zu unterdrücken. Russlands politische Führung ist geradezu zum Spezialisten für die Unterstützung zusammenbrechender Regime wie in Syrien und Belarus geworden.

---

[52] Marksistskaja Obščestvennaja Gruppa 68–80, Izbiratel'naja sistema v SSSR i moral'no-političeskoe edinstvo sovetskogo obščestva, in: SSSR. Vnutrennie Protivorečija, 11/1984, S. 139–155. – Günther Wahl: Theorie und Praxis sozialistischer Demokratie in der Sowjetunion. Politische Partizipation im Rahmen der lokalen Sowjets. Frankfurt/Main 1984. Siehe auch den Beitrag von Aleksej Levinson, Stepan Gončarov in diesem Band, S. 163–180.

[53] Benno Ennker: Russland in Bewegung. Die alte Ordnung und die neuen Dekabristen, in: OSTEUROPA, 2/2012, S. 41–55, S. 53.

[54] Siehe dazu das OSTEUROPA-Themenheft 11/2010 „Blick zurück nach vorn. Samizdat, Internet und die Freiheit des Wortes“; hier vor allem die Beiträge von Dmitrij Golynko, Natal'ja Konradova/Michail Kalužskij und Henrike Schmidt.

[55] Manuel Castells: Networks of Outrage and Hope. Social Movements in the Internetage. Cambridge 2012, S. 15.

[56] Marija Lipman: Aktive und Träge. Russlands Gesellschaft nach den Naval'nyj-Protesten, in: OSTEUROPA, 12/2020, S. 9–18.

Der „Mogul" in der Internet-Öffentlichkeit

Vergleicht man die Symbolfiguren des Widerstands gegen das Brežnev-Regime, Aleksandr Solženicyn und Andrej Sacharov, mit jenen der Opposition gegen das Putin-Regime, Aleksej Naval'nyj und Michail Chodorkovskij, so war das Ziel aller vier „Dissidenten", das Regime zu verändern. Doch die eingesetzten Mittel, ihr soziales Profil und ihr Resonanzraum sind sehr unterschiedlich. Anders als die meisten der früheren Dissidenten, die meist aus den Milieus der Intelligencija stammten, kamen Naval'nyj, Chodorkovskij und andere Repräsentanten des Protestes nach 2011 aus der Wirtschaft, der Politik, der Anwaltschaft und der Verwaltung.[57] Chodorkovskij war Opfer der „moskowitischen" Tradition, die Wirtschaft der Staatsführung zu unterwerfen. Naval'nyj, Betriebswirt, Jurist und Kleinaktionär, handelte eher aus moralischer Empörung über die Korruption, die aus der engen Verzahnung von politischer und ökonomischer Macht resultiert. Nicht zufällig machen einen erheblichen, wenn nicht sogar den größten Teil von „politischen", genauer vielleicht von „nicht-kriminellen" Häftlingen Menschen aus der Wirtschaft aus, die Opfer von Erpressung durch Beamte, Polizei oder sonstige Machthaber sind.[58]

Der international beachtete Fall des Wirtschaftsprüfers Sergej Magnickij, der aus einem Kläger in einer Wirtschaftsstrafsache zum Beklagten wurde und im November 2009 in der Untersuchungshaft ums Leben kam, ist ebenso typisch wie Naval'nyjs Verurteilung zu fünf Jahren Haft wegen angeblicher Veruntreuung und Betrugs im sogenannten Kirovles-Verfahren aus dem Jahr 2013. Nach einer Entscheidung des Europäischen Gerichtshofs für Menschenrechte (EGMR) im Februar 2016 annullierte der Oberste Gerichtshof Russlands das Urteil und setzte eine Neuaufnahme des Prozesses an. Im Februar 2017 wurde Naval'nyj erneut zu fünf Jahren Haft auf Bewährung verurteilt. Beobachter sahen auch dieses Urteil als politisch motiviert an.[59]

Auch wenn mancher eher pessimistisch gestimmte Beobachter die gegenwärtige Lage als eine „Reproduktion" autoritärer Staatlichkeit sieht, so sind die Aktivitäten ziviler Verbände und Organisationen bis zum Jahr 2021 umso bemerkenswerter. Sie zeugen in vielen Fällen von einem hohen persönlichen Einsatz der Menschen. Für ihre politischen Überzeugungen nehmen sie Arbeitsplatzverlust, erzwungene Emigration oder Verhaftung und das prekäre Leben in Gefängnissen und Lagern in Kauf, deren Bedingungen sich seit der Sowjetzeit wenig verändert haben.[60]

---

57 Muchin, Naval'nyj [Fn. 48], S. 119–170.

58 Sakwa, Putin [Fn. 7], S. 213, spricht von „Tausenden" Häftlingen dieser Kategorie. – Michail Chodorkowski: Mein Weg. Ein politisches Bekenntnis, München 2012, S. 26. Hier ist die Rede von ca. 300 000 Häftlingen, davon seien ein Drittel Häftlinge, die wegen Wirtschaftsdelikten einsitzen und deren Unternehmen zerstört oder enteignet worden seien.

59 Otto Luchterhandt: Missbrauch des Strafrechts. Das „System Putin" im Kampf gegen Aleksej Naval'nyj, in: OSTEUROPA, 1–2/2015, S. 95–124. – Dollbaum u.a., Nawalnyj [Fn. 35], S. 39ff.

60 Michail Chodorkowski: Meine Mitgefangenen. Berlin 2011. – Ders.: Briefe aus dem Gefängnis. München 2011. – Oleg A. Naval'nyj: 3½. S arestantskim uvaženiem i bratskim teplom. Moskva 2018. – Ol'ga Romanova: Rus' sidjaščaja. Risunki Olega Naval'nogo. Moskva 2018. – Dies.: „Auf Bajonetten kann man nicht sitzen." Russlands Strafvollzug, der Fall Naval'nyj und Putins Sackgasse, in: OSTEUROPA, 12/2020, S. 29–34.

Zu einem Thema, mit dem die Opposition mobilisieren konnte, wurde die Korruption der amtierenden Herrenklasse, die ihren wachsenden Reichtum oft provozierend zur Schau stellt, sowie die Bestechlichkeit von Beamten, der Polizei und der Justiz. Die korrupten Praktiken von heute galten früher als „informelle" „sozialistische" Beziehungen (*blat*). Sie bestimmen seit jeher nicht nur das Verhalten der Eliten, sondern auch das weiter Kreise der Bevölkerung.[61]

Naval'nyj gelang es, mit seiner 2011 gegründeten *Stiftung zur Bekämpfung der Korruption* (FBK) und seinen Wahlstäben für die Präsidentenwahl 2018, einen eigenen handlungsfähigen „Apparat" aufzubauen. Seine *Stiftung* sammelte durch Crowdfunding und teils dank einiger Mäzene von Jahr zu Jahr mehr Mittel. Sie verfügte 2012 über ein Budget von zehn Millionen Rubel (zum damaligen Wechselkurs ca. 250 000 Euro), 2013 von 25 Millionen Rubel (ca. 600 000 Euro).[62] Sie bildete eine verzweigte Organisation, die Beschwerden über Missstände aller Art wie Wahlfälschung (*RosVybory*), im Straßenbau (*RosJama*), im Wohnungsbau (*RosŽS*), bei Staatsaufträgen (*RosPil*) und vor allem über Korruption sammelte und publik machte. Naval'nyj betrieb das *Livejournal*, versuchte sich an einer „Wahrheitsmaschine" als Gegengewicht zum „zombieartigen" (*zombojaščij*) ersten Fernsehsender NTV. Naval'nyj brachte 2011 das Bonmot über *Einiges Russland* als „Partei der Gauner und Diebe" in Umlauf.[63] Die *Stiftung* beschäftigte Dutzende von Anwälten, Rechercheuren und Internet-Experten. Als Oppositionspolitiker unterhielt er für den Wahlkampf um die Präsidentschaft etwa 80 Büros mit jeweils drei bis vier Angestellten.[64] Auf YouTube veröffentlichte er mit seinem Team professionell und unterhaltsam gestaltete Videos, in denen er Korruptionsvorwürfe gegen Generalstaatsanwalt Jurij Čajka und dessen Sohn Artem erhob oder das Doppelleben von Außenminister Sergej I. Lavrov bloßstellte. (Jachty, vzjatki, ljubovnica. Čto skryvaet ministr Lavrov? Jachten, Bestechung, Geliebte. Was verbirgt Minister Lavrov?) Lavrov propagiere „traditionelle" Familienwerte, halte sich aber eine Nebenfrau. 2017 deckte das Naval'nyj-Team in einem Video, das 40 Millionen Mal aufgerufen wurde, die Vermögenswerte von Ministerpräsident Dimitrij Medvedev auf (On ne vam Dimon; Er ist nicht euer kleiner Dimon). Höhepunkt war schließlich der bereits erwähnte Film *Putins Palast* über den Präsidenten.[65] Um derartige Recherchen und investigative Veröffentlichungen mit Korruptionsvorwürfen zu vermeiden, hatte die Staatsduma auf Initiative Putins bereits 2017 Gesetze zur Geheimhaltung der Besitzverhältnisse von führenden Staatsbeamten verabschieden lassen. Sie schützten allerdings nicht vor weiteren Entlarvungen. Der hohe Zuspruch, den diese Videos fanden, bedeutet allerdings nicht, dass die Bevölkerung deren politischer Agenda umstandslos folgen würde.

---

[61] Alena V. Ledeneva: Russia's Economy of Favours. Blat, Networking and Informal Exchange. Cambridge 1998. – Igor' Kljamkin, Lev Timofeev: Tenevaja Rossija. Ėkonomiko-sociologičeskie issledovanija. Moskva 2000. – Dawisha, Putin's Kleptocracy [Fn. 28]. –Galeotti, The Vory [Fn. 28].

[62] Stanislav Byšok, Aleksej Semenov: Naval'nyj. Čelovek, kotoryj ukral les. Istorija blogera i politika. Moskva 2014, S. 70, 244.

[63] Ebd., S. 68–85.

[64] Dollbaum u.a., Nawalny [Fn. 9], S. 70. – Ders.: Protest Trajectories [Fn. 34], S. 192–210, <https://doi.org/101080/1060586X.2020.1750275>.

[65] Lipman, Aktive [Fn. 56], S. 9–18, 13. – On vam ne dimon: <www.levada.ru/2017/04/06/film-on-ne-vam-dimon>. – Jachty, vzjatki i ljubovnica. Čto skryvaet ministr Lavrov? (Youtube).

Ein Palast für Putin: 120 Millionen Aufrufe (Dezember 2021)

Sie bestätigten im Grunde Bekanntes, wenn auch die Form und das Ausmaß des Reichtums nur wenigen Zeitgenossen bekannt gewesen sein dürfte. Korruption scheint weniger Empörung hervorzurufen, als Naval'nyj und sein Kreis gehofft hatten. Dafür sind die Korruption in Polizei und Behörden, informelle Aushandlungs- und Geschäftspraktiken in kleiner Münze und großen Scheinen sowie die Vorteilnahme durch Beziehungen im Alltag der Bevölkerung zu verbreitet. Die Zustimmungswerte für Naval'nyj blieben relativ gering, trotz seines Achtungserfolges bei der Bürgermeisterwahl in Moskau von 2013 und den Anläufen zur Präsidentenwahl 2018.[66]
Die Soziologen Lev Gudkov und Victor Zaslavsky gehen in ihrer Diagnose weiter. Sie sehen im Verhalten der Mehrheit der Bevölkerung lang wirkende Traditionsstränge von politischer Unterwürfigkeit und Lethargie:

> In der archaischen Kultur der Institutionen, denen die heutige politische Führung entstammt, – Militär, Spionageabteilunge,. Geheimdienste –, sieht die Mehrheit der Bevölkerung eine Kontinuität des Denkens in Kategorien der machtpolitischen Konfrontation des Kalten Krieges . . . verbunden mit hierarchischen sozialen Strukturen. Ungleichheit im Recht und in der Verteilung von Gütern und Privilegien, unklaren Eigentumsformen und Besitzrechten und nicht zuletzt einer besonderen Form von Unehrenhaftigkeit.[67]

---

[66] Lipman, Aktive [Fn. 56, S. 14f. – Gudkov, Russland [Fn. 28], S. 147–156. – Denis Volkov: „Stirb gefälligst hier wie wir". Aleksej Naval'nyj in Russlands öffentlicher Meinung, in: OSTEUROPA, 3/2021, S. 39–49.

[67] Gudkov, Russland [Fn. 28], S. 181.

(Dis)Kontinuität von Dissens und Protestbewegungen der 2010er Jahre

Zu Beginn der 1990er Jahre, als sich abzeichnete, dass der Aufbau einer demokratischen Ordnung scheitern würde, entbrannte eine Diskussion um die Verdienste oder das Versagen der Intelligencija, fixiert auf die Generation der sogenannten *Šestidesjatniki*, der Generation des Tauwetters und folgenden „Fröste". Auch wenn sie zur inneren Delegitimierung des Regimes beigetragen haben mögen, waren es in erster Linie der ökonomische Verfall und Strukturdefizite des sowjetischen Sozialismus, die den Umbruch verursacht hatten. Mit der Auflösung des Staates, der seine Legitimation mit der marxistisch-leninistischen Ideologie begründet hatte, verlor auch die Intelligencija ihre Rolle als Gegenpart zu den amtlichen Ideologen mit ihrer Sanktionsmacht. Sie erschien als ein Produkt der sozialistischen Ordnung. Einige Beobachter kommentierten den Bedeutungsverlust der Intelligencija bedauernd, andere voller Häme, besonders wenn es um den hohen Anteil von russisch-sowjetisch sozialisierten Juden am Dissens ging.[68]
In einem Gespräch mit Adam Michnik, dem polnischen Oppositionellen aus der kommunistischen Ära und heutigen Herausgeber der polnischen Tageszeitung *Gazeta Wyborcza*, äußerte sich Aleksej Naval'nyj sehr distanziert über die russischen Dissidenten: Nach der Perestrojka seien die Menschenrechtler und Dissidenten – aus seiner damaligen Sicht zu Recht – vollständig marginalisiert worden.

> Ich muss zugeben, dass es auch mir manchmal schwer fiel, mit ihnen zu reden, weil sie diesen durchgeknallten Hauptstädtern ähnelten. Gerade weil sie so skurril waren, wurden sie komplett von den Apparatschiki verdrängt. Damals erschien das völlig richtig.[69]

Naval'nyj verstand die Perestrojka als Übergang zur Marktwirtschaft. Als Jugendlicher hatte er den rechtlichen Aspekten einer Ablösung der Herrschaft der Kommunistischen Partei wenig Aufmerksamkeit geschenkt.
Doch Dissidenten und Menschenrechtler – genauer: Verteidiger des Rechts (*pravozaščitniki*) – spielten während der Perestrojka doch eine Rolle: Sie beeinflussten für kurze Zeit die historischen Debatten, insbesondere über die Stalinzeit. Hier sei nur an die hohe Auflage von Solženicyns *Archipel Gulag* und Vasilij Grossmans Abrechnung mit der sowjetrussischen Geschichte in *Vse tečet* (Alles fließt) über die Kollektivierung erinnert.[70]
Einige Dissidenten wirkten an Verfassungsreformen mit. Andrej Sacharov setzte sich für die Aufhebung des Artikels 6 der Breźnev-Verfassung von 1977 ein, der die führende Rolle der KPdSU in Staat und Gesellschaft festlegte, und verfasste einen eigenen Verfassungsentwurf. Andere Menschenrechtler arbeiteten an der neuen Verfassung der Russländischen Föderation von 1993 mit. Immerhin wurden bürgerliche Grundrechte und die Bindung an internationale Konventionen verankert. Die Dissidenten blieben allerdings in den Volkskongressen wie in der Staatsduma eine von der Mehrheit angefeindete

---

[68] Vladislav Zubok: Zhivago's Children. The Last Russian Intelligentsia. Cambridge/Mass. 2009. – Inna Kochetkova: The Myth of the Russian Intelligentsia. Old Intellectuals and the New Russians. London, New York 2010.
[69] Adam Michnik, Aleksej Naval'nyj: Dialogi. Moskva 2015, S. 39.
[70] Robert W. Davies: Perestroika und Geschichte. München 1991.

Minderheit, die spätestens seit dem ersten Tschetschenienkrieg (1994–1996) mit dem Ausscheiden Sergej A. Kovalevs (1930–2021) aus dem Rat für Menschenrechte beim Präsidenten an Einfluss verlor.[71]

Rückblickend sah es Naval'nyj als einen Fehler an, seinerzeit allein auf durchsetzungsfähige Macher gesetzt zu haben. Er hatte El'cins Putsch von 1993 und Wahlmanipulationen von 1996 aus Angst vor einem Wahlsieg der Kommunisten gutgeheißen. Nun, 2015, bezog er sich auf Václav Havels Leitspruch, in der Wahrheit zu leben. Denn „Wahrheit ist die beste Waffe gegen einen Staat der totalen Lüge."[72] Es ist bezeichnend, dass er sich auf den „europäischen" Havel und nicht auf Solženicyns „Nicht in der Lüge leben" von 1973 bezog, der einen „europäischen Weg" für Russland negiert hatte. Für Naval'nyj hingegen ist er wünschenswert für Russlands Zukunft. Im Gespräch mit Michnik interessierten ihn nicht Dissidenten, sondern die Strategien der polnischen Opposition, des *Komitees zur Verteidigung der Arbeiter* (KOR) und vor allem der *Solidarność* als Massenbewegung, die auf Demokratie und Rechtsstaatlichkeit gesetzt hatten. Die Justizwillkür, die er und sein Bruder erlebt hatten, veranlasste ihn nun zu einem anderen Blick auf die einst belächelten Verteidiger des Rechts.

Wenn Naval'nyj spätestens seit den Protesten gegen die Wahlmanipulationen und die Wiederwahl Putins einen „europäischen Weg der Entwicklung für Russland" als maßgebliche Orientierung seines Handelns bezeichnete,[73] so griff er angesichts der bürokratischen Willkür, der hörigen Justiz und der zunehmend autoritären Politik Putins nolens volens wieder auf eine zentrale Agenda zurück, die den Dissens seit den 1960er Jahren ausgemacht hatte: Gesetzestreue und Rechtsstaatlichkeit. Denn der Einsatz gegen Korruption konnte nur unter rechtsstaatlichen Bedingungen zum Erfolg führen.

Bereits 2005 hatte der Oppositionspolitiker Vladimir Kara-Murza, der zweimal Opfer von Giftanschlägen geworden war und sich auch für Chodorkovskijs Stiftung *Offenes Russland* engagierte, eine Dokumentation über die Dissidenten der Sowjetzeit gedreht. *Oni vybrali svobodu* (Sie wählten die Freiheit) wurde am 1. Dezember 2005 im Sacharov-Zentrum in Moskau gezeigt.[74]

Mit zwei Aktionen erlangten die Anliegen der Dissidenten wieder größere Aufmerksamkeit: Am 25. August 2013, 45 Jahre nachdem die Gruppe um Natal'ja Gorbanevskaja mit der Losung „Für Eure und unsere Freiheit!" auf dem Roten Platz in Moskau gegen die sowjetische Intervention in der Tschechoslowakei zur Niederschlagung des „Prager Frühlings" protestiert hatte, erinnerte die aus der Emigration angereiste Gorbanevskaja mit Unterstützung eines kleinen Kreises von Anhängern an die Aktion von 1968. Diese Aktion wurde danach unter den Augen der Polizei fortgesetzt. Der Rote Platz ist eigentlich behördlichen oder genehmigten Veranstaltungen vorbehalten. Protestveranstaltungen und nicht erlaubte Auftritte – wie auch jene der feministischen Punkgruppe *Pussy Riot* – stellten diesen Monopolanspruch infrage.[75]

---

71 Robert Horvath: The Legacy of Soviet Dissent. Dissidents, Democratisation, Radical nationalism in Russia. London, New York 2005, S. 69–149.

72 Michnik, Naval'nyj, Dialogi [Fn. 69], S. 46, 53.

73 Ebd., S. 53, 77ff. – Alexei Nawalny: Schweigt nicht! Reden vor Gericht. München 2021, S. 35.

74 <www.newsru.com/russia/01dec2005/film.html>. Der Film war zunächst im Internet zu sehen, ist nun aber nicht mehr verfügbar.

75 Dmitry Kozlov: „Do you dare to go to the square?" The legacy of Soviet dissidents in Russia's public protests of the 2000s and 2010s, in: Post-Soviet Affair, 3/2020, S. 211–225. – Alexandra Yatsyk: Biopolitics, believers, bodily protests. The case of Pussy Riot, in: Birgit Beumers et al. (Hg.): Cultural Forms of Protest in Russia. London, New York 2018, S. 123–140.

Größere Aufmerksamkeit rief seit 2009 eine Auseinandersetzung um die Erinnerung an die Mitte der 1960er Jahre von dem Mathematiker Aleksandr Esenin-Volpin angestoßene Diskussion um die Einhaltung der sowjetischen Verfassung hervor. Ausgerechnet Eduard V. Limonov (1943–2020),[76] ein unversöhnlicher Kritiker der Dissidenten, berief sich auf die legalistische Tradition der Verteidiger des Rechts. Limonov war 1991 aus der Emigration nach Russland zurückgekehrt, gründete 1994 die *Nationalbolschewistische Partei*, die 2007 verboten wurde, und organisierte mit seinen Anhängern karnevaleske, mitunter gewalttätige Demonstrationen. Wie der „Russische Marsch", an dem sich zeitweilig auch Naval'nyj beteiligt hatte, und die Demonstrationen zum Gedenken an die Soldaten der Roten Armee, das sogenannte „Unsterbliche Regiment", handelte es sich um mehr oder minder spontane Manifestationen von Eigenwilligkeit mit Nachahmungseffekten in mehreren Städten, aber sehr unterschiedlichen sozialen oder politischen Zielen.[77] Limonov galt als ein militanter Exzentriker, der die Kriege gegen Tschetschenien begrüßt und sich am Krieg in Jugoslawien beteiligt hatte. Von manchen wurde er auch nur als politischer Clown betrachtet, nachdem er sich nach der Besetzung der Krim in Staatsmedien als Kritiker der Opposition exponierte.

Nach den Repressalien gegen ihn und seine Anhänger berief er sich auf den Artikel 31 (Versammlungsfreiheit) der Verfassung von 1993. Seit 2009 rief er zu Demonstrationen für die Versammlungsfreiheit jeweils zum 31. Tag eines Monats auf. Er wurde von Leuten wie der ehemaligen Dissidentin Ljudmila Alekseeva unterstützt. Erst als er auch rechtsradikale und gewaltbereite Skinheads hinzuzog, kam es zum Streit unter den Menschenrechtlern wie Alekseeva, Sergej Kovalev, Vladimir Bukovskij und Elena Bonner. Die Polizei nutzte die Konflikte und ging besonders brutal gegen die Anhänger Limonovs vor. Diese Auseinandersetzungen zogen sich bis zu den großen Demonstrationen im Jahre 2011 hin.[78]

Wie alle Varianten historischer Erinnerung wird auch jene an die Dissidenten der Sowjetzeit selektiv gehandhabt. Ich persönlich wurde Zeuge einer solchen politisierten Erinnerung. Am 5. Dezember 2008 fanden in Moskau gleichzeitig zwei internationale Konferenzen statt: über den Stalinismus und über „Solženicyns Weg im Kontext einer großen Zeit". Diese Konferenz finanzierte maßgeblich die Solženicyn-Stiftung. Sie ehrte ihn im offiziellen Teil mit einem Film im Gespräch mit Putin und zelebrierte ihn als großen Dichter und Patrioten Russlands.[79] Am 5. Dezember starb auch der Patriarch Aleksij II. und seiner wurde auf der Konferenz in einer Schweigeminute gedacht. Am selben Tag fand eine polizeiliche Durchsuchung der Räume von *Memorial* in St. Petersburg statt. Diese Aktion wurde mit Schweigen bedacht. Ich wusste zwar, dass die Beziehungen zwischen Solženicyn und *Memorial* gespannt waren, hielt es aber für notwendig, die Durchsuchung zu Beginn meines Vortrags zu erwähnen – in Erinnerung an die Schikanen,

[76] Emmanuel Carrère: Limonow. Berlin 2012.

[77] Mischa Gabowitsch: Are copycats subversive? Strategy-31, The Russian Runs, the Immortal Regiment, and the transformative potential of non-hierarchical movements, in: Beumers, Cultural Forms [Fn. 75], S. 68–89. – Julie Fedor: Russlands „Unsterbliches Regiment". Der Staat, die Gesellschaft und die Mobilisierung der Toten, in: OSTEUROPA, 5/2017, S. 61–85.

[78] Robert Horvath: „Sakharov would be with us": Limonov, Strategy-31, and the Dissident Legacy, in: The Russian Review, 4/2015, S. 581–598.

[79] Robert Horvath: Apologist of Putinism? Solzhenitsyn, the Oligarchs, and the Specter of Orange Revolution, in: The Russian Review, 2/2011, S. 300–318. – Ben McVickers: The Creation and Transformation of a Cultural Icon: Alexander Solzhenitsyn in Post-Soviet Russia, in: Canadian-Slavonic Papers, 2–4/2011, S. 305–333.

die Solženicyn unter Brežnev zu erleiden hatte. Es gab keine Reaktion im Saal. Unter den Referenten gingen einige auf seine Romanfolge *Krasnoe Koleso* (Rotes Rad) ein, aber nur ein einziger auf den *Archipel Gulag* – und zwar über die Erstellung des Namensverzeichnisses in den Bänden.[80]
Die andere Galionsfigur des Dissenses, Andrej Sacharov, wird hauptsächlich als Atomphysiker erinnert, als Verteidiger des Rechts ist er in der breiten Öffentlichkeit weitgehend vergessen.[81] Nur der seinerzeit nach ihm benannte Platz ist neben dem Puškinplatz und dem Bolotnajaplatz in Moskau zu einem auch symbolischen Ort des Protestes geworden.

Fazit

Russlands gegenwärtiger Zustand, in dem das Regime seine Macht nach innen und außen entfaltet, die Opposition unterdrückt und die Autonomie der Gesellschaft zerstört, legt nahe, dass sich die historische Entwicklung in einem Zyklus bewegt. Man könnte auch von einer pathologischen Pfadabhängigkeit sprechen. Die Zerstörung der Gesellschaft schadet der Entwicklung des Landes sicher mehr, als sie ihr nützt. Diesem eher moralisch unterfütterten Blick auf Staat und Gesellschaft steht der Wandel der Gesellschaft und ihrer Aktionsformen gegenüber, die alle Schwächen und Stärken der modernen Mediengesellschaft teilt. Erstaunliche Kreativität und beachtenswerte Mobilisierungspotentiale in der Gesellschaft sind begleitet von ebenso erstaunlichen Destruktionspotentialen einer auf Macht fixierten Führung. Ihre bis zur Selbstzerstörung gehenden Tendenzen sind in der Ostukraine und Belarus zu besichtigen. Doch das Putin-Regime verbucht sie als Machtgewinn. Das ist ein Hinweis auf das herrschende politische Verständnis: Dieser Triumph der Macht geht auf Kosten der Gesellschaft. Das ist in der Tat sehr bolschewistisch, allerdings ohne jegliche Idee.

Schlagwörter:
Russland, Staat, Gesellschaft, Dissidenz, Protest, Opposition, Andrej Sacharov, Aleksandr Solženicyn, Aleksej Naval'nyj

---

80 L.I. Saraskina (Red.): Put' Solženicyna v kontekste bol'šogo vremeni. Sbornik pamjati 1908–2008. Moskva 2009.

81 Lev Gudkov, Aleksej Levinson: Verfemt, verehrt, vergessen. Russlands Bild von Andrej Sacharov, in: OSTEUROPA, 3/2021, S. 71–90.

Frithjof Benjamin Schenk

„Kampf im Westen, Demut im Osten“

Aleksandr Nevskij in Russlands Geschichtspolitik

Im Jahr 2021 begeht Russland den 800. Geburtstag des Heiligen und Nationalhelden Aleksandr Nevskij. Der Staat, die Orthodoxe Kirche und die Militärhistorische Gesellschaft ehren ihn mit Denkmälern und Ausstellungen. Im kulturellen Gedächtnis der 1990er Jahre war der Novgoroder Fürst in vielfältiger Form präsent, als Persönlichkeit der lokalen Geschichte oder regionaler Identitätsstiftung. Heute dominiert die staatspatriotische Lesart. In der aktuellen Erinnerungskultur gilt Aleksandr Nevskij als Garant der „russländischen Staatlichkeit“ und als Verteidiger der „Eigenständigkeit“ Russlands.

Das Denkmal erinnert an die Schlussszene des berühmten Historienfilms „Aleksandr Nevskij“ von Sergej Ėjzenštejn aus dem Jahr 1938: ein junger Kriegerfürst hoch zu Ross und in mittelalterlicher Rüstung kehrt mit seinem Gefolge nach der siegreichen Schlacht auf dem Eis im Jahr 1242 zurück in die Stadt Pskov. Triumphierend zertrampeln die Hufe des geharnischten Pferdes Rüstungen, Schwerter, Helme und Banner des Deutschen Ordens. Über dem Siegeszug wehen Heeresfahnen mit Christus- und Heiligenbildern. Dass es sich bei dem zwanzig Meter hohen Denkmal am Ufer des Peipussees jedoch nicht um ein Werk aus der Zeit des Sowjetpatriotismus handeln kann, wird auf den ersten Blick deutlich: in seiner Linken reckt die Nevskij-Figur ein gewaltiges orthodoxes Kreuz in die Höhe, und die ganze Figurengruppe wird – einer orthodoxen Kirche gleich – von einem Kreuz gekrönt. Die Einweihung des Denkmals „Fürst Aleksandr Nevskij mit Gefolge“ am Rande des Dorfes Samolva im Gebiet Pskov am 11. September 2021 markiert den vorläufigen Höhepunkt der Feiern zum 800. Geburtstag Aleksandr Nevskijs, der in diesem Jahr in ganz Russland mit großem Aufwand begangen wird. An der Zeremonie nahmen Präsident Vladimir Putin, der Patriarch der Russischen Orthodoxen Kirche (ROK) Kirill und der Präsident der Russländischen Militärhistorischen Gesellschaft Vladimir Medinskij sowie weitere hohe Repräsentanten von Staat und Kirche teil.[1]

Frithjof Benjamin Schenk (1970), Dr. phil., Professor für osteuropäische Geschichte, Universität Basel

Von F. Benjamin Schenk erschien in OSTEUROPA: Imperiale Raumerschließung. Die Beherrschung der russischen Weite, in: OE, 3/2005, S. 33–45. – Russland, Europa und das Theorem der Rückständigkeit Manfred Hildermeiers „Geschichte Russlands“, in: OE, 8/2013, S. 35–44.

[1] Angelina Mil'čenko: „Simvoličeskij chram pod otkrytym nebom.“ Putin otkryl pamjatnik Aleksandru Nevskomu v Pskovskoj oblasti. Gazeta.ru, 11.9.2021. – Denis Kamaljagin: I stavit i stavit im pamjatniki. Memorial Aleksandru Nevskomu kak očerednoj povod dlja gordosti na bolote. Novaja Gazeta, 16.9.2021.

OSTEUROPA, 71. Jg., 8–9/2021, S. 137–161 doi: 10.35998/oe-2021-0068

50 Tonnen Geschichte. Aleksandr-Nevskij-Denkmal am Ufer des Peipussees

Fährt überall mit: Nevskij-Konterfei auf einem Waggon der Moskauer Metro

In seiner Rede würdigte Putin den Sieg Nevskijs in der Schlacht auf dem Eis als „Symbol des Kriegsruhms Russlands“ und den jungen Helden als wahren russischen Patrioten:

> Unser Volk [. . .] verehrt ihn als Herrscher, der sich mit ganzem Herzen für sein Vaterland einsetzte, als geschickten Feldherren und Diplomaten und [. . .] als Beschützer des Glaubens und der Traditionen seiner Heimat.

Nevskij habe in einer Zeit gelebt, in der der „Verlust unserer Staatlichkeit“ fast „tragische Realität“ geworden wäre. Während fast alle Fürstentümer der „Alten Rus’“ Opfer des „zerstörerischen Mongolensturms“ wurden, wollten „westliche Nachbarn“ die Gebiete Novgorod und Pskov unterwerfen, so Putin:

> Mächtig und unnachgiebig zogen Aleksandr Nevskij und seine Krieger in den Kampf um diese im Grunde letzte Grenze des Vaterlandes.

Die Siege des Fürsten gegen die Schweden 1240 und den Deutschen Orden 1242 habe den Nachbarn in Ost und West gezeigt, dass die Menschen der russkaja zemlja bereit seien, aufopferungsvoll für ihre Heimat zu kämpfen. Diese Botschaft sei auch noch Jahrhunderte später aktuell, so der Präsident: Niemand könne „das heilige Band zwischen den Zeiten und Generationen zerreißen.“ Vor diesem Hintergrund zeigte sich Putin begeistert, dass der Bildhauer Vitalij Šanov die Gesichter der Recken in Nevskijs Gefolge im Denkmalsensemble Portraits von Soldaten der „legendären sechsten russischen Fallschirmjägereinheit“ nachempfunden hat.[2] Diese Einheit, die Anfang 2000 in einer Schlacht des zweiten Tschetschenienkrieges 84 Kämpfer verlor, habe „massenhaften Heldenmut in der heutigen Zeit bewiesen“, so der Präsident. Als symbolisch bezeichnete Putin, dass diese Einheit nach Aleksandr Nevskij benannt ist und dass Fallschirmjäger dieser Gruppe bei der Denkmalseinweihung die Ehrenwache stellten.[3] Manch einen Beobachter mag dieser Brückenschlag vom 13. ins frühe 21. Jahrhundert erneut an Sergej Ėjzenštejns Filmepos aus den späten 1930er Jahren erinnert haben. Schon damals wurde der historische Stoff genutzt, um dem Publikum im In- und Ausland aktuelle politische Botschaften zu vermitteln.

Im heutigen Russland ist Geschichte wieder eine wichtige Machtressource. Seit Beginn seiner Präsidentschaft im Jahr 2000 nutzt Vladimir Putin die Verbreitung eines staatstragenden Narrativs der vaterländischen Geschichte, um die politischen Koordinaten seines innen- und außenpolitischen Programms zu vermitteln und den Patriotismus, insbesondere in der jüngeren Bevölkerung zu steigern.[4] Seit 2020 hat der

---

[2] Die „6. Rota des 2. Bataillons des 104. Garde-Fallschirmjägerregiments der 76. Garde-Fallschirmjägerdivision“ wurde in der „Schlacht um die Höhe 776“ vom 29.2. bis 1.3.2000 von einem zahlenmäßig überlegenen Heer fast völlig aufgerieben. Im Dorf Čerecha (Gouvernement Pskov) erinnert ein Denkmal an die Gefallenen, das Präsident Putin am 1.8.2002 einweihte.

[3] Vladimir Putin: Vystuplenie na ceremonii otkytija [memorial’nogo kompleksa „Knjaz’ Aleksandr Nevskij s družinoj“], 11.9.2021, <http://kremlin.ru/events/president/news/66661>.

[4] Zu Russlands Geschichtspolitik seit 2000: Isabelle de Keghel: Die Staatssymbolik des neuen Russland. Traditionen, Integrationsstrategien, Identitätsdiskurse. Hamburg 2008. – Lars Karl, Igor J. Polianski (Hg.): Geschichtspolitik und Erinnerungskultur im neuen Russland. Göttingen 2009. – Alexei Miller: The Turns of Russian Historical Politics, from Perestroika to 2011, in: Ders. (Hg.): The Convolutions of Historical Politics. Budapest 2012, S. 253–278. – Philipp Bürger: Geschichte

Schutz der „historischen Wahrheit" in Russland Verfassungsrang, und der Staat ist verpflichtet, Rahmenbedingungen für die patriotische Erziehung der nächsten Generation zu schaffen.[5] Für die Umsetzung dieses Ziels setzt die Regierung auf die Zusammenarbeit mit staatlich finanzierten „Historischen Gesellschaften", Stiftungen, Großkonzernen und der ROK. In den letzten zwei Jahren hat sich Putin auch selbst in längeren Abhandlungen zu historischen Themen geäußert, so etwa 2019/20 über die Ursachen des Zweiten Weltkriegs[6] oder 2021 „Über die historische Einheit der Russen und der Ukrainer".[7] Ein Kernelement des multimedial verbreiteten, patriotischen Geschichtsbildes ist die in der neuen Verfassung verankerte These von der tausendjährigen Geschichte russischer Staatlichkeit.[8] Diese Erzählung überbrückt historische politische Zäsuren, wie etwa jene von Revolution und Bürgerkrieg 1917–1921 und integriert die Geschichte der Kiewer Rus', des Großfürstentums Moskau, des „Russländischen Reiches, der Sowjetunion und des postsowjetischen Russlands in ein bruchloses historisches Narrativ. Als oberstes Ziel in Geschichte und Gegenwart wird in dieser Erzählung der Schutz des russländischen Staates gegen äußere und innere Feinde hervorgehoben. In diesem Kontext spielt vor allem die Erinnerung an den Sieg der Sowjetunion im

---

im Dienst für das Vaterland. Traditionen und Ziele der russländischen Geschichtspolitik seit 2000. Göttingen 2018. – Nikolay Koposov: Memory Laws, Memory Wars. The Politics of the Past in Europe and Russia. Cambridge 2018. – Mariëlle Wijermars: Memory Politics in Contemporary Russia: Television, Cinema and the State. London 2018. – Olga Malinova: Constructing the „Usable Past". The Evolution of the Official Historical Narrative in Post-Soviet Russia, in: Niklas Berns, Barbara Törnquist-Plewa (Hg.): Cultural and Political Imaginaries in Putin's Russia. Leiden, Boston 2019, S. 85–104. – Andrej Kolesnikov: Erinnerung als Waffe. Die Geschichtspolitik des Putin-Regimes, in: OSTEUROPA, 6/2020, S. 3–28. – Aleksej Miller, Dmitrij Efremenko (Hg.): Politika pamjati v sovremennoj Rossii i stranach vostočnoj Evropy. Aktory, instituty, narrativy, Sankt Peterburg 2020. – Alexey Miller u.a.: (Hg.): Political Use of the Past in Russia and Abroad. A Collection of Essays. Moscow 2020. – Susan Stewart: Geschichte als Instrument der Innen- und Außenpolitik am Beispiel Russlands. Wie die Gegenwart die Vergangenheit beeinflusst. Berlin 2020 [SWP-Studie 22]. – Anton Weiss-Wendt, Nanci Adler (Hg.): The Future of the Soviet Past. The Politics of History in Putin's Russia. Bloomington 2021. – Ivan Kurilla: Bitva za prošloe. Kak politika menjaet istoriju. Moskva 2021. – F. Benjamin Schenk, Leonid Klimov (Hg.): Rund um den Kreml. Wo Geschichte zu Politik wird. Ein Reiseführer. <https://kremlin.dekoder.org/>.

5 Art. 67.1. der Verfassung der RF: Gosudarstvennaja Duma: Novyj tekst Konstitucii RF s popravkami 2020g., 3.7.2020, <http://duma.gov.ru/news/48953/>.

6 Vladimir Putin: Vystuplenie na neformal'nom sammite SNG, 20.12.2019, <www.kremlin.ru/events/president/news/62376>. – Ders.: The real lessons of the 75th Anniversary of World War II. The National Interest, 18.6.2020. – Michael Thumann: Siegesparade in Russland. Wie Wladimir Putin die Geschichte neu definiert. Zeit-Online, 24.6.2020. – Ulrich M. Schmid: Jalta statt Versailles. Wladimir Putin legitimiert seine Vision der multipolaren Weltordnung mittels Geschichtsklitterung. NZZ, 2.7.2020.

7 Vladimir Putin: Ob istoričeskom edinstve russkich i ukraincev, 12.7.2021, <www.kremlin.ru/events/president/transcripts/66181>. – Putins Text ist in deutscher Übersetzung dokumentiert: Über die historische Einheit der Russen und der Ukrainer, in: OSTEUROPA, 7/2021, S. 51–65. – Dazu Andreas Kappeler: Revisionismus und Drohungen. Putins Text über Russen und Ukrainer, in: ebd., S. 67–76. – Jan C. Behrends: Putins negative Ukrainepolitik. Hintergründe und Analogien, in: ebd., S. 77–84. – Fabian Baumann: Einseitiger Einheitswunsch. Putins neueste Geschichtslektion, in: Religion und Gesellschaft in Ost und West, 9/2021, S. 3–5.

8 Art. 67.1.2. der Verfassung der RF.

„Großen Vaterländischen Krieg“, die alljährlich mit einer großen Militärparade am 9. Mai gefeiert wird, eine zentrale Rolle.[9]
Russlands aktuelle Geschichtspolitik greift jedoch nicht nur auf Ereignisse aus der Geschichte des 20. Jahrhunderts zurück, um die Bevölkerung auf Patriotismus und den Schutz der russischen Staatlichkeit vor inneren und äußeren Feinden einzuschwören. Dies lässt sich an den Feierlichkeiten zum 800. Geburtstag Aleksandr Nevskijs verdeutlichen, die das geschichtspolitische Großereignis Russlands im Jahr 2021 darstellen. Überall im Land wurden Konferenzen über den Fürsten und seine historische Bedeutung organisiert. Die Ermitage in St. Petersburg und die Tretjakow-Galerie in Moskau präsentierten aufwändig gestaltete Sonderausstellungen zur Geschichte des Heiligen und seine Memoria, und in der Moskauer Metro fährt bis März 2022 auf einer Linie ein Zug, der mit Motiven aus dem Leben Aleksandr Nevskijs geschmückt ist.[10] Der Verewigung des Nevskij-Gedenkens dienen auch zahlreiche neue Denkmäler, die dem heiligen Fürsten errichtet wurden: Das größte, die erwähnte Skulpturengruppe am Ufer des Peipussees, das entlegenste, eine Büste auf dem russländischen Militärstützpunkt Chmejmim in Syrien.[11] Schwer vorstellbar, dass der runde Jahrestag eines Fürsten aus dem 13. Jahrhundert im westlichen Europa solche Wellen schlagen würde. Wie lässt sich also der aktuelle Hype um Aleksandr Nevskij in Russland erklären und wer war dieser legendäre Herrscher, für den sich heute so viele begeistern?

Aleksandr Nevskij: Geschichte und Mythos

Fürst Aleksandr Jaroslavič (1220/21–1263) – den Beinamen „Nevskij“ verdankt er seinem Sieg über die Schweden in der Schlacht an der Neva 1240 – lebte in einer Zeit, als das ostslawische Reich der Kiewer Rus’ bereits in Teilfürstentümer zerfallen war und diese von Osten durch die Mongolen und von Westen durch katholische Mächte Nord- und Mitteleuropas bedroht wurden.[12] Als Wahlfürst der Stadtrepublik Novgorod besiegte Aleksandr Nevskij 1240 ein Heer des schwedischen Königs und 1242 – in der legendären Schlacht auf dem Eis – den Deutschen Orden. Das Angebot des Papstes, sich nach katholischem Ritus zum König krönen zu lassen, lehnte er ab. Gegenüber den Mongolen, die bis 1240 fast alle Fürstentümer der Rus’ erobert hatten, betrieb Aleksandr indes eine pragmatische Politik. 1252 ließ er sich vom Chan der Goldenen Horde als Großfürst von Vladimir einsetzen. In dieser Funktion unterwarf er Novgorod der Tributpflicht der Fremdherren, konnte aber gleichzeitig die ihm unterstehenden Städte vor Strafexpeditionen schützen. Auf der Rückreise von einem Besuch bei der Goldenen

---

9 Stewart, Geschichte als Instrument [Fn. 4]. – Mischa Gabowitsch, Cordula Gdaniec, Ekaterina Makhotina (Hg.): Kriegsgedenken als Event. Der 9. Mai 2015 im postsozialistischen Europa, Paderborn 2017. – Oliver Sterchi: Der Rote Platz und der militärische Ruhm. In: Rund um den Kreml. Wo Geschichte zu Politik wird: <https://kremlin.dekoder.org/roter-platz>.

10 Kak vstretit’sja s Aleksandrom Nevskim v Metro: Rossijskaja gazeta, 9.9.2021.

11 Na rossijskoj baze Chmejmim v Sirii otkryli pamjatnik Aleksandru Nevskomu, in: TV Zvezda, 28.1.2021.

12 Zu Nevskijs Biographie aus Sicht der mediävistischen Forschung: Igor N. Danilevskij: Russkie zemli glazami sovremennikov i potomkov (XII–XIVvv.). Moskva 2001, S. 181–228. – John Fennell: The Crisis of Medieval Russia, 1200–1304. London 1983, S. 97–124.

Horde starb Aleksandr Nevskij 1263 in Gorodec an der Wolga. Auf dem Sterbebett ließ sich der Fürst nach damaligem Brauch zum Mönch weihen.

Dass Aleksandr Nevskij zu einem der wichtigsten russischen Nationalhelden und -heiligen werden sollte, war Ende des 13. Jahrhunderts nicht absehbar.[13] Zunächst wurde die Erinnerung an seine Person im Mariä-Geburts-Kloster in Vladimir gepflegt, wo Aleksandr beerdigt war. Hier entstand Ende des 13. Jahrhunderts vermutlich auch die erste Fassung seiner Heiligen-Vita. In diesem Text tritt uns Aleksandr als heiliger und rechtgläubiger Herrscher entgegen, der sich besondere Verdienste um den Schutz des „russischen Landes" und des orthodoxen Glaubens erworben hatte. Aleksandr war zunächst ein klassischer Lokalheiliger. Erst unter Ivan IV. (dem „Schrecklichen") wurde er 1547 von der ROK kanonisiert und wird seither als Schirmherr des „russischen Landes" verehrt.

Eine Zäsur in der Geschichte der Erinnerung an Aleksandr Nevskij markiert die Regierungszeit Peters des Großen. Der Reformzar ließ die Gebeine des Fürsten 1723/24 von Vladimir in das neu gegründete St. Petersburg verlegen, gründete dort ein prächtiges Aleksandr-Nevskij-Kloster und erkor den Heiligen zum Schutzpatron der neuen Hauptstadt. Es waren vor allem die Verdienste Aleksandrs im Kampf gegen die Schweden, die Peter I. bewogen, den Helden von der Neva symbolisch derart aufzuwerten. Peter sorgte auch dafür, dass Aleksandr Nevskij auf Ikonen nicht mehr als weltabgewandter Mönch, sondern als Herrscher abgebildet wurde. Auch die Stiftung des ersten Aleksandr Nevskij-Verdienstordens geht auf Peter I. zurück.

Im 19. und dann vor allem im 20. Jahrhundert nahm Aleksandr Nevskij im russischen kulturellen Gedächtnis zunehmend die Züge eines militärischen Helden und geschickten Feldherren an. Im Ersten Weltkrieg sollten sich russische Soldaten ein Vorbild an seinem Sieg über den Deutschen Orden 1242 nehmen. Im Großen Vaterländischen Krieg (1941–1945) folgte die Rote Armee dem Schlachtruf „Wer mit dem Schwert zu uns kommt, wird durch das Schwert fallen." Diese Losung stammte aus der Schlussrede Aleksandr Nevskijs im berühmten Historienfilm von Sergej Ėjzenštejn aus dem Jahr 1938. Die Worte entlehnte der Regisseur allerdings nicht einer Quelle aus dem 13. Jahrhundert, sondern dem Neuen Testament und einer Ansprache Stalins auf dem XVII. Parteitag der KPdSU im Jahr 1934. Die ursprünglich pazifistische Aussage des Zitats aus dem Matthäusevangelium verkehrte er dabei in eine offene militärische Drohung.[14] Auch in der Nachkriegszeit konnte sich jedes sowjetische Kind Aleksandr Nevskij nur in der Gestalt des berühmten sowjetischen Schauspielers Nikolaj Čerkasov vorstellen. Als Michail Gorbačev Mitte der 1980er Jahre das kommunistische Deutungsmonopol über die vaterländische Geschichte aufhob, erlebte die religiöse Verehrung Aleksandr Nevskijs eine Renaissance. 1989 durften die Reliquien des Heiligen aus dem Leningrader Museum für Religion und Atheismus in das ihm geweihte Kloster zurückkehren. Seither spricht die ROK wieder ein gewichtiges Wort bei der offiziellen Erinnerung an Aleksandr Nevskij in Russland mit. Seit Beginn der Präsidentschaft Vladimir Putins erlebt der Nevskij-Kult eine neue Blüte.[15] 2008 wurde der Heilige vom Publikum der

---

[13] Zu den Stationen der Geschichte der Erinnerung an Aleksandr Nevskij bis zum Machtantritt Putins: Frithjof Benjamin Schenk: Aleksandr Nevskij. Heiliger – Fürst – Nationalheld. Eine Erinnerungsfigur im russischen kulturellen Gedächtnis 1263–2000. Köln 2004.

[14] Dazu ausführlich: Schenk, Nevskij [Fn. 13], S. 324–327.

[15] Frithjof Benjamin Schenk: Alexander Newskij. Ein russischer Heiliger zwischen Resakralisierung und Profanierung, in: Stefan Samerski, Krista Zach (Hg.): Die Renaissance der Nationalpatrone. Erinnerungskulturen in Ostmitteleuropa im 20./21. Jahrhundert. Köln 2007, S. 41–61. –

TV-Show „Imja Rossii“ (Der Name Russlands) sogar zur wichtigsten Figur der Geschichte Russlands gewählt.[16] Für die Wahl Nevskijs warb in der TV-Show kein Geringerer als der Metropolit von Smolensk und Kaliningrad Kirill, der 2009 als neuer Patriarch von Moskau inthronisiert werden sollte und der im September 2021 das neue Nevskij-Denkmal am Ufer des Peipussees segnete. 2008 kam auch der russische Blockbuster „Nevskaja Bitva“ (Die Schlacht an der Neva) in Russlands Kinos, in dem Aleksandr Nevskij dem Publikum als ein mittelalterlicher Sylvester Stallone vorgestellt wird.[17] 2010 verlieh Vladimir Putin erstmals den wiederbelebten Aleksandr Nevskij-Verdienstorden.[18] In fast jeder Stadt gibt es mittlerweile ein Aleksandr-Nevskij-Denkmal und eine ihm geweihte Kirche. Der Heilige von der Neva passt hervorragend zum symbol- und geschichtspolitischen Kurs der Regierung, der auf eine deutliche Abgrenzung vom „Westen“, die Betonung einer eigenständigen russländischen Zivilisation bzw. „russischer (religiöser) Werte“ und eine pragmatische, für wechselnde Bündnisse offene Außenpolitik setzt.

Ein staatlich verordnetes Geburtstagsfest unbekannten Ausmaßes

Die Weichen für die landesweiten Nevskij-Feierlichkeiten im Jahr 2021 wurden bereits im Juni 2014 gestellt, als Vladimir Putin seinem Land per Präsidialerlass verordnete, den 800. Geburtstag des Fürsten im großen Stil zu begehen. Ziel der Feier sei die „Bewahrung des militär-historischen und kulturellen Erbes und die Festigung der Einheit des russländischen Volkes“.[19] Diese Verordnung ist nicht nur mit Blick auf die Ziele der Geschichtspolitik der Putinschen Führung von Interesse. Bereits die Entscheidung, den Geburtstag des Fürsten im Jahr 2021 zu feiern, ließ aufhorchen. Zum einen ist der Brauch, den Geburtstag des Heiligen zu feiern, noch relativ jung. Traditionell wurde Nevskij an einem seiner beiden Feiertage im Heiligenkalender der ROK, d.h. an seinem Todestag am 23. November (6. Dezember Neuen Stils (N.S.), d.h. im weltlichen, Gregorianischen Kalender) und am Jahrestag der Überführung seiner Gebeine nach St. Petersburg am 30. August (12. September N.S.) gedacht. In der Sowjetunion musste hingegen jedes Schulkind die Daten der Schlacht an der Neva (15. Juli) und der Schlacht auf dem Eis (5. April) kennen. Erst im Jahr 1995 wurde Nevskijs Geburtstag in Russland erstmals auf Wunsch der Regierung gefeiert. Zum anderen fällt auf, dass sich die Forschung nach wie vor uneins ist, in welchem Jahr Aleksandr Nevskij eigentlich das

---

Liliya Berezhnaya: „God is in Truth, Not in Power!“: The Re-militarization of the Cult of St Aleksandr Nevsky in Contemporary Russian Cultural Memory, in: Zuzanna Bogumił, Yuliya Yurchuk (Hg.): Memory and Religion from a Postsecular Perspective (im Erscheinen). Ich danke der Autorin für die Einsicht in das Manuskript.

16 Wijermars, Memory Politics [Fn. 4], S. 107–118. In einer Umfrage des Meinungsforschungsinstituts VCIOM von 2019, in der nach den wichtigsten (militärischen) „Helden des Vaterlandes“ gefragt wurde, landete Aleksandr Nevskij hingegen auf einem hinteren Listenplatz. VCIOM: rossijane sčitajut Žukova, Suvorova i Šojgu gerojami Otečestva vsech ėpoch. Tass.ru, 9.12.2019.

17 Wijermars, Memory Politics [Fn. 4], S. 100–107.

18 Ukaz Prezidenta Rossijskoj Federacii ot 7.9.2010g. No. 1099 O merach po soveršenstvovaniju gosudarstvennoj nagradnoj sistemy Rossijskoj Federacii, <www.kremlin.ru/acts/bank/31716>.

19 Vladimir Putin: Ukaz o prazdnovanii 800-letija so dnja roždenija Aleksandra Nevskogo, 24.6.2014, <www.kremlin.ru/acts/news/46050>.

Licht der Welt erblickte. Es gibt keine historische Quelle, die über dieses Datum Auskunft gibt, und in der Literatur kursieren zwei mögliche Jahreszahlen.[20] Es bleibt ein Geheimnis der Präsidialadministration, warum sie sich entschied, 1221 als das zu feiernde Geburtsjahr Nevskijs festzulegen und nicht das Jahr 1220, auf das sich Putins Amtsvorgänger Boris El'cin bezog, als er 1995 zur Feier des 775. Geburtstags des Fürsten aufrief.[21] Wäre man dabei geblieben, wären 2020 das Nevskij-Jubiläum und die Feiern zum 75. Jahrestag des Sieges im Großen Vaterländischen Krieg zusammengefallen. Möglicherweise wollte man dies verhindern.[22]
Vergleicht man das Nevskij-Jubiläum im Jahr 2021 mit den Feierlichkeiten in den 1990er Jahren, als man in Russland mit Konferenzen, Ausstellungen, Buchpublikationen und neuen Denkmälern an den 750. Jahrestag der Schlacht an der Neva (1990), das 750. Jubiläum der Schlacht auf dem Eis (1992) und an den 775. Geburtstag Aleksandr Nevskijs (1995) erinnerte[23], sind Traditionen augenfällig, doch es gibt auch interessante neue Entwicklungen. In Anlehnung an Harald Schmids Analysemodell lässt sich dies mit Blick auf Akteure, Medien, Inhalte und Botschaften russländischer Geschichtspolitik nachzeichnen.[24]

Akteure

2017, als der Vorsitzende des „Organisationskomitees zur Vorbereitung und Durchführung der Feierlichkeiten zum 800. Geburtstag Aleksandr Nevskijs", der damalige Kulturminister der Russländischen Föderation Vladimir Medinskij, den Plan der „wichtigsten Jubiläumsmaßnahmen" für das Jahr 2021 unterschrieb, zeichnete sich bereits ab, dass den Fürsten ein Jubelfest bisher unbekannten Ausmaßes erwartete.[25] Die Liste, die das Orgkomitee verabschiedete, umfasst nicht weniger als 135 Punkte. Regierungsstellen unterschiedlicher Ebenen, die Russländische Akademie der Wissenschaften, der Staatsverlag *Rospečat'*, die Diplomatenuniversität MGIMO, die Staatliche Archivverwaltung und die ROK verpflichteten sich in diesem Dokument, 2021 neue Aleksandr Nevskij-Denkmäler und ein neues Museum zur Schlacht auf dem Eis zu errichten, Konferenzen, Ausstellungen und Konzerte durchzuführen, Theaterstücke auf die Bühne und neue Publikationen auf den Markt zu bringen, Gedenkmünzen und -medaillen zu prägen,

---

[20] Die Entscheidung, 2021 den 800. Geburtstag Aleksandr Nevskijs zu feiern, bezieht sich offenbar auf die Arbeiten von Vladimir A. Kučkin: O date roždenija Aleksandra Nevskogo, in: Voprosy istorii, 2/1986, S. 174–176. – Ders., Aleksandr Nevskij. Gosudarstvennyj dejatel' i polkovodec srednevekovoj Rusi, in: Otečestvennaja istorija, 5/1996, S. 18–33, hier S. 20. Zu konkurrierenden Forschungsmeinungen Schenk, Nevskij [Fn. 13], S. 35, Fn. 1.

[21] Ukaz Prezidenta Rossijskoj Federacii ot 06.01.1995g. No. 16 O prazdnovanii 775-letija so dnja roždenija Aleksandra Nevskogo, <www.kremlin.ru/acts/bank/7405>.

[22] 1995 hatte ein Mitglied des staatlichen Festkomitees die Koinzidenz des 775. Geburtstags Aleksandr Nevskijs und des 50. Jahrestages des Sieges im Großen Vaterländischen Krieg noch als „glücklichen und symbolischen Zufall" bezeichnet. Schenk, Nevskij [Fn. 13], S. 460.

[23] Zur öffentlichen Erinnerung an Nevskij in Russland 1985–2000: Schenk, Nevskij [Fn. 13], S. 436–469.

[24] Harald Schmid: Vom publizistischen Kampfbegriff zum Forschungskonzept. Zur Historisierung der Kategorie „Geschichtspolitik", in: Ders. (Hg.): Geschichtspolitik und kollektives Gedächtnis. Erinnerungskulturen in Theorie und Praxis. Göttingen 2009, S. 53–75, hier S. 72–74.

[25] Plan osnovnych jubilejnich meroprijatij po podgatovke i provedeniju prazdnovanija 800-letija so dnja roždenija knjazja Aleksandra Nevskogo, 29.05.2017, <https://archives.gov.ru/sites/default/files/plan-2017-2021-aleksandr-nevsky.pdf>.

Malwettbewerbe für Kinder zu veranstalten sowie Nevskij-Ikonen und Aleksandr Nevskij-Kirchen restaurieren zu lassen.[26] Mit ihren Bemühungen um ein würdiges Geburtstagsfest für den Heiligen von der Neva knüpft Russlands Regierung – ohne dies offenzulegen – an die Symbolpolitik von Putins Amtsvorgänger El'cin an. Bereits 1995 nutzte die russländische Regierung Nevskijs runden Geburtstag als geschichtspolitischen Anlass. Zum 50. Jahrestag des Sieges der UdSSR über NS-Deutschland schenkte Präsident El'cin dem neu errichteten Museum des Großen Vaterländischen Krieges in Moskau ein gewaltiges „Aleksandr Nevskij-Schwert“ und benannte die 234. Schwarzmeer-Fallschirmjägereinheit nach dem mittelalterlichen Heerführer. Im gleichen Jahr verabschiedete die Duma das Gesetz über die „Tage des Kriegsruhms und der Gedenktage Russlands“ und schrieb darin den 18. April (5. April A.S., d.h. nach dem Julianischen Kalender) als offiziellen Gedenktag der Schlacht auf dem Eis fest. Und die Postverwaltung der Russländischen Föderation brachte 1995 eine Sondermarke mit Nevskijs Konterfei in Umlauf.[27]

Verglichen mit dem Engagement der heutigen Führung wirken die Aktivitäten von 1995 bescheiden, nicht zuletzt in finanzieller Hinsicht. Allein für die Errichtung des neuen Nevskij-Denkmals am Ufer des Peipussees soll die Präsidialadministration mehr als 100 Millionen Rubel (ca. 1,2 Millionen Euro) bereitgestellt haben.[28] Auffallend ist auch, wie aktiv sich das Verteidigungsministerium 2021 an den Nevskij-Festivitäten beteiligt. Wie bereits in den 1990er Jahren engagieren sich auch in diesem Jahr zahlreiche Stadt- und Regionalregierungen beim Nevskij-Jubiläum. Während sich die Aktivitäten 1990, 1992 und 1995 auf die Städte (bzw. Gebiete) St. Petersburg, Novgorod und Pskov konzentrierten, ist der geographische Rahmen der Feiern 2021 weiter. Neben St. Petersburg, Novgorod und Pskov beteiligen sich auch die Verwaltungen von Vladimir und Moskau (Stadt und Region) sowie der Gebiete Jaroslavl' und Nižnij Novgorod an den zentral koordinierten Gedenkaktivitäten. In Nižnij Novgorod etwa, das dieses Jahr auch sein 800. Gründungsjubiläum feiert, wurde im Sommer 2021 ein 15 Meter hohes Reiterdenkmal für Aleksandr Nevskij eingeweiht, was in der Stadt nicht nur auf ungeteilte Begeisterung stieß.[29]

Noch deutlicher als in den 1990er Jahren bemüht sich heute die Russische Orthodoxe Kirche, den Nevskij-Feierlichkeiten ihren Stempel aufzudrücken. Neben der Regierung auf föderaler, regionaler und städtischer Ebene ist die ROK im Jahr 2021 der zweite große institutionelle Player bei den Feierlichkeiten.[30] Patriarch Kirill ließ es sich nicht nehmen, persönlich im Organisationskomitee des Jubiläums mitzuarbeiten. In einem Grußwort an das Gremium betonte das Kirchenoberhaupt im September 2019, dass das Jubiläum des „weisen Herrschers und rechtschaffenden Christen“ Aleksandr Nevskij

[26] Einen Überblick über diverse Aktivitäten bietet die Website der Rossijskaja gazeta und der Zeitschrift Rodina: <https://rg.ru/nevsky800/>.

[27] Federal'nyj zakon ot 13 marta 1995 g. No. 32-f3 „O dnjach voinskoj slavy i pamjatnych datach Rossii“. Dazu Schenk, Nevskij [Fn. 13], S. 459f.

[28] Kamaljagin, I stavit [Fn. 1] Die Pflege des Denkmals soll 17 Millionen Rubel (ca. 200 000 Euro) pro Jahr kosten.

[29] Pamjatnik Aleksandru Nevskomu ustanovili na Strelke. nn.ru, 28.7.2021.

[30] Zur ROK als geschichtspolitischer Akteur im heutigen Russland: Marlène Laruelle: Politika pamjati Russkoj Pravoslavnoj cerkvi: reabilitiruja, perechvatyvaja, vozvraščaja, in: Miller, Politika pamjati [Fn. 4], S. 122–143. Zu den Aktivitäten der ROK zum 800. Geburtstag Aleksandr Nevskijs in der Metropole St. Petersburg: <https://anevsky800.ru/>.

keinen offiziösen Charakter annehmen sollte. Vielmehr solle der Anlass die Menschen inspirieren,

> nach den Geboten Gottes zu leben, die patriotische Erziehung der Jugend zu fördern und die moralischen Ideale der Liebe und Barmherzigkeit unter den Menschen zu stärken.[31]

Die ROK verehrt Aleksandr Nevskij als einen ihrer wichtigsten Heiligen. Ihm werden jährlich neue Kirchen und Ikonen geweiht. Am 12. September 2021, dem Feiertag der Überführung seiner Gebeine nach St. Petersburg, fand in St. Petersburg nach einer pandemiebedingten Pause wieder eine kirchliche Prozession zum Aleksandr Nevskij-Kloster statt.[32] Auch für die Errichtung von Denkmälern setzen sich Repräsentanten der ROK immer wieder ein. Der Bau des Denkmals am Ufer des Peipussees, das Patriarch Kirill am 11. September 2021 segnete, geht auf die Initiative des Vorsitzenden des Patriarchalen Rates für Kultur, des Metropoliten von Pskov und Porchovsk, Tichon (Ševkunov) zurück.[33] Er war sich zweifelsohne bewusst, dass es in seinem Bistum bereits ein gewaltiges Denkmal für die Schlacht auf dem Eis gab. Dieses steht auf dem Hügel Sokolicha unweit der Stadt Pskov und wurde bereits 1993 eingeweiht.[34] Die Planungen für dieses Denkmal für „russische Krieger und den Großfürst Aleksandr Nevskij" reichen bis in die 1960er Jahre zurück, errichtet wurde es jedoch erst nach der Auflösung der Sowjetunion. Ursprünglich hatte der Bildhauer I.I. Kozlovskij eine 40 Meter hohe Skulptur aus Marmor auf der Rabeninsel im Peipussee geplant, die an die Schlacht auf dem Eis erinnern sollte. Aus statischen, aber gewiss auch aus finanziellen Gründen entschied man sich in den frühen 1990er Jahren jedoch, das Monument in „verkleinerter" Form und in Bronze auszuführen. Das zwanzig Meter hohe Denkmal, das zu einem beliebten Ausflugsziel der Bevölkerung von Pskov wurde, lässt sich mit Blick auf die Dimension und die Formensprache als ein Beispiel sowjetischer Monumentalplastik werten. Auch diese Skulptur zeigt Aleksandr Nevskij hoch zu Ross umgeben von bewaffneten Kriegern seines Gefolges. Sie tragen lange Lanzen mit Wimpeln und Heeresfahnen, die in den Himmel ragen. Vergleicht man dieses Denkmal mit dem Monument von 2021, so fällt auf, dass auf der Skulptur aus den frühen 1990er Jahren kein einziges christliches Symbol zu finden ist. Hier trägt Nevskij in seiner Linken lediglich einen Schild mit dem Wappen Novgorods. Auf den Heeresfahnen finden sich weder Christus- noch Heiligendarstellungen. Als Kulisse für die gemeinsame Gedenkfeier von Präsident und Patriarch im Jahr 2021 war das Monument daher denkbar ungeeignet. Als Beobachter reibt man sich indes die Augen, dass die russländische Führung bereit war, für diesen Zweck nur gut 100 Kilometer entfernt ein millionenteures neues Monu-

---

[31] Vystuplenie Svjatejšego Patriarcha Kirilla na zasedanii Orgkomiteta po podgotovke i provedeniju jubilejnych meroprijatij, posvjaščennych 800-letiju so dnja roždenija knjazja Aleksandra Nevskogo, in: Russkaja Pravoslavnaja Cerkov'. Oficial'nyj sajt Moskovskogo Patriarcha, 10.9.2019, <www.patriarchia.ru/db/text/5497869.html>.

[32] Na ploščadi Aleksandra Nevskogo idet krestnyj chod. Ego provodjat vpervye posle načala pandemii. fontanka.ru, 12.9.2021. Zur Rede von Patriarch Kirill: <www.patriarchia.ru/db/text/5842348.html>.

[33] Pamjatnik Aleksandru Nevskomu i družine otkrojut na beregu Čudskogo ozera osen'ju. pravoslavie.ru, 22.7.2021.

[34] Schenk, Nevskij [Fn. 13], S. 426–428.

ment errichten zu lassen, das den aktuellen symbolpolitischen Bedürfnissen eher entspricht. Kaum ein Detail illustriert die geschichtspolitische Bedeutung Aleksandr Nevskijs im heutigen Russland und den Einfluss der ROK auf das neue patriotische Geschichtsbild besser als diese Episode.[35]

Ohne Kreuz: Nevskij-Denkmal auf dem Hügel Sokolicha bei Pskov

[35] In der Medienberichterstattung über die Denkmalseinweihung 2021 wird das bereits vorhandene Monument aus den frühen 1990er Jahren übrigens nie erwähnt.

Neben der Regierung, der ROK sowie kulturellen und wissenschaftlichen Einrichtungen, die sich bereits in den 1990er Jahren für das Andenken Aleksandr Nevskijs eingesetzt haben, engagieren sich die *Russländische Militärhistorische Gesellschaft* (Rossijskoe voenno-istoričeskoe obščestvo, RVIO) und die *Russländische Historische Gesellschaft* (Rossijskoe istoričeskoe obščestvo, RIO)" die 2011 bzw. 2012 gegründet wurden, beim Nevskij-Jubiläum 2021.[36] Vor allem die RVIO unter Vorsitz des ehemaligen Kulturministers Medinskij prägt den aktuellen geschichtspolitischen Nevskij-Diskurs unüberhörbar. Dies liegt nicht zuletzt an dem beeindruckenden Budget, das der Gesellschaft zur Verfügung steht.[37] Als Motto ihrer Arbeit präsentiert die RVIO auf ihrer Website ein Zitat Putins:

> Wir müssen alles dafür tun, damit die Kinder von heute und allgemein alle unsere Bürger stolz darauf sind, Erben, Enkel und Urenkel von Siegern zu sein, dass sie die Helden ihres Landes [. . .] kennen und begreifen, dass dies ein Teil unseres Lebens ist.[38]

An diesem Ziel orientieren sich auch die Bemühungen der RVIO um das Andenken an Aleksandr Nevskij im Jahr 2021, die sich vor allem auf dessen Rolle als siegreicher Feldherr in den Schlachten von 1240 und 1242 beziehen. So übernahm die Gesellschaft gemeinsam mit dem Verteidigungsministerium die Verantwortung für die Planung und den Bau des neuen Nevskij-Denkmals am Ufer des Peipussees. Dort soll unter ihrer Federführung auch noch ein Museum für die Schlacht auf dem Eis entstehen. Am 8. Juni 2021 richtete die RVIO gemeinsam mit der Stiftung „Kul'tura" im Staatlichen Historischen Museum im Herzen Moskaus auch das Forum „Geschichte für die Zukunft. Aleksandr Nevskij" aus.[39] In seinem Grußwort würdigte Präsident Putin Aleksandr Nevskij als „großartigen Sohn des Vaterlandes", „ausgezeichneten Staatsmann, erfahrenen Diplomaten und mutigen Feldherrn" und rief einmal mehr zur patriotischen Erziehung der Jugend auf.[40] Das mit großem finanziellem Aufwand durchgeführte Forum der RVIO war schlecht besucht – das zeigte die Liveübertragung im Internet. Ältere Herren in Anzug und Krawatte, die sich mehr oder weniger historisch informiert über einen Fürsten aus dem 13. Jahrhundert und dessen Bedeutung für die Zukunft Russlands äußern, vermochten das Moskauer Publikum nicht ins Historische Museum zu locken.

---

[36] Vladimir Lapin: Rossijskoe istoričeskoe obščestvo (RIO) i Rossijskoe voenno-istoričeskoe obščestvo (RVIO) kak instrumenty istoričeskoj politiki pervoj četverti XXI veka, in: Miller, Politika pamjati [Fn. 4], S. 74–95.

[37] Nach Recherchen der Novaja Gazeta wurde die RVIO 2020 mit 365 Millionen Rubel (rund 4,5 Mio. Euro) aus der Staatskasse finanziert. Olesja Pavlenko: Prestuplenie protiv istorii. Kak v Rossii ustanavlivaetsja monopolija na „pravil'noe" prošloe. Novaja Gazeta, 11.7.2021.

[38] Rossijskoe voenno-istoričeskoe obščestvo: <https://rvio.histrf.ru/activities/tasks>.

[39] Programm der Veranstaltung: <невский800.история.рф>. – „Istorija dlja buduščego. Aleksandr Nevskij" načal rabotu v Gosudarstvennom istoričeskom muzee. RVIO 8.6.2021, <https://rvio.histrf.ru/activities/news/forum-istoriya-dlya-budushhego-aleksandr-nevskii-nacal-rabotu-v-gosudarstvennom-istoriceskom-muzee> und <https://rvio.histrf.ru/activities/tasks>. – Konstantin Kudrjašov: Aleksandr Nevskij. Istorija? Sovremennost'? Net – istorija dlja buduščego. Argumenty i fakty, 8.6.2021.

[40] Vladimir Putin: Učastnikam, organizatoram i gostjam Meždunarodnogo foruma „Istorija dlja buduščego. Aleksandr Nevskij", 8.6.2021, <www.kremlin.ru/events/president/letters/65762>.

Lediglich bei Medinskijs Schlussvortrag war der Saal gut gefüllt. Möglicherweise waren Studierende einer Moskauer Hochschule verpflichtet worden, den Ausführungen des RVIO-Vorsitzenden zu lauschen.

Medien

Konferenzen und Tagungen wie das Forum der RVIO gehören zu den „klassischen“ geschichtspolitischen Formaten, die das Nevskij-Jubiläum in diesem Jahr prägen. Auch die in Nižnij Novgorod, Zelenograd und am Peipussee errichteten neuen Nevskij-Denkmäler folgen einer bis in die 1950er Jahre zurückreichenden, sowjetischen Tradition der Erinnerung des Helden.[41] Einen wahren Boom erlebte der Bau neuer Nevskij-Monumente in den 1990er Jahren. Aus dieser Zeit stammen zum Beispiel das erwähnte Denkmal bei Pskov, eine Büste auf dem Bahnhofsvorplatz von Novgorod (die dort Karl Marx vom Sockel verdrängte) und ein kleines Nevskij-Denkmal im Dorf Samolva, das dort 1992 zum 750. Jahrestag der Schlacht auf dem Eis eingeweiht wurde und seit September 2021 von dem neuen, zwanzig Meter hohen Monument überschattet wird. Ob diese neuen Nevskij-Denkmäler jedoch wirklich zu einer noch festeren Verankerung der Figur im kulturellen Gedächtnis beitragen können, darf bezweifelt werden. In den lokalen Medien Nižnij Novgorods wurde im Sommer offen Kritik am Bau eines Nevskij-Denkmals geäußert, weil dessen Biographie nichts mit der Geschichte der Stadt zu tun habe.[42] Das neue Monument am Ufer des Peipussees ist für Besucher und Besucherinnen nur schwer erreichbar. Es steht über 120 Kilometer entfernt von Pskov, der nächstgelegenen größeren Stadt. Das Denkmal befindet sich im Niemandsland und ist nicht durch eine asphaltierte Straße angebunden. Der einzige Zufahrtsweg wurde im Sommer dieses Jahres durch die Bauarbeiten am Denkmal so stark in Mitleidenschaft gezogen, dass das privat betriebene Museum für die Schlacht auf dem Eis im Dorf Samolva vorübergehend den Besucherverkehr einstellen musste, weil der Ort mit einem normalen Auto nicht mehr erreichbar war.[43] Für wen also wurde das millionenteure Denkmal errichtet? Man will nicht glauben, dass es den Strategen russländischer Geschichtspolitik nur um die schönen Fotos und Fernsehaufnahmen ging, die bei der Einweihung des Denkmals am 11. September 2021 entstanden. Schon am frühen Abend hatte der Hubschrauber mit Präsident, Patriarch und Entourage das Gelände wieder verlassen.

Projekte für neue Aleksandr Nevskij-Denkmäler werden im heutigen Russland, das macht ein anderes Beispiel deutlich, nicht nur mit dem Ziel lanciert, das Andenken des Fürsten zu pflegen. Ende Februar 2021 entbrannte in den Medien ein Streit darüber, ob man in Moskau auf dem Platz vor der Lubjanka, wo bis August 1991 ein Denkmal für den Gründer der sowjetischen Geheimpolizei Čeka, Feliks Dzeržinskij gestanden hatte, ein Monument für den Helden von der Neva errichten solle. Für diesen Vorschlag setzte sich insbesondere der Vorsitzende der Russländischen Militärhistorischen Gesellschaft Vladimir Medinskij ein. Er möchte damit an Nevskij als Begründer des Moskauer Zweiges der Rjurikiden-Dynastie erinnern, also jenes Herrschergeschlechts, von dem

[41] Zu den ersten sowjetischen Nevskij-Denkmälern der 1950er und 1960er Jahre in Perejaslavl’-Zalesskij, Novgorod und Vladimir-na-Kljaz’me siehe: Schenk, Nevskij [Fn. 13], S. 426f.

[42] So etwa der Nižnij Novgoroder Historiker Vitalij Krasnov: „Pri čem zdes’ Aleksandr Nevskij? Istorija Strelki svjazana s celym rjadom drugich znakovych ličnostej. govoritnn.ru, 27.7.2021.

[43] Ivan Davydov: Kazennaja pamjat’ i rossijskie bedy: svežij anekdot pro Aleksandra Nevskogo. Sever, 12.6.2021 <https://republic.ru/posts/100719>.

alle späteren Moskauer Großfürsten und die ersten russischen Zaren abstammten.[44] Der Vorschlag wurde deshalb zum Politikum, weil sich Gegner des Projekts für die Wiedererrichtung des 1991 gestürzten Dzeržinskij-Denkmals einsetzten. Der Moskauer Bürgermeister Sergej Sobjanin beschloss, die Bevölkerung Moskaus über die konkurrierenden Vorschläge abstimmen zu lassen.[45] Der Zeitpunkt des Referendums war gewiss nicht zufällig gewählt: Im Januar war der Oppositionspolitiker Aleksej Naval'nyj bei seiner Rückkehr nach Russland verhaftet und zu mehreren Jahren Lagerhaft verurteilt worden. Dies führte im ganzen Land zu Massenprotesten bisher ungekannten Ausmaßes. Die Regierung reagierte einerseits mit der Härte von Polizei und Justiz, andererseits mit symbolpolitischen Manövern, um die Aufmerksamkeit der liberalen Öffentlichkeit abzulenken.[46] Was konnte diese mehr empören als die Idee, vor der Lubjanka den „Eisernen Felix" wiederaufzustellen? Die Rechnung ging auf. Alle kritischen Medien stürzten sich auf das Thema und diskutierten lebhaft das Für und Wider eines Dzeržinskij- bzw. Nevskij-Denkmals. Als es den Anschein hatte, niemand würde mehr über den Fall Naval'nyj sprechen, stoppte Sobjanin kurzerhand die laufende Volksbefragung. Er wolle nicht zu einer Polarisierung der Bevölkerung beitragen, so die offizielle Begründung.[47]

Dzeržinskij: „Genug über Naval'nyj geredet". Nevskij: „Lasst uns über das Denkmal sprechen. Karikatur von Sergej Ëlkin zum Denkmalstreit in Moskau im Februar 2021

---

[44] Kak i gde voznikla ideja postavit' pamjatnik Aleksandru Nevskomu na Lubjanke. rbc, 12.4.2021. – Medinskij: Diskussija vokrug pamjatnika Aleksandru Nevskomu vydaet našu istoričeskuju bezgramotnost'. Rossijskaja gazeta, 12.6.2021.

[45] V Moskve provedut golosovanie ob ustanovke pamjatnika na Lubjanke. Vybrat' možno meždu Feliksom Dzeržinskim i Aleksandrom Nevskim. Meduza, 19.2.2021.

[46] Frithjof Benjamin Schenk: Goldene Adler und ein plombierter Waggon. NZZ, 28.1.2021.

[47] Počemu vlasti peredumali stavit' pamjatnik na Lubjanke. Meduza, 27.2.2021.

Neben Konferenzen und Denkmälern thematisieren zahlreiche Ausstellungen Aleksandr Nevskij und die Geschichte der Erinnerung an ihn. Wie viele Ausstellungen 2021 stattfinden, ist kaum zu ermitteln. Als wahrhaft historisch können die Sonderausstellungen in der Petersburger Ermitage („Aleksandr Nevskij: Fürst und Heiliger: Bilder und Symbolik“, 27.5. bis 3.10.2021)[48], in der Tret'jakov Galerie in Moskau („Die Geschichte Russlands aus dem Blickwinkel der Kunst. Zum 800. Geburtstag Aleksandr Nevskijs“, 13.6. bis 8.8.2021)[49], im Ausstellungssaal der Staatlichen Archive in Moskau („Aleksandr Nevskij und sein Bild im historischen Gedächtnis“, 30.9. bis 7.11.2021)[50], im Zeughaus des Moskauer Kremls („Aleksandr Nevskij. Name, Symbol, Legende“, 14.10.2021 bis 12.1.2022)[51] und im Staatlichen Historischen Museum in Moskau („Der Heilige und rechtgläubige Fürst Aleksandr Nevskij“, 27.10.2021 bis 18.1.2022)[52] bezeichnet werden. Noch nie zuvor konnten Ausstellungsmacher und Kuratorinnen nur in St. Petersburg und Moskau so viele Artefakte der Erinnerungsgeschichte Nevskijs gleichzeitig der Öffentlichkeit präsentieren.[53]

Während sich die genannten Ausstellungen an ein klassisches Bildungspublikum richteten, zielen Sonderausstellungen über Aleksandr Nevskij in den Zweigstellen des „Historischen Themenparks ‚Russland – Meine Geschichte‘“ auf ein breites jugendliches Publikum. Ende 2020 gab es in Russland bereits in 23 Städten Filialen dieses Themenparks.[54] Hier wird den Besucherinnen und Besuchern mit modernster Ausstellungstechnik ein multimedial aufbereitetes, einheitliches patriotisches Bild der Geschichte Russlands vermittelt. Die Idee für die Ausstellung „Russland – Meine Geschichte“ geht auf den

---

48 „Svjatoj blagovernyj velikij knjaz' Aleksandr Nevsky. Obrazy i simvolika“. <www.hermitagemuseum.org/>. Im Mittelpunkt der Ausstellung standen der silberne Reliquienschrein Aleksandr Nevskijs aus dem 18. Jahrhundert sowie Artefakte der Nevskij-Memoria aus vorrevolutionärer Zeit. Den sowjetischen Nevskij-Kult thematisierte die Ausstellung nur am Rande.

49 „Istorija Rossii glazami chudožnikov. K 800-letiju so dnja roždenija Aleksandra Nevskogo“, <www.tretyakovgallery.ru/exhibitions/o/istoriya-rossii-glazami-khudozhnikov-k-800-letiyu-so-dnya-rozhdeniya-aleksandra-nevskogo>. Zu Putins Ausstellungsbesuch am „Tag Russlands“ (12.6.): Putin poprivetstvoval gostej vystavki, posvjaščennoj Aleksandru Nevskomu. RIA Novosti, 12.6.2021.

50 „Aleksandr Nevskij i ego obraz v istoričeskoj pamjati”. <https://statearchive.ru/1460>. – V Moskve otkrylas' vystavka posvjaščennaja Aleksandru Nevskomu. Rossijskaja gazeta 29.9.2021. In dieser Ausstellung wurden auch Exponate aus der Sowjetzeit wie Zeichnungen von Sergej Ejzenštejn gezeigt.

51 „Aleksandr Nevskij. Imja, simvol, legenda“. <www.kreml.ru/exhibitions/moscow-kremlin-exhibitions/aleksandr-nevskiy-imya--simvol--legenda/#>.

52 „Svjatoj blagovernyj knjaz' Aleksandr Nevskij“ Ausstellungswebsite: <https://shm.ru/shows/30544/>. – V GIM otkryvaetsja vystavka o svjatom blagovernym knjaze Aleksandre Nevskim. Rossijskaja gazeta, 26.10.2021.

53 Die wissenschaftliche Qualität der historischen Sonderausstellungen über Aleksandr Nevskij in Velikij Novgorod, Vladimir-Suzdal' und im Historischen Museum in St. Petersburg, die im Dezember 2021 stattfindet, unterstreicht der Historiker Aleksej Sirenov im Interview mit Elena Novoselova: V čem pravda, knjaz'? Počemu Aleksandra Nevskogo tak ljubjat politiki i kinematografisty. Rossijskaja Gazeta, 6.4.2021.

54 Ekaterina V. Klimenko: Building the Nation, Legitimizing the State: Russia — My History and Memory of the Russian Revolutions in Contemporary Russia, in: Nationalities Papers, 1/2020, S. 72–88. – Michael Thumann: Der neue Nationalismus. Die Wiederkehr einer totgeglaubten Ideologie, Berlin 2020, S. 105–120. – Viktorija P. Kaz'mina: Istoričeskij park „Rossija – moja istorija” kak otraženie transformacij institucional'nogo izmerenija rossijskoj istoričeskoj politiki pamjati, in: Miller, Politika pamjati [Fn. 4], S. 172–187. – Susan Stewart: Die Manege und die 1000-jährige Geschichte Russlands, in: Rund um den Kreml. Wo Geschichte zu Politik wird: <https://kremlin.dekoder.org/manege>.

Patriarchalischen Rat für Kultur der ROK und dessen Leiter Metropolit Tichon und auf eine erste historische Ausstellung dieses Typs in der Moskauer Manege im Jahr 2013 zurück. Einen Teil der Finanzierung übernahm damals die Präsidialadministration, später konnten finanzstarke Konzerne als Sponsoren gewonnen werden. Neben der Dauerausstellung in allen Zweigstellen des historischen Themenparks, in der Nevskij natürlich seinen festen Platz hat, wurden 2021 in vielen Städten auch zwei Sonderausstellungen gezeigt, die den mittelalterlichen Fürsten einem jungen Publikum nahebringen sollten. Der Themenpark in Ekaterinburg zeigte im Herbst die Show „Aleksandr Nevskij. Russlands Schicksal". Hier konnten die Besucher auf einer Ausstellungsfläche von 800 Quadratmetern in eine „5-D Inszenierung" der Schlacht auf dem Eis eintauchen und sich mit Hilfe von virtual reality im mittelalterlichen Bogenschießen üben. Spaß und Unterhaltung, nicht kritische Geschichtsreflexion stehen hier im Vordergrund.[55] Gleiches gilt für eine Sonderausstellung, die im Sommer und Herbst landesweit in allen 23 historischen Themenparks gezeigt wurde. Hier wurde Nevskijs Leben als Comicstrip präsentiert.[56] Als „heiliges Gespräch für Kinder (sakral'nyj razgovor)" pries der prominente Filmregisseur und Putin-Freund Nikita Michalkov die Sonderausstellung, die aus seiner Sicht rund um die Uhr geöffnet sein sollte:

> Wir blicken hier 800 Jahre zurück und sehen einen Menschen mit all seinen Schwächen und Zweifeln, einen Mann, [. . .] der keinem Vorbild nacheifern konnte. Aleksandr Nevskij war beschlagen mit der größten Weisheit und tiefgläubig. Zudem besaß er größtes diplomatisches Geschick, durch das er den Glauben und sein Vaterland [vor dem Untergang; FBS] bewahrte.[57]

Inhalte, Funktionen, Botschaften

Die Ankunft des Helden in der Welt der Computersimulation und des Comicstrip illustriert am besten, dass sich der Kult um Aleksandr Nevskij im heutigen Russland in medialer Hinsicht klar von der Geschichtspolitik und Erinnerungskultur des Sowjetpatriotismus und der postsowjetischen 1990er Jahre gelöst hat. Mit Blick auf die vermittelten Inhalte fallen allerdings auch deutliche Kontinuitäten ins Auge. Der Kern der neuen und von offizieller Seite propagierten patriotischen Erzählung über Aleksandr Nevskij und seine Bedeutung für die Geschichte Russlands lässt sich gut an der Präsentation seiner Biographie in der Dauerausstellung des historischen Themenparks „Russland – Meine Geschichte" veranschaulichen.[58]

---

[55] „Lernen durch Unterhaltung (obučenie čerez razvlečenie)" gilt laut der Website als konzeptionelle Leitidee der Sonderausstellung. „Interaktivnaja vystavka Aleksandr Nevskij. Sud'ba Rossii". <https://myhistorypark.ru/exposition/aleksandr-nevskiy-sudba-rossii/?city=ekaterinburg>

[56] Sonderausstellung „Aleksandr Nevskij. Istorija žizni blagovernogo knjazja jazykom grafičeskogo romana", die 2021 in 23 Städten Russlands im Themenpark „Rossija – Moja istorija" gezeigt wurde. Dazu: Žizn' i podvigi Aleksandra Nevskogo prevratili v komiks. saratov24.ru, 31.8.2021. – Aleksandr Nevskij: Istorija žizni blagovernogo knjazja jazykom grafičeskogo romana, <www.youtube.com/watch?v=5wsXiye3CWc>.

[57] Vystavka „Aleksandr Nevskij. Istorija žizni blagovernogo knjazja jazykom grafičeskogo romana" otkroetsja v 23 gorodach Rossii. Website des Themenparks „Rossija – Moja istorija", 24.8.2021, <https://myhistorypark.ru/news/vystavka-aleksandr-nevskiy-otkroet>.

[58] Grundlage der folgenden Darstellung bietet das Kapitel über Aleksandr Nevskij in der Dauerausstellung des Historischen Parks „Rossija – Moja istorija" in St. Petersburg im Oktober 2021. Ich danke Ella Saginadze für entsprechende Fotografien.

Virtual Reality: Panoramagemälde im Themenpark „Russland – Meine Geschichte“, Ekaterinburg, Oktober 2021

„Wir blicken hier 800 Jahre zurück“. Nevskij goes Comicstrip

Das präsentierte Bild kann als gemeinsamer Nenner der von Regierung, Kirche und offiziösen historischen Gesellschaften verbreiteten Nevskij-Diskurse beschrieben werden. Zudem kommt ihm aufgrund seiner landesweiten Verbreitung und moderner, multimedialer Vermittlung an ein junges Massenpublikum große Bedeutung zu. In deutlicher Bezugnahme auf Narrative des Sowjetpatriotismus der 1930er Jahre wird Aleksandr Nevskij den Besuchern des Geschichtsparks als „herausragender Staatsmann, großer Feldherr und Verteidiger der russkaja zemlja“ vorgestellt. Nur das hinzugefügte Attribut „Heiliger“ ist eine Referenz an die Erinnerungsgeschichte der Figur in der vorrevolutionären Zeit und seine heutige Verehrung in der ROK. „Der große Feldherr“, so kann man im biographischen Kurztext neben dem berühmten Nevskij-Portrait von Pavel Korin von 1942/43 lesen, „hat keine einzige Schlacht verloren“. Daher war sein Name „legendär“. Neben Nevskijs Siegen gegen die Schweden 1240 und den Deutschen Orden 1242, die ihm „Jahrhunderte währenden Ruhm“ einbrachten, wird auch ein Feldzug gegen Litauen im Jahr 1245 erwähnt, der in der Erinnerungsgeschichte des Helden bislang eher eine untergeordnete Rolle spielte, im Zeitalter aktueller „Erinnerungskriege“ Russlands mit seinen ostmitteleuropäischen Nachbarn aber offenbar wieder an Bedeutung gewinnt.[59] Als Nevskijs wichtigstes Verdienst wird auf einem reich illustrierten Bildschirm hervorgehoben, dass er die „vollständige Zerstörung“ der Rus’ verhindert und eine Politik verfolgt habe, die eine „völlige Unterwerfung unter eine kulturelle und politische Fremdherrschaft“ ausschloss. Nevskij habe nicht nur die militärischen „Aggressionen aus dem Westen“ abgewehrt, sondern auch abgelehnt, sich dem Primat des Papstes in Rom unterzuordnen. Gleichzeitig habe er „Freunde im Osten“ gesucht und sei „mit dem Segen von Bischof Kirill“ mehrmals zum Herrscher der Goldenen Horde gereist.[60] Aleksandrs Hinwendung nach „Osten“ sei eine bewusste Entscheidung zur „Bewahrung der Rus’“ gewesen. Der Schlüsselbegriff ist das Wort „Wahl (vybor)“. Es suggeriert, Nevskij habe sich als junger Fürst von Novgorod bewusst entschieden, die Rus’ nicht dem „Westen“ zu öffnen, sondern deren kulturelle (v.a. kirchlich-religiöse) Eigenständigkeit zu bewahren.[61] Dieses Ziel habe nur durch Unterwerfung unter die Mongolen erreicht werden können, da diese ihren Untertanen keine fremde Religion aufzwangen. Unter Bezugnahme auf einen Text des Historikers Georgij Vernadskij aus dem Jahr 1925 präsentiert die Ausstellung Aleksandr Nevskijs „Kampf im Westen und seine Demut im Osten (podvig brani na zapade i podvig smirenija na vostoke)“ als seine beiden wichtigsten „Ruhmestaten“.[62] Dieses Zitat verdeutlicht, dass die patriotische Meistererzählung der Geschichte Russlands offen ist für die Deutungen der „Eurasier“, eine geschichtsphilosophische Bewegung, die sich in der Zwischenkriegszeit im russischen Exil in Westeuropa formierte und seit den 1990er Jahren in Russland eine Renaissance erlebt.[63]

---

[59] Der Leiter des Zentrums zur Erforschung des kulturellen Gedächtnisses und von Symbolpolitik an der Europäischen Universität St. Petersburg, Aleksej Miller, interpretiert und rechtfertigt zahlreiche Maßnahmen heutiger Geschichtspolitik in Russland als Reaktionen auf russlandfeindliche geschichtspolitische Aktionen in der Ukraine, den Baltischen Staaten und Polen in den vergangenen Jahren und beschreibt das Verhalten beider Seiten als „Erinnerungskrieg“. Alexej Miller: Russia and Europe in memory wars. NUPI Working Paper 887. Oslo 2020. – Nikolaj Rajskij: „Ne my čempiony v tom paskudstve, čto proischodit.“ Istorik Aleksej Miller o vojnach pamjati. Republic, 3.9.2021.

[60] Auf einem benachbarten Bildschirm erfahren die Besucher, dass die Čingiziden im 13. Jahrhundert über eine „unbezwingbare Armee“ verfügten, mit dieser das „größte Imperium aller Zeiten“ errichteten und in diesem Reich Religionsfreiheit geherrscht habe.

[61] Noch deutlicher wird dies in der Sonderausstellung „Interaktivnaja vystavka Aleksandr Nevskij. Sud’ba Rossii“. Sie suggeriert, Nevskijs „schwierige Wahl“ habe über das weitere Schicksal des ganzen Landes entschieden. <https://myhistorypark.ru/exposition/aleksandr-nevskiy-sudba-rossii/?city=ekaterinburg>.

[62] Das Zitat stammt aus dem Text von Georgij Vernadskij: Dva podviga sv. Aleksandra Nevskogo, in: Evrazijskij Vremennik. Utverždenie Evrazijcev, kniga četvertaja. Berlin 1925, S. 318–337. – Schenk, Nevskij [Fn. 13], S. 252–265. – Das Vernadskij-Zitat ist auch dem historischen Dokumentarfilm „Aleksandr Nevskij. Za Veru i Otečestvo“ vorangestellt, den „Kul’tura“ im Juni 2021 ausstrahlte. <www.youtube.com/watch?v=AinAasR2GjI>.

[63] Sergey Glebov, Marlène Laruelle, Mark Bassin (Hg.): Between Europe & Asia. The Origins, Theories, and Legacies of Russian Eurasianism, Pittsburgh 2015. – Marlène Laruelle: Russian Eurasianism. An Ideology of Empire. Washington DC 2008.

Aleksandr Nevskij-Kapelle in der Christus-Auferstehungs-Kathedrale (Hauptkirche der Streitkräfte der RF) südwestlich von Moskau, eingeweiht am 9. Mai 2020

Das im historischen Themenpark „Russland – Meine Geschichte“ präsentierte Nevskij-Bild findet sich mit nur leichten Variationen in den meisten öffentlichen Stellungnahmen von Staats- und Kirchenvertretern zum diesjährigen Jubiläum wieder. Es korrespondiert mit den von Regierung und Kirche propagierten Maximen der russländischen Innen- und Außenpolitik, zu denen der Schutz russländischer Staatlichkeit, die Bewahrung „russischer Werte“ und kultureller Eigenständigkeit, die Abgrenzung vom „Westen“ und die Offenheit für variable Bündnisse in einer „multipolaren Weltordnung“ zählen. Ideal passt das historische „Vorbild“ Nevskijs auch zu der von Publizisten geforderten Abkehr Russlands von Europa und der Hinwendung nach Asien und China.[64]

[64] Alexei Miller, Fyodor Lukyanov: Detachment Instead of Confrontation: Post-European Russia in Search of Self-Sufficiency [2016]. <https://eng.globalaffairs.ru/wp-content/uploads/2020/05/report_detachment-_1.pdf>. – Sergei Karaganov: Ideology of Eastward Turn. Russia in Global Affairs, 21.6.2018.

Auffällig ist, dass der kirchliche Nevskij-Diskurs offenbar stärker vom staatlich-militärischen Diskurs geprägt ist als umgekehrt. Deutlich wird dies beispielsweise an der Darstellung des Heiligen auf Ikonen und Mosaiken in Kirchengebäuden. Hier scheint mittlerweile ein Ikonen-Typus zu dominieren, der Aleksandr Nevskij als Kriegerfürsten mit gezücktem Schwert zeigt. Vor der Oktoberrevolution war diese Darstellungsform – von Ausnahmen abgesehen – wenig verbreitet. Ikonenmaler bildeten Nevskij entweder als Mönch oder seit dem 18. Jahrhundert als Fürst mit entsprechenden Herrscherinsignien ab.[65] Die Militarisierung Nevskijs im kirchlich-sakralen Diskurs zeichnete sich bereits in den 1990er Jahren ab: Schon damals ließ sich die Amalgamierung eines sowjetpatriotischen und eines vorrevolutionären kirchlich-sakralen Nevskij-Bildes beobachten.[66] Diese Interpretation des Heiligen hat sich heute in der ROK fest etabliert.[67]
Seit einiger Zeit dient Aleksandr Nevskij auch der russländischen Außenpolitik als Bezugspunkt. Seit 2007 gilt Nevskij als Schutzheiliger der Diplomaten.[68] Aus diesem Grund gibt es auf dem Gelände der Diplomatenhochschule MGIMO in Moskau auch eine Aleksandr Nevskij-Kirche. Am 1. September 2021 weihte Außenminister Sergej Lavrov dort ein Denkmal für den Fürsten aus dem 13. Jahrhundert ein. Dabei würdigte er Nevskij als klugen und weitsichtigen Diplomaten: Der Fürst habe es vermocht, „Kompromisse zu schließen, um so widersprüchliche Situationen zu lösen". Diese Fähigkeit bleibe bis heute ein „Schlüsselprinzip russländischer Diplomatie." „Der Westen", so Lavrov, strebe heute (wieder) danach, Russland zu destabilisieren, aber „im Unterschied zu den Zeiten Aleksandr Nevskijs haben wir heute im Süden und Osten Rückendeckung." Schuld an der neuen Konfrontation seien allein die „westlichen Partner":

> Von diesen hören wir immer wieder: „Wenn ihr Euer Verhalten ändert, sind wir bereit, mit Euch zu sprechen und dort zu kooperieren, wo es für uns lohnend ist."

So dürfe man mit niemandem sprechen, schon gar nicht mit Russland, so Lavrovs empörtes Fazit.[69] Dass die „Lehre" Aleksandr Nevskijs mittlerweile in subtiler Form auch das diplomatische Protokoll in Russland beeinflusst, konnte kurz zuvor Bundeskanzlerin Angela Merkel auf ihrem Abschiedsbesuch bei Präsident Putin am 20. August erfahren. Es war vermutlich kein Zufall, dass die Präsidialverwaltung am Ende der Gespräche die Journalisten in den Aleksandr-Saal des Großen Kremlpalastes zur Presse-

---

[65] In Reden von Regierungsvertretern wird hingegen häufig unterschlagen, dass Aleksandr Nevskij in der ROK als Heiliger verehrt wird. In Putins Ansprache am 11. September 2021 zur Einweihung des Monuments am Ufer des Peipussees ging es in erster Linie um Nevskij als Feldherr, Staatsmann und Bewahrer russischer Staatlichkeit.

[66] Schenk, Aleksandr Nevskij [Fn. 13], S. 468.

[67] Berezhnaya, „God is in Truth, Not in Power!" [Fn. 13].

[68] 2007 stiftete das „Zentrum nationalen Ruhms (Centr nacional'noj slavy)" eine Aleksandr-Nevskij-Prämie, die an russländische Diplomaten verliehen wird. Als erster nahm 2009 der ehemalige Ministerpräsident und Außenminister Evgenij Primakov die Auszeichnung entgegen. Aleksandr Nevskij – pokrovitel' diplomatov. Izvestija, 30.1.2009.

[69] Lavrov zajavil, čto Aleksandr Nevskij sočetal kačestva polkovodca i diplomata. TASS, 1.9.2021. Schon 2007 stilisierte Sergej Lavrov Aleksandr Nevskij zum Begründer der „multivektoralen russländischen Diplomatie (mnogovektornaja rossijskaja diplomatija)." MID RF chočet sledovat' zavetam Aleksandra Nevskogo. Izvestija online 4.12.2007.

konferenz lud, ein Raum, der normalerweise nicht für diesen Zweck genutzt wird. Geschmückt ist dieser prachtvolle Saal – im Andenken an seinen Namensgeber – mit Szenen aus dem Leben Aleksandr Nevskijs.[70] Ob man damit die Kanzlerin zwischen den Zeilen an den „russischen“ Triumph über ein „deutsches“ Heer im Jahr 1242 erinnern wollte?

Aleksandr Nevskij wird nicht nur für Russlands Politik gegenüber dem „Westen“ eingespannt, auch für die aktuelle Ukraine-Politik spielt er eine Rolle, wenngleich hierfür die Figur des Heiligen Vladimir noch bedeutsamer ist.[71] Bereits 2019 erinnerte Patriarch Kirill daran, dass vor 770 Jahren Aleksandr Nevskij vom Chan der Großen Horde als „Fürst von Kiew und des ganzen rus'ischen Landes“ eingesetzt worden sei.[72] Nach der Regierungszeit Aleksandr Nevskijs habe Kiev, die „Mutter aller russischen Städte“, bekanntlich einen Niedergang erlebt und sei in die Hände „litauischer Fürsten“ gefallen. Heute, wo manche die „Einheit der historischen Rus'“ in Frage stellen,

> sollte uns Aleksandr Nevskijs Biografie an unsere gemeinsamen historischen Wurzeln erinnern. In bestimmten politischen Kreisen anderer slavischer Staaten [. . .] erinnert man sich [jedoch] nicht gerne an die Heldentaten Aleksandr Nevskijs, an seine historische Führungsrolle in der Rus' und an seine Verdienste um den Schutz der rus'ischen Länder vor dem Angriff auswärtiger Feinde.[73]

Würde man sich daran erinnern, so scheint das Kirchenoberhaupt nahezulegen, wäre es um die aktuellen Beziehungen zwischen Russland und der Ukraine besser bestellt.

Bei der Abwehr der imaginierten Gefahr eines aggressiven „Westens“ und der Beschwörung kultureller Eigenständigkeit ziehen die russländische Führung, die ROK und die Historischen Gesellschaften an einem Strang. Der Bezug auf die eigene Geschichte spielt dabei eine wichtige Rolle. Anders als in den westlichen Staaten, in denen im Sommer 2020 Denkmäler vom Sockel gestoßen würden, so der Vorsitzende des Auswärtigen Ausschusses der Staatsduma Aleksej Puškov in Anspielung auf die Denkmalstürze in den USA und Großbritannien durch antikolonialistische Aktivisten, würden in Russland neue errichtet. Während man sich „dort“ getrieben von der Globalisierung von der Geschichte verabschiede und diese mit Blick auf „irgendwelche neuen ideologischen Grundlagen“ umdeute, strebe man hier danach, die „nationale Identität“ zu bewahren. Hierfür werde auch Aleksandr Nevskij gebraucht:

> Er ist eine jener Personen, mit denen wir in die Zukunft gehen. Wir sollten ihn nicht in eine schablonenhafte Figur verwandeln. Sein Bild [. . .] sollte

---

[70] Markus Ackeret: Zusammenprall zweier Weltsichten: Merkels Abschiedsbesuch im Kreml verbirgt die grundlegenden Differenzen nicht. NZZ-Online, 20.8.2021.

[71] Frithjof Benjamin Schenk: Das Wladimir-Denkmal und die „dreieinige russische Nation“, in: Rund um den Kreml. Wo Geschichte zu Politik wird <https://kremlin.dekoder.org/fuerst-wladimir-denkmal>.

[72] Vystuplenie Svjatejšego Patriarcha Kirilla [Fn. 31]. Kirill spielte offenbar auf die Reise Aleksandr Jaroslavičs und seines Bruders Andrej nach Kara Korum an, die zwischen 1248 und 1250 stattgefunden haben soll. Schenk, Nevskij [Fn. 13], S. 52. Anders als von Patriarch Kirill bemerkt, ging die Großfürstenwürde von Vladimir bei diesem Besuch jedoch an Andrej Jaroslavič.

[73] Ebd.

> vielmehr zum Träger dessen werden, was sich als Identität Russlands beschreiben lässt.[74]

Im Vergleich zur öffentlichen Erinnerung an Aleksandr Nevskij im Russland der 1990er Jahre fällt auf, dass der Diskurs über seine Figur monotoner geworden ist und Schattierungen zunehmend vom dominanten patriotischen Narrativ überdeckt werden. Von der „Pluralisierung der Erinnerung" der 1990er Jahre ist heute nicht mehr viel zu sehen. Während der Heilige von der Neva 1990 und 1992 in St. Petersburg, Novgorod oder Pskov auch als eine Persönlichkeit der lokalen Geschichte und als Symbol regionaler Identität dargestellt und erinnert wurde, ist sein Bild heute auf die Geschichte „russländischer Staatlichkeit" und „Eigenständigkeit" ausgerichtet.[75] Auch vom spielerischen und selbstironischen Umgang mit der eigenen Geschichte der frühen postsowjetischen Zeit ist nicht viel geblieben. Während es in den „wilden 1990ern" Wodka-Marken gab, die mit dem Namen „Aleksandr Nevskij" warben, regt sich heute in kirchlichen Kreisen immer wieder Widerstand gegen solche Formen des Nevskij-Branding.[76] So empörte sich 2008 Sergej Česnokov von der „Union Orthodoxer Bürger der Wolgaregion über einen Werbeclip für Brotchips, in dem der Sieg Aleksandr Nevskijs in der Schlacht auf dem Eis ironisch auf den Verzehr dieses knusprigen Snacks zurückgeführt wird.[77]

Im patriotischen Nevskij-Chor sind dissonante Stimmen kaum noch zu hören, aber es gibt sie. Dem hurrapatriotischen Mainstream widersetzt sich beispielsweise eine Ausstellung im El'cin-Zentrum in Ekaterinburg, in dem die Geschichte Russlands als die eines Landes erzählt wird, das nach Freiheit strebt. In einem aufwändig gestalteten Zeichentrickfilm über Russlands Geschichte im Schnelldurchlauf tritt auch Aleksandr Nevskij auf, jedoch nicht als Sieger über Feinde aus dem Westen, als Beschützer der Orthodoxie oder als geschickter Diplomat. Erwähnung findet nur, dass Nevskij als Wahlfürst von Novgorod mehrmals von den demokratisch gewählten Institutionen der Handelsrepublik seines Amtes enthoben wurde und sich der Fürst dem Streben seiner Untertanen nach Freiheit und Selbstbestimmung immer wieder beugen musste. Über eine solche „unorthodoxe" Lesart der Geschichte des Landes empörte sich im Jahr 2016 Nikita Michalkov lautstark. Mit seiner „nicht objektiven Bewertung der Geschichte Russlands" zerstöre das El'cin-Zentrum täglich das „nationale Selbstbewusstsein hunderter Kinder", so der patriotische Regisseur.[78] Seine Philippika blieb jedoch allem Anschein nach folgenlos. Die Geschichtspolitiker in Moskau setzen offenbar darauf, die

---

74 Puškov äußerte dies auf dem Nevskij-Forum der RVIO am 8. Juni 2021. Čem Aleksandr Nevskij važen dlja sovremennoj Rossii. Rossijskaja gazeta, 20.6.2021.

75 Dazu Schenk, Nevskij [Fn. 13], S. 436–469.

76 V Russkoj pravoslavnoj cerkvi vystupajut rezko protiv prevraščenija imen svjatych v komerčeskie brendy, in: Interfaks Religija, 28.9.2007. Diesen und die nächsten beiden Verweise verdanke ich Berezhnaya: „God is in Truth, Not in Power!" [Fn. 13].

77 Werbeclip der Marke „chrus team": <www.sostav.ru/multimedia/video/2008/10.06/vo.mpg>. – Sergej Česnokov: Kto ostanovit koščunnikov i chochmačej. Russkaja narodnaja linija, 12.6.2008.

78 „Ne byl, no osuždaju". Michalkova kritikujut za slova pro „El'cin Centr". RIA Novosti, 12.12.2016.

Jugend Ekaterinburgs in den mittlerweile eröffneten Historischen Themenpark „Russland – Meine Geschichte“ zu locken. Dort entspricht die Nevskij-Darstellung der gewünschten hurrapatriotischen Linie.
Ungeachtet der Tatsache, dass Aleksandr Nevskij fester Bestandteil der heutigen staatlichen und kirchlichen Geschichtspolitik ist, beziehen sich indirekt auch Vertreter der liberalen Opposition auf den Helden aus dem 13. Jahrhundert. Während der Proteste gegen Aleksej Naval'nyjs Inhaftierung im Januar und Februar 2021 wurden beispielsweise über den Twitter-Kanal @Silavpravde Nachrichten über die aktuellen politischen Entwicklungen im Land verbreitet. Der Kanal, der sich das Motto der polnischen Nationalbewegung des 19. Jahrhunderts „Für Eure und unsere Freiheit (Za vašu i našu svobodu)“ gegeben hat, ist bis heute aktiv. Sein Name ist eine Anspielung auf ein Zitat aus der Vita Aleksandr Nevskijs – „Gott ist in der Wahrheit, nicht in der Kraft (Ne v sile Bog, a v Pravde)“. Der Leitsatz, mit dem Aleksandr Nevskij – dem der Autor der Heiligenlegende zufolge – vor der Schlacht an der Neva seine Krieger zum Kampf motiviert haben soll, gehört neben dem Motto aus der Schlussrede aus Ėjzenštejns Historienfilm („Wer mit dem Schwert zu uns kommt . . .“) zu den bekanntesten „Nevskij-Zitaten“ im heutigen Russland. Der genannte Twitter-Kanal bezieht sich jedoch nicht direkt auf die Vita des Heiligen, sondern auf eine Abwandlung des Zitats aus dem Kinofilm *Brat 2* von Aleksej Balabanov aus dem Jahr 2000. Dort fragt der Hauptdarsteller den „Amerikaner“: „Bruder, worin liegt die Kraft? Komm, lass uns das klären! (V čem sila, brat? Davaj razberemsja …)“. Gleich im nächsten Satz gibt er sich selbst die Antwort: „In der Wahrheit liegt die Kraft. Stärker ist, wer die Wahrheit vertritt. (Sila v pravde. Kto prav, tot i sil'nee.)“ Seither ist dieser Spruch ein „geflügeltes Wort“ einer ganzen Generation.[79]

Epilog: Der Kampf um die Grenzen des Sagbaren

Aus den zuletzt genannten Beispielen folgt jedoch keineswegs, dass sich heute in Russland jeder nach Belieben öffentlich über Aleksandr Nevskij äußern oder gar dessen Namen in Misskredit bringen darf.[80] Dies konnte im Sommer 2021 Sergej Černyšov am eigenen Leib erfahren. Im Juni hatte der promovierte Historiker auf Facebook die Idee kritisiert, den Sverdlov-Platz seiner Heimatstadt in Aleksandr Nevskij-Platz umzubenennen. Černyšov, Direktor des privaten „Offenen College“ in Novosibirsk, nannte den Vorschlag eine „Wahl zwischen einem Banditen und einem Kollaborateur“. Den Kommunisten und Revolutionär Jakov Sverdlov als Verbrecher zu titulieren, fand niemand problematisch. Der Vorwurf jedoch, Aleksandr Nevskij habe mit den mongolischen Fremdherren paktiert und könne daher auf eine Stufe mit dem sowjetischen Generalleutnant Andrej Vlasov gestellt werden, der im Zweiten Weltkrieg an der Seite der Na-

[79] Novoselova: V čem pravda, knjaz'?
[80] Evgenija Lezina: Dvacat' vosem' panfilovcef snova v stroju. Oficial'naja politika pamjati i „očernenie istorii“. Republic.ru, 18.9.2021. Dabei handelt es sich um einen Auszug aus Lezinas Monographie XX vek: prorabotka prošlogo. Praktiki perechodnogo pravosudija i polytika pamjati v byvšich diktaturach. Moskva 2021.

zis kämpfte, rührte aber scheinbar an ein Tabu. Am 17. August 2021 bestellte das Ermittlungskomitee Černyšov zum Verhör ein.[81] Der Vorwurf: Der Historiker habe mit seinem Kommentar im Internet möglicherweise ein Gesetz gegen die Verfälschung der Geschichte und die religiösen Gefühle seiner Mitbürger verletzt.[82] Der junge Direktor machte die Sache auf Facebook publik und löste damit eine gewaltige Medienwelle aus.[83]

Anfang September wurde das Verfahren zwar eingestellt. Doch der „Fall Černyšov" erfüllte viele Beobachter mit Sorge, dass sich die Grenzen des Sagbaren im historischen Diskurs in Russland weiter verengen. Dass über die Folgen des Hitler-Stalin-Pakts, den Beginn des Zweiten Weltkriegs und Kollaboration im Großen Vaterländischen Krieg nicht mehr öffentlich gesprochen werden darf und dass bei einem Verstoß empfindliche Strafen drohen, ist allgemein bekannt.[84] Wurde nun jedoch auch die Geschichte des 13. Jahrhunderts mit Sprechverboten belegt? Während liberale Medien die Einbestellung Černyšovs durch die Behörden kritisch kommentierten, zeigte der Historiker Aleksej Miller, der an der Europäischen Universität St. Petersburg ein Zentrum zur Erforschung des kulturellen Gedächtnisses und von Symbolpolitik leitet, Verständnis. Man stelle sich vor, so Miller in einem Interview mit dem liberalen Portal Republic.ru, ein Schuldirektor in Frankreich würde Jeanne d'Arc als „Hure" bezeichnen oder ein Kollege in Deutschland würde Martin Luther Vorläufer bzw. geistigen Wegbereiter Hitlers nennen. Vor diesem Hintergrund sehe er kein Problem, wenn eine Strafverfolgungsbehörde den Direktor einer Schule zu einem klärenden Gespräch zitiere. Das habe in Russland eine gewisse Tradition. Auch in der Sowjetunion habe der KGB die Menschen durch solche Ermahnungen vor größeren Dummheiten bewahrt.[85] Dass in Deutschland und Frankreich die Meinungsfreiheit als hohes politisches Gut betrachtet wird und in diesen Ländern Strafverfolgungsbehörden einen Historiker, der sich kritisch über eine Figur der mittelalterlichen Geschichte äußert, kaum zum Gespräch bitten würden, blieb in dem Interview unerwähnt.

Auch wenn die Vorladung des Ermittlungskomitees für Sergej Černyšov bislang folgenlos blieb, sind Vorfälle wie diese besorgniserregend. Es steht zu befürchten, dass sich das Klima für öffentliche Geschichtsdebatten in Russland weiter verschlechtert, dass aus Angst vor „heißen Eisen" bestimmte historische Themen nicht mehr erforscht

---

81 Zum Ermittlungskomitee: Hans-Henning Schröder: Bastrykin oder: Das Werden einer neuen Machtstruktur. Strafermittlungsorgane und Politik in den Jahren 2007–2014, in: Mirja Lecke, Oleksandr Zabirko (Hg.): Verflechtungsgeschichten. Konflikt und Kontakt in osteuropäischen Kulturen. Festschrift für Alfred Sproede. Berlin 2016, S. 373–401.

82 Der § 354.1 Strafgesetzbuch der Russländischen Föderation, der die „Rehabilitation des Nazismus" unter Strafe stellt, wurde 2021 verschärft. <www.consultant.ru/document/cons_doc_LAW_10699/be763c1b6a1402144cabfe17a0e2d602d4bb7598>.

83 Il'ja Nikolaev, Aleksandr Voronov, Aleksandr Černych: Bredovoe poboišče. Istorika vyzvali v SK iz-za repliki o kollaboracionizme Aleksandra Nevskogo. Kommersant", 17.8.2021. – Direktora kolledža vyzvali v SK za post v Facebook – reakcija. Ėcho Moskvy, 17.8.2021, <www.youtube.com/watch?v=meTkCg7hL94>. – Natalija Zotova: Nevskij, Vlasov, Den' Pobedy: Začem SKR doprašival istorika i kraeveda v Novosibirske. BBC News – Russkaja služba, 18.8.2021.

84 Pavlenko, Prestuplenie protiv istorii [Fn. 37].

85 Nikolaj Rajskij: „Ne my čempiony v tom paskudstve, čto proizchodit". Istorik Aleksej Miller o vojnach pamjati. Republic.ru, 3.9.2021.

werden und dass die „Schere im Kopf“ Historiker und Historikerinnen in zunehmendem Maße zur Selbstzensur treibt.[86] Als Reaktion auf Černyšovs Vorladung schrieb ihm ein Kollege sarkastisch, er werde sich nun der Erforschung der Geschichte Mesopotamiens im 3. Jahrtausend v. Chr. zuwenden . . .[87] Černyšov selbst wollte sich von seiner Begegnung mit den Wächtern des öffentlichen Geschichtsdiskurses nicht entmutigen lassen. Eine Sonderausgabe des Geschichtsmagazins *Diletant*, in dem Aleksandr Nevskij keineswegs als herausragende historische Persönlichkeit präsentiert werde[88] und der große Zuspruch, den er nach seiner Vorladung von vielen Seiten erfuhr, stimme ihn mit Blick auf den Zustand der Gesellschaft in Russland optimistisch.[89] Offen sei indes nach wie vor die Frage, warum „wir in Russland in einem Land mit einer unvorhersehbaren Vergangenheit leben“.[90]

Schlagwörter:
Russland, Aleksandr Nevskij, Denkmal „Fürst Aleksandr Nevskij mit Gefolge“, Geschichtspolitik, Erinnerung, Russische Orthodoxe Kirche, Russländische Militärhistorische Gesellschaft

---

[86] Evgenija Kandiano: Služanka ideologii. Tol'ko li v Rossii perepisyvajut istoriju? Republic.ru, 10.10.2021.

[87] Eintrag auf der Facebookseite Sergej Černyšovs vom 19.8.2021.

[88] Die populärwissenschaftliche russischsprachige Zeitschrift für Geschichte *Diletant* widmete den Schwerpunkt des Hefts 69/2021 Aleksandr Nevskij. Bereits der Abstract lässt sich als kritischer Kommentar zum patriotischen Nevskij-Bild verstehen: „Aleksandr Nevskijs Leben und Werk sind seit jeher von einer mythischen Erzählung überschattet. Die offizielle Biografie des bekanntesten russischen Fürsten konzentriert sich auf zwei Jahre seines Lebens: 1240 und 1242. Abgesehen davon weiß die breitere Öffentlichkeit fast nichts über die anderen Taten des Fürsten, so etwa über seine Machtübernahme in Vladimir.“ <https://shop.diletant.media/ tproduct/ 243589304-920664285331-zhurnal-diletant-069>

[89] Sergej Černyšov, Facebook, 9.8.2021.

[90] Andrej Švarc: „Otvečat' za Nevskogo“ ne budet. SK ne stal zavodit' ugolovnoe delo protiv istorika. Sibir' Realii, 11.9.2021.

Aleksej Levinson, Stepan Gončarov

Loyalitätsrituale

Russland: Das Volk, die Wahlen und das Regime

Im September 2021 fanden die Wahlen zur Staatsduma statt. Doch Wahlen sind in Russland kein offenes Verfahren zur Bestellung von Mandatsträgern. Vielmehr sind sie ein Akt staatlicher Machtausübung. Sie haben die Funktion, die Loyalität der Bürger und der Angehörigen des Staatsapparats zu überprüfen. Diese Praxis stammt aus den Zeiten des Stalinismus. Für einen Großteil der Bevölkerung ist die Stimmgabe heute wieder eine rituelle Handlung. Es geht um den Wunsch des Einzelnen, Teil der Mehrheit zu sein. Trotzdem bieten auch Wahlen in autoritären Systemen einen Einblick in gesellschaftliche Haltungen, Wertewandel und die Struktur der Öffentlichen Meinung.

In Russland und Ländern mit einem ähnlichen politischen System sind Wahlen kein normales demokratisches Verfahren. Sie sind ein Akt der staatlichen Machtausübung. Dazu nutzt der Staat alle Mittel, die ihm zur Verfügung stehen. Eine Ressource ist der verbreitete Wunsch der Bürgerinnen und Bürger, Teil des Staates zu sein und sich symbolisch mit „allen" zu vereinigen.[1] Der Staat bietet ihnen Wahlen und das Ritual der Stimmabgabe, um diesen Wunsch zu erfüllen.

Die relative Mehrheit der Befragten, die in Umfragen des Levada-Zentrums im Vorfeld der Dumawahlen am 19. September 2021 ihre Absicht bekundete, die Partei der Macht *Einiges Russland* (Edinaja Rossija) zu wählen, gehört zu diesem Typ von Bürgern. Diese Menschen gehen nicht deswegen zu den Urnen und geben dort *Edinaja Rossija* ihre Stimme, weil sie dazu gezwungen werden. Vielmehr ist die Stimmabgabe für sie eine rituelle Handlung. Es geht darum, die herrschende Ordnung aufrechtzuerhalten und Teil der Mehrheit zu sein. Das geschieht freiwillig. Dennoch sollte man die Stimmabgabe nicht als „freie Willensäußerung" bezeichnen. Diesen Menschen geht es um etwas anderes: Sie erklären ihr Einverständnis mit dem Willen des Staates.

Aleksej Levinson (1944), Soziologe, Abteilungsleiter am Levada-Zentrum, Moskau
Von ihm erschien in OSTEUROPA zuletzt (mit Lev Gudkov): Verfemt, verehrt, vergessen. Russlands Bild von Andrej Sacharov in: OE, 3/2021, S. 71–90. – Flöten wie Sokrates. „Neue Alte" und die alte Realität in Russland, in: OE, 5/2010, S. 159–174.
Stepan Gončarov (1992), Abteilungsleiter am Levada-Zentrum, Moskau

[1] Um dies zu verstehen, erinnere man sich daran, dass in Russland der Staat die Gesellschaft konstituiert, nicht umgekehrt. Siehe dazu die klassische Studie von Dietrich Geyer: „Gesellschaft" als staatliche Veranstaltung. Sozialgeschichtliche Aspekte des russischen Behördenstaates im 18. Jahrhundert, in: Ders. (Hg.): Wirtschaft und Gesellschaft im vorrevolutionären Russland. Köln 1975, S. 20–52.

OSTEUROPA, 71. Jg., 8–9/2021, S. 163–180 **doi: 10.35998/oe-2021-0069**

Gegen diese Wählerinnen und Wähler braucht der Staat keine Gewalt anzuwenden. Bei Umfragen des Levada-Zentrums fordern diese Wähler vielmehr selbst den Einsatz staatlicher Gewalt. Sie unterstützen die gewaltsame Unterdrückung von Protesten, mit denen andere Wähler gegen die Fälschung von Wahlen demonstrieren. Ob sie auch Verletzte und Tote in Kauf nehmen würden, ist unklar. Wichtig ist, dass in ihrer Vorstellung der Staat zur Gewaltanwendung fähig sein muss. Mit einem solchen Staat identifizieren sie sich.

Russlands Wähler: (k)ein Reservoir für das Regime

55 Prozent der vom Levada-Zentrum befragten wahlberechtigten Bürgerinnen und Bürger gaben eine Woche nach den Wahlen an, dass sie ihre Stimme abgegeben hätten. In der Gruppe der über 55-Jährigen erklärten dies 70 Prozent, bei den 45- bis 54-Jährigen 56 Prozent, unter den jüngeren Wahlberechtigten weniger als 40 Prozent.

Etwa 40 Prozent der Befragten gaben an, die „Staatspartei" *Einiges Russland* gewählt zu haben. Hochgerechnet auf die Gesamtbevölkerung sind dies etwa 20 Millionen Menschen. Unter diesen sind deutlich mehr Frauen. Dies hat demographische Gründe. 45 Prozent der Frauen, die angaben, sie seien zur Wahl gegangen, haben ihrer Aussage zufolge für *Einiges Russland* gestimmt. Bei den Männern waren es etwas unter 30 Prozent.[2] In beiden Geschlechtergruppen erhielt *Einiges Russland* in der Altersgruppe der Rentner die meisten Stimmen. Frauen haben in Russland jedoch eine deutlich höhere Lebenserwartung als Männer, so dass es in den älteren Kohorten deutlich mehr Frauen gibt. Diese Frauen haben ihr gesamtes Leben in einer männlich dominierten Gesellschaft verbracht, in der ein Großteil des materiellen, sozialen und symbolischen Kapitals in den Händen von Männern lag. Auch in ihrer Ehe waren die Frauen das „schwache Geschlecht". Stirbt ihr Gatte, verlieren sie den „starken" Mann als ihre Stütze; ihr sozialer Status sinkt weiter. Die „einsame Rentnerin" ist die letzte Stufe der sozialen Leiter, darunter kommen nur die „Armen", die gar nicht mehr zur Gesellschaft gerechnet werden.

Die Wählerverteilung ist auch stark geographisch geprägt. Junge Menschen wandern aus Kleinstädten und Dörfern in die urbanen Zentren ab. Zurück bleiben die Alten – und dies sind eben überwiegend Frauen. Sie sind abhängig vom Staat, ihre Rente reicht gerade zum Überleben, sie haben fast keine Ersparnisse. Was sie rettet, ist in der Regel ein Stück Land, auf dem sie Kartoffeln und Gemüse anbauen. Holz oder Briketts zum Heizen sowie andere elementare Dinge erhalten sie oft nur dank der lokalen Behörden, die diese Abhängigkeit weidlich ausnutzen: Ihre Schützlinge verhalten sich an der Wahlurne wunschgemäß. Ihre Informationen beziehen diese älteren Menschen praktisch ausschließlich aus dem staatlich kontrollierten Fernsehen; nur über dieses sind sie in das Leben des Landes einbezogen. All das macht sie zum idealen und aufgrund der demographischen Lage sehr umfangreichen Wählerreservoir des Regimes. Junge Menschen, deren soziale Merkmale und politische Überzeugung denen der sozial marginalisierten Rentnerinnen diametral entgegengesetzt sind, sind als Wählergruppe zu klein. 7,8 Millionen jungen Erwachsenen zwischen 20 und 24 Jahren stehen 21 Millionen Menschen über 65 entgegen.

Dennoch ist das Wählerreservoir, aus dem das Regime so leicht schöpfen kann, nicht groß genug, um jenes Ergebnis zu garantieren, das es anstrebt: ein Mandat für die totale, ungeteilte Herrschaft. Ein solches Ergebnis zu erzielen und dabei den Anschein eines

[2] Levada-Centr: Itogi vyborov. 5.10.2021, <www.levada.ru/2021/10/05/itogi-vyborov/>.

formal korrekten Wahlverfahrens zu wahren, ist nicht einfach. Deshalb können Wahlen in Russland und anderen autoritären Staaten dem Regime erhebliche Probleme bereiten, bisweilen sogar seine Existenz gefährden. Dennoch halten all diese Regime an Wahlen fest. Doch warum? Weit verbreitet ist die Erklärung, Wahlen seien notwendig, um dem Regime Legitimität zu verleihen und zu sichern. Die Antwort klingt schlüssig, ist jedoch nicht überzeugend. Denn erstens sind Wahlen in diesen Ländern oft von einer so dichten Wolke aus Skandalen und Enthüllungen umgeben, dass sie eher zur Untergrabung der Legitimität des herrschenden Regimes führen. Zweitens beruht politische Legitimität in diesen Ländern nicht auf Wahlen.

Wahlen in der Sowjetunion

Die Idee allgemeiner, direkter und geheimer Wahlen hat ihren Ursprung in Westeuropa. Nach Russland brachte sie Anfang des 20. Jahrhunderts eine reformorientierte Elite. Freie und faire landesweite Wahlen gab es in der gesamten Geschichte Russlands nur zweimal. Das ist kein vielversprechendes Erbgut.

Die erste Erfahrung mit allgemeinen, gleichen und geheimen Wahlen machte Russland 1917 bei den Wahlen zur Konstituierenden Versammlung. Das traurige Schicksal dieses Proto-Parlaments ist hinlänglich bekannt: Die Bolschewiki lösten es gewaltsam auf. Sie annullierten das Ergebnis dieser ersten echten demokratischen Wahlen und führten stattdessen ihr eigenes Wahlsystem ein: Wahlen zu den Räten (Sowjets). Die Arbeiterschaft der Betriebe wählte in nichtgeheimen Abstimmungen Abgeordnete der unteren Ebene, diese wählten die Abgeordneten der nächsthöheren Ebene und so weiter bis zur höchsten Ebene. Dieses Rätesystem ermöglichte aber vor allem der durch Umsturz und Bürgerkrieg an die Macht gekommenen Kommunistischen Partei die Kontrolle von oben. Es erinnerte an das archaische Modell der slawischen Volksversammlungen (veče),[3] war aber vor allem eine Fortsetzung der unzähligen spontanen Kundgebungen und Versammlungen, die es vor und nach der Revolution überall im Land gegeben hatte. Dieses System hatte fast 20 Jahre Bestand und ermöglichte die Errichtung einer totalen Diktatur.

Stalins „Rückbesinnung" auf den Parlamentarismus

Mitte der 1930er Jahre beschlossen Stalin und sein Kreis die Einführung allgemeiner, geheimer, gleicher und direkter Wahlen. Stalin deutete zwei Gründe an. In Zusammenhang mit der Vorbereitung der Verfassung von 1936 schrieb er:

> Die Umstände und Kräfteverhältnisse in unserem Land sind so, dass wir davon politisch nur Vorteile haben; ganz zu schweigen davon, dass die Interessen der internationalen revolutionären Bewegung für eine solche Reform sprechen, denn diese Reform wird definitiv eine mächtige Waffe im Kampf gegen den internationalen Faschismus sein.[4]

---

[3] Predstavitel'naja vlast': ot narodnogo veče do Zakonodatel'nogo Sobranija. <https://zsto.ru/index.php/1f05c7fa-6a8e-071f-a52b-99384a75768c/istoriya/b9aa7440-e9e0-41fb-fdb8-120b1810b6c9>.

[4] Josif Stalin: Soprovoditel'naja zapiska k proektu rešenija Politbjuro CK VKP(b) ob izmenenii osnovnogo zakona strany i sozdanii konstitucionnoj komissii, kotoroe bylo prinjato Politbjuro 31.1.1935. <https://denvistorii.ru/5-dekabrya/priniata-stalinskaia-konstitutsiia-sssr.html>.

Zum einen ging es also um Machtsicherung. Dazu diente den Bolschewiki unter Lenin und Stalin bekanntlich in erster Linie institutionalisierte Gewalt. Hinzu kamen allerdings ideologische Mittel. Gemäß der von Lenin und Trockij propagierten Idee der Weltrevolution sollte in allen Ländern der Erde der bürgerliche „parlamentarische Kretinismus" überwunden und durch neue, revolutionäre Formen der Selbstverwaltung des Volkes ersetzt werden.[5] Gerne beriefen sich die Bolschewiki dabei auf die Pariser Kommune.[6] Zwar hatten sie eine spontane Form der Selbstorganisation in ein Instrument der Diktatur verwandelt. Doch das Argument, man habe die „bourgeoise" Demokratie überwunden, zog.

Mitte der 1930er Jahre war die erste Generation der Bolschewiki als politische Kraft verdrängt und ausgelöscht. Die herrschende Gruppe um Stalin feierte die Übernahme der vollen Kontrolle über den Parteiapparat und die Staatsbürokratie, konnte sich aber der politischen Loyalität der Bevölkerung noch nicht sicher sein. Der Widerstand der Bauern gegen die Kollektivierung war nicht organisiert, aber heftig; auch die Unzufriedenheit in den Städten angesichts der schlechten Lebensmittelversorgung beunruhigte die Machthaber. Stalin versprach sich von dem neuen Wahlsystem vor allem „politische Vorteile", konkret: die Loyalität der Bevölkerung. Deshalb wurde beschlossen, den Völkern des ehemaligen Russischen Reiches mit Pomp und Getöse die allgemeinen, gleichen, geheimen und direkten Wahlen zurückzugeben, die ihnen mit der Auflösung der Konstituierenden Versammlung geraubt worden waren. Natürlich wurde die Konstituierende Versammlung nicht erwähnt, sondern betont, dass Wahlen in „bürgerlichen Demokratien" keine authentischen Wahlen seien. Nur sowjetische Wahlen sind echte Wahlen.

Freilich war nur eine pseudodemokratische Dekoration geplant. Das Recht, Kandidaten zu nominieren, war „gesellschaftlichen Organisationen" und „Vereinigungen von Werktätigen" vorbehalten. Dies war der wichtigste Kontrollmechanismus. Den zweiten beschrieb Stalin so: „[E]s ist völlig egal, wer wie [. . .] wählt; wirklich wichtig ist, wer wie die Stimmen zählt."[7] Dank dieser doppelten Kontrolle trugen laut veröffentlichten Ergebnissen stets die Richtigen den klaren Sieg davon.

Der andere Adressat, an den Stalin sich richtete, waren die „werktätigen Massen" im Westen. Mitte der 1930er Jahre stand fest, dass die Vorstellung von der unmittelbar bevorstehenden Weltrevolution, auf die Lenin und Trockij gehofft hatten, eine Illusion gewesen war. Zudem hatte die von Stalin und seinem Apparat dirigierte internationale kommunistische Bewegung, die unter Führung der *Komintern* an dieser Idee festhielt, an Boden verloren. In Italien hatte die faschistische Bewegung die Oberhand gewonnen, im Deutschen Reich der Nationalsozialismus. Beide boten Alternativen zum „Kommunismus" – verstanden als Ideologie wie als Bewegung. Und sie hatten sich auf dem Boden bürgerlicher Demokratien entwickelt, indem sie den Parlamentarismus und die zu diesem gehörenden freien Wahlen für ihre Zwecke nutzten. Wenn Stalin also vom „internationalen Faschismus" sprach, dessen Gegner mit der Einführung geheimer und direkter

[5] Den Begriff prägte Friedrich Engels in seinem Text „Revolution und Konterrevolution in Deutschland" (1851/1852), in: Marx-Engels-Werke. Bd. 8, Berlin 1988, S. 5–108. – Vladimir I. Lenin übernahm diese Prägung. In Lenins Gesammelten Werken findet sich der Begriff in 14 von 55 Bänden.

[6] Aus dieser historischen Nähe rührte im Sprachgebrauch der Bolschewiki auch die synonyme Verwendung von „sowjetisch" und „kommunistisch".

[7] Boris Bažanov: Vospominanija byvšego sekretarja Stalina. Sankt-Peterburg 1992, Kap. 5, <http://lib.ru/MEMUARY/BAZHANOW/stalin.txt>.

Wahlen eine „mächtige Waffe“ erhielten, so meinte dies im Klartext, dass diese Ideologie in den europäischen Ländern einen politischen Sieg nach dem anderen errang: Regime, die jenen von Mussolini und Hitler ähnelten, beherrschten große Teile Europas.
Stalin registrierte zwar, dass die Arbeiter der *Komintern* von der Fahne gingen und zu den Faschisten und Nationalsozialisten überliefen. Doch er verstand die Ursachen nicht. Er ließ willkürlich Vertreter der *Komintern* in den verschiedenen kommunistischen Parteien auswechseln und umbringen. Den deutschen Kommunisten untersagte er, eine Einheitsfront mit den Sozialdemokraten zu bilden. Das waren fieberhafte, aber vergebliche Versuche, mit administrativen und repressiven Mitteln die Erosion der sozialen Basis des Weltkommunismus aufzuhalten.
Der „internationale Faschismus“ war Mitte der 1930er Jahre noch ein ideologischer Konkurrent im Kampf um die Stimmen der europäischen Wähler, vor allem jener der Arbeiterklasse. Zum militärischen Gegner der Sowjetunion wurde er erst im Juni 1941. Sowjetrussland sollte, so Stalins Absicht, in den Augen des Weltproletariats, das sich offensichtlich nicht vom bürgerlichen Parlamentarismus und dessen angeblich für Arbeiter unerreichbaren Freiheiten und Rechten verabschieden wollte, nicht mehr als Diktatur – auch nicht als eine des Proletariats –, sondern als respektable Demokratie erscheinen.
Es gibt noch eine andere Erklärung, warum Stalin plötzlich auf den Parlamentarismus verfiel. Sie entstammt der Modernisierungstheorie. Schaut man mit größerer Distanz auf die 1930er Jahre, so befand sich die Sowjetunion in einer typischen Modernisierungsphase. Da die UdSSR viele technische Errungenschaften aus dem Westen übernahm, erscheint es plausibel, dass sie auch die „Technik“ allgemeiner, gleicher, geheimer und direkter Wahlen kopierte. Doch so einfach ist es nicht. Produktionstechniken wurden übernommen, um in gleicher Weise wie im Westen eingesetzt zu werden; die Technik geheimer und gleicher Wahlen hingegen wollte die Sowjetmacht keineswegs für eine freie Abstimmung über politische Programme einsetzen. Die Machthaber wussten, was das Volk von ihnen hielt. Ihnen war klar, dass sie nach freien Wahlen ihren Posten würden räumen müssen. Wer mit der Modernisierungstheorie argumentiert, muss zur Kenntnis nehmen, dass nichtdemokratische Regime demokratische Institutionen für undemokratische Zwecke nutzen.
Beispiele dafür gibt es zuhauf. Immer ging es den autoritären Regimen darum, echte Demokratien dazu zu bringen, sie als demokratisch anzuerkennen. Ebenso wie die Wahrung der diplomatischen Etikette erleichtert auch die Schaffung dieses Scheins den Verkehr mit Ländern der westlichen politischen Kultur. Doch dieses demokratische Dekor hat gelegentlich seinen Preis. Denn in den Gesellschaften, über die diese Regime herrschen, tauchen immer wieder Kräfte, die demokratische Institutionen nicht nur als Zierrat begreifen, sondern sie ernst nehmen wollen.
Mit der Verabschiedung der Verfassung von 1936 wurden die Wahlen Teil des Gesamtsystems sowjetischer Loyalitätsrituale, ähnlich wie die „Demonstrationen der Werktätigen“ am 1. Mai und 7. November. Die Teilnahme daran war freiwillig, doch wer sich verweigerte, lief Gefahr sozial geächtet werden. Direkter Zwang durch die Behörden war nicht das Wichtigste. Entscheidend war die Herausbildung eines Zeremoniells, das Antrainieren eines kollektiven Enthusiasmus, der dafür sorgte, dass das Kollektiv selbst den Zwang ausübte. Das totalitäre Regime sicherte seinen Bestand durch eine Kombination von Kontrolle durch eigens dafür geschaffene Organe und – als wesentliches Element – totaler sozialer Kontrolle innerhalb jeweiliger sozialer Gruppen.

Loyalitätsrituale

Wahlen erfüllten in der Sowjetunion also andere Aufgaben als in jenen Ländern, in denen dieser soziale Mechanismus sich ursprünglich als Idee und Praxis herausgebildet hatte. Die sowjetischen Behörden ebenso wie die Bevölkerung adaptierten das neue Verfahren rasch. Wahlen wurden zu einem der wichtigsten Rituale oder „Schauspiele", mit denen die Bürger ihre Loyalität zum System und seinen Führern bekundeten. Dass die Wahlen „gleich" waren, wurde dadurch demonstriert, dass die Führer vor laufender Kamera „wie alle anderen" abstimmten. Totalitäre Regime brauchen Mechanismen, die Totalität schaffen. Deshalb legte die Sowjetmacht so großen Wert auf die „Allgemeinheit" der Wahlen. In die fernsten Nomadenlager und abgelegensten Dörfer, wohin sonst weder Post noch medizinische Versorgung gelangte, wurden per Flugzeug oder Propellerschlitten Wahlurnen transportiert, damit dort noch der letzte Sowjetbürger sein Zettelchen einwirft. Dies zu dem alleinigen Zweck, dass Millionen Menschen in der Wochenschau sehen konnten, welche demokratischen Anstrengungen der Staat unternimmt.

Die Parole „Alle an die Urnen!" verschaffte allerdings auch den Bürgern Erpressungspotential. So war es kein Geheimnis, dass Mieter mit der Drohung „Sonst gehen wir nicht wählen" ihre Hausverwaltung zwingen konnten, das Dach zu reparieren. Mit normalen Mitteln wäre ihnen das nie gelungen. Der Mechanismus war komplex. Nicht der Hausverwalter wurde erpresst, sondern die „Agitatoren", welche die örtliche Parteiorganisation paarweise von Tür zu Tür schickte, um die Menschen zum Urnengang zu überreden. Drohten die Bürger an, der Wahl fernzubleiben, meldeten die Agitatoren dies dem zuständigen untersten Parteikomitee. Dieses erstattete dem Kreiskomitee der Partei Bericht, welches wiederum dem Hausverwalter drohte, er werde „sein Parteibuch abgeben müssen", wenn das Dach nicht repariert würde.

Der Wahltag wurde dann als Fest zelebriert: In den Wahllokalen gab es Musik und herzhafte Happen, etwa mit Lachs oder Delikatesswurst belegte Brote. In den 1930er Jahren fanden am Wahltag auch die ritualisierten Betriebsversammlungen statt. Dort war der Ton scharf. Solche Versammlungen wurden abgehalten, um kollektiv „Feinde des Volkes" zu brandmarken und zu fordern, dass „diese tollwütigen Hunde ausgerottet werden". Die Teilnahme war Pflicht. Im Gegensatz zu diesen sklavischen Hassritualen waren die Wahlrituale fröhlich. Als solche blieben sie den „Sowjetmenschen" in Erinnerung. Bei den Wahlen wurde nicht verlangt, eine Wahl zu treffen; von der Last der Verantwortung keine Spur. Man warf seinen Zettel in die Urne und hatte seine Bürgerpflicht erfüllt. Jetzt konnte man nach Hause gehen, und draußen kam überall fröhliche Musik aus den Lautsprechern.

Schließlich hatten auch die Räte die Funktion, Demokratie zu simulieren und mit solchen Ritualen die Diktatur zu maskieren. Weder im Dorfsowjet noch im Obersten Sowjet lag die Macht beim Volk oder seinen Vertretern. Zwar waren die Mitglieder der örtlichen Sowjets zu einem gewissen Grade in die Entscheidung über lokale Fragen einbezogen. Doch sie waren vor allem ein Instrument der Exekutive. Die tatsächliche Macht lag in den Händen der Parteiorgane.

Eine Funktion hatten die Wahlen in der Sowjetunion jedoch, die keineswegs dekorativ war. In der extrem hierarchischen Kommunistischen Partei, nach deren Vorbild der gesamte sowjetische Staatsapparat gestaltet wurde, war jede Ebene gegenüber der jeweils höheren für die reibungslose Durchführung der Wahlen auf der ihr anvertrauten „Etage" verantwortlich. Das Ritual der Wahlen war – und ist es bis heute – ein Mittel, alle Instanzen des Apparats zu testen, ob sie bereit und in der Lage sind, die von oben kommenden Anordnungen auszuführen.[8] Sinnlosigkeit in Bezug auf den vorgegebenen Zweck bei gleichzeitiger hoher ritueller Bedeutung ist ein Merkmal vieler Prozeduren, die autoritäre Herrschaftssysteme anwenden, um die Selbstdisziplin der ihnen Unterworfenen aufrechtzuerhalten.

Plötzlich echt: Wahlen in der Perestrojka und im Russland der 1990er

Kehren wir zur Geschichte der „wirklichen" Wahlen in der UdSSR zurück. Mitte der 1980er Jahre war in den Reihen der KPdSU eine neue Generation herangewachsen, die nicht nur die alte Führungsgarde ablösen wollte, sondern auch auf eine Reform des politischen Systems setzte. Man könnte von einer neuen Modernisierungsphase sprechen. Ein Ansinnen der Modernisierer war, dass Wahlen und die gewählten Organe wieder ihre eigentliche Funktion erhalten sollen.[9] Aleksandr Jakovlev, einer der Vordenker der Perestrojka, trat 1985 an den neuen Generalsekretär der KPdSU, Michail Gorbačev, mit der Idee heran, „echte" Wahlen abzuhalten und eine neue Institution zu schaffen. Dieser Plan wurde tatsächlich umgesetzt. In der einzigen verhältnismäßig freien unionsweiten Wahl wurden im März 1989 Abgeordnete für einen Volksdeputiertenkongress gewählt, der als höchstes Gesetzgebungsorgan der Sowjetunion fungieren sollte.
Die Zusammensetzung des Volksdeputiertenkongresses und das Wahlsystem für die gewählten Volksdeputierten, erfolgte nach einem komplexen System. Dieses war ein Kompromiss zwischen jenen Kräften, welche das Land unter der Führung der KPdSU belassen wollten, und jenen, die neue, demokratische Formen der Herrschaft anstrebten.[10] So wurden etwa 750 der 2250 Volksdeputierten gar nicht gewählt, sondern von der KPdSU und ihr nahestehenden Organisationen entsandt.
Gleichwohl repräsentierte der Erste Volksdeputiertenkongress der UdSSR die sowjetische Gesellschaft viel mehr, als dies je einer der Sowjets getan hatte. Dies nicht nur im Sinne einer proportionalen Repräsentation sozialer und nationaler Gruppen, sondern auch und vor allem, weil 1500 Volksdeputierte nach Kandidatenlisten gewählt wurden, auf die die herrschende Partei keinen Zugriff hatte und in der überwiegenden Zahl der Wahlkreise auch mehrere Kandidaten zur Wahl standen.
Auf dieser Basis wurden in den folgenden Jahren in der Sowjetunion und nach ihrer Auflösung auch in Russland allgemeine, gleiche, geheime und direkte Wahlen, bei denen

---

8 Victor Zaslavsky, Robert J. Brym: The Functions of Elections in the USSR, in: Soviet Studies, 3/1978, S. 362–371.

9 V.P. Žuravlev, V.V. Fortunatov: Vybory narodnych deputatov SSSR v 1989 g. i RSFSR v 1990g. <www.rcoit.ru/lib/history/1918-1990/17243/>. – Ein entscheidender Schritt zur Reform des politischen Systems und des Wahlsystems war die XIX. Parteikonferenz der KPdSU 1988. Die Resolution „Über die Demokratisierung der sowjetischen Gesellschaft und die Reform des politischen Systems" sah die uneingeschränkte Nominierung von Kandidaten vor, die breite und freie Diskussion über sie; die Aufnahme von mehr Kandidaten auf die Wahlzettel, als Mandate vorhanden sind; die strikte Einhaltung des Wahlverfahrens, die Rechenschaftspflicht der Abgeordneten und die Möglichkeit, sie abzuberufen.

10 Thomas Remington: The Russian Parliament. Institutional Evolution in a Transitional Regime, 1989–1999. Yale 2001. – Zum Volksdeputiertenkongress Viktor L. Šejnis: Vzlet i padenie parlamenta: perelomnye gody v rossijskoj politike, 1985–1993. 2 Bde. Moskva 2005.

mehrere Kandidaten antreten, zu jener sozialen Institution, mit deren Hilfe die Zusammensetzung der höchsten Staatsorgane besetzt werden.

Die erste Hälfte der 1990er Jahre war eine Zeit der freien Wahlen. Gewählte Volksvertreter hatten reale Chancen, die wirtschaftlichen und sozialen Prozesse auf lokaler und regionaler Ebene zu beeinflussen. Den Interessengruppen, die sich zu jener Zeit bildeten, lag sehr daran, „ihre" Abgeordneten in die Parlamente zu bringen oder die Kontrolle über Abgeordnete zu erlangen. Personen, die es auf nicht immer legale Weise geschafft hatten, zu beträchtlichem Vermögen zu gelangen, strebten nach einem Abgeordnetenmandat, das ihnen Macht und Immunität verlieh. Mit allerlei „schmutzigen" Methoden wurde versucht, auf den Ausgang der Wahlen Einfluss zu nehmen. Es blieb jedoch dabei, dass mehrere Konkurrenten antraten und es eine echte Wahl gab, ja teilweise verschärfte sich die Konkurrenz sogar.

Das Wahlfieber, dass die Menschen in den frühen 1990er Jahren erfasst hatte, verschwand jedoch. Gerade auf lokaler und regionaler Ebene wurden Wahlen zum Spielfeld örtlicher Interessengruppen. Keine von ihnen repräsentierte die Wähler, denn die strukturelle Ausdifferenzierung der Gesellschaft, die gerade erst begonnen hatte, geriet ins Stocken. Die Gesellschaft blieb ein ungegliedertes Ganzes, keine soziale Gruppe entwickelte spezifische Interessen, und so entstanden auch keine Strukturen, die sich deren Durchsetzung zur Aufgabe gemacht hätten. Die Wähler blieben eine passive Masse, ein Objekt der Agitation und der Manipulation durch „wirklich interessierte" Kräfte. Überall tauchten „Polittechnologen" auf, bezahlte Spezialisten, die versprechen, ihrem Kandidaten zum Wahlsieg zu verhelfen. Ihre Methoden waren nicht selten illegal, oft verbreiteten sie gezielt Falschinformationen. Im Arsenal der Polittechnologen spielte auch die Meinungsforschung eine wichtige Rolle. Umfragen sollten ihnen zeigen, welchem Kandidaten die Leute ihre Stimme zu geben gedenken. Anfangs erfreute sich diese „Soziologie" großer Glaubwürdigkeit. Doch genau aus diesem Grund wurden die Ergebnisse immer öfter gefälscht, was den Ruf der Meinungsforschung untergrub. Auf nationaler Ebene konkurrierten allerdings mehrere Institute miteinander und kontrollierten sich somit wechselseitig. Hier waren grobe Fälschungen nicht möglich. Doch überall, wo es keinen solchen Wettbewerb gab, kam es zu Missbrauch.

Die „Ausschaltung" von Wahlen als demokratisches Instrument

Wie „schmutzig" die Wahlen der 1990er Jahre auch waren, es handelte sich um echte Wahlen mit echtem Wettbewerb. Drahtzieher von Manipulation und Wahlbetrug waren Geschäftsleute, also Privatpersonen. Erst in den 2000er Jahren beseitigte die herrschende politische Führung den Wettbewerb. Ihr ging es nicht mehr einfach darum, Wahlen zu gewinnen. Vielmehr mussten nun zuvor festgelegte Ergebnisse produziert werden. Hintergrund dieser Entwicklung war, dass Mitte der 2000er Jahre die gewaltige Umverteilung von Eigentum und Macht in Russland weitgehend abgeschlossen war. Einer der Interessengruppen war es gelungen, eine „Vertikale" zu errichten, sich also im gesamten Land die Kontrolle über alle staatlichen Ebenen zu sichern. Diese Vormachtstellung sicherte sie nun durch den Umbau von Institutionen, durch Propaganda und durch Repression.

Sie schafften Wahlen jedoch nicht vollständig ab, denn diese erfüllten wichtige Funktionen für sie. Einige glaubten, Wahlen könnte der herrschenden Gruppe „echte" Legitimation verleihen. Andere gaben sich weniger Mühe zu verbergen, dass es nur um den Anschein von Legitimität ging. Wieder andere brauchten Wahlen und das parlamentarische System für konkretere Zwecke als Legitimität.

Dies hat dazu geführt, dass die Menschen in Russland ein tiefes Misstrauen gegen Wahlen hegen. Die Situation ist in mehrfacher Hinsicht paradox. Das Regime greift – oft kaum verhohlen – auch dann zu Wahlbetrug, wenn seine Kandidaten auch ohne Manipulation klar gewinnen würden. Viele Wähler sind zwar davon überzeugt, dass die Ergebnisse der Wahlen gefälscht werden, erklären jedoch vor dem Urnengang, dass sie daran teilnehmen werden und tun dies auch tatsächlich. Schließlich nimmt das Gros der Wähler das Ergebnis hin, und zwar auch jene, die davon überzeugt sind, dass es massiv manipuliert wurde.

Eine Erklärung bot der frühere Menschenrechtsbeauftragte Sergej Kovalev (1930–2021). Auf die Frage, warum das Regime sich die Mühe macht, Wahlen zu manipulieren und damit das Vertrauen der Wähler aufs Spiel setzt, wenn die Umfragen doch ohnehin einen haushohen Sieg ihres Kandidaten vorhersagen, erklärte Kovalev vor vielen Jahren: Im Moment mag der Kandidat zwar populär sein und ein Wahlbetrug überflüssig erscheinen. Aber wenn er einmal weniger beliebt ist, wird die Staatsmacht auf Betrug angewiesen sein. Daher muss den Wählern bereits heute gezeigt werden, dass es zwischen den eingeworfenen Stimmzetteln und dem verkündeten Ergebnis keinen Zusammenhang gibt.

Im Laufe der Zeit wurde das wachsende Ausmaß der Wahlmanipulation immer offensichtlicher. Bereits bei den Wahlen zur Moskauer Stadtduma 2009 regte sich in der Bevölkerung Empörung. Der damalige Präsident Dmitrij Medvedev gab die Wahlfälschung faktisch zu, indem er erklärte, dass man „den Dingen auf den Grund gehen" müsse.[11] Vor den Wahlen zur Staatsduma Ende 2011 entstanden die Bewegungen *Golos* (Die Stimme) und *Graždanin nabljudatel'* (Bürger beobachten), die eine unabhängige Kontrolle der Abgabe und Auszählung der Stimmen forderten. Dies zeugt davon, dass sich in der Gesellschaft Misstrauen breitgemacht hatte.

Was dann am Wahltag und bei der Stimmenauszählung geschah, sorgte für helle Empörung. Das Ausmaß der Fälschungen war vielleicht nicht einmal außergewöhnlich. Doch bei vorherigen Wahlen waren allenfalls Einzelfälle bekannt geworden. Nun war es den Beobachtern gelungen, massiven Wahlbetrug zu dokumentieren.[12]

Drei Wochen vor den Dumawahlen im September 2016 waren 57 Prozent der vom Levada-Zentrum befragten Personen davon überzeugt, die Wahlen würden „schmutzig" werden. Es werde Verleumdungen, Druck auf Wähler, Manipulation der Auszählung

---

[11] Prezident budet govorit'. Novaja gazeta, 16.10.2009. – Kakie signaly poslal Medvedev? Novaja gazeta, 13.11.2009.

[12] Zu Manipulationsmechanismen, die bereits vor der Wahl vom Dezember 2011 bekannt waren, siehe: Draki, vbrosy i „karusel'". Novaja gazeta, 14.10.2009. – Mogut byt privlečeny k otvetstvennosti členy organizovannych izbiratel'nych grupp. Novaja gazeta. 30.10.2009. – Sergej Mironov: Za falsifikaciju vyborov nado sudit'. Novaja gazeta, 18.11.2009. – Zu den Wahlen von 2011 siehe Aleksandr Kynev: Kontrollverlust, Manipulation, Protest. Die Dumawahlen in Russland, in: OSTEUROPA, 1/2012, S. 25–40. – Benno Ennker: Russland in Bewegung. Die alte Ordnung und die neuen Dekabristen, ebd., S. 41–56. – Mischa Gabowitsch Putin kaputt!? Russlands neue Protestkultur. Berlin 2013.

und andere Mittel der gesetzeswidrigen Beeinflussung der Wählerentscheidung geben. Drei Wochen vor den Dumawahlen im September 2021 waren wiederum 55 Prozent der Befragten der Ansicht, die Wahl werde „schmutzig“ sein. Diese Überzeugung speist sich aus der Erfahrung mehrerer Wahlkämpfe. Manipulation ist nicht die Ausnahme, sondern die Regel. Die Dumawahlen von 2021 hielten bei einer Umfrage nach dem Urnengang 45 Prozent für „eher nicht fair“. 2011 waren es ebenso viele gewesen. Damals hatte es Massenproteste gegeben, zehn Jahre später nichts dergleichen.[13]

Zugleich stieg der Anteil jener, welche die Wahlen für fair hielten, von 35 Prozent auf 46 Prozent, entsprechend seltener wurde die Antwort „schwer zu sagen“ gegeben. Das zunehmend geteilte Meinungsbild deutet darauf hin, dass das Regime heute mit polizeistaatlichen und polittechnologischen Instrumenten Verlauf und Ausgang der Wahlen sogar in einer wirtschaftlichen und politischen Lage steuern kann, die viel ungünstiger ist als vor zehn Jahren. Jene, die Manipulationen und Fälschungen konkret durchführen, geben sich zudem immer weniger Mühe, dies zu verschleiern. Busse karrten bestellte „Wähler“ von Wahllokal zu Wahllokal, ganze Stapel von Stimmzetteln wurden vor den Augen von Beobachtern und Wählern in Wahlurnen geworfen, andernorts wurden Beobachter aus den Wahllokalen geworfen. Dies kam so häufig vor, dass es nur so gedeutet werden kann: Oberstes Ziel der Mitglieder und Leiter der Wahlkommissionen war es, das geforderte Ergebnis zu liefern. Das war ihr Auftrag. Die Manipulation zu verschleiern, war ihnen nicht aufgetragen worden. Sie konnten aufgrund der Erfahrungen bei vorherigen Wahlen sogar sicher sein, dass ihnen keine strafrechtliche Verfolgung droht, obwohl Wahlbetrug laut Gesetz eindeutig eine Straftat ist.[14]

Tatsächlich wurde trotz zahlreicher Klagen von Beobachtern kein Mitglied einer Wahlkommission strafrechtlich belangt. Sämtliche Versuche, das Wahlergebnis vor Gericht anzufechten, wurden abgeschmettert. Die Vertreter des Regimes in den territorialen Wahlkommissionen und der Zentralen Wahlkommission ignorieren die Beweise für Manipulation oder geben diese sogar offen und zynisch zu: „Ja, das war so. Und was folgt daraus?“ So machten sie der Gesellschaft unmissverständlich klar, dass das Wahlergebnis vom Willen der Führung und nicht von den Wählern abhängt. Kovalev hatte es vorhergesagt.

All dies bedeutet nicht, dass es in Russland keine politische Konkurrenz gibt. Auf den verschiedenen Ebenen des politischen Systems konkurrieren durchaus verschiedene Wirtschaftskonglomerate, Gruppierungen und Einzelpersonen. Doch diese haben kein Interesse daran, den Wettbewerb von den Wählern entscheiden zu lassen. Im Gegenteil will die Führung gerade mit Wahlen den monolithischen Charakter des Regimes demonstrieren und macht auf jede erdenkliche Weise deutlich, dass der Zweck der Wahlen nicht politischer Wettbewerb ist, sondern Konsolidierung der Staatsmacht.

In den 2000er Jahren sollte dieses Signal gleichzeitig gesendet und verschleiert werden. Seit zehn Jahren dominiert das Senden. Den Paradigmenwechsel haben nicht nur Experten bemerkt, sondern breite Teile der Gesellschaft. Die Erinnerung an die echten Wahlen der 1990er Jahre hielt sich recht lange: Die Proteste der Jahre 2011 und 2012 standen unter dem Motto: „Wir wollen *wieder* saubere Wahlen!“ Heute gehen weder die

---

[13] Levada-Centr: Kak rossijane ocenivajut itogi vyborov? Press-vypusk, 6.10.2021, <www.levada.ru/2021/10/ 06/kak-rossiyane-otsenivayut-itogi-vyborov/>.

[14] Strafgesetzbuch der Russländischen Föderation, Art. 142 Abs. 1 („Fälschung von Wahlergebnissen“), eingeführt durch das Föderale Gesetz Nr. 94-FZ vom 4. Juli 2003.

Wähler noch die politische Führung davon aus, dass bei den Wahlen Ergebnisse herauskommen, die Einfluss auf die Zusammensetzung der Führung und den Charakter des Systems haben könnten.

Umfragen zeigen, dass ein erheblicher Anteil der Wähler die Wahlen genauso versteht, wie es das Regime erwartet. Diese Menschen stimmen bei jeder Wahl so, dass das Regime sich ihrer Unterstützung sicher sein kann – und sie umgekehrt davon überzeugt sein können, dass das Regime mit ihrer Hilfe bleibt und daher alles so bleibt, wie es ist und nicht schlechter wird. Daneben gibt es Menschen, die sich bewusst sind, dass dieses Ritual der eigentliche Zweck der Wahlen in Russland ist, die aber – und sei es nur sich selbst – zeigen wollen, dass Wahlen eigentlich dazu dienen, dass der Wille des Wählers sich in Politik verwandelt. Daher geben sie ihre Stimme auch dann einem Kandidaten, wenn dieser offenkundig chancenlos ist. Schließlich gibt es Leute, die hoffen, dass es durch Taktiken wie das „Kluge Wählen" möglich werde, dass diejenigen, die den Herrschaftsanspruch des aktuellen Führungszirkels in Frage stellen, Resultate erzielen, die vielleicht keine praktischen Folgen haben (etwa ein Abgeordnetenmandat zu erringen), aber doch von symbolischer Bedeutung sind.

Warum beteiligen sich Menschen an Wahlen, die keine sind?

Viele Bürgerinnen und Bürger Russlands sind sich bewusst, wie wenig Einfluss sie durch die Abgabe ihrer Stimme auf die politische Situation in Russland haben. Das hat Einfluss auf ihre Motive, warum sie zur Urne gehen oder dies nicht tun. Im September 2021 fragte das Levada-Zentrum kurz nach den Wahlen zur Staatsduma Bürgerinnen und Bürger, ob sie gewählt haben und warum.[15] 57 Prozent der Befragten, die angaben, zur Wahl gegangen zu sein, erklärten, sie hätten dies getan, weil sie es für ihre „Staatsbürgerpflicht" halten. Alle anderen Antwortmöglichkeiten („Gewohnheit", „Unterstützung des Kandidaten, der mir sympathisch ist", „mein Chef hat mich gezwungen", etc.) wurden von weniger als zehn Prozent der Befragten gewählt, obwohl Mehrfachantworten möglich waren.

Dies war 2016 und 2011 noch ganz anders gewesen. Damals hatten zwar ebenfalls rund 60 Prozent die „Staatsbürgerpflicht" als Motiv genannt. 2011 hatte jedoch ein Fünftel der Befragten erklärt, dass sie einen bestimmten Kandidaten unterstützen wollten und ein weiteres Fünftel, dass sie ihre politische Position zum Ausdruck bringen wollten. Auch Gewohnheit spielte 2016 noch eine größere Rolle (20 Prozent).

2021 stimmte die absolute Mehrheit der Respondenten Aussagen zu, in denen es nicht um den Ausgang der Wahlen geht. Bei Fokusgruppen-Interviews erklärten jene, die für Putin oder für *Einiges Russland* als „seine" Partei gestimmt hatten, sie hätten dies getan, um dem Staat und dem Präsidenten Respekt zu zollen. Respekt *(uvaženie)* meint landläufig nicht nur, dass man bestimmte Leistungen anerkennt, sondern auch die Stärke einer Person. Diese Menschen stimmen nicht für einen von mehreren Kandidaten oder Parteien, sondern sie drücken mit dem Gang zur Urne ihrer Loyalität zum Staat und seinem Führer aus.

[15] Levada-Centr, Itogi vyborov [Fn. 2].

Tabelle 1: Was hat Sie bewogen, an dieser Wahl teilzunehmen? (Angaben in Prozent der Befragten, die angaben, für welche Partei sie gestimmt haben)

	2011	**2016**	**2021**
Ich sehe das als meine Pflicht als Staatsbürger.	62	60	57
aus Gewohnheit	18	20	7
Ich wollte einen Kandidaten oder die Partei unterstützen, für die ich Sympathie hege.	20	14	8
Ich wollte dafür sorgen, dass ein Kandidat oder eine Partei, für die ich keine Sympathie hege, einen geringeren Stimmenanteil erhält.	11	5	5
Ich wollte meinen politischen Standpunkt zum Ausdruck bringen (selbst wenn dies keinem Kandidaten oder keiner Partei hilft).	20	15	7
Meine Stimme soll nicht ohne mein Wissen benutzt werden.		14	8
Meine Vorgesetzten haben mich zur Stimmabgabe gezwungen.			3
In meinem Bekanntenkreis ist es üblich, zur Wahl zu gehen.	9	8	1
Es ist nahezu die einzige Möglichkeit, mich am Geschehen in unserem Land zu beteiligen.	13	9	4
sonstiges	1	2	2
weiß nicht	1	0	0

Quelle: <www.levada.ru/2021/10/05/itogi-vyborov/>.

Nicht nur Beobachter kommen zu dem Schluss, dass es bei den Wahlen in Russland vor allem darum geht, Loyalität zum Regime zu demonstrieren. Viele Wähler empfinden dies ebenso. Manche ziehen Zufriedenheit aus dem Gefühl, „richtig“ gehandelt zu haben. Bei anderen löst dies Ohnmachtsgefühle aus.

Das Levada-Zentrum fragt seine Respondenten auch danach, für wie fair sie den Verlauf der Wahlen einschätzen. Die Präsidentschaftswahlen im März 2018 hielten 69 Prozent für „fair“, doch die Abstimmung über die Verfassungsänderungen im Juli 2020 nur noch 48 Prozent; die Wahlen zur Staatsduma im September 2021 hielten nur noch 46 Prozent für „fair“.[16]

Zeugen diese Zahlen davon, dass ein wachsender Teil der Bevölkerung generell nicht mehr an den Sinn von Wahlen glaubt? Oder haben konkrete Umstände das Misstrauen verstärkt? Schließlich war die Abstimmung über die Verfassung schlecht vorbereitet, sie fand statt, als gerade erst eine Welle der Covid-19-Epidemie abflaute, und erstmals waren die Urnen über mehrere Tage geöffnet.

Unsere Untersuchungen zeigen allerdings, dass diese nur in Einzelfällen der Grund für das wachsende Misstrauen ist. Der entscheidende Grund ist, dass die Unterstützung für das Regime als Ganzes schwindet. Wohlgemerkt schwindet nicht die Unterstützung für den ersten Mann im Staate, sondern die Einschätzung der allgemeinen Lage in Russland

[16] Levada-Centr, Kak rossijane ocenivajut [Fn. 15].

ändert sich. Dass die Änderung dieser Einschätzung sich im Vertrauen in die Wahlen widerspiegelt, hat sich bereits früher gezeigt (Abbildung 1). Es ist also nicht der in Wahlen ausgedrückte Wille des Volks, der dem Regime Legitimität verleiht. Vielmehr leitet sich die Legitimität der Wahlen aus den dem Regime zugeschriebenen Verdiensten ab. In Russland ist es der Staat, der die Gesellschaft konstituiert, nicht umgekehrt.

Diagramm 1: Bewertung der Lage im Lande und der Wahlen (in % der Befragten)

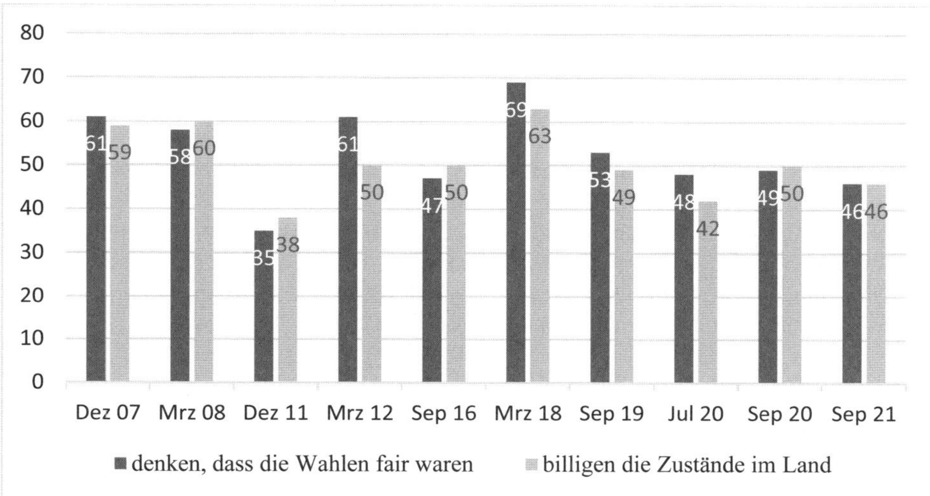

Quelle: Zusammenstellung aus den Umfragen des Levada-Zentrums

Betrachten wir dies am Beispiel der Wahlen zur Staatsduma vom September 2021. Nur 46 Prozent der Respondenten, die angegeben haben, dass sie zur Urne gegangen sind, bewerteten die Wahlen als fair. Unter denen, die sich mit der Amtsführung von Präsident Putin zufrieden zeigten, waren es 66 Prozent; unter jenen, die Putin kritisch sahen, nur acht Prozent. Dies spiegelt sich auch in der Bereitschaft, an den Wahlen teilzunehmen. Unter denen, die sich positiv über den Präsidenten äußerten, erklärten 60 Prozent, sie hätten an den Wahlen teilgenommen; unter denen, die ihn kritisch sahen, waren es nur 45 Prozent. Wahlen werden also vor allem von Anhängern des herrschenden Regimes als fair beurteilt. Umgekehrt versuchen Gegner des Regimes zu beweisen, dass die Ergebnisse manipuliert sind. In gewisser Weise geht es sowohl den Wählern als auch den Nichtwählern weniger darum, die Situation zu verändern. Niemand glaubt daran, dass das gelingen kann. Es geht vielmehr darum, ein Zeichen zu setzen. Rituelles Wählen und das Fernbleiben von der Urne sind zwei Seiten der gleichen Münze. Wahlen sind bei allem Misstrauen noch immer eine Möglichkeit, um dem Regime ein Signal zu senden.

„Kluges Wählen“: Wie „Wahlen“ zu Wahlen werden

Genau darauf hatte der prominenteste politische Gegner des Regimes, Aleksej Naval'nyj, gesetzt, als er die Menschen zum „klugen Wählen“ aufrief. Er forderte die Wähler auf, nicht für den Kandidaten zu stimmen, den sie selbst bevorzugen, sondern für jenen, der die größten Erfolgschancen hat. Es ging darum zu beweisen, dass das Regime nicht in der Lage ist, überall die Wahlergebnisse zu kontrollieren und so die Hoffnung aufleben zu lassen, dass Veränderung möglich ist.
Dies ist auf kommunaler Ebene und in seltenen Fällen auch auf regionaler Ebene in den vergangenen Jahren tatsächlich gelungen. Dieses Signal erreichte das Regime. Doch dieses fühlte sich bedroht und reagierte mit noch mehr Repression und Kontrolle. Verhaftungen unter fadenscheinigen Gründen, die mindestens zum Ausschluss von der Wahl führen, sind eine der Methoden. Eine andere ist es, die Wahlbeteiligung „herunterzufahren“. Die Behörden stellen den Sinn von Wahlen und die Korrektheit ihrer Durchführung gezielt in Frage, damit weniger Menschen an den Wahlen teilnehmen. Dieser erleichtert es, das Ergebnis zu steuern und die volle Kontrolle über die Besetzung der Mandate zu bewahren. Dem gleichen Zweck diente die Einführung der elektronischen Stimmabgabe, die Manipulation noch leichter macht.

Der Naval'nyj-Faktor

Das Verhältnis der Menschen in Russland zu Naval'nyj ist kompliziert.[17] Kein anderer Oppositionspolitiker der Putin-Ära hat je solche Bekanntheit und Zustimmung bei Umfragen erhalten wie er. Das Etikett „Partei der Gauner und Diebe“, das Naval'nyj der herrschenden Partei *Einiges Russland* angehängt hat, ist ins politische Lexikon Russlands eingegangen. Naval'nyjs Filme, in denen er die durch Korruption angehäuften ungeheuren Reichtümer hoher Staatsvertreter aufdeckte, haben auf *Youtube* viele Millionen Menschen gesehen. Auch dass er mit einem militärischen Nervengift getötet werden sollte, ist weithin bekannt. Als er es wagte, in einem Film Putin persönlich anzugreifen, löste dies einen Schock aus. Denn damit wendete er sich gegen jene Person, die für viele Menschen in Russland einen übermenschlichen Status hat und von der viele glaubten, sie sei vor persönlichen Angriffen geschützt.[18]
Dies ist der Grund, warum bei Meinungsumfragen so viele Befragte sich nicht festlegen wollen, was sie von Aleksej Naval'nyj halten. Dahinter verbirgt sich weder Zustimmung noch Ablehnung, sondern eine Art Aufgewühltsein, das über Nacht sowohl zu begeisterter Unterstützung als auch zu totaler Ablehnung werden kann.
In dem kleinen, aber politisch wichtigen Kreis der Befürworter eines demokratischen Wandels in Russland gibt es sowohl glühende Verehrer Naval'nyjs als auch Menschen, die seinen politischen Scharfsinn zwar schätzen, ihm aber seine nationalistischen Äußerungen aus der Vergangenheit nicht verzeihen können. Einmal mehr konnten sich die demokratischen Kräfte Russlands vor den vergangenen Dumawahlen nicht einigen.

---

[17] Denis Volkov: Stirb gefälligst hier, wie wir!“ Naval'nyj in Russlands öffentlicher Meinung, in: OSTEUROPA 3/2021, S. 39–49.

[18] Absender der seit 2012 kursierenden Parole „Russland ohne Putin!“ ist ein anonymes Kollektiv, gleiches gilt für Schmähplakate mit Aufschriften wie „Putin ist ein Wichser!“. Naval'nyj hingegen forderte wie der Held aus einem Volksmärchen den Machthaber persönlich zum symbolischen Duell heraus. Er erklärte übrigens stets nur, dass er Putin aus dem Amt jagen wolle, erhob aber nie selbst den Anspruch auf den Präsidentenposten.

So wie sich in den 1990er Jahren die beiden liberalen Parteien *Jabloko* und *Sojus pravych sil* (Union der rechten Kräfte, SPS) wechselseitig Anhänger wegnahmen, so entspann sich im Wahlkampf 2021 der Konflikt zwischen *Jabloko* und Naval'nyjs Team. Die *Jabloko*-Führung rief ihre Anhänger auf, Naval'nyjs Taktik des „klugen Abstimmens" zu boykottieren.[19]

Gleichwohl gaben bei den Umfragen des Levada-Zentrums zehn Prozent der Befragten an, sie würden Naval'nyjs Idee des „klugen Wählens" unterstützen. Das ist ein beachtliches Ergebnis für einen des Extremismus beschuldigten Politiker, der im Gefängnis sitzt und aller Kommunikationsmittel beraubt ist, über die er bis zum Februar 2021 verfügte. Die grundsätzliche Idee, „gegen das Regime" zu stimmen, unterstützten 35 Prozent der Befragten. 47 Prozent sprachen sich dagegen aus. Die Unterstützung für „taktisches Wählen" ist unter den Jungen am größten, mit zunehmendem Alter der Befragten nimmt sie ab. Vor allem Menschen, die unzufrieden mit der Lage im Land sind, unterstützen das taktische Wählen: Unter ihnen sprachen sich 51 Prozent der Befragten dafür aus.[20]

Tabelle 2: Haben Sie von Aleksej Naval'nyjs Initiative „Kluges Abstimmen" gehört?

Ich kenne und unterstütze sie	8
Ich kenne sie, aber ich unterstütze sie nicht	10
Ich habe davon gehört, verstehe aber den Sinn nicht	16
Ich weiß nichts davon	65

Quelle: <www.levada.ru/2021/10/08/umnoe-golosovanie/>.

Der Erfolg der Kommunistischen Partei

Die Aufforderung zum „klugen Wählen" beseitigte eine Trennlinie, die viele Jahre eine wichtige Rolle in Russlands Parteienlandschaft gespielt hat: die zwischen den „oppositionellen" Systemparteien, die in der Duma vertreten sind, und denjenigen Kräften, die sich gegen das System als solches stellen. Davon profitierten in erster Linie Kandidaten der Kommunistischen Partei der Russländischen Föderation (KPRF), der stärksten „oppositionellen Systempartei. Dies könnte Folgen haben, die weit über die Wahlen von 2021 hinausgehen.

Erstens distanzierte sich die Parteiführung der KPRF zwar explizit von Naval'nyj und seinen Strukturen, doch die Kandidaten der Partei nahmen die Unterstützung an, um sich neue Wählergruppen zu erschließen. Zweitens merkte die traditionelle Wählerschaft der KPRF, dass das Naval'nyj-Lager, das ihr zuvor unendlich fern gestanden hatte, nun ins gleiche Segel blies wie sie. Da Naval'nyj im Gefängnis saß und seine Ortsgruppen verboten waren, stimmten viele seiner Anhänger für die KPRF. Das könnte für diese und ihre Wähler ein Anstoß sein, die Haltung zu Naval'nyj zu ändern.

Die Kader der KPRF haben sich seit langem gut darin eingerichtet, dass ihre Partei dem Regime als Pseudoopposition dient. Doch viele Wähler der KP haben heute andere Ansichten über das Regime.

---

[19] Glava „Jabloka" raskritikoval „umnoe golosovanie" Naval'nogo. Deutsche Welle, 6.7.2021.

[20] Levada-Centr: Umnoe golosovanie. Press-vypusk, 8.10.2021, <www.levada.ru/2021/10/08/umnoe-golosovanie/>.

Dass die Anhänger der fiktiven „Naval'nyj-Partei" und der realen Parteien *Jabloko* und KPRF als Opposition zum Regime auftraten, zeigt sich auch daran, dass es unter ihren Wählern überdurchschnittlich viele Personen gibt, die angaben, unter keinen Umständen für die „Partei der Macht" zu stimmen. Unter den Anhängern von *Einiges Russland* wiederum stehen das Naval'nyj-Lager, *Jabloko* und Vladimir Žirinovskijs *Liberaldemokratische Partei Russlands* ganz oben auf der Liste der Gegner. Die Haltung zur KPRF ist weniger eindeutig, was damit zu tun hat, dass sie seit langem als „ungefährlich" gilt.

Tabelle 3: Anteil der Anhänger der „Naval'nyj-Partei" (in Prozent)

	... die bereit sind, die genannte politische Kraft zu unterstützen	... die nicht bereit sind, für diese politische Kraft zu stimmen
Kommunistische Partei	27	2
Jabloko	20	5
Gerechtes Russland – „Für die Wahrheit"	9	4
Liberal-Demokratische Partei Russlands LDPR	14	11
Einiges Russland	8	72

Quelle: <www.levada.ru/2021/10/08/umnoe-golosovanie>.

Somit näherte sich die KPRF im Herbst 2021 den Anhängern des radikalen Flügels der Opposition an, während sie in den Augen der Anhänger des Regimes noch nicht als Gegner gilt. Dies könnte es ihr für einige Zeit ermöglichen, all jene Menschen hinter sich zu scharen, die enttäuscht von der „Partei der Macht" sind, aber noch nicht bereit, die Gegner des gesamten Systems zu unterstützen. Diese Neupositionierung der KPRF im politischen Raum erinnert in mancherlei Hinsicht an den Wandel, den die kommunistischen Parteien in Polen und Ungarn nach 1989 unter ganz anderen Umständen durchgemacht haben. Für Russland ist dies jedoch sehr ungewöhnlich, was es der KPRF erschwert, klassische liberale Wähler anzuziehen.

Gleichzeitig deutet der Wandel der KPRF auch darauf hin, dass festgefügte politische Ansichten sowohl bei ihren Wählern als auch bei neuen Mitgliedern eine geringere Rolle spielen. Eine Reihe von Personen, die in keiner Partei Mitglied waren, aber bei der Duma-Wahl antreten wollten, boten der KPRF an, in deren Namen zu kandidieren. Oft waren es genau diese Kandidaten, für die das Naval'nyj-Team eine Wahlempfehlung aussprach. Und es gibt einen weiteren Grund, warum die KPRF vergleichsweise viele Stimmen erhielt. Die Umfragen des Levada-Zentrums weisen auf einen gewissen „Linksrutsch" hin. Der Wunsch nach einem „Staat, der sich um seine Bürger kümmert" ist gewachsen. Diese Vorstellung wird von den meisten Befragten mit der KPRF in Verbindung gebracht.[21] Im engeren Sinne kommunistische Ideen und Ideale vertreten jedoch weder die Partei noch ihre traditionelle Wählerschaft und erst recht nicht die Wähler, die sich ihr neu angeschlossen haben.

---

[21] Kakoj dolžna byt' Rossija v predstavlenii rossijan? Press-vypusk, 10.9.2021, <www.levada.ru/2021/09/10/kakoj-dolzhna-byt-rossiya-v-predstavlenii-rossiyan/>.

Somit hat die KPRF ihre soziale Basis vergrößert, während ihre alten ideologischen Konturen verblassen, sie gleichzeitig aber auf größere echte Distanz zum Regime geht. Offen ist, ob die Fraktion der KPRF in der Duma sich wie eine Partei verhält, die im Gegensatz zu allen anderen dort vertretenen Parteien die Unterstützung von Wählern hat, die sie bewusst und nicht rituell, aus Gewohnheit oder unter Zwang gewählt haben. Kritiker des „klugen Wählens" sind der Ansicht, dass dieses dem Regime in die Hände gespielt habe, dass auch die neue KPRF-Fraktion völlig unter der Kontrolle des Kreml stehe.

Resümee

Werden wichtige gesellschaftliche Gruppen aus der Politik ausgeschlossen, so hat das auf Dauer Folgen für die symbolischen Funktionen, die die Wahlen in Russland haben. Sozialen Zusammenhalt kann das Wahlritual nur erzeugen, wenn die gesamte Gesellschaft an ihm teilnimmt oder zumindest der Eindruck erweckt werden kann, sie tue es. Was bleibt ist die zweite Funktion, die rituelle Bestätigung des Einverständnisses mit der herrschenden Ordnung. Der massive Einsatz „administrativer Ressourcen" im Wahlkampf zugunsten des richtigen Kandidaten, Manipulation und Fälschung im großen Stil und „Wahlempfehlungen" von Vorgesetzten bei gleichzeitiger Verletzung des Wahlgeheimnisses hatten mindestens sekundär, wenn nicht sogar primär das Ziel, im kollektiven Gedächtnis die Erinnerung an die Möglichkeit freier Wahlen, wie sie in den 1990er Jahren abgehalten wurden, zum Verschwinden zu bringen. Eine ganz andere Erinnerung hingegen soll aktiviert werden: jene an die Stalinzeit. Wenn heute in den Wahllokalen wieder Musik aus Lautsprechern kommt und vor den Türen anlässlich des „Feiertags" ein Basar stattfindet, so soll das Volk an diese alten Tage denken.
Wie in der Sowjetunion werden wieder externe Helfer für die Wahlen herangezogen. Heute sind es Lehrer, in aller Regel Lehrerinnen, die in den an ihrer Schule eingerichteten Wahllokalen den Urnengang organisieren und die Stimmen auszählen müssen. Das hat keineswegs nur organisatorische Gründe. Vielmehr geht es darum, sie in jene Praktiken des Wahlbetrugs zu verstricken, die auf dieser untersten Ebene stattfinden. Sie werden gezwungen wegzusehen, wenn der Wahlleiter stapelweise Wahlzettel in die Urne wirft, und Protokolle mit falschen Zahlen zu unterschreiben. Wer sich widersetzt, benötigt sehr viel Zivilcourage und geht ein hohes persönliches Risiko ein.[22]
Auf diese Weise wird nicht nur die persönliche Moral der Lehrer untergraben. Vielmehr bleibt niemandem verborgen, dass in den Wahllokalen gefälscht wird: nicht den Eltern, deren Wahllokal sich in der Regel in der Schule ihrer Kinder befindet, und meist auch den Schülern nicht. Auf diese Weise wird die moralische Autorität moralischer Autoritätspersonen und der moralischen Instanz Schule untergraben. Anders gesagt: das Prinzip öffentlichen moralischen Handelns als solches wird ausgehöhlt. Die logische Reaktion der Gesellschaft ist Zynismus. Den Mut zu Empörung und Rebellion haben nur wenige.

---

22 Dass es nicht unmöglich ist, haben gewerkschaftlich organisierte Lehrer demonstriert, die sich im Jahr 2019 vor den Wahlen zur Moskauer Stadtduma weigerten, als Wahlhelfer zu fungieren. Člény moskovskoj organizacii profsojuza „Učitel'" otkazalis' rabotat' v UIK na vyborach v Mosgordumu, 14.8.2019, <https://pedagog-prof.org/novosti/chleny-moskovskoj-organizatsii-profsoyuza-uchitel-otkazalis-rabotat-v-uik-na-vyborakh-v-mosgordumu?fbclid=IwAR03P-QyVmGkoHF6vW4sKXZjlHHGHJzw5RmeozHDXZfsUuC-K1CWxFT2kOg>.

Moralisch korrumpiert werden nicht nur jene, die auf der untersten Ebene in den Wahlbetrug verstrickt werden. Die Vorgabe, dass ein bestimmtes Ergebnis erreicht werden muss, kommt von ganz oben. Durch den gesamten Apparat wird so bis auf die unterste Ebene die Vorstellung verankert, dass Wahlen mit Betrug und Zwang verbunden sind. Die Staatsbediensteten, die in die Wahlen involviert sind, bekunden ihre Loyalität zu dem Regime genau dadurch, dass sie sich an dem Wahlbetrug beteiligen. Und auch die Abgeordneten, die unter diesen Bedingungen zu ihrem Mandat gekommen sind, wissen, dass sie keine Vertreter des Volks, sondern Günstlinge der Herrschenden sind, denn diese kontrollieren den Wahlausgang. Und natürlich untergräbt dies auch die Legitimität der Parlamente als Institutionen.

Die Laufrichtung des Wahlbetrugs ist also jener entgegengesetzt, die bei Korruption zum Einsatz kommt. Dort verläuft sie von unten nach oben: Jedes Mitglied des Staatsapparats muss die Schmiergelder, die er einnimmt, mit seinem Vorgesetzten teilen. Bei den Wahlen wird der Zwang, für die „richtigen Ergebnisse“ zu sorgen, von oben nach unten weitergegeben. Diese Form der Korrumpierung höhlt nicht die Trennung zwischen dem Privaten und dem Öffentlichen aus. Sie findet im Auftrag der Staatsmacht statt. Im Kern geht es um die Ausübung und Durchsetzung von Macht. Wahlen sind in Russland heute in noch stärkerem Maße als in der Stalin-Ära ein Mittel, um alle Ebenen des Staatsapparats zu testen: auf ihre Steuerbarkeit und ihre Fähigkeit, die nächstuntere Ebene zu steuern. Es ist hinlänglich bekannt, dass Gouverneure, die – obgleich seit einigen Jahren wieder direkt gewählt – vom Präsidenten entlassen werden, wenn sie die gewünschten Wahlergebnisse in ihrem Gebiet nicht liefern konnten.

Die meisten Menschen in Russland erkennen jenen Vorgang des Stimmzetteleinwerfens, zu dem sie regelmäßig aufgerufen werden, als Wahlen an. Ebenso erkennen sie die Organe an, deren Mitglieder im Zuge dieses Vorgangs ins Amt gelangen. Schließlich erkennen sie auch die Mandatsträger selbst an. Und doch beruht dies nicht auf dem Wahlvorgang oder den verkündeten Ergebnissen der Wahl. Wahlen sind in Russland, man muss es wiederholen, ein eigenständiger Machtvorgang, der nur formal der Auswahl von Personen für politische Positionen dient, tatsächlich aber ganz andere Funktionen hat. Dies zeigt sich nicht zuletzt auch daran, dass die Bürger bei Umfragen zwar die Wahlen stets anerkennen, die Tätigkeit der Duma jedoch sehr vielen seit Jahren nicht als rechtens gilt.

So handelt es sich bei den aufgezeigten Mechanismen und Funktionen der Wahl keineswegs um Enthüllungen. Vielmehr wissen die Menschen in Russland, wie die Wahlen ablaufen und warum das so ist. Und doch nehmen viele daran teil und erkennen die Ergebnisse an. Sie leisten der Staatsmacht Folge, nicht weil sie deren Vertreter gewählt hätten. Sondern weil sie sich die Welt nicht anders vorstellen können. In einem Fokus-Gruppen-Gespräch drückte es einer der Teilnehmer so aus: „Bei uns sind die Machthaber an der Macht, weil sie alle Macht haben.“[23]

Aus dem Russischen von Andrea Huterer, Minsk

Schlagwörter:
Sowjetunion, Stalinismus, Perestrojka, Russland, Wahlen, Diktatur, Autoritarismus, Volksdeputiertenkongress, Staatsduma, Kommunistische Partei, Einiges Russland, Naval'nyj

---

[23] Der Satz lautet im Original „U nas vlast' est' vlast' potomu, čto ona vlast'.“ Der tautologische Charakter ist noch stärker, da drei Mal das Wort „vlast'“ mit seinen verschiedenen Konnotationen (Macht, Staatsgewalt, Machthaber, Regime) verwendet wird – Red.

Ekaterina Šul'man

Januskopf Staatsduma

Akteur und Verwaltungsorgan

Russlands Staatsduma ist kein demokratisches Parlament. Doch sie ist mehr als reine Staffage in einem totalitären System. Und sie ist auch mehr als eine „Stempelbehörde", die Gesetzesvorschläge aus der Präsidialverwaltung beglaubigt. Ein Mandat in der Staatsduma bietet vielfältige Möglichkeiten, eigene oder kollektive Interessen zu verfolgen. Die Staatsduma ist ein „Schlachtfeld der Eliten", auf dem Ministerien, Behörden und wirtschaftliche Interessengruppen einander befehden. Gesellschaftliche Interessen werden in der Duma kaum repräsentiert.

Wer Zweck und Funktion von Parlamenten in Autokratien untersucht, muss sich bewusst sein, dass diese Institutionen nicht das sind, was sie ihrem Namen nach zu sein beanspruchen. Sie sind nicht demokratisch. Dennoch scheinen sie eine wichtige Funktion zu erfüllen. Dies zeigt bereits ein Blick auf einige Zahlen. 195 der 202 von der internationalen Staatengemeinschaft ganz oder teilweise anerkannten Länder verfügen über ein ständiges Parlament. Nur 23 Staaten waren jedoch gemäß „Demokratieindex" des Magazins *The Economist* im Jahr 2020 „vollwertige" (liberale) Demokratien, 52 weitere sind als „schwache" Demokratien (Anokratien) eingestuft. Über 100 Staaten sind demnach hybride Regime oder reine Autokratien – und dennoch gibt es in ihnen ein regelmäßig tagendes Parlament.

Die Politikwissenschaft hat drei Ansätze entwickelt, um diese Beobachtung zu erklären: Die Schaufensterthese, die Kooptationsthese und die Marktplatz-These.[1] Der ersten These zufolge dienen Parlamente dazu, dem heimischen und dem internationalen Publikum ein demokratisches Antlitz zu präsentieren. Die Kooptationsthese besagt, dass Parlamente das autoritäre System stützen, indem sie mögliche Oppositionskräfte frühzeitig einbinden.[2] Der dritte Ansatz betrachtet Parlamente als einen Marktplatz, auf dem die verschiedenen Interessengruppen der herrschenden Elite ihre Interessen aushandeln.[3] Bei der Deutung der Rolle, die Russlands Staatsduma im autoritären System spielt, dominiert die Schaufensterthese. Die Duma wird oft als „Stempelbehörde" bezeichnet.

Ekaterina Šul'man (1978) Politikwissenschaftlerin, Moskau

[1] Joshua Tucker: What do legislatures in authoritarian regimes do? <http://themonkeycage.org/2012/12/what-do-legislatures-in-authoritarian-regimes-do>.

[2] Ora John Reuter, Graeme B. Robertson: Legislatures, Cooptation, and Social Protest in Contemporary Authoritarian Regimes, in: The Journal of PoliticsVolume, 1/2015, S. 235–248.

[3] Nathan M. Jensen, Edmund Malesky, Stephen Weymouth: Unbundling the Relationship between Authoritarian Legislatures and Political Risk, in: British Journal of Political Science, 3/2014, S. 655–684.

OSTEUROPA, 71. Jg., 8–9/2021, S. 181–192 doi: 10.35998/oe-2021-0070

Ihre einzige Funktion sei es, andernorts gefällten Entscheidungen den Anschein von Legitimität zu verleihen.[4] Doch manche Beobachtungen sind mit der Schaufensterthese schwer in Einklang zu bringen. So werden etwa nicht alle von der Exekutive eingebrachten Gesetzesentwürfe auch zu Gesetzen. Andere werden bis zur Unkenntlichkeit verändert, während sie Lesungen in der Staatsduma durchlaufen. Welche Rolle spielt also die untere der beiden Kammern der Föderalversammlung bei der Gesetzgebung, wenn sie nicht Vorlagen einfach nur abstempelt?

Die Zusammensetzung der Staatsduma und die Parteienfinanzierung

Die offizielle Bezeichnung des Parlaments der RF lautet „Föderalversammlung der Russländischen Föderation". Russland ist, der Form nach, föderal gegliedert. Daher hat das Parlament zwei Kammern. Die Staatsduma ist das Unterhaus, dessen Vertreter von Bürgern der Russländischen Föderation auf der Grundlage des allgemeinen, gleichen und direkten Wahlrechts in geheimer Wahl gewählt werden. An den Wahlen zu dieser Kammer wirken die politischen Parteien mit.
Konstituierung, Struktur und Arbeitsweise der Staatsduma sind in Kapitel 5 der im Dezember 1993 per Referendum angenommenen Verfassung, in Gesetz Nr. 22-FZ „Über die Wahlen der Abgeordneten der Staatsduma der Föderalversammlung der RF" sowie in der Geschäftsordnung der Staatsduma sowie dem Gesetz „Über die Stellung des Abgeordneten" festgeschrieben.
Neben den grundlegenden legislativen Aufgaben, die in Artikel 104-108 der Verfassung niedergelegt sind, kontrolliert die Duma laut Verfassung auch die Exekutive und verfügt dafür über erhebliche Befugnisse. So bewilligt sie den Haushalt und setzt gemeinsam mit dem Föderationsrat den Rechnungshof ein, der die Ausführung des Haushaltsplans überwacht. Regierung und Präsident müssen sich einer Vertrauensabstimmung in der Duma unterziehen, die Regierung muss der Duma über ihre Tätigkeit Bericht erstatten. Die Duma ist auch für Ernennung und Abberufung des Vorsitzenden der Zentralbank und der Rechnungskammer sowie des Menschenrechtsbeauftragten zuständig.

Die Parteienfinanzierung

Bis Mitte der 2000er Jahre gab es in Russland überhaupt keine geregelte direkte Parteienfinanzierung. Vielmehr stellte der Staat Abgeordneten der Duma kostenfrei Büros zur

[4] Die Ausführungen von Brian Taylor: Police Reform in Russia: The Policy Process in a Hybrid Regime, in: Post-Soviet Affairs, 2–3/2014, S. 226–55, hier S. 245, Sof'ja Samochina: Uchodjaščaja Duma. Kommersant" Vlast', 18.4.2016, und Thomas Remington: The Russian Federal Assembly, 1994–2004, in: Journal of Legislative Studies, 1/2007, S. 121–41, S. 123, erinnern frappierend an Beschreibungen des Obersten Sowjets der UdSSR wie z.B. diese: „Dass der Oberste Sowjet die politischen Vorschläge, die ihm die Regierung zur Begutachtung vorlegt, weder ablehnen noch ändern darf, muss nicht weiter erörtert werden." Michael Mezey: Comparative Legislatures. Durham 1979, S. 42. – Thomas Remington erklärt rundheraus, dass „das Parlament unter den Präsidenten Putin und Medvedev weitgehend zu seiner sowjetischen Rolle als ‚Stempel' für politische Initiativen der Führung zurückgekehrt" sei. Ders.: Parliamentary Politics in Russia. In: Stephen White, Richard Sakwa, Henry E. Hale (Hg.): Developments in Russian Politics. Basingstoke [8]2014, S. 42.

Verfügung, erstattete die Kosten von Dienstreisen und erhob keine Steuern auf Vermögen und Einkommen der Parteien.[5] Seit dem Jahr 2006 erhalten Parteien, die bei den letzten Wahlen zur Staatsduma mehr als drei Prozent der Stimmen erzielt haben, jährlich Mittel aus dem Staatshaushalt. Diese wurde in den vergangenen 15 Jahren deutlich angehoben. Zunächst lag der Satz bei fünf Rubel pro Stimme, 2009 wurde er auf 20 Rubel, 2012 auf 50 Rubel, 2015 auf 110 und 2016 auf 152 Rubel pro Stimme erhöht.[6] Inflationsbereinigt fiel die Erhöhung allerdings deutlich geringer aus, gemessen am Konsumgüterindex lag die Wahlkampfkostenerstattung 2016 nicht beim 30fachen des Werts von 2006, sondern lediglich beim 12fachen (63 Rubel). Darüber hinaus erhalten Parteien, deren Kandidat bei der Präsidentschaftswahl mindestens drei Prozent der Stimmen erhalten hat, seit 2012 einmalig 20 Rubel pro Stimme.

Die Bedeutung dieser Einnahmen wuchs stetig. 2018 lag der Anteil staatlicher Fördermittel bei den systemnahen Parteien der parlamentarischen Opposition (KPRF, LDPR und Gerechtes Russland) bei 90 Prozent ihrer Gesamteinnahmen.[7] Entsprechend spielen andere Finanzierungsquellen kaum eine Rolle. Noch in den 2000er Jahren kam der größte Anteil der Einnahmen der Parteien aus Spenden natürlicher und juristischer Personen.[8] Doch die Bedeutung von Spenden, die Interessengruppen wie Gewerkschaften oder Unternehmerverbände überweisen, um so Einfluss auf die Politik der Regierung zu nehmen, geht zurück.

Auf Mitgliedsbeiträge entfiel bei *Einiges Russland* wie bei den meisten anderen Parteien bereits in den 2000er Jahren lediglich zwischen einem und 7,5 Prozent der Einnahmen. Im Jahr 2015 erzielte die *Kommunistische Partei der Russländischen Föderation* 6,7 Prozent ihrer Einnahmen aus Mitgliedsbeiträgen, *Gerechtes Russland* 0,7 Prozent und die *Liberaldemokratische Partei Russlands* 0,03 Prozent.[9]

Eine gewisse Ausnahme stellt *Edinaja Rossija* dar. Zwar entfallen auch bei ihr nur 4,4 Prozent der Einnahmen auf Mitgliedsbeiträge. Doch ging der Anteil der direkten staatlichen Finanzierung von 80 Prozent im Jahr 2017 auf 60 Prozent 2018 zurück. Grund ist, dass die indirekte staatliche Finanzierung zunahm. Die Partei erhielt mehr Zuwendungen von staatlichen Unternehmen, staatsnahen Einrichtungen und öffentlichen Stiftungen. Auch flossen mehr Gelder aus regionalen Quellen.[10] Schließlich profitiert die Partei von der staatlichen Förderung bestimmter Projekte. So flossen von 2012 bis 2017 37 Millionen Rubel aus Fördermitteln des Präsidenten an die Jugendorganisation *Junge Garde*. Doch auch andere Parteien erhielten solche Mittel, etwa das „Zentrum zum Schutz der Bürgerrechte", das *Gerechtes Russland* nahesteht, erhielt 120 Millionen Rubel aus dem Staatshaushalt.[11]

---

[5] Golos: Finansovaja dejatel'nost' partij nakanune vyborov deputatov Gosdumy. Vortrag, 2016.

[6] Evgenija Kuznecova: Zavisimost' parlamentskoj oppozicii ot bjudžeta dostigla maksimuma. RBK Daily, 4.6.2019.

[7] Ebd.

[8] Jurij Korgunjuk: Finansirovanie partij v postsovetskoj Rossii: meždu biznesom i vlast'ju, in: Politija. Analiz. Chronika. Prognoz 2010, S. 87–120.

[9] Golos, Finansovaja dejatel'nost' [Fn. 5].

[10] Kuznecova, Zavisimost' parlamentskoj oppozicii [Fn. 6].

[11] Golos: Bjudžetnaja kormuška: za šest' let graždane zaplatili partijam 30 mlrd rublej. Vortrag, 2018.

Nach Ansicht der Experten von *Golos* sollte das System der Parteienfinanzierung geändert werden, um mehr Anreize für eine engere Bindung zwischen Parteien und Wählern zu schaffen, die Aktivität der Parteibasis zu steigern und den politischen Einfluss der Parteien zu erhöhen.[12] Gewichtige Probleme sind die zunehmende Bürokratisierung der Parteiapparate, die große Distanz zwischen den Parteipolitikern und den Wählern sowie die ungleiche finanzielle Ausstattung der Parteien: Das Budget von *Einiges Russland* ist doppelt so hoch wie das aller anderen Parteien in der Duma zusammen.[13]

Der Haushalt der Staatsduma

Die Duma wird aus dem Staatshaushalt finanziert. Im Jahr 2021 erhielt sie gut 13 Milliarden Rubel.[14] In Artikel 36 der Haushaltsordnung der Russländischen Föderation vom 31.7.1998 Nr. 145-FZ ist das Transparenzprinzip verbrieft. Danach muss gewährleistet sein, dass Informationen über den Haushalt und die aus ihm finanzierten Projekte für alle Bürger offen zugänglich sind. Dies geschieht über das Portal *Ėlektronnyj bjudžet*.[15] Hier finden sich allgemeine Angaben zu bewilligten und verwendeten Mitteln nach Ressorts. Genauere Angaben fehlen jedoch. Der Haushalt der Staatsduma fällt unter den riesigen Haushaltstitel „Arbeit der legislativen (repräsentativen) Organe der Staatsgewalt und der kommunalen Vertretungsorgane".[16]

Mehr Informationen finden sich auf dem Portal *Gozrazchody* („Staatsausgaben") des Rechnungshofs. Hier gibt es für den Haushalt der Staatsduma eine eigene Seite mit Daten für den Zeitraum von 2016 bis 2021. Angegeben werden der Empfänger der Mittel, die Ausgabenart, der Verwendungszweck.[17]

Auch auf der offiziellen Website der Staatsduma finden sich Informationen über die Verwendung der zugewiesenen Haushaltsmittel.[18] Allerdings sind die Angaben seit dem 1. Halbjahr 2017 nicht mehr aktualisiert worden. Zudem genügen auch die verfügbaren Informationen nicht vollständig dem Transparenzgebot, da detaillierte Angaben zu den angefallenen Kosten fehlen.

---

[12] Die „Bewegung zum Schutz der Wählerrechte *Golos*" steht unter massivem Druck der Behörden. Die 2000 gegründete *Associacija Golos* wurde 2013 zum „ausländischen Agenten" erklärt und 2016 per Gerichtsbeschluss zwangsaufgelöst. Die „Bewegung ‚Golos'" ist nicht als Verein registriert und wurde im August 2021 als erster Zusammenschluss vom Justizministerium in ein eigens geschaffenes Register „ausländischer Agenten" eingetragen, die keine juristische Person sind. 20 Personen, die sich bei *Golos* engagieren, wurden zu „Massenmedien, die als ausländische Agenten fungieren", erklärt. Der Europäische Zusammenschluss von Wahlbeobachtungsorganisationen (ENEMO), in dem *Golos* Mitglied war, wurde im September 2021 von der Generalstaatsanwaltschaft zur „Unerwünschten Organisation" erklärt. Golos musste daraufhin umgehend austreten, da jeglicher Kontakt zu ENEMO in Russland nun strafrechtlich verfolgt wird. Anm. d. Redaktion.

[13] Golos, Bjudžetnaja kormuška [Fn. 11].

[14] Gozraschody: Gosudarstvennaja Duma Federal'nogo Sobranija Rossijskoj Federacii, <https://spending.gov.ru/budget/gp/96?year=2021>.

[15] Ėlektronnyj Bjudžet: Raschody bjudžeta, <http://budget.gov.ru/epbs>.

[16] Ėlektronnyj Bjudžet: Raschody bjudžeta. 2021, <http://budget.gov.ru/epbs/faces/p/Бюджет/Расходы/Расходы%20по%20отраслям>.

[17] Gozrazchody [Fn. 14].

[18] Staatsduma: Raschody. Gosudarstvennaja Duma. 2017, <http://duma.gov.ru/finances/costs/>.

Die Finanzierung der Abgeordnetentätigkeit

Die Tätigkeit der Abgeordneten wird aus dem Haushalt der Staatsduma bezahlt. Die Zuweisungen setzen sich wie folgt zusammen:

1. Abgeordnetenbezüge und Mitarbeiterpauschale,
2. Reisekosten,
3. Pauschale für Regionalbüros,
4. Pauschale für Medienarbeit,
5. Mittel für Dienstreisen ins Ausland.[19]

Die Regeln für die finanzielle Ausstattung von Abgeordneten der Staatsduma sind in folgenden Gesetzen und Reglements niedergelegt:

- Föderales Gesetz Nr. 79-FZ „Über den öffentlichen Dienst der Russländischen Föderation“
- Föderales Gesetz Nr. 3 „Über den Status eines Mitglieds des Föderationsrates und den Status eines Abgeordneten der Staatsduma der Föderalversammlung der Russländischen Föderation“
- Geschäftsordnung der Staatsduma

Die Abgeordnetendiäten sind zwischen 2014 und 2020 um zwei Drittel angehoben worden. Im Jahr 2014 lagen die Bezüge bei monatlich 254 000 Rubel, 2020 waren es 420 000 Rubel. Dies geht auf eine Verordnung des Präsidenten aus dem Jahr 2014 zurück, mit der Duma-Abgeordnete Ministern gleichgestellt wurden. Entsprechend mussten auch ihre Bezüge angeglichen werden. Anderen Angaben zufolge sind die Bezüge sogar noch höher und lagen im Jahr 2019 bei 450 000 Rubel und im Jahr 2020 bereits bei 467 000 Rubel.[20]

Die Diäten betragen damit das Neunfache des Durchschnittsgehalts, das nach den amtlichen Daten der Statistikbehörde *Rosstat* im Jahr 2020 bei 51 083 Rubel im Monat lag, das 13fache des durchschnittlichen Einkommens (35 361 Rubel) und das 31fache der durchschnittlichen Rente (14 986 Rubel).[21] Zum Vergleich: In den USA liegen die Abgeordnetendiäten beim Dreifachen und in Deutschland beim Zweifachen des Durchschnittsgehalts.[22] Im Haushaltsentwurf für die Jahre 2021–2023 ist eine weitere Erhöhung der Diäten vorgesehen. Bis 2023 sollen sie auf durchschnittlich 500 000 Rubel pro Monat steigen.[23]

Zu berücksichtigen ist, dass es neben der allgemeinen Abgeordnetendiät weitere Bezüge gibt, die von der konkreten Funktion und der Anzahl der Aufgaben der Abgeordneten abhängig sind. Maßgeblich dafür sind unter anderem:

---

19 Elena Olejnikova: Zarplaty deputatov v 2021 godu. Visasam.ru, 9.10.2021.

20 „Otkrytye media“: srednemesjačnaja zarplata deputata Gosdumy v 2020 godu vyrosla do 470 tys. rublej. Polit.ru, 13.10.2021.

21 Föderaler Dienst für staatliche Statistik Rosstat: Rynok truda, zanjatost’ i zarabotnaja plata. 2021, <https://rosstat.gov.ru/labor_market_employment_salaries>.

22 Finansovyj bazis: Zarplata deputatov Gosdumy RF v 2021 godu. finbazis.ru, 10.1.2021.

23 „Otkrytye media“ [Fn. 20].

- die Zahl der Sitzungstage,
- die Zahl der offiziell gemeldeten Krankheitstage,
- Anzahl und Dauer von Dienstreisen sowie zurückgelegte Entfernung,
- Die Frage, ob die Familie des Abgeordneten nach Moskau umgezogen ist,
- Kosten für Öffentlichkeitsarbeit.

Im Jahr 2020 erhielten die Abgeordneten zusätzlich zu ihren allgemeinen Diäten im Durchschnitt weitere 202 000 Rubel aus dem Staatshaushalt.[24] Einige Abgeordnete in hoher Funktion erhalten monatliche Bezüge von rund 800 000 Rubel. Die vierteljährlich gezahlten Prämien sind hier noch nicht einmal inbegriffen.[25]

Variationen der Abgeordnetengehälter ergeben sich zudem aufgrund von Boni, Sonderleistungen und Prämien sowie von Zuschlägen für die Wahrung von Staatsgeheimnissen und für die Behandlung besonders dringlicher Fragen.[26]

Neben den Diäten und den inoffiziellen Einkünften aus Lobbyarbeit oder Korruption genießen die Parlamentarier zahlreiche Privilegien. Sie sind in den Artikeln 11–40 des Gesetzes Nr. 3-FZ vom 8.5.1994 „Über den Status eines Senators der Russländischen Föderation und den Status eines Abgeordneten der Staatsduma der Föderalversammlung der Russländischen Föderation" geregelt.[27]

Das erste und bedeutendste Privileg der Abgeordneten ist die Immunität. Sie dürfen nicht festgenommen und inhaftiert werden, nicht wegen Ordnungswidrigkeiten belangt und nicht strafrechtlich verfolgt, nicht durchsucht und nicht verhört werden. Die Immunität erstreckt sich auch auf das Eigentum der Abgeordneten: Dokumente, Gepäck, Wohnung, Dienst- und Privatwagen. Die Immunität kann nur auf Antrag des Generalstaatsanwalts von einer Mehrheit der Duma-Abgeordneten aufgehoben werden.

Abgeordnete der Staatsduma haben zudem einen Diplomatenpass, mit dem sie ohne Visum und Zollkontrolle in die Schengen-Staaten und nach Indien reisen können. Ein weiteres Privileg ist eine gesetzliche Pflichtversicherung mit einer Versicherungssumme in Höhe ihrer Jahresbezüge, auszuzahlen im Fall ihres Todes oder von Arbeitsunfähigkeit. Auch der Umstand, dass Abgeordneten über das Ende ihres Mandats hinaus weitere sechs Monate auf die Rente angerechnet werden, kann als Privileg eingestuft werden. Zieht ein Abgeordneter zur Ausübung seines Mandats nach Moskau um, werden ihm die entstehenden Kosten erstattet. Als Aufwandsentschädigung erhält er zusätzlich einmalig ein halbes Monatsgehalt sowie für jedes Familienmitglied ein weiteres Viertel. Abgeordneten ohne eigene Wohnung in Moskau wird eine Dienstwohnung zur Verfügung gestellt. In der Regel ist dabei für eine zweiköpfige Familie eine Wohnfläche von ca. 60 m² vorgesehen. Bis die Wohnung bezogen werden kann, werden den Volksvertretern zudem die Kosten für die Übernachtung in einem Hotel mit 4 Sternen aufwärts,

---

[24] Ekaterina Zachožaja: Skol'ko polučaet i ot čego zavisit zarplata deputata RF. HR Monitor, 20.5.2020.

[25] Ebd.

[26] Olejnikova, Zarplaty deputatov [Fn. 19].

[27] Föderales Gesetz Nr. 3-FZ „O statuse senatora Rossijskoj Federacii i statuse deputata Gosudarstvennoj Dumy Federal'nogo Sobranija Rossijskoj Federacii" vom 8.5.1994, <www.consultant.ru/document/cons_doc_LAW_3637/>.

gelegen innerhalb des dritten Moskauer Verkehrsrings, finanziert. Die Hotelunterbringung von Familienmitgliedern müssen die Abgeordneten allerdings aus eigenen Mitteln bestreiten.

Die Duma unterhält für die Abgeordneten eine Fahrbereitschaft. Nach einer Reform haben die Parlamentarier allerdings keinen Anspruch auf einen eigenen Fahrer mehr, sondern die Fahrbereitschaft schickt einen freien Wagen. Dienstfahrzeuge dürfen nur im Rahmen der Tätigkeit als Abgeordnete in Anspruch genommen werden, die Nutzung durch Familienangehörige ist untersagt. Nutzen Abgeordnete für dienstliche Fahrten ihren Privatwagen, werden ihm Instandhaltungskosten erstattet, allerdings nur für Fahrten, die während der gewöhnlichen Arbeitszeiten unternommen werden.

Kosten für dienstliche Flug- und Bahnfahrten erhalten Abgeordnete vollständig erstattet. Aus Daten des Portals *Gossudarstvennye zakupki* („Öffentliches Beschaffungswesen") geht hervor, dass für Flugkosten von Abgeordneten der Duma im Jahr 2021 27,5 Millionen Rubel bereitgestellt wurden. Eingerechnet sind die Kosten, die in Zusammenhang mit diesen Reisen auf Seiten verschiedener Staatsbediensteter entstehen.[28] Dazu zählen unter anderem die Organisation von Geschäftstreffen in Besprechungsräumen, die Gepäckzustellung, die Erledigung des Check-ins für den Flug und die Unterstützung bei der Erledigung von Zollformalitäten.

Unter den weniger bedeutenden Privilegien ist die kostenfreie mobile Kommunikation zu nennen, die SMS, Telefonie und Internet umfasst.

Lobbyismus in der Duma

Nach Artikel 12 Absatz 2 des Gesetzes Nr. 184-FZ „Über die allgemeinen Grundsätze der Organisation der gesetzgebenden (repräsentativen) und ausführenden Organe der Staatsgewalt der Subjekte der Russländischen Föderation" dürfen Abgeordnete keiner weiteren bezahlten Tätigkeit nachgehen. Ausgenommen sind die Lehre an Schulen und Hochschulen sowie wissenschaftliche und andere kreative Betätigungen – sofern sie nicht ausschließlich aus dem Ausland finanziert werden.

Obwohl in Russland zahlreiche Gesetze, Präsidialdekrete, Verordnungen und internationale Abkommen zur Korruptionsbekämpfung in Kraft getreten sind, ist die Korruption fester Bestandteil des politischen Systems.[29] Im März 2021 hat die Staatsduma in erster Lesung einen Gesetzentwurf über „unbeabsichtigte" Korruption angenommen. Danach soll es bei Verstößen gegen Richtlinien zur Korruptionsbekämpfung möglich sein, Personen vom Vorwurf der Korruption freizusprechen, wenn die Verstöße aufgrund äußerer Umstände erfolgten, die sich ihrer Kontrolle entzogen.[30] Allerdings blieb dieser Entwurf aufgrund eines öffentlichen Aufschreis in zweiter Lesung stecken. Der Ansehensverlust

---

[28] Föderale Staatskasse: Edinaja informacionnaja sistema v sfere zakupok. <https://zakupki.gov.ru/epz/organization/view/info.html?organizationId=762073>.

[29] Ministerium für Arbeit und sozialen Schutz der Russländischen Föderation: Dejstvujuščie federal'nye zakony, ukazy Prezidenta Rossijskoj Federacii, postanovlenija Pravitel'stva Rossijskoj Federacii, meždunarodnye pravovye akty. 10/2021, <http://mintrud.gov.ru/ministry/anticorruption/legislation/0>.

[30] Vladislav Gordeev: Gosduma odobrila zakonoproekt o „nečajannoj" korrupcii. RBK Daily, 10.10.2021.

des Parlaments scheint ein zu hoher Preis für eine Verabschiedung dieses Gesetzes gewesen zu sein.
Lobbytätigkeiten sind in Russland nicht gesetzlich geregelt. Dies führt zu rechtlichen Problemen und erschwert die Interessenvertretung über die Staatsduma. Sehr aktiv wurde Interessenvertretung über die Duma in den 1990er Jahren betrieben, insbesondere während der 3. Legislaturperiode von Dezember 1999 bis Dezember 2003, als eine Vielzahl von Fraktionen und Parteienbündnissen in der Duma vertreten war.
Heute erfolgt die Lobbyarbeit vor allem über:

- Abgeordnetengruppen, Fraktionen und inoffizielle Zusammenschlüsse von Abgeordneten,
- Expertengremien, die die Ausschüsse der Staatsduma beraten,
- Angestellte der Duma.

Da es kein Lobbyistengesetz gibt, ist es sehr schwierig, Lobbyarbeit von Korruption zu unterscheiden.

Die wissenschaftliche Begleitung der parlamentarischen Arbeit

Der Haushalt der Staatsduma betrug im Jahr 2020 – nach einer Erhöhung um 20 Prozent gegenüber dem Vorjahr – 12 Milliarden Rubel (ca. 171 Millionen Euro) im Jahr. Dies ist recht wenig im Vergleich zum Deutschen Bundestag, dessen Etat 2020 1,03 Milliarden Euro betrug.[31] Allerdings verfügen die Abgeordneten in Russland über weniger Privilegien als in Deutschland. Ein Teil des Haushalts des Deutschen Bundestags wird für die Wissenschaftlichen Dienste aufgewendet, die die Abgeordneten bei der Ausübung ihres Mandats unterstützen. Dieses Informationszentrum des Bundestages recherchiert im Auftrag einzelner Abgeordneter oder der Gremien des Parlaments Informationen aus einer Vielzahl von Politikfeldern, analysiert diese und erstellt auch Gutachten.[32]
In der Duma sorgt die Sachverständigen- und Analyseabteilung für eine wissenschaftliche Begleitung der Arbeit.[33] Seit 2014 gibt es zudem einen Wissenschaftlichen Rat beim Vorsitzenden und einen weiteren Expertenrat beim stellvertretenden Vorsitzenden der Staatsduma.[34] Mitglieder dieser Gremien sind Wissenschaftler führender Universitäten und Forschungszentren, Vertreter aus der Wirtschaft sowie weitere Fachleute.
Die Sachverständigen- und Analyseabteilung begutachtet bereits verabschiedete Gesetze fachlich und kann auch bereits vor der Verabschiedung eines Gesetzes Korrekturen vorschlagen. Anders als die Wissenschaftlichen Dienste des Bundestags arbeitet diese Abteilung jedoch nicht im Auftrag einzelner Abgeordneter. Will dieser seine Kenntnis einer Materie vergrößern, muss er auf die Mitarbeiter seines Abgeordnetenbüros zurückgreifen. Nach Artikel 37 des Gesetzes Nr. 3-FZ vom 8.5.1994 (in der Fassung vom

---

[31] Etat des Bundestages für 2020 beschlossen, <www.bundestag.de/webarchiv/presse/hib/2019_11/668246-668246>.
[32] Liste der Arbeitsgebiete der Fachbereiche unter <www.bundestag.de/parlament/verwaltung/ua_wd/>.
[33] Apparat Gosudarstvennoj Dumy. o.D., <http://duma.gov.ru/duma/staff/532001887/>.
[34] Tat'jana Zamachina: Ėkspertnye sovety pri rukovodstve Gosdumy polučat novyj status. Rossijskaja gazeta, 22.6.2020.

22.12.2020) „Über den Status eines Senators der Russländischen Föderation und den Status eines Abgeordneten der Staatsduma der Föderalversammlung der Russländischen Föderation“ kann ein Abgeordneter für die Organisation seiner Tätigkeit und die Delegierung von Aufgaben bis zu vierzig Mitarbeiter beschäftigen.[35] Zur Vergütung ihrer Arbeit werden monatlich 300 000 Rubel bereitgestellt. Nach Artikel 39 des gleichen Gesetzes gehört es zu den Aufgaben dieser Mitarbeiter, Fachwissen für den Abgeordneten zusammenzutragen.

Die Beziehung zwischen Staatsduma und Präsidialverwaltung

Die Präsidialverwaltung ist die mächtigste politische Institution. Doch ihre Tätigkeit ist nicht gesetzlich geregelt. Lediglich in Artikel 83 der Verfassung heißt es in Abschnitt i), dass der Präsident eine solche Verwaltung aufbaut. Im Jahr 2020 kam die Passage hinzu, dass er dies tut, „um die Ausübung seiner Befugnisse zu gewährleisten“. Seit Jahren wird in der Duma und der Föderalversammlung darüber gesprochen, dass die Tätigkeit der Präsidialverwaltung in einem Gesetz geregelt werden sollte. Greifbare Ergebnisse gibt es keine.[36]

Entsprechend sind auch die Beziehungen zwischen der Präsidialverwaltung und der Staatsduma nicht rechtlich geregelt. Die Präsidialverwaltung wird in der Geschäftsordnung der Staatsduma nirgends erwähnt. Beobachter beschreiben das politische und organisatorische Zusammenspiel von Staatsduma und Präsidialverwaltung anhand der Aussagen von Beteiligten oder von Informationen aus der Presse. Sie sprechen davon, dass es in der Präsidialverwaltung „Projektmanager“ (kuratory) für einzelne Politikbereiche gibt,[37] dass Kandidatenlisten der Parteien für Wahlen und Gesetzesentwürfe abgestimmt werden und Gesetze direkt aus der Präsidialverwaltung kommen.[38]

Manche Beobachter sind der Ansicht, dass die Präsidialverwaltung kraft dieser eingespielten politischen Praktiken ein eigenständiger politischer Akteur sei, dass sie als „zweite Regierung“ agiere.[39] Die Präsidialverwaltung habe infolge der Transformation der exekutiven Machtvertikale erhebliche politische Souveränität erlangt und sei in der Lage, auf politische Vorgänge im Staat unmittelbar Einfluss zu nehmen.[40]

Im November 1996 klagten Abgeordnete der Staatsduma vor dem Verfassungsgericht gegen das Präsidialdekret Nr. 1412 vom 2.10.1996, mit dem eine neue Verordnung über die Präsidialverwaltung in Kraft gesetzt wurde. In dieser Verordnung hieß es, dass die

---

[35] Föderales Gesetz Nr. 3-FZ [Fn. 27].

[36] Hier zwei Beispiele aus verschiedenen Jahren für abgelehnte Gesetzesvorlagen zu diesem Punkt: <https://sozd.duma.gov.ru/bill/313307-4; https://sozd.duma.gov.ru/bill/557038-6>.

[37] Sof'ja Samochina: Naznačen zamglavy UVP, otvečajuščij za parlament. Kommersant”, 25.1.2019.

[38] Zakonodatel'naja receptura. Kak roždajutsja na svet rossijskie zakony. Kommersant”-Vlast', 26.1.2015.

[39] Afanasij Blinov: Administracija prezidenta Rossijskoj Federacii, in: Trudy Instituta gosudarstva i prava Rossijskoj akademii nauk, 5/2011, S. 57–66.

[40] Ebd. – Fabian Burkhardt: Institutionalising Authoritarian Presidencies: Polymorphous Power and Russia's Presidential Administration, in: Europe-Asia Studies, 73/2021. – Ben Noble, Ekaterina Shulmann: Not just a Rubber Stamp: Parliament and lawmaking, in: Daniel Treisman (Hg.): The New Autocracy: Information, Politics, and Policy in Putin's Russia. Washington D.C. 2018, S. 49–82.

Präsidialverwaltung ein Staatsorgan sei. Die Abgeordneten vertraten die Auffassung, dass der Begriff Staatsorgan (*gosudarstvennyj organ*) identisch mit dem Begriff Organ der Staatsmacht (*organ gosudarstvennoj vlasti*) sei, es sich bei der Präsidialverwaltung jedoch nicht um ein solches Organ der Staatsmacht handele, sondern um eine Behörde, einen Apparat, ein Hilfsorgan des Präsidenten. In der Verfassung sei die Präsidialadministration auch nicht als Organ der Staatsmacht erwähnt.[41] Daraufhin erließ Präsident El'cin ein Dekret, mit dem die Verordnung zur Präsidialverwaltung substantiell überarbeitet wurde, um sie mit der Verfassung in Einklang zu bringen.

Nach der Wahl Vladimir Putins zum Präsidenten änderte sich das Reglement für das Zusammenspiel zwischen dem Präsidenten und seiner Verwaltung und der Legislative. An erster Stelle ist das Präsidialdekret Nr. 792/2004 vom 22.6.2004 zu nennen, mit dem das Amt eines bevollmächtigten Vertreters des Präsidenten in den Kammern der Föderalversammlung eingeführt wurde.

Die Befugnisse des Vertreters des Präsidenten in der Staatsduma sind nach diesem Dekret nicht besonders weit gefasst. Er legt die vom Präsidenten Russlands eingebrachten Gesetzentwürfe vor, stellt die Position des Präsidenten zu einzelnen Gesetzentwürfen dar und erläutert die Gründe, falls der Präsident von seinem Vetorecht Gebrauch macht. Kontrollbefugnisse gegenüber dem Parlament hat er dem Wortlaut des Dekrets nach keine. Dies würde gegen das Prinzip der Gewaltenteilung verstoßen.

Vertreter des Präsidenten in der Staatsduma ist seit Mai 2012 Garri Minch. Im Verlauf der 7. Legislaturperiode zwischen Oktober 2016 und Oktober 2021 stand Minch insgesamt 70 Mal am Rednerpult, davon 40 Mal als Hauptredner und 30 Mal als Mitvortragender. Es fällt auf, dass alle Gesetzentwürfe, zu denen er sprach, von der Staatsduma angenommen, vom Föderationsrat genehmigt und vom Präsidenten umgehend abgezeichnet wurden.

Im Mai 2015 berichtete die Zeitung *Vedomosti* unter Berufung auf den Duma-Vorsitzenden Vjačeslav Volodin, dass „für Wahlrecht und Gesetzentwürfe zu den allgemeinen Grundsätzen der örtlichen Selbstverwaltung ein Stab in der Abteilung Innenpolitik der Präsidialverwaltung zuständig ist. Für die Duma ist der wichtigste Partner in der Präsidialverwaltung jetzt die Abteilung für Staatsrecht."[42] Volodin zufolge steht ein ganzes Rechtsgebiet unter Leitung einer Abteilung der Präsidialverwaltung. Der Parlamentspräsident erläuterte den Journalisten auch, wie Gesetzesinitiativen der Präsidialverwaltung in die Duma eingebracht werden. Seinen Worten zufolge erfolgt dies über loyale Abgeordnete. Auf diese Weise sei ein Gesetzentwurf eingebracht worden, der Bürgertreffen von Abgeordneten mit öffentlichen Kundgebungen gleichsetzt, ebenso ein Gesetzentwurf über die Einschränkung der Nutzung von Messenger-Diensten sowie ein Gesetzentwurf, der es erlaubt, wegen Terrorismus verurteilten Personen die Staatsbürgerschaft zu entziehen. In allen drei Fällen ging die Initiative von der Abteilung für Innenpolitik der Präsidialverwaltung aus.[43]

Leiterin der von Volodin erwähnten Abteilung für Staatsrecht, die die rechtliche Ausgestaltung aller vom Präsidenten initiierten Gesetzentwürfe besorgt,[44] ist Larisa

[41] Blinov, Administracija prezidenta [Fn. 39].
[42] V Gosdume rasskazali o prekraščenii vedomstvennogo lobbizma. vedomosti.ru, 30.5.2017.
[43] Ebd. – Gosdume rekomendovali priravnjat' vstreči deputatov k mitingam. RBK, 23.3.2017.
[44] Anna Puškarskaja: Nesmenjaemee Putina. Cholod, 13.11.2020.

Bryčeva. Die als „Verdiente Juristin Russlands" geehrte Bryčeva trat während der 6. Legislaturperiode der Staatsduma von 2011–2016 zweimal als Rednerin auf. Am 26.2.2014 hielt sie einen Vortrag zum Thema „Die Verfassung und der Gesetzgebungsprozess in der Russländischen Föderation". Am 2.3.2014 stand sie bei einer Aktuellen Stunde als Mitvortragende am Rednerpult.

Von Bedeutung für das Zusammenspiel von Staatsduma und Präsidialverwaltung ist auch der Karriereweg einiger Abgeordneter, die aus der Präsidialverwaltung in die Duma wechselten und dort Schlüsselpositionen bekleideten. So war Sergej Naryškin unter Präsident Dmitrij Medvedev von 2008 bis 2011 Leiter der Präsidialverwaltung und wurde 2011 in die Duma gewählt, wo er für fünf Jahre das Amt des Vorsitzenden übernahm. Seit 2016 ist Naryškin Chef des Auslandsgeheimdiensts. Sein Nachfolger im Amt des Dumapräsidenten Vjačeslav Volodin war von Januar 2011 bis zu seinem Einzug in die Duma erster Stellvertreter des Präsidenten, Medienberichten zufolge mit Zuständigkeit für die Innenpolitik.[45] Bei den Wahlen am 16. September 2016 zog er auf der Liste von *Einiges Russland* in die Staatsduma ein, nur eine Woche später empfahl Putin der Partei, ihn für die Wahl des Duma-Vorsitzenden zu nominieren, Anfang Oktober wurde er mit 404 von 450 Stimmen gewählt. Im Oktober 2021 wurde er in seinem Amt bestätigt.

Viele Beobachter weisen darauf hin, dass die institutionelle Ausgestaltung der Duma zwar hoch entwickelt ist, dass sie aber dennoch als politisches Subjekt äußerst schwach ist. Der Präsident und die Exekutive dominieren das politische Geschehen.[46] Die Duma hat ihre Bedeutung sogar teilweise bewusst selbst eingeschränkt. Bereits 2006 erklärte der damalige Leiter der Abteilung für politische Führung an der Akademie für Öffentlichen Dienst Vladimir Komarovskij:

> Allenthalben ist zu beobachten, dass die Exekutive gestärkt wird. Entsprechend wird das demokratische Prinzip zunehmend durch die Vorstellung von effektiver administrativer Steuerung und die Etablierung neuer Lenkungsformen verdrängt.[47]

Dieser Trend hat sich in den vergangenen 20 Jahren kontinuierlich verstärkt. Er entspricht dem in allen Autokratien verbreiteten Misstrauen gegenüber Wahlen, der Angst vor den unberechenbaren Wählern, der Präferenz für ernannte Funktionsträger an der Stelle gewählter Volksvertreter.

Die schwache Position des Parlaments wirkt sich zwangsläufig auf das Gesetzgebungsverfahren aus. Selbst unpopuläre Gesetzentwürfe werden ohne größere Konflikte verabschiedet. So haben bei der Abstimmung über die Rentenreform, bei der das Renteneintrittsalter um fünf Jahre angehoben wurde,[48] 332 Abgeordnete der Fraktion *Einiges Russland* die Hand für den Entwurf gehoben. Allerdings gelang es der politischen Führung der Staatsduma aufgrund der massiven öffentlichen Kritik an dem Gesetzentwurf nicht, alle Fraktionen zu einer Zustimmung zu bewegen. Die Abgeordneten der KPRF, der LDPR und der Partei *Gerechtes Russland* stimmten mit Nein.

---

[45] Rabota na dvoich. Kommersant", 10.10.2016.

[46] Jakov Pljajs, Oksana Gaman-Golutvina, Parlamentarizm v Rossii i Germanii. Istorija i sovremennost'. Moskva 2006, S. 144, S. 157.

[47] Zitiert nach Pljajs, Parlamentarism [Fn. 46], S. 237.

[48] Föderales Gesetz Nr. 350-FZ (Gesetzentwurf Nr. 489161-7) „Über die Einführung von Änderungen bei einzelnen gesetzlichen Regelungen der Russländischen Föderation zur Festsetzung und Zahlung von Ruhestandsbezügen".

Die Staatsduma im politischen System

Ein Parlament, in dem seit über zwei Jahrzehnten die gleiche Gruppierung über eine stabile Mehrheit – meist sogar eine Verfassungsmehrheit – verfügt, muss sich fast zwangsläufig zu einem Ort entwickeln, an dem Einmütigkeit zur Schau gestellt wird, Ressourcen monopolisiert werden und an dem die Abgeordneten Vasallen der Exekutive sind. Interessant ist, dass das Gesetz zur Anhebung des Rentenalters zwar von der Regierung auf den Weg gebracht wurde, den stärksten Vertrauensverlust in den Umfragen jedoch das Parlament erlitt.[49]

Auch auf die immer schlechtere juristische Qualität der in der Duma erörterten Gesetzesvorlagen muss hingewiesen werden. Viele Gesetzentwürfe, die in die Staatsduma eingebracht werden, sind heute vage formuliert. Immer häufiger handelt es sich um „Blankettgesetze" oder „Rahmengesetze", die auf die Regierung als entscheidende Instanz verweisen.

Insgesamt prägen somit folgende Strukturmerkmale die Stellung der Duma im politischen System Russlands: Sie ist finanziell gut ausgestattet, doch die Transparenz des Haushalts ist gering. Die Abgeordneten erhalten hohe Diäten; zugleich sind Lobbytätigkeiten nicht reguliert und damit schwer von Korruption abzugrenzen.[50] Die Abgeordneten haben viele Privilegien und sie lassen eher selbst Gutachten und Analysen erstellen, statt auf externe, unabhängige Expertise zurückzugreifen. Die im Parlament vertretenen Parteien erhalten eine hohe finanzielle Unterstützung, was eine zunehmende Bürokratisierung der Parteiapparate nach sich zieht. Das Budget der Partei *Einiges Russland* ist doppelt so hoch wie das aller anderen Parlamentsparteien zusammengenommen.

Die Duma ist keine Institution, in der sich die Bürger repräsentiert fühlen. Vielmehr richtet sich die Wut der Gesellschaft oft genau gegen das Parlament. Hinzu kommen die Verbindungen zwischen den Abgeordneten und verschiedenen Interessengruppen in der Exekutive. Die Duma ist in erheblichem Maß von der Gesellschaft abgeschottet. Paradoxerweise macht genau dies die Duma zu einem Ort, an dem Vertreter der Exekutive, der Bürokratie und anderer nicht zur Legislative gehörender einflussreicher politischer Kräfte miteinander konkurrieren, zu einem Marktplatz, auf dem sie ihre Interessen aushandeln.

Handelt es sich um eine wichtige Angelegenheit und ist die politische Elite sich einig, winkt die Staatsduma Gesetzentwürfe rasch durch. Doch das ist keineswegs immer der Fall. Dieses Janusgesicht der Duma erklärt sich nicht zuletzt aus der beschriebenen Finanzierung und der internen Funktionsweise der Staatsduma. Die Duma ist abhängig vom Staatshaushalt im Allgemeinen und von der Präsidialverwaltung im Besonderen. Ein Abgeordnetenmandat bietet vielfältige Möglichkeiten, eigene Interessen zu verfolgen und sich individuell oder als Gruppe zu bereichern. Dies unterscheidet Parlamente in Autokratien von totalitären Institutionen, die eine rein dekorative Funktion erfüllen. Die Staatsduma ist ein „Schlachtfeld der Eliten", auf dem Ministerien, Behörden, Exekutivorgane und Wirtschaftsgruppen einander befehden. Gesellschaftliche Interessen werden jedoch in der Duma kaum repräsentiert.

Aus dem Russischen von Anselm Bühling, Berlin

Schlagwörter: Russland, Politisches System, Autoritarismus, Wahlen, Staatsduma

---

[49] Angelina Galanina, Sergej Izotov: Votum doverija: rossijane po-prežnemu odobrjajut dejatel'nost' armii i RPC. Izvestija, 20.11.2018.

[50] Transparency International: Každyj pjatyj deputat Gosdumy lobbiruet interesy silovych struktur, 28.8.2018, <https://lobbying.transparency.org.ru/siloviki/>.

Silvia von Steinsdorff

Mehr als ein Schattenparlament?

Russlands Staatsduma im autokratischen Staat

Die Staatsduma verfügt *de jure* über die verfassungsrechtliche Voraussetzung eines demokratischen Parlaments. *De facto* fristet die Staatsduma ein Schattendasein im Machtgefüge des russländischen Staates. Sie bildet einen wichtigen Bestandteil der „Vertikale der Macht", mit deren Hilfe Staatspräsident Putin sein autoritäres Regime sichert. Als effiziente Gesetzgebungsmaschine schafft sie die legale Basis der bürokratischen Präsidialherrschaft.

Kurz nach der Konstituierung der zaristischen Staatsduma im Jahr 1906 stellte Max Weber in seinem Aufsatz „Rußlands Übergang zum Scheinkonstitutionalismus" fest, es sei lediglich ein „Schattenparlament" geschaffen worden. Alle Regelungen zur Kompetenzabgrenzung zwischen Regierung und Parlament in der ersten Verfassung spiegelten die Überzeugung wider, dass „die Volksvertretung der natürliche Feind der Staatsgewalt ist und immer bleiben wird".[1] 115 Jahre später führt die Staatsduma noch immer – oder: wieder – ein Schattendasein im autoritären Machtgefüge des russländischen Staates. Allerdings gilt die erste Parlamentskammer heute weniger als ohnmächtiger Feind der Staatsgewalt denn vielmehr als willfähriger Notar oder gar als „verrücktgewordener Drucker"[2] zur legislativen Umsetzung präsidialer Anweisungen. Es greift jedoch zu kurz, dieser Verfassungsinstitution jegliche eigenständige politische Bedeutung abzusprechen. Zum einen wissen wir aus der vergleichenden Parlamentsforschung, dass Volksvertretungen auch in autoritären Systemen wichtige Funktionen erfüllen.[3] Ähnlich

---

Silvia von Steinsdorff (1966), Prof. Dr., Professorin für vergleichende Demokratieforschung und die politischen Systeme Osteuropas an der Humboldt-Universität zu Berlin

Von Silvia von Steinsdorff erschien in OSTEUROPA: Gute und schlechte Informalität? Informelle Politik in West und Ost, in: OE, 10/2005, S. 5–16. – Gemeinsam mit Susanne Kraatz und Dorothée de Nève: Osteuropaforschung ohne Frauen? In: OE, 5/2003, S. 635–646.

1 Max Weber: Rußlands Übergang zum Scheinkonstitutionalismus, in: Ders.: Gesammelte Politische Schriften, herausgegeben von Johannes Winckelmann. Tübingen [2]1958, S. 66–108, hier S. 77, S. 80.

2 Den Ausdruck von der Staatsduma als „vzbesivšijsja printer" (wörtlich: „heißgelaufener" oder „durchgedrehter Drucker") prägten die Journalisten Maria Epifanova und Aleksandr Mineev: Vzbesivšijsja printer v roli gaečnogo ključa. Novaja Gazeta, 9.7.2014- – Derek S. Hutcheson: Contextualizing the 2016 State Duma Election, in: Russian Politics, 2/2017, S. 383–410, hier S. 388.

3 Jennifer Gandhi, Ben Noble, Milan Svolik: Legislatures and Legislative Politics without Democracy, in: Comparative Political Studies, 9/2020, S. 1359–1379. – Scott Williamson, Beatriz Magaloni: Legislatures and Policy Making in Authoritarian Regimes, in: Comparative Political Studies, 9/2020, S. 1525–1543.

OSTEUROPA, 71. Jg., 8–9/2021, S. 193–202 **doi: 10.35998/oe-2021-0071**

wie in demokratischen Systemen diskutieren und verabschieden sie Gesetze und tragen dadurch zur Legalität und Berechenbarkeit der politischen Herrschaft bei. Sie sind ein sichtbares Forum zur Artikulation gesellschaftlicher Interessen, liefern den Machthabern einen Einblick in die Stimmungslage der Bevölkerung, ermöglichen eine kontrollierte Austragung von Interessenkonflikten zwischen politischen Funktionsträgern und bieten wichtige Karrierechancen für die Vertreter der kooptierten Eliten. Dementsprechend ist auch die russländische Staatsduma kein reiner „rubber stamp" zur Validierung exekutiver Maßnahmen.[4] Zum anderen zeigt ein Rückblick auf das erste Jahrzehnt ihrer postsowjetischen Existenz, dass die Staatsduma durchaus über die nötigen konstitutionellen Voraussetzungen verfügt, um sich aus ihrem gegenwärtigen Schattendasein zu befreien, sollte die von Vladimir Putin perfektionierte autoritäre Machtvertikale stärkere Risse bekommen.

Von der Institutionalisierung zur Domestizierung

Als die erste Kammer des mit der Verfassung von 1993 neu geschaffenen Parlaments zu ihrer ersten Sitzungsperiode zusammentrat, bezeichneten die 450 frisch gewählten Abgeordneten die Volksvertretung – in Rückbesinnung auf die vier Wahlperioden der zaristischen Duma – als fünfte Staatsduma. Heute sind diese Anknüpfungspunkte an die vorsowjetische Geschichte verschwunden; die (verkürzte) Wahlperiode von Januar 1994 bis Dezember 1995 zählt als erste Staatsduma. Stattdessen werden bei manchen Beobachtern inzwischen Erinnerungen an die Sitzungen des Obersten Sowjets der UdSSR wach, bei denen die Delegierten die von der Exekutive vorgelegten Entscheidungen ohne jede inhaltliche Befassung oder gar Diskussion per Akklamation bestätigten. Dabei hatten die postsowjetischen Väter und – wenigen – Mütter der russländischen Verfassung sowie die erste Generation frei gewählter Abgeordneter besonderen Wert darauf gelegt, sich von dieser räteparlamentarischen Tradition abzusetzen. Laut Verfassung ist die Bundesversammlung[5] „ein ständig tätiges Organ" (Art. 99 (1) RV), und die Duma-Abgeordneten arbeiten „auf professioneller, ständiger Basis", d.h. sie dürfen keiner „anderen bezahlten Tätigkeit nachgehen, mit Ausnahme einer Lehr-, Forschungs- oder sonstigen schöpferischen Tätigkeit" (Art. 97 (3) RV).

Diese kontinuierliche und hauptamtliche Arbeitsweise unterscheidet sich stark von der des überdimensionierten Obersten Sowjets der UdSSR, der nur wenige Wochen im Jahr tagte. Bereits während der ersten beiden Wahlperioden professionalisierten sich die Organisation der Fraktionen, die Arbeit in den ständigen Ausschüssen und der Ablauf der Plenarsitzungen. Einfach war der institutionelle Selbstfindungsprozess angesichts unklarer und fluktuierender Mehrheitsverhältnisse sowie der großen Zahl parteiloser Abgeordneter allerdings nicht. Während der ersten Wahlperiode waren die Abgeordneten vornehmlich damit beschäftigt, die Verteilung der parlamentsinternen Ressourcen und

---

4 Ben Noble, Ekaterina Schulmann: Not just a Rubber Stamp: Parliament and Lawmaking, in: Daniel Treisman (Hg.): The New Autocracy. Information, Politics, and Policy in Putin's Russia. Washington 2018, S. 55–86.

5 Die Legislative der Russländischen Föderation besteht aus zwei Kammern: der direkt gewählten Staatsduma und dem Föderationsrat. Gemeinsam bilden die beiden Kammern die Föderal- bzw. Bundesversammlung, „das Vertretungs- und Gesetzgebungsorgan der Russländischen Föderation" (Art. 94 RV).

Funktionen zu regeln. Hierzu zählte die Zuweisung von Büroräumen und Dienstwagen ebenso wie die Einstellung von Mitarbeiterinnen und Mitarbeitern der Dumaverwaltung oder die Festlegung von Redezeiten, Tagesordnungen und internen Leitungsaufgaben. Angesichts ständig wechselnder, unberechenbarer Abstimmungsmehrheiten verlegte sich Präsident Boris El'cin bald darauf, seine Politik möglichst unter Umgehung des Parlaments umzusetzen. Erst als sich die Abgeordneten nach den Neuwahlen 1996 auf eine effiziente Geschäftsordnung verständigen konnten, wuchs die politische Durchsetzungskraft der Staatsduma merklich. Angesichts einer nach wie vor fehlenden stabilen (Regierungs-)Mehrheit entwickelten die Fraktionen kompromissorientierte Koordinierungsstrukturen, ohne jedoch die parteipolitisch ausgerichtete Logik eines Fraktionenparlaments völlig aufzugeben.[6]

Zwischen 1996 und 1999 erlebte Russland einen deutlichen Machtzuwachs der ersten Parlamentskammer: Die Kommunistische Partei Russlands (KPRF), die aus der Wahl vom Dezember 1995 als stärkste Kraft hervorgegangen war, verhinderte gemeinsam mit der Agrarpartei, dass sich in der Duma eine Mehrheit ohne sie bilden könnte. Die KPFR nutzte diese Verhinderungsmacht systematisch dazu, ihren Einfluss auf die operative Politik auszuweiten. Das zeigte sich bei der Verabschiedung des jährlichen Staatshaushalts ebenso wie bei erfolgreichen Gesetzesinitiativen, etwa im Bereich der Sozialpolitik. Dadurch wandelte sie sich von einer Anti-System-Kraft in eine parlamentarische Partei, welche die Spielregeln der eigentlich ungeliebten neuen Institution zu ihren eigenen Zwecken zu nutzen lernte. Dadurch kam es zu einem kontinuierlichen politischen Schlagabtausch zwischen Präsident El'cin und der Staatsduma. So drohten die Abgeordneten wiederholt erfolgreich mit einem Misstrauensvotum, um bestimmte Gesetzesvorhaben zu verhindern oder zu verändern. Im August 1998 setzten sie sich nach einem sechsmonatigen Kräftemessen sogar durch. Der Präsident gab nach. Statt das Parlament aufzulösen, wozu er verfassungsrechtlich die Kompetenz gehabt hätte, ernannte er einen Kompromisskandidaten als Premierminister.[7] Diese Entwicklung zeigt, dass die Legislative in der Verfassungspraxis trotz der Dominanz des Staatspräsidenten durchaus über einige konstitutionelle Druckmittel verfügt, sofern sie ein (partei-)politisches Gegengewicht zu diesem aufbauen kann.

Dass die Duma diese de jure vorgesehene eigenständige Rolle de facto nicht länger würde wahrnehmen können, zeichnete sich bald nach Vladimir Putins Amtsantritt als Staatspräsident im Frühjahr 2000 ab.[8] Putin machte umgehend deutlich, dass er in beiden Parlamentskammern lediglich nachgeordnete, weisungsgebundene Organe zur Unterstützung seiner politischen Ziele sieht. Obwohl die Präsidentenpartei *Edinstvo* (Einheit) bzw. *Edinaja Rossija* (Einiges Russland) weder bei den Parlamentswahlen 1999 noch 2003 die absolute Mehrheit der Stimmen erringen konnte, gelang es dem Staatspräsi-

---

[6] Silvia von Steinsdorff: Die russische Staatsduma zwischen politischer Marginalisierung und institutioneller Selbstbehauptung, in: Dies., Susanne Kraatz (Hg.): Parlamente und Systemtransformation im postsozialistischen Europa. Opladen 2002, S. 267–292, hier S. 270–276.

[7] Silvia von Steinsdorff: Kalkulierter Konflikt und begrenzte Kooperation. Zum Verhältnis von Präsident, Regierung und Parlament in Rußland, in: OSTEUROPA, 1/1999, S. 16–34, hier S. 18.

[8] Vladimir Putin, der im Mai 1999 von Präsident El'cin als Premierminister eingesetzt worden war, übernahm nach dessen Rücktritt zum Jahreswechsel 1999/2000 das Staatspräsidentenamt zunächst kommissarisch. Im Mai 2000 wurde er mit 53 Prozent der Wählerstimmen zum Staatspräsidenten bestimmt.

denten jeweils rasch, mit Hilfe der Abgeordneten seiner Partei die Tätigkeit der Staatsduma zu dominieren.[9] Auf Weisung der Präsidialadministration schlossen die Abgeordneten von *Edinstvo* bzw. *Edinaja Rossija* taktische Bündnisse mit anderen Fraktionen, um Schlüsselpositionen in den Ausschüssen und im Parlamentspräsidium zu besetzen. Zudem führte eine vom Kreml gesteuerte Kontrolle der parlamentarischen Gesetzgebungsagenda dazu, dass sich die Staatsduma in eine „straff organisierte [. . .] Abstimmungsmaschine“[10] verwandelte.

Spätestens 2008, mit dem Beginn der fünften Wahlperiode neuer Rechnung, als *Edinaja Rossija,* im Wahlkampf massiv unterstützt von den staatlich kontrollierten Medien und mithilfe administrativer Ressourcen, erstmals von Anfang an über eine komfortable Mehrheit von 315 der 450 Mandate verfügte, war die „Domestizierung“ der Staatsduma vollzogen: Die letzten Vertreterinnen und Vertreter der demokratischen Parteien wie *Sojuz Pravych Sil* (Union der rechten Kräfte) oder *Jabloko* waren endgültig in die außerparlamentarische Opposition verdrängt, die politische Agenda der Exekutive wurde fortan von der regierungstreuen Mehrheit der Abgeordneten zügig und meist ohne jede Diskussion umgesetzt. Boris Gryzlov, vorübergehend Vorsitzender der Partei und der Fraktion *Edinaja Rossija* sowie Präsident der Staatsduma von 2003 bis 2011, hatte dieses spezifische parlamentarische Rollenverständnis schon bei seinem Amtsantritt Ende Dezember 2003 auf den Punkt gebracht:

> Ich denke, die Staatsduma ist keine Plattform für politische Kämpfe, Losungen und Ideologien; sie ist eine Plattform für konstruktive und effektive Gesetzgebung.[11]

Der Effekt dieser außengesteuerten legislativen Produktion war durchschlagend: Die durchschnittliche Geschwindigkeit, mit der in die Duma eingebrachte Gesetze verabschiedet werden, hat sich in den ersten beiden Wahlperioden nach Putins Amtsantritt mehr als verdoppelt.[12] Auch die Zahl der verabschiedeten Gesetze stieg gegenüber den beiden Wahlperioden der 1990er Jahre von rund 200 auf über 400 pro Jahr. Zudem legte der Staatspräsident nur noch gegen 0,2 Prozent der im Parlament verabschiedeten Gesetze sein Veto ein, da alle Initiativen vorab mit dem Kreml abgestimmt wurden, wie eine Untersuchung der Jahre 2008 bis 2016 ergab.[13]

Eine weitere folgenschwere Weichenstellung für die Rolle der Staatsduma im „System Putin“ war der Rollentausch zwischen Putin und Dmitrij Medvedev an der Spitze der dualen Exekutive. Als Vladimir Putin nach zwei konsekutiven Amtszeiten im März

---

[9] 1999 erreichte *Edinstvo* 23,3 Prozent der Stimmen bzw. 18,4 Prozent der Sitze; vier Jahre später entfielen auf *Edinaja Rossija* 37,4 Prozent der Stimmen, woraus sich aufgrund des veränderten Wahlrechts 68 Prozent der Sitze ergaben. Thomas F. Remington: Parliamentary Politics in Russia, in: Stephen White et al. (Hg.): Developments in Russian Politics 8, Basingstoke 2014, S. 43–59, hier S. 49.

[10] Margareta Mommsen, Angelika Nußberger: Das System Putin. Gelenkte Demokratie und politische Justiz in Russland. München 2007, S. 40.

[11] Zit nach Leonid Klimov, Dmitry Kartsev: Die Evolution der Duma, in: Russland-Analysen 407/2021, S. 20–25, hier S. 22.

[12] Paul Chaisty: Presidential Dynamics and Legislative Velocity in Russia 1994–2007, in: East European Politics, 4/2014, S. 588–601, hier S. 595.

[13] Hutcheson, Contextualizing [Fn. 2], S. 384.

2008 nicht mehr zur Präsidentschaftswahl antreten konnte, bestimmte er Medvedev, der zuvor als Leiter der Präsidialadministration und später als stellvertretender Ministerpräsident tätig gewesen war, zu seinem Kandidaten für die Nachfolge im höchsten Staatsamt. Im Gegenzug hatte Medvedev, der im März 2008 mit gut 70 Prozent der Stimmen im ersten Wahlgang der Präsidentschaftswahlen gewählt wurde,[14] bereits unmittelbar nach seiner Nominierung Vladimir Putin als künftigen Premierminister vorgeschlagen.[15] Nach diesem Amtswechsel etablierte sich eine Form der „Diarchie“[16], die durch einen signifikanten Machtzuwachs des von einer breiten Parlamentsmehrheit getragenen Regierungschefs auf Kosten des deutlich weniger dominanten Staatspräsidenten Medvedev gekennzeichnet war. So bestimmte Putin auch als Regierungschef weiterhin die Richtlinien der Innenpolitik, brachte wesentliche Reformen im Gerichtswesen oder in der Sozialpolitik auf den Weg und behielt seine dominante Medienpräsenz bei. Anfängliche Spekulationen, ob hieraus ein institutioneller Wandel in Richtung eines stärker parlamentarischen Regimes entstehen könnte,[17] erwiesen sich als unbegründet. Es wurde rasch klar, dass die erste Parlamentskammer keine dauerhafte politische Aufwertung erfahren würde, da sich Putin auch als Premierminister nicht auf die Unterstützung der Abgeordneten berief, sondern einzig auf seine persönliche Autorität und den Rückhalt in der Bevölkerung. Folgerichtig ließ sich die Ämterverteilung nach vier Jahren scheinbar problemlos erneut umkehren: Im September 2011 verkündeten Medvedev und Putin gemeinsam, dass sie nach den Präsidentschaftswahlen im Frühjahr 2012 die Rollen abermals tauschen wollten und nahmen damit das Ergebnis der Parlamentswahlen im Dezember 2011 und der Präsidentschaftswahlen im März 2012 vorweg.[18]

Diese dreiste Instrumentalisierung der Verfassungsinstitutionen zum Zweck des Machterhalts einzelner Amtsträger führte zu Unmut in der Bevölkerung, der sich, weiter angefacht durch die massive Wahlfälschung bei der Dumawahl Ende 2011, in einer breiten Protestwelle entlud. Erstmals seit seinem Amtsantritt schien Putins bis dato unangefochtene Stellung ins Wanken zu geraten, weil die mehrheitliche Unterstützung der Bevölkerung spürbar nachließ. Auch wenn der öffentliche Protest nach seiner Wiederwahl zum Staatspräsidenten im März 2012 mit 64 Prozent der Stimmen im ersten Wahlgang abebbte, markiert der Protestwinter 2011/12 dennoch eine Zäsur in der russländischen Politik.[19] Seither besteht das oberste Ziel des „Systems Putin“ darin, derartige potentiell unkontrollierbare Situationen zu verhindern und die autoritäre Machtvertikale weiter zu stärken. Das wirkte sich unmittelbar auf die Staatsduma aus, die zwischen 2011 und 2016 zahlreiche Gesetze verabschiedete, welche die bürgerlichen Freiheiten beschränk-

---

[14] Formal schlug die Partei *Edinaja Rossija* Medvedev als Präsidentschaftskandidaten vor, allerdings mit ausdrücklicher Unterstützung durch Präsident Putin.

[15] Richard Sakwa: The Crisis of Russian Democracy. The Dual State, Factionalism and the Medvedev Succession. Cambridge 2011, S. 269–275, hier S. 270.

[16] Ebd., S. 308.

[17] Thomas Remington: Patronage and the Party of Power. President-Parliament Relations under Putin, in: Richard Sakwa (Hg.): Power and Policy in Putin's Russia. London 2009, S. 81–109, hier S. 107f.

[18] Hans-Henning Schröder: Alles beim Alten? In: Russland-Analysen, 226/2011, S. 2–5.

[19] Stephen White: The Electoral Process, in: Ders.: Developments [Fn. 9], S. 60–76, hier S. 71ff. – Vladimir Gel'man: Political Opposition in Russia: A Troubled Transformation, in: Europe-Asia Studies, 2/2015, S. 177–191, hier S. 181ff.

ten und die gesellschaftlichen Spielräume einschränkten. So wurden das Demonstrationsrecht verschärft, Maßnahmen zur Kontrolle und zur Zensur des Internets beschlossen, der Status „ausländischer Agent“ für aus dem Ausland (ko-)finanzierte NGOs eingeführt sowie zwei umfangreiche Anti-Terrorismus-Gesetzespakete beschlossen.[20] Auch unterstützten die Duma-Abgeordneten die Annexion der Krim im Frühjahr 2014 nahezu einstimmig.[21]

Seither hat sich die autokratische Herrschaftsordnung in Russland weiter verfestigt. Die immer umfassenderen und kontinuierlich verschärften Repressionen in allen Bereichen des politischen und vermehrt auch des gesellschaftlichen und privaten Lebens in Russland belegen,[22] dass das Regime nicht länger vorrangig die Unterstützung der Bevölkerung mobilisieren, sondern vielmehr jede potentielle Quelle unkontrollierter Diskussion zum Versiegen bringen will. Diese repressive Strategie schlägt sich auch auf die Funktionsweise der Staatsduma nieder, die seit der siebten Wahlperiode (2016–2021) alle Merkmale eines Parlaments im autoritären Staat aufweist.

Longue durée: Zar Nikolaus eröffnet die Staatsduma im Winterpalast, Mai 1906

[20] Hutcheson, Contextualizing [Fn. 2], in: Russian Politics 2/2017, S. 383–410, hier S. 388f. – Klimov, Die Evolution der Duma [Fn. 11], S. 24. – Zum Agentengesetz: Grigorij Ochotin: Agentenjagd. Die Kampagne gegen NGOs in Russland, in: OSTEUROPA, 1–2/2015, S. 83–94. – Andrej Soldatov: Überwachen und Strafen. Die Verschärfung der Internetkontrolle in Russland, in: OSTEUROPA, 11–12/2016, S. 3–14.

[21] Anna Shashkova: Constitutional Changes in the Russian Federation in 2020. MGIMO, 16.8.2020, <https://ssrn.com/abstract=3905808>, <http://dx.doi.org/10.2139/ssrn.3905808>.

[22] Einen Überblick über die Verschärfungen der Repressionen bietet: Sabine Fischer: Russland vor der Wahl zur Staatsduma: Repression und Autokratie. Berlin 2021 [SWP-Aktuell 46/2021].

Manipulation durch Wahlrechtsänderungen und gelenkte Parteien

Wichtig für die analytische Einordnung dieses Befundes ist, dass sich der Funktionswandel vom unkonsolidierten, aber politisch eigenständigen Parlament zu einer stabilen, aber vollständig in die autoritäre Machtvertikale integrierten Institution ohne Änderung der konstitutionellen Grundlagen vollzog.[23] Bei der Ankündigung der großen Verfassungsreform im Januar 2020 hatte Präsident Putin ursprünglich sogar eine Kompetenzerweiterung der Staatsduma ins Spiel gebracht.[24] Auch wenn es dazu letztlich nicht kam, blieben die bestehenden verfassungsrechtlichen Regeln zur Föderalversammlung jedoch zumindest unverändert. Die skizzierte „Domestizierung" der Staatsduma stützte sich in institutioneller Hinsicht auf zwei Instrumente, die durch einfache Gesetze gesteuert werden können: das Wahlrecht und die Grundlagen des Parteiensystems. Zwischen 2003 und 2016 wurde das Gesetz für die Staatsduma-Wahlen 40 Mal verändert, das Rahmengesetz über die Wahlrechtsgrundlagen sogar 76 Mal, und das erst 2001 verabschiedete Parteiengesetz 36 Mal.[25] Wenngleich nicht alle Novellierungen von substantieller Bedeutung waren, änderten sich die Voraussetzungen für die Wahlbeteiligung der Parteien und die Vergabe der Parlamentsmandate mehrfach grundlegend. Dahinter stand jeweils der strategische Versuch der „spin doctors" in der Präsidialverwaltung, der „Partei der Macht" eine möglichst breite und unangefochtene Basis in der ersten Parlamentskammer zu verschaffen und zudem den Pseudo-Pluralismus des Parteiengefüges so zu steuern, dass sich keine effiziente parlamentarische Opposition entwickeln kann.
Das Wahlverfahren für die 450 Staatsduma-Mandate folgte anfangs der Logik eines sogenannten Grabensystems, d.h. 225 Sitze wurden nach dem relativen Mehrheitswahlrecht in Einerwahlkreisen und 225 in einem proportionalen Verfahren mit Fünfprozenthürde über landesweite Parteilisten vergeben. Das ursprüngliche Ziel dieser Zweiteilung hatte darin bestanden, die Bildung eines landesweiten Mehrparteiensystems zu fördern, ohne die seit sowjetischer Zeit traditionell vertraute Mehrheitswahl völlig aufzugeben. Die Tatsache, dass es der Präsidialadministration angesichts des vereinten Widerstands aller in der ersten postsowjetischen Duma vertretenen Parteien nicht gelang, den Anteil der Direktmandate bei den Wahlen im Dezember 1995 auf zwei Drittel aller Sitze zu erhöhen, belegt den relativen Erfolg des Verfahrens.[26] 2005 wurde das Grabensystem auf Betreiben von Präsident Putin schließlich doch durch eine reine Proportionalwahl nach Parteilisten ersetzt, um die Umstrukturierung des Parteiensystems zugunsten der Präsidenten-Partei *Edinaja Rossija* voranzubringen. Die Dumawahl von 2007 fand erstmals nach diesem System statt, wobei zugleich Listenverbindungen unterschiedlicher Parteien verboten und die Repräsentationshürde von fünf Prozent auf sieben Prozent erhöht wurde. Der Erfolg dieser Änderungen war eindeutig: Die effektive Parteienzahl,

[23] Die einzige einschlägige Verfassungsänderung betrifft die Wahlperiode, die 2008 von vier auf fünf Jahre verlängert wurde.

[24] <http://en.kremlin.ru/events/president/news/copy/62582>.

[25] Hutcheson, Contextualizing [Fn. 2], S. 389f.

[26] Silvia von Steinsdorff: Parlamentswahlen und Parteibildung in Russland – erste Schritte in Richtung pluralistische Demokratie, in: Zeitschrift für Parlamentsfragen, 1/1997, S. 116–139, hier S. 123f.

die neben der Zahl der im Parlament vertretenen Parteien ihre relative Stärke berücksichtigt, sank von 10,7 nach den Wahlen von 1995 auf 2,2 im Jahr 2007.[27] Es vollzog sich also ein massiver Konzentrationsprozess zugunsten der quasihegemonialen Partei *Edinaja Rossija*.

Nachdem das vom Kreml erwünschte Ergebnis gesichert war, wurden die Spielregeln nur zwei Wahlperioden später auf Initiative des Staatspräsidenten erneut substantiell geändert. Seit 2016 reichen wieder fünf Prozent der Listenstimmen für den Einzug einer Partei ins Parlament. Vor allem kehrte man zum ursprünglichen Grabensystem im Verhältnis 225:225 Sitze zurück.[28] Im Vergleich zu den Fragmentierungserfahrungen der 1990er Jahre wirkte sich dieses Verfahren nun völlig anders aus. Da *Edinaja Rossija* inzwischen als (über)mächtige Partei etabliert war, profitiert sie zusätzlich von der relativen Mehrheitswahl der Direktmandate, da sie in den Regionen über das größte Reservoir an Kandidatinnen und Kandidaten verfügt und diese im Wahlkampf finanziell am besten unterstützen kann. Zusätzlich zu diesem Gewinner-Bonus, der Mehrheitswahlverfahren generell eigen ist, sorgten russische „Wahlingenieure" durch den Zuschnitt der Wahlkreise für eine Verstärkung des Effekts zugunsten der „Partei der Macht". Die gezielte Zerstückelung innerstädtischer Wahlbezirke, in denen die Präsidentenpartei traditionell schlechter abschneidet, und ihre Vermischung mit Putin-freundlicheren vorstädtischen bzw. ländlichen Gebieten erinnert an das aus den USA bekannte *gerrymandering*. Bereits bei der Dumawahl 2016 sorgte es für die von der Präsidialverwaltung gewünschten Ergebnisse.[29]

Die zweite, wichtige Grundlage für die langfristige Dominanz der „Partei der Macht" in der Staatsduma bildet die administrative Manipulation des Parteiensystems. Der entscheidende Impuls wurde über das Parteiengesetz gegeben, das 2001 in Kraft trat und 2004 verschärft wurde. Seither werden Parteien nur dann staatlich registriert, wenn sie mindestens in der Hälfte aller Föderationssubjekte regionale Organisationsstrukturen mit jeweils mindestens 500 Mitgliedern nachweisen können. Russlandweit muss eine Partei mindestens 50 000 Mitglieder haben.[30] In Kombination mit den wiederholten Wahlrechtsänderungen führten diese Bestimmungen zu einer künstlichen Konzentration und Stabilisierung des Parteiensystems bei gleichzeitiger Stärkung der hegemonialen Ansprüche von *Edinaja Rossija*. Diese Partei entstand 2001 aus der (Zwangs-)Vereinigung der rivalisierenden Wahlbündnisse *Edinstvo* (Einheit) und *Otečestvo – Vsja Rossija* (Vaterland – Ganz Russland), die bei den Dumawahlen 1999 erfolgreich gewesen waren. Seither kooptierte Präsident Putin wichtige Vertreter der Staatsmacht sowie der

---

[27] Vladimir Gel'man: Party Politics in Russia: From Competition to Hierarchy, in: Richard Sakwa (Hg.): Power and Policy in Putin's Russia. London 2009, S. 36. – Die effektive Parteienzahl ist ein Instrument zur Ermittlung des tatsächlichen Pluralisierungsgrades eines Parteiensystems: Neben der Zahl der im Parlament vertretenen Parteien wird anhand des Stimmenanteils bei den Wahlen errechnet, wie „stark" bzw. „schwach" sie im Verhältnis zueinander sind. Wenn alle Parteien über annähernd vergleichbare Wahlchancen verfügen, entspricht die effektive Parteienzahl der realen Anzahl. Je stärker eine (hegemoniale) Partei das gesamte Parteiensystem dominiert, desto niedriger ist die effektive Parteienzahl selbst dann, wenn viele kleine, weitgehend machtlose Parteien mit wenigen Abgeordneten im Parlament vertreten sind.

[28] White, The Electoral Process [Fn. 19], S. 64. – Grigorii V. Golosov: Die Novellierung von Partei- und Wahlgesetz in ihren Folgen für das russische Parteiensystem, in: Russland-Analysen, 53/2005, S. 2–4.

[29] Hutcheson, Contextualizing [Fn. 2], S. 391.

[30] Stephen White: Understanding Russian Politics. Cambridge 2011, S. 42.

regionalen Eliten, indem er ihnen zu Leitungsfunktionen und aussichtsreichen Listenplätzen in der neuen „Partei der Macht" verhalf. Deren Erfolgsrezept beruht auf unbedingter Loyalität zu Putin und seinem politischen Kurs im Gegenzug zu einer Beteiligung an den administrativen und ökonomischen Ressourcen des Landes.
Der Apparat des Präsidenten ging so weit, ein Satellitensystem von Parteien zu installieren, die als Pseudo-Opposition dem Anschein eines Mehrparteiensystems Glaubwürdigkeit verleihen sollen, obwohl sie de facto loyal zur „Partei der Macht" stehen. Vor der Dumawahl 2003 wurde etwa *Rodina* (Heimat) gegründet, vor der Dumawahl 2006 *Spravedlivaja Rossija* (Gerechtes Russland). Aber auch die seit den 1990er Jahren kontinuierlich in der Staatsduma vertretenen Kommunisten und Liberaldemokraten gehören heute zum Lager der kooptierten, systemkonformen Opposition.[31] Wie stark die administrativen „spin doctors" und sogar der Präsident persönlich auf die parteipolitische Zusammensetzung der Staatsduma Einfluss nehmen, legen zahlreiche Berichte in russländischen Medien nahe, wonach jede einzelne Kandidatur auf den Wahllisten von *Edinaja Rossija* vorab vom Kreml abgesegnet werden muss.[32]

Funktionen der Staatsduma im autokratischen Staat

Im Ergebnis erfüllt die Duma gegenwärtig keine der wesentlichen Funktionen demokratischer Parlamente, obwohl sie dazu laut geltender Verfassung noch immer berufen ist. Vielmehr bildet sie einen wichtigen Bestandteil der „Vertikale der Macht", mit deren Hilfe Staatspräsident Putin sein autoritäres Regime sichert. Als effiziente Gesetzgebungsmaschine schafft sie die legale Basis der bürokratischen Präsidialherrschaft.[33] Zugleich erhöht es den Anschein der Legitimität von staatlichen Entscheidungen, wenn diese von gewählten Volksvertretern abgesegnet werden. Statt der konstitutionell vorgesehenen, aber de facto gegenwärtig unmöglichen Kontrolle der Regierung hat sich eine Form des internen Interessenausgleichs in der „Partei der Macht" herausgebildet. So organisierte die Fraktionsführung von *Edinaja Rossija* ihre Abgeordneten 2008 und 2012 nach der Konstituierung der neugewählten Duma in vier formellen Untergruppen, zwischen denen gewisse programmatische und personelle Rivalitäten ausgetragen werden können. Mit Beginn der siebten Wahlperiode erhöhte sich die Zahl dieser Quasi-Fraktionen sogar auf fünf, um die Arbeit und das Abstimmungsverhalten der nunmehr 443 *Edinaja Rossija*-Abgeordneten effizient koordinieren zu können.[34] Aus Sicht des Kreml bietet diese kontrollierte Gruppenbildung innerhalb der Mega-Fraktion die Möglichkeit, sowohl aus erster Hand Informationen über abweichende und somit potentiell

---

[31] Vladimir Gel'man: Party Politics in Russia: From Competition to Hierarchy, in: Richard Sakwa (Hg.): Power and Policy in Putin's Russia. London 2009, S. 44f. – Henry E. Hale: Russia's Political Parties and their Substitutes, in: White, Developments [Fn. 9], S. 91.

[32] Anton Shirikov: Who Gets ahead in Authoritarian Parliaments? The Case of the Russian State Duma, in: The Journal of Legislative Studies 2021 (elektronische Veröffentlichung, DOI: 10.1080/13572334.2021.1940435).

[33] Gerrit Krol: Legislative Performance of the Russian State Duma: The Role of Parliament in an Authoritarian Regime, in: East European Politics, 4/2017, S. 450–471.

[34] Alexander V. Kynev: State Duma of the Russian Federation of the 7th Convocation: Between „Sleeping Potential" and Party Discipline, in: Russian Politics & Law, 3/2017, S. 223–242, hier S. 232.

stabilitätsgefährdende Interessen zu bekommen, als auch einen geregelten Ausgleich zwischen den Repräsentanten der kooptierten Eliten in der Staatsduma zu schaffen. In diesem Zusammenhang sind sowohl die Karriereoptionen, die ein Parlamentsmandat bietet, als auch der Schutz vor Strafverfolgung durch die parlamentarische Immunität nicht unwichtig zur Stabilisierung des autokratischen Regimes. Selbst wenn der direkte politische Aufstieg im stark personalisierten Staatsapparat in erster Linie von persönlichen Beziehungen und informellen Kontakten abhängt, lassen sich doch klare Karrierewege von der nationalen Legislative in die Regierung bzw. den Präsidialapparat nachzeichnen: 67 Abgeordnete, die zwischen 2004 und 2016 in der Staatsduma gesessen hatten, wurden anschließend in Ministerien oder andere Regierungsbehörden übernommen, und 23 weitere erhielten Gouverneursposten.[35]

Inwiefern die Staatsduma in der Zukunft statt solcher regimestabilisierender Funktionen ihre konstitutionell vorgesehenen Aufgaben in einem gewaltenteiligen Regierungssystem wieder wahrnehmen kann, hängt von der Entwicklung der politischen Machtverhältnisse im Land ab. Angesichts der weitgehend erfolgreichen „Domestizierung" der Institution ist nicht davon auszugehen, dass wesentliche Impulse zu solch grundlegenden Veränderungen aus dem Parlament kommen. Sowohl die erste Phase der postsowjetischen Staatsduma als auch ihre de jure nach wie vor unangetastete konstitutionelle Rolle bieten indes Ansatzpunkte, dass sich die Systemlogik einer demokratischen russländischen Volksvertretung gegebenenfalls ohne größere institutionelle Veränderungen wiederbeleben ließe. Die Zulassung einer vom Staatsapparat unabhängigen gesellschaftlichen Interessenvertretung durch parlamentarische Parteien bildet die wichtigste Voraussetzung dafür, die Staatsduma aus ihrer gegenwärtigen Existenz im Schatten einer hegemonialen exekutiven „Machtvertikale" zu befreien. Diese Möglichkeit scheint im heutigen Russland in ähnlich weiter Ferne zu liegen wie in der Endphase des Zarenreichs.

Schlagwörter

Russland, Politisches System, Verfassung, Staatsduma, Parlament, Wahlen, Parteien, Autoritarismus, Präsidialherrschaft

---

[35] Shirikov, Who Gets ahead [Fn. 32].

Sabine Fischer, Jens Siegert

Überleben in der Autokratie

Russlands Zivilgesellschaft unter Druck

Russland ist zu einer Autokratie geworden. Das Putin-System versucht, seine Herrschaft durch Repression zu stabilisieren. Davon betroffen sind unterschiedliche Kreise der Bevölkerung. Gesprächspartner, die sich für Umweltschutz, Gendergerechtigkeit, soziale Inklusion oder Menschenrechte engagieren, berichten, dass die zivilgesellschaftliche Arbeit immer schwieriger wird. Das Regime schränkt ihre Handlungsspielräume ein. Doch noch gibt es sie. Einzelne Menschen und NGOs versuchen, mit den Restriktionen und Repressionen umzugehen. Sie üben sich in Solidarität und widerstehen dem Atomisierungsdruck. Sie halten an ihren Zielen der Partizipation und Selbstverantwortung fest. Sie brauchen langen Atem.

Die Machthaber in Russland schließen derzeit systematisch all jene Räume, in denen sich Menschen bislang für ihre Interessen freiwillig und öffentlich engagierten. Immer mehr Menschen und Organisationen aus der Zivilgesellschaft sowie politische Oppositionelle geraten ins Fadenkreuz der staatlichen Sicherheitsorgane. Ihr Engagement wird erschwert, kriminalisiert, verboten; sie werden zu ausländischen Agenten erklärt, bedroht, inhaftiert oder in die Emigration gedrängt. Auch nach dem Sieg der „Partei der Macht“ *Edinaja Rossija* (Einiges Russland) bei der Wahl zur Staatsduma am 19. September 2021 hat sich die innenpolitische Situation nicht beruhigt. Die Repressionen halten unvermindert an, werden sogar härter, wie die Verbotsanträge gegen *Memorial International* und das *Menschenrechtszentrum Memorial* zeigen. Das aus mehr als 40 Organisationen bestehende *Memorial*-Netzwerk ist die größte, wichtigste und renommierteste NGO in Russland. Ihre Schließung hätte enorme symbolische, aber auch praktische Folgen.[1]

Sabine Fischer (1969), Dr. phil., Politikwissenschaftlerin, Wissenschaftliche Mitarbeiterin der Stiftung Wissenschaft und Politik, Berlin, von 2016 bis 2018 Beraterin, 2019–2021 Team Leader im Public Diplomacy EU Russia Projekt, Moskau
Von ihr erschien zuletzt in OSTEUROPA (mit Janis Kluge, und Astrid Sahm): Souveränität, Subordination, Integration. Schlüsselfragen zwischen Moskau und Minsk, in: OE, 10–11/2020, S. 291–304. – (mit Günter Seufert): Transformation misslungen. Die EU, Russland und die Türkei, in: OE, 10–12/2018, S. 271–290.
Jens Siegert (1960), Publizist, Moskau. Von 2016 bis 2021 Team Leader im Public Diplomacy EU Russia Projekt, Moskau. Von Jens Siegert erschien zuletzt in OSTEUROPA: Der Menschenfreund. Zum Tode von Arsenij Roginskij, in: OE, 11–12/2017, S. 125–136.

[1] Siehe dazu den Verbotsantrag der Generalstaatsanwaltschaft auf Auflösung von Memorial International. Moskau, 11.11.2021 in deutscher Übersetzung im „Fokus Memorial“ auf der OSTEUROPA-Website. <https://zeitschrift-osteuropa.de/blog/antrag-der-moskauer-generalstaatsanwaltschaft-auf-aufloesung-von-memorial-international/>. – Staatsanwaltschaft Moskau for-

 doi: 10.35998/oe-2021-0072

Dies steht im Zusammenhang mit den Entwicklungen, die das politische System in Russland seit Beginn des Jahres 2020 durchlaufen hat. Die durch ein umstrittenes Referendum besiegelte Verfassungsreform vom Juli 2020 erlaubt es Vladimir Putin, bis 2036 Präsident zu bleiben. Sie verstärkt die Zentralisierung und Fixierung des politischen Systems auf seine Person.[2] Zwar bleibt vorerst unklar, ob und unter welchen Bedingungen Putin zur Präsidentschaftswahl 2024 antreten wird. Die neue Verfassung ist allerdings ein Beleg für die Entschlossenheit des Präsidenten und seiner Umgebung, die politische Macht weiter zu monopolisieren und Wandel in Staat und Gesellschaft auch künftig zu unterbinden. Die Massenproteste nach den gefälschten Präsidentschaftswahlen in Belarus im Herbst 2020 lösten in den Führungskreisen des Putin-Systems einen Schock aus und steigerten das Bedrohungsgefühl angesichts gesellschaftlicher Unzufriedenheit. Dies und die Proteste, die die Verhaftung des russischen Oppositionspolitikers Aleksej Naval'nyj bei seiner Rückkehr aus Deutschland im Januar 2021 in ganz Russland auslösten, bilden den Hintergrund der massiven Repressionswelle, die seit Anfang 2021 über das Land rollt.[3] Es handelt sich um die stärksten Repressionen seit 1991.[4] Von ihnen sind viel mehr Menschen betroffen, als das bei früheren Repressionswellen der Fall war. Allein bei den Demonstrationen im Januar wurden mehr als 11 000 Menschen festgenommen, mehrere tausend Ordnungsstrafen verhängt und weit über 100 Strafverfahren eröffnet. Der Staat dringt immer weiter in die Privatsphäre ein und nimmt politisch nicht organisierte Menschen ins Visier. Was mit der Niederschlagung der Pro-Naval'nyj-Proteste begann, hat sich mittlerweile zu einem veritablen Feldzug gegen die gesamte Zivilgesellschaft ausgeweitet.

Von der kompetitiven Autokratie zur Autokratie

Die vergleichende Politikwissenschaft hat Russlands politisches System lange als hybrides Regime eingestuft. In den 1990er Jahren galt es als „defekte Demokratie", in den 2000er und 2010er als „kompetitive Autokratie" oder „elektorale Autokratie".[5]
Kompetitiv-autoritäre Systeme sind durch einen immanenten Widerspruch zwischen formal-demokratischem Staatsaufbau und weitgehend informeller politischer Praxis geprägt. Politische Eliten und Bevölkerung erkennen die formaldemokratischen Institutionen als Mittel zur Erringung der politischen Macht an. Gleichzeitig missbrauchen

---

dert Auflösung des Menschenrechtszentrums Memorial. 12.11.2021, <https://zeitschrift-osteuropa.de/blog/staatsanwaltschaft-moskau-fordert-aufloesung-des-menschenrechtszentrums-memorial/>. Eine Übersicht über die verschiedenen Organisationen von *Memorial* bietet: Das Netzwerk von *Memorial* in Russland und Europa, in: OSTEUROPA, 3–4/2020, S. 229–234.

2 Otto Luchterhandt: Missachtung der Verfassung. Eine Zwischenbilanz der Ära Putin, in: OSTEUROPA, 6/2020, S. 29–52.

3 Tat'jana Vorožejkina: Naval'nyj, die Politik und die Moral. Das Putin-Regime und die Gesellschaft, in: OSTEUROPA, 3/2021, S. 29–38.

4 Sabine Fischer: Russland vor der Wahl zur Staatsduma. Repressionen und Autokratie. Berlin 2021 [= SWP-Aktuell 2021/A46].

5 Steven Levitsky, Lucan Way: Competitive Authoritarianism. Hybrid regimes after the Cold War. Cambridge 2010. – Andreas Schedler: The politics of uncertainty. Sustaining and subverting electoral authoritarianism. Oxford 2013.

aber die herrschenden Eliten diese Institutionen, um sich gegenüber ihren Gegnern Vorteile zu verschaffen und an der Macht zu bleiben.[6] Wahlen werden zwar durchgeführt, jedoch durch systematische Manipulation ausgehöhlt. Dennoch bieten sie politischer Opposition begrenzte Möglichkeiten, die politischen Machthaber herauszufordern.
Solange Russland eine kompetitive Autokratie war, gelang es oppositionellen Kräften immer wieder, begrenzte Erfolge zu erzielen. Dies galt nach Putins Rückkehr in den Kreml im Frühjahr 2012 insbesondere für Aleksej Naval'nyj, der die Partei der Macht *Edinaja Rossija* bei Regional- und Lokalwahlen entweder als Direktkandidat, durch seine Wahlstäbe oder mit seiner Wahlstrategie des „Klugen Abstimmens" mehrmals erfolgreich unter Druck setzte. Das Regime reagierte auf diese Opposition vergleichsweise zurückhaltend. Statt den Dissens breitflächig zu unterdrücken, wandte es selektive Repressionen gegen einzelne Parteien, NGOs oder Medien an.[7] Und es versuchte, die Bürgerinnen und Bürger durch die Kontrolle der Medien, durch Nachrichtenmanagement und Propaganda von der Richtigkeit der offiziellen Positionen zu „überzeugen". So vermied es lange Zeit die hohen politischen Kosten und den Legitimationsverlust, die mit Repressionen und übermäßiger Gewaltanwendung einhergehen.[8] Seit 2020/2021 scheint die Bereitschaft größer, diese Kosten zu tragen, denn die Repressionen werden immer härter und umfassender. Ob dies der Stärke oder Schwäche des politischen Systems entspringt, ist Gegenstand der Diskussion. Ein Grund für diesen Strategiewechsel dürfte der Verlust der Legitimationsquellen sein, die dem Putin-System in den 2000er und 2010er Jahren die politische Unterstützung der Bevölkerung garantierten: Die Wirtschaft wächst nicht mehr ausreichend, sondern stagniert; die Lebensverhältnisse weiter Teile der Bevölkerung bessern sich nicht, sondern verschlechtern sich kontinuierlich; die Annexion der Krim hat ihre mobilisierende Wirkung größtenteils eingebüßt. Die Staatsmacht unterdrückt nun jede Form von politischem Wettbewerb, um ihre Herrschaft zu stabilisieren. Sie hat die politischen Organisationen von Aleksej Naval'nyj zerstört[9] und greift immer mehr NGOs und unabhängige Medien an. Selbst die Kommunistische Partei, die bislang zur sogenannten Systemopposition gehört, gerät unter Druck.
Damit hat Russland endgültig die Schwelle zur Autokratie überschritten.[10] Grundlegende demokratische Rechte wie freie Meinungsäußerung, freier Zugang zu Informationen und Versammlungsfreiheit waren schon lange eingeschränkt. Nun werden sie systematisch entzogen. Das macht Wahlen in Russland noch unfreier als zuvor – zumal politische und gesellschaftliche oppositionelle Kräfte nicht mehr selektiv, sondern umfassend an der Beteiligung am politischen Prozess gehindert werden. So werden immer

---

[6] Zu Informalität Henry E. Hale: Patronal Politics: Eurasian Regime Dynamics in Comparative Perspective. Cambridge 2015.

[7] Vladimir Gelman: Authoritarian Russia. Analyzing Post-Soviet Regime Changes. Pittsburg 2015, S. 130.

[8] Daniel Treisman: Introduction, in: Treisman, Daniel (Hg.): The new autocracy. Information politics, and policy in Putin's Russia. Washington 2018, S. 14–15.

[9] Otto Luchterhandt: Operation autoritäre Diktatur. Präsident Putins „Extremismusbekämpfung", in: OSTEUROPA, 3/2021, S. 9–28.

[10] Zur Definition von Autokratie Marie Glasius: What authoritarianism is... and is not: a practice perspective, in: International Affairs, 3/2018, S. 515–533, hier S. 519. – Levitsky, Way, Competitive Authoritarianism [Fn. 5], S. 6.

mehr Nischen geschlossen, in denen Oppositionelle oder zivilgesellschaftliche Initiativen bis zum Jahr 2020 agieren konnten. Das politische System Russlands ist gleichwohl (noch) keine Diktatur oder totalitäre Diktatur. In einer Diktatur wären die Herrschaft (noch) absoluter, die Unterdrückung (noch) gewalttätiger und umfassender und Verfassung, Recht und Gesetz (noch) stärker gebeugt oder vollständig außer Kraft gesetzt.[11] Das politische System von Belarus entspricht eher den Kriterien einer Diktatur. Angesichts der engen Verknüpfung der belarussischen und russländischen Innenpolitik ist es nicht unwahrscheinlich, dass sich Russland in die gleiche Richtung entwickelt.[12]

Vom politischen System hängt auch ab, welche Spielräume für zivilgesellschaftliche Partizipation existieren. Unter Zivilgesellschaft verstehen wir Menschen, „die sich freiwillig zusammengeschlossen haben, um gemeinsam etwas Gemeinnütziges oder Wohltätiges zu tun“.[13] Es handelt sich um nichtstaatliche und nichtkommerzielle Gruppen und Organisationen, die in einer intermediären, also vermittelnden Sphäre zwischen Staat und Privatsphäre agieren und soziales Kapital erzeugen.[14]

Zivilgesellschaft ist der Raum, in dem Menschen ihre Interessen artikulieren und sich an der Politik beteiligen können. Sie ist per definitionem pluralistisch, in ihr kommen unterschiedliche Ideen, politische Entwürfe und Lebensvorstellungen zum Ausdruck. Zivilgesellschaftliche Organisationen, egal ob als formale, vom Staat juristisch lizensierte Verbände oder informelle Zusammenschlüsse, nehmen in demokratischen Gesellschaften eine wichtige Funktion zwischen dem Staat und den Bürgerinnen und Bürgern mit ihren Lebenswelten in Familie und Freundeskreis wahr. Sie tragen zur Reduktion von Komplexität bei der politischen Entscheidungsfindung bei und leisten einen wichtigen Beitrag zum Aufbau von Vertrauen[15] und zur Stärkung der Legitimität von Entscheidungen im politischen Prozess. Stehen sich, wie in Russland, eine wettbewerbsfeindliche und unfreie Autokratie und eine plurale Zivilgesellschaft gegenüber, ist der Konflikt programmiert.

Zahlreiche Studien zeigen, dass die Zivilgesellschaft in Russlands hybrid-autoritärem Staat zwar zunehmend eingeschränkt wurde, in vielen Bereichen aber dennoch arbeiten konnte.[16] Die Abriegelung zivilgesellschaftlicher Handlungsspielräume vollzog sich

---

[11] Juan Linz: Totalitarian and Authoritarian Regimes. Boulder 2000, S. 61f.

[12] Sabine Fischer, Janis Kluge, Astrid Sahm: Souveränität, Subordination, Integration. Schlüsselfragen zwischen Moskau und Minsk, in: OSTEUROPA, 10–11/2020, S. 291–304.

[13] Jens Siegert: Zivilgesellschaft in Russland, in: Heiko Pleines, Hans-Henning Schröder (Hg.): Länderbericht Russland. Bonn 2009, S. 172–190, hier S. 172.

[14] Siegert, Zivilgesellschaft in Russland [Fn. 13], S. 173.

[15] Niklas Luhmann: Vertrauen. Stuttgart 2000, S. 27ff.

[16] Angelina Davydova: Environmental Activism in Russia. Strategies and Prospects, 3.3.2021, <ww.csis.org/analysis/environmental-activism-russia-strategies-and-prospects>. – Debra Javeline, Sarah Lindemann-Komarova: Financing Russian Civil Society, in: Europe-Asia Studies, 4/2020, S. 644–685. – Marija Lipman: Aktive und Träge. Russlands Gesellschaft nach den Naval'nyj-Protesten, in: OSTEUROPA, 12/2020, S. 9–18. – Jan Matti Dollbaum: Aktion und Reaktion. Russlands Protestbewegungen im autoritären System, in: OSTEUROPA, 6/2020, S. 109–120. – Sergej Lubnikov, Jo Crotty: The hybridization of Russian non-profit organisations, in: Handbook on Hybrid Organisations. Cheltenham 2020, S. 332–347. – Maria Davidenko: An Epistemic Community in Abeyance: The Work of Russian Anti-Violence Organisations in a Restrictive Legal Climate, in: Europe-Asia Studies, 9/2020, S. 1329–1351. – Catherine Owen, Eleanor Blindman: Civic Participation in a Hybrid Regime; Limited Pluralism in Policymaking and Delivery in Contemporary Russia, in: Government & Opposition, 1/2019, S. 98–120. – Irina Fedorenko: Embedded Activism 2.0: Reshaping the Space for Civil Society in

schrittweise über einen Zeitraum von 20 Jahren, seit Beginn der Herrschaft Vladimir Putins. Die Betroffenen fanden allerdings stets Wege, die staatlichen Behinderungen und Einschränkungen zu umgehen. Die Anpassung und Entwicklung entsprechender Strategien trug sogar zu einem Erstarken der Zivilgesellschaft bei, selbst wenn der direkte Einfluss der Zivilgesellschaft auf staatliches Handeln immer geringer wurde. Die Entwicklung seit Anfang 2020 hat eine neue Qualität. Nun droht unabhängiges zivilgesellschaftliches Handeln weitgehend unmöglich zu werden.

Zivilgesellschaft in Russland: eine kurze Geschichte

Auch in der Sowjetunion gab es nichtstaatliche Organisationen. Allerdings waren formal zivilgesellschaftliche Vereinigungen wie Gewerkschaften oder Kooperativen der KPdSU und den staatlichen Institutionen gegenüber niemals autonom. Ihre Funktion war es, die Partei zu unterstützen, aber nicht ihre Führungsrolle in Staat, Wirtschaft und Gesellschaft anzutasten. Mit der Perestrojka explodierte die Gesellschaft geradezu. Die Tätigkeit nichtstaatlicher oder gesellschaftlicher Organisationen wurde durch das sowjetische Vereinigungsgesetz vom 9. Oktober 1990 legalisiert.[17] Im Herbst 1990 berichtete die Zeitung *Pravda* von mehr als 11 000 vom Staat unabhängigen Organisationen. In dieser Zeit entwickelte sich eine Allianz zwischen neuen NGOs und reformorientierten Teilen der politischen Eliten, deren gemeinsames Ziel es war, eine Renaissance der Sowjetunion zu verhindern.
Einzelne NGO-Vertreter oder ganze Gruppen wie etwa *Memorial* oder die Soldatenmütter übernahmen Vermittlungsfunktionen zwischen dem Staat und der breiten Gesellschaft. Meist geschah das in Bereichen, aus denen sich der Staat zurückgezogen hatte, entweder weil in den 1990er Jahren die Ressourcen fehlten, oder weil es Bereiche wie etwa Verbraucherschutz in der Sowjetunion nicht gegeben hatte. Mitunter standen die neuen Organisationen in Konfrontation mit dem Staat, wenn es etwa um Menschenrechte, Flüchtlinge oder den Strafvollzug und die Lage in den Gefängnissen ging. Oftmals kooperierten sie aber auch mit staatlichen Strukturen. Beide Seiten mussten diese Kooperation erst lernen. Ehemalige Dissidenten und unabhängige Expertinnen wirkten an der Gesetzgebung mit. Grundsätzlich unterstützten die meisten der neuen NGOs Boris El'cin, verurteilten aber manche seiner Herrschaftsmethoden. Das galt besonders für die Zeit des Verfassungskonflikts und die Beschießung des Obersten Sowjets 1993.
Der Erste Tschetschenienkrieg (1994–1996) führte zu einer spürbaren Entfremdung relevanter Kreise der Zivilgesellschaft vom politischen Establishment. Dieser Prozess setzte sich mit der Präsidentschaftswahl 1996 fort, die El'cin mit der Unterstützung des

---

Russia and China, in: Europe-Asia Studies 8/2019, S. 1367–1389. – Sergej Lubnikov, Jo Crotty: Managing Boundaries: The Role of Non-Profit Organisations in Russia's Managed Democracy, in: Sociology, 5/2017, S. 940–946. – Anna Tarasenko: Russian welfare reform and social NGOs: strategies for claim-making and service provision in the case of Saint Petersburg, in: East European Politics, 3/2015, S. 294–313. – Susan Stewart, Jan-Matti Dollbaum: Civil society development in Russia and Ukraine: Diverging paths, in: Communist and Post-Communist Studies, 3/2017, S. 207–2020. – Susan Stewart: Zivilgesellschaft in Russland und der Ukraine. Divergierende Kontexte und ihre Implikationen, SWP-Studie 2016/S 04.

[17] Elke Fein: Zivilgesellschaftlicher Paradigmenwechsel oder PR-Aktion? Zum ersten allrussischen „Bürgerforum" im Kreml, in: OSTEUROPA-Spezial, 2002, S. 19–40. hier S.21.

neuen oligarchischen Kapitals und staatlicher Stellen für sich entschied. Nachdem das Gespenst einer kommunistischen Revanche gebannt war, entfernten sich Zivilgesellschaft und politische Eliten – darunter sogar reformorientierte – voneinander. Allerdings führte diese Entfremdung nicht zu einer Gegnerschaft, sondern, in der zweiten Amtszeit El'cins, eher zu einem nicht unfreundlichen gegenseitigen Ignorieren.

Das frühe Putin-System versuchte bereits im Jahr 2001, jedoch noch recht halbherzig, in Form eines staatlich initiierten „Bürgerforums" die Kontrolle über die Zivilgesellschaft zu erlangen.[18] Hier deutete sich eine Entwicklung an, die für das Verhältnis zwischen Zivilgesellschaft und Staat sowie für das Binnenverhältnis unter den NGOs in Putins Russland kennzeichnend werden sollte: Als Reaktion auf staatliche Einschränkungen begannen führende NGOs, ihre Bemühungen zum Erhalt von Spielräumen zu koordinieren, und professionalisierten sich in der Abwehr zunehmender Bürokratisierung und Kontrolle durch den Staat. 2001 bildeten sie (unter anderem Memorial, die Moskauer Helsinki Gruppe, die Stiftung zur Verteidigung von Glasnost, die Sozial-Ökologische Union und die Soldatenmütter) einen Klub namens *Narodnaja Assambleja* (Volksversammlung), der vom Kreml als maßgeblicher Verhandlungspartner für zivilgesellschaftliche Fragen anerkannt wurde.[19] Diese Anerkennung wurde im September 2003 mit der Bildung einer „Kommission für Menschenrechte beim Präsidenten der Russländischen Föderation" unter Vorsitz von Ella Pamfilova formalisiert.[20] Im Oktober 2004 machte Putin per Ukaz aus der Kommission den „Rat beim Präsidenten für die Entwicklung von Zivilgesellschaft und Menschenrechten" (seit 2011 „Menschenrechtsrat").[21] Dieser existiert bis heute. Der Kommission und dem Rat haben zahlreiche führende Personen unabhängiger NGOs angehört, darunter selbst solche, deren Organisationen seit dem Jahr 2012 zu „ausländischen Agenten" erklärt worden sind. Inzwischen ist der Menschenrechtsrat das einzige offizielle Forum, in dem der Kreml direkt mit diesen NGOs interagiert.

Das Ergebnis des Bürgerforums von 2001 war zunächst eine Art kalter Friede zwischen Kreml und unabhängigen NGOs. Dieser Friede endete, als es im Winter 2004/2005 in der Ukraine aus Protest gegen die Fälschung der Präsidentschaftswahlen zur sogenannten Orangen Revolution kam. Der Kreml sah diese Proteste nach den Umstürzen in Serbien 1999 und Georgien 2003 als Teil einer westlichen Strategie, deren „eigentliches" Ziel ein Regimewechsel in Russland sei. Willfährige Instrumente seien NGOs, die aus dem Westen, vor allem den USA, finanziert und gesteuert würden. Von nun an wurden NGOs in Russland stetig wachsender Kontrolle unterworfen. Dies geschah zuerst mit Hilfe eines neuen NGO-Gesetzes, das Anfang 2006 in Kraft trat. Mit diesem Gesetz wurden auf föderaler Ebene und in allen Föderationsubjekten sogenannte „Gesellschaftskammern" eingerichtet, die zivilgesellschaftliche Mitwirkungsrechte erhielten. Die Zusammensetzung der Gesellschaftskammern war Prärogative der staatlichen Verwaltungen. Unabhängige NGOs sahen darin zu Recht einen Versuch, nicht in die

---

18 Fein, Zivilgesellschaftlicher Paradigmenwechsel [Fn. 17].

19 Siegert, Zivilgesellschaft [Fn. 13], S. 180f.

20 Ella Pamfilova ist seit 2016 Vorsitzende der Zentralen Wahlkommission Russlands.

21 Ukaz Prezidenta Rossijskoj Federacii ot 6 Nojabrja 2004 g., N 1417 O Sovete pri prezidente Rossijskoj Federacii po sodejstviju razvitiju institutov graždanskogo obščestva i pravam čeloveka: <https://rg.ru/2004/11/12/sovet-prava.html>.

Gesellschaftskammern aufgenommene zivilgesellschaftliche Organisationen zu delegitimieren. Außerdem erlegte das Gesetz allen NGOs weitreichende Berichtspflichten auf, denen vor allem kleinere NGOs nur schwer nachkommen konnten. Darüber hinaus war im Gesetz bereits eine Unterscheidung angelegt, die ihre volle Wirkung erst später entfalten sollte: die in „politische" (also „schlechte") und „unpolitische" (also „gute") NGOs.[22] Trotz dieser härteren Gangart gab es in den 2000er Jahren immer wieder gesellschaftliche Initiativen und Proteste. Sie konzentrierten sich meist auf konkrete Themen wie die Monetarisierung von Sozialleistungen, Veränderungen im Mietrecht oder soziale Fragen. In den 2010er Jahren kamen zu den sozialen Fragen Themen wie Umwelt und Ökologie hinzu. Allerdings verhinderte die repressivere staatliche Praxis, dass sich aus solchen Einzelinitiativen eine breitere Bewegung hätte bilden können.[23]

Die Modernisierungsrhetorik des Übergangspräsidenten Dmitrij Medvedev (2008–2012) weckte bei vielen Menschen die Hoffnung, dass sich das Verhältnis zwischen Staat und Zivilgesellschaft entspannen würde. So sagte Medvedev auf einer Sitzung der Gesellschaftskammer im Jahr 2008, es gebe „heute ein reales Defizit im Gespräch zwischen der Gesellschaft, den zivilgesellschaftlichen Kräften und der Staatsmacht".[24] Diese Phase endete spätestens im September 2011, als Putin seine Rückkehr in das Amt des Präsidenten bekannt gab. Das Ergebnis waren Massenproteste gegen die gefälschten Dumawahlen im Dezember 2011 – per se ein Indiz für die gesellschaftliche Aktivierung in den Medvedev-Jahren. Das Regime antwortete mit Repressionen.[25] Es erließ außerdem 2012 das „Gesetz über Ausländische Agenten", das NGOs, die „sich politisch betätigen" und finanzielle Verbindungen mit dem Ausland haben, verpflichtet, sich beim Justizministerium als „ausländischer Agent" registrieren zu lassen.[26] Über die Ausweitung des bis dahin eher restriktiv genutzten Begriffs der politischen Tätigkeit wurde so jede ausländische Förderung gesellschaftlicher Arbeit in Russland als Einmischung in die russländische Innenpolitik definiert.[27] Die Zahl der vom Justizministerium als „ausländische Agenten" geführten NGOs schwankt. Am 28.11.2021 waren 74 NGOs oder Einzelpersonen und 94 Medien oder Journalistinnen und Journalisten als „ausländische Agenten" eingestuft.[28] Viele Organisationen halten der mit der Einstufung als „ausländische Agenten" verbundenen Belastung nicht stand und lösen sich auf. Andere verzichten auf ausländische Mittel und werden aus dem Register gestrichen. Das Agentengesetz wurde von weiteren repressiven Gesetzen begleitet, von denen die meisten nicht direkt oder nicht nur auf NGOs zielten, deren Arbeit aber weiter erschwerten und behinderten.[29]

---

[22] Siegert, Zivilgesellschaft [Fn. 13], S. 184ff.

[23] Dollbaum, Aktion und Reaktion [Fn. 16].

[24] Zit. nach Siegert, Zivilgesellschaft [Fn. 13], S. 186.

[25] Mischa Gabowitsch: Putin kaputt!? Russlands neue Protestkultur. Berlin 2013.

[26] Grigorij Ochotin: Agentenjagd. Die Kampagne gegen NGOs in Russland, in: OSTEUROPA, 1–2/2015, S. 83–94.

[27] Jens Siegert: Überall Politik, in: Russlandanalysen, 258/2013, S. 28–30.

[28] Svedenija reestra NKO, vypolnjajuščich funkcii inostrannogo agenta; <http://unro.minjust.ru/NKOForeignAgent.asp>. – Reestr inostrannych sredstv massovoj informacii, vypolnjajuščich funkcii inostrannogo agenta <https://minjust.gov.ru/ru/documents/7755/>.

[29] Eine Übersicht über die gesetzlichen Beschränkungen in den Bereichen Versammlungsfreiheit, Informationsfreiheit und Freiheit von NGOs in den Jahren 2012 und 2013 bietet: Antidiskriminacionnyj centr Memorial: Rossija 2012–2013: Nastuplenie na svobodu: Moskva <https://spring96.org/files/misc/fidh_rapport_russie_ru.pdf>.

Die dritte Amtszeit von Vladimir Putin brachte eine kontinuierliche Verschlechterung für die russische Zivilgesellschaft. Zwar ließ der staatliche Elan, unabhängige NGOs zu verfolgen, mit zunehmendem zeitlichen Abstand vom Protestwinter 2011/2012 etwas nach. Die „konservative Wende“ in Russlands Politik und die repressive Gesetzgebung entfalteten jedoch ihre Wirkung und blieben ständige Bedrohung. Die Annexion der Krim, der Beginn des Krieges im ukrainischen Donbass 2014 und die damit einhergehende drastische Verschlechterung der Beziehungen zum Westen wurden von einer Welle des Nationalismus und der Propaganda in Russlands Innenpolitik begleitet. Der Druck auf unabhängige NGOs und Medien stieg weiter. Je prekärer deren Situation wurde, desto mehr betonten sie den unpolitischen Charakter ihres Engagements für soziale, ökologische oder andere Themen. Darin spiegelt sich die staatliche Unterscheidung zwischen unpolitischem und politischem Engagement ebenso wie die zunehmende Diskreditierung alles Politischen im heutigen Russland.[30]
Seit Dezember 2020 kann auch eine natürliche Person als „ausländischer Agent“ eingestuft werden.[31] Dazu reicht es aus, wenn die betreffende Person geschäftliche oder finanzielle Verbindungen mit Quellen im Ausland unterhält, etwa ein Honorar für journalistische Tätigkeit erhält oder ein Konto im Ausland besitzt. Das Demonstrationsrecht wurde seit 2017 so weit beschnitten, dass von einem Recht kaum mehr die Rede sein kann.[32] Auch wurden neue Möglichkeiten geschaffen, gegen politische Äußerungen im Internet und in sozialen Netzwerken vorzugehen.[33] Die im Bildungsgesetz vorgenommenen Veränderungen zum Thema „aufklärerische Tätigkeit“ zielt darauf, die politisch nicht genehmen Inhalte in Erziehung, Ausbildung und Wissenschaft zu thematisieren und zu verbreiten sowie internationale wissenschaftliche Kooperation zu unterbinden.[34] Die gesetzlichen Grundlagen zur Einstufung von Organisationen als „extremistische“ und „unerwünschte“ wurden drastisch verschärft. So haben frühere Angehörige oder Mitarbeiter von Organisationen, die als „extremistische“ oder „terroristische“ verboten wurden, ihr aktives Wahlrecht verloren.[35] Vor diesem Hintergrund wirken die Worte Vladimir Putins beim *Valdai Forum* 2020 wie eine Kampfansage:

---

[30] Dollbaum, Aktion und Reaktion [Fn. 16], S. 115.

[31] Zakonoproekt No 1060950-7, O vnesenii izmenenii v Kodeks Rossijskoj Federacii ob administrativnych pravonarušenijach; <https://sozd.duma.gov.ru/bill/1060950-7>.

[32] Zakonoproekt No 1057213-7, O vnesenii izmenenii v Federal’nyj zakon „O sobranijach, mitingach, demonstracijach, šestvijach i piketironavijach“; <https://sozd.duma.gov.ru/bill/1057213-7>. Einen Überblick gibt Denis Švedov: Zakonodatel’nye ograničenija svobodu sobranija pod konec 2000 g.; <https://ovdinfo.org/reports/zakonodatelnye-ogranicheniya-svobody-sobraniy-pod-konec-2020-goda#2-1>.

[33] Zakonoproekt No 1021899-7, O vnesenii izmenenii v otdel’nye akty Rossijskoj Federacii (v časti protivodejstvija rasprostraneniju v seti „Internet“ ekstremistkich materialov); <https://sozd.duma.gov.ru/bill/1021899-7>.

[34] Zakonoproekt No 1057895, O vnesenii izmenenii v Federal’nyj zakon „Ob obrazovanii v Rossijskoj Federacii v časti vvedenija prosvetitel’skoj dejatel’nosti“; <https://sozd.duma.gov.ru/bill/1057895-7>.

[35] Diese Gesetzesänderung zielte insbesondere auf Aleksej Naval’nyj und seine Anhängerinnen und Anhänger. Zakonoproekt No 1165649-7, O vnesenii izmenenii v stat’ju 4 Federal’nogo zakona „Ob osnovnych garantijach izbiratel’nych prav i prava na učastie v referendume graždan Rossijskoj Federacii“ i stat’ju 4 Federal’nogo zakona „O vyborach deputatov Gosudarstvennoj Dumy Federal’nogo Sobranija Rossijskoj Federacii“; <https://sozd.duma.gov.ru/bill/1165649-7>.

> Wir wissen, wie solche importierten Demokratiemodelle funktionieren. [. . .] Die Menschen in den Ländern, in denen solche Muster implementiert wurden, sind nie nach ihrer Meinung gefragt worden, und ihre Anführer waren einfach nur Vasallen. Es ist bekannt, dass Vasallen ihrem Herrn gehorchen. Ich betone, nur die Bürger eines bestimmten Landes können ihr Interesse bestimmen. [. . .] Eine starke, freie und unabhängige Zivilgesellschaft ist national orientiert und per definitionem souverän. [. . .] sie ist ein kulturelles Phänomen, die Tradition des jeweiligen Landes, und nicht das Produkt eines „transnationalen Geistes", hinter dem die Interessen anderer Leute stehen. Es ist die Pflicht des Staates, öffentliche Initiativen zu unterstützen und ihnen neue Möglichkeiten zu eröffnen. Genau das tun wir. Ich halte das für die wichtigste Aufgabe der Regierung in den kommenden Jahrzehnten – egal wer welche Positionen innehat. Es ist die Garantie für Russlands souveräne, progressive Entwicklung [. . .] und für unsere Fähigkeit, auf globale Herausforderungen zu antworten.[36]

Zivilgesellschaft heute: Überleben in der Autokratie

Was bedeutet der jüngste Autokratisierungsschub für zivilgesellschaftliches Engagement? Müssen Menschen, die sich zivilgesellschaftlich engagieren, ihre Ziele und Strategien den veränderten Rahmenbedingungen anpassen? Wie verändern sich ihre Spielräume? Wie gehen sie mit staatlichen Repressionen um? Und können sie noch mit staatlichen Institutionen zusammenarbeiten? Um Antworten darauf zu bekommen, haben wir zivilgesellschaftliche Akteure, Politologinnen und Soziologen dazu befragt, wie sich die Arbeit von NGOs im vergangenen Jahrzehnt verändert hat und ob sie in der Entwicklung seit 2020 eine neue Phase sehen.[37]

Ziele und Strategien

NGOs im Bereich Menschenrechte und der Aufarbeitung der Vergangenheit haben ihre Ziele in der Regel nicht geändert. Sie sehen sich eher in ihren ursprünglichen Zielen bestärkt. Unsere Gesprächspartnerinnen und Gesprächspartner betonen, dass es unter den veränderten Bedingungen noch wichtiger geworden sei, Informationen über Men-

---

[36] 2020 Meeting of the Valdai Discussion Club, <http://en.kremlin.ru/events/president/news/64261>.

[37] Die vorliegende Analyse basiert auf 15 Interviews mit Personen, die sich für Menschenrechte und Aufarbeitung der Vergangenheit, Umweltschutz und Ökologie, Inklusion und Feminismus einsetzen. Sie sind zwischen fünf und 30 Jahre in ihrem Feld tätig und vertreten unterschiedlich große Organisationen. Alle verstehen sich als Teil der unabhängigen Zivilgesellschaft. Einige sind nicht Mitglied einer Organisation, sondern arbeiten eigenständig in wechselnden Konstellationen. Mit den meisten Befragten haben wir in unterschiedlichen Zusammenhängen kooperiert; so ergab sich für die Gespräche eine stabile Vertrauensbasis. Allen haben wir Anonymität zugesichert. In der weiteren Darstellung verwenden wir männliche und weibliche Formen unabhängig vom realen Geschlecht, damit keine Rückschlüsse auf einzelne Personen möglich sind.

schenrechtsverletzungen zu sammeln, auszuwerten und zu veröffentlichen, als es ohnehin schon war. Hinzu kommen die juristische Hilfe und soziale Unterstützung von Opfern politischer Verfolgung. Ähnliches gilt für die Geschichtspolitik. Die zunehmende staatliche Praxis, abweichende Auffassungen zur jüngeren Geschichte und insbesondere zur Rolle der Sowjetunion im Zweiten Weltkrieg strafrechtlich zu verfolgen, wirkt sich in diesem Bereich zweifach aus.[38] Zum einen wird die Beschäftigung mit Geschichte damit zu einem Teil der Menschenrechtsarbeit, weil sie die fundamentalen Rechte der Wissenschafts- und Meinungsfreiheit praktisch verteidigt. Zum anderen mache die revisionistische staatliche Geschichtspolitik die Arbeit von NGOs in diesem Feld als Korrektiv umso notwendiger. Die Sakralisierung des Sieges im Zweiten Weltkrieg unter Oberbefehlshaber Stalin führt im öffentlichen Bewusstsein zu einer Relativierung der stalinistischen Verbrechen. Und die ambivalente offizielle Haltung, dass die Verbrechen des Stalinismus zwar nicht mehr geleugnet werden, aber über die Täter, die im Dienste des Staates standen, geschwiegen wird, führt zu einer impliziten Rehabilitierung Stalins.[39] Über ihre Erfolgschancen machen sich unsere Gesprächspartner keine Illusionen. Sie sehen sich in einem „defensiven Abnutzungskampf".

Im Bereich Umwelt und Ökologie ist die Lage unübersichtlicher. Einerseits sind die Ziele konkreter: Viele Initiativen wenden sich gegen konkrete Umweltprobleme wie Müllablagerung, illegales Abholzen von Wäldern oder das Auftauen der Permafrostböden oder setzen sich für Naturschutzgebiete ein. Umweltschützerinnen und Umweltschützern gelingt es mitunter, ein Bündnis mit Initiativen vor Ort und Anwohnern zu schmieden, deren Lebenswelt bedroht ist und die vom Staat nicht einfach als „Feinde" oder „vom Ausland gesteuert" diskreditiert werden können. Das macht sie ideologisch weniger angreifbar, aber auch potentiell gefährlicher für staatliche, aber auch (mit ihnen oft fast ununterscheidbar verbundene) private und wirtschaftliche Interessen. Allerdings sind solche Initiativen auch unflexibler in ihren Zielen. Die Müllkippe wird entweder gebaut oder nicht, geschlossen oder nicht.

Umweltprobleme galten lange Zeit als „unpolitisch", was sich im „Agentengesetz" in der Fassung von 2013 widerspiegelt. Dort wurde „Umweltschutz" ausdrücklich aus den Tätigkeiten ausgenommen, für die eine NGO zum „ausländischen Agenten" erklärt werden konnte. Hinzu kommen die internationalen Verpflichtungen, die Russland eingegangen ist, wie das Pariser Klimaabkommen, auf die sich NGOs beziehen können. Ihr Ziel bleibt, staatliches Handeln zu beeinflussen. Allerdings haben sich die Mittel verändert, mit denen NGOs das zu erreichen versuchen. Direkten Druck durch öffentliche Proteste und Aktionen auszuüben, sei kaum mehr möglich, jedenfalls nicht in Moskau, St. Petersburg und anderen Metropolen. Umso intensiver versuchen Umwelt-NGOs, den Staat durch ihre besondere Expertise und den Verweis auf internationale Verpflichtungen zu beeinflussen. So gibt es bei den internationalen Klimaverhandlungen weiterhin informelle Treffen zwischen NGO-Experten sowie den staatlichen Verhandlern zum Informationsaustausch.

---

[38] Andrej Kolesnikov: Erinnerung als Waffe. Die Geschichtspolitik des Putin-Regimes, in: OSTEUROPA, 6/2020, S. 3–28. – Anton Weiss-Wendt, Nanci Adler (Hg.): The Future of the Soviet Past. The Politics of History in Putin's Russia. Bloomington 2021.

[39] Arsenij Roginskij: Fragmentierte Erinnerung. Stalin und der Stalinimus im heutigen Russland, in: OSTEUROPA, 1/2009, S. 37–44.

Im Bereich Inklusion nannten die Gesprächspartnerinnen zwei zentrale Ziele ihrer Arbeit: Zum einen sollten Menschen mit Behinderungen in die Lage versetzt werden, ein würdiges Leben in der Gesellschaft zu führen und ihre Rechte als Bürgerinnen und Bürger wahrzunehmen; zum anderen sollten die Stimmen dieser Menschen in der Gesellschaft hörbar gemacht werden. Hinter diesen unmittelbaren Zielen der praktischen Arbeit stehen jedoch auf grundsätzlichen Wandel abzielende Vorstellungen und Ansprüche. Ein Gesprächspartner berichtete, wie sich aus der Umsetzung ausschließlich „angewandter Ziele“ zu Beginn der Tätigkeit (Barrierefreiheit in öffentlichen Gebäuden und im öffentlichen Raum in der Provinz) mit der Zeit systemische Ansätze entwickelt hätten. So seien Kolleginnen und Kollegen der Organisation beratend an Planungsprozessen für Gebäude beteiligt; außerdem würden Beamte in Seminaren für die Situation von Menschen mit Behinderungen sensibilisiert und an Inklusionsstrategien herangeführt. „Das ist systemische Arbeit, und sie hat bereits Einfluss.“ Ein anderer Gesprächspartner beklagte, dass es „in dem Paradigma, in dem wir existieren“ schwer bis unmöglich sei, Ziele (in diesem Fall: angemessene psychologische Betreuung für Menschen mit geistigen Behinderungen) zu erreichen. Gesellschaft und Staat hätten bis heute ein „paternalistisches und medizinisches Verständnis“ der Situation von Menschen mit Behinderungen, sagte eine andere Befragte. Ziel müsse es sein, die Gesellschaft den Bedürfnissen dieser Menschen anzupassen, nicht umgekehrt. „Beamte auf der lokalen Ebene können durchaus etwas verbessern wollen, aber ich sehe, dass das nicht möglich ist. Um das System zu verändern, braucht man eine andere politische Führung (vlast’) und gerechte Wahlen.“

Auch Feministinnen zielen auf den Wandel der Wahrnehmung ihrer Themen in der Gesellschaft. Sie wollten die Haltung der Gesellschaft zum Problem der häuslichen Gewalt verändern (und hätten dies in Teilen bereits getan), erklärte eine Gesprächspartnerin. Eine andere sah ihre Aufgabe darin, zu zeigen, „wie aus täglichem Verhalten Gewalt gegen Frauen entsteht“. Feministische Fragen zum Gegenstand der allgemeinen gesellschaftlichen Themen zu machen, nannten andere als Ziel. Statt abstrakter theoretischer Fragen müsse diskutiert werden, was Frauen in Russland persönlich betrifft. „Wenn Frauen sich dessen bewusst werden, endet die Isolation in verschiedenen Blasen. Erst dann können Verhaltensmuster leichter erkannt werden.“ Für feministische Themen wie häusliche Gewalt oder ungleiche Einkommensverteilung zu sensibilisieren und sie sichtbar zu machen, sei besonders in den Regionen wichtig, hob eine Gesprächspartnerin hervor. Nur so könnten sie für Frauen in einem eher konservativen Umfeld zugänglich gemacht werden. „Man muss hinausgehen und darüber in ihrer Sprache sprechen.“ Die praktischen Ziele, die in den Gesprächen formuliert wurden, bezogen sich vor allem auf den Bereich der häuslichen Gewalt. Hier ging es um den Aufbau einer Infrastruktur zum Schutz und zur Betreuung von Opfern sowie um die Arbeit mit Tätern.

Spielräume

Trotz wachsender Kontrollversuche und staatlicher Repression schätzten unsere Gesprächspartnerinnen und -partner ihre Spielräume sehr unterschiedlich ein. Nahezu alle wiesen darauf hin, dass sie sehr viel Aufmerksamkeit und Energie darauf verwendeten, die eigene Organisation, Mitarbeiter und Engagierte vor staatlicher Verfolgung zu schützen. Bis zu 50 Prozent der finanziellen und personellen Ressourcen werden mittlerweile für juristische Beratung, Anwälte, Experten in Finanz- und Steuerfragen, aber auch den physischen Schutz von Veranstaltungen und Aktivistinnen aufgewandt. Alle Gesprächspartnerinnen sprachen von großer Unsicherheit und einer weit verbreiteten Angst, vom Staat zu „ausländischen Agenten" erklärt oder geschlossen zu werden. Ein Gesprächspartner sagte:

> Ich sitze jeden Freitagabend da und warte auf die neuen Liste. Das einzige, was ich tun kann, ist, den neu gelisteten Organisationen Geld zu spenden und ihnen meine Unterstützung auszudrücken.[40]

Viele NGOler gehen nicht mehr von kurzfristigen Erfolgen aus. Kaum jemand rechnet noch mit grundlegenden positiven Veränderungen, solange das gegenwärtige Regime an der Macht ist. Viele stellen sich innerlich auf die „Zeit danach" ein, auf die man besser als nach dem Ende der Sowjetunion vorbereitet sein will. Diese Umorientierung auf langfristige Ziele schlägt sich auch in einer stärkeren Konzentration auf junge Menschen als wichtigste Zielgruppe und dem Ausbau von Bildungsangeboten für sie nieder.[41]

Besonders betroffen von den eingeschränkten Spielräumen sind NGOs, die auf öffentliche Mobilisierung, Protest und Straßenaktionen gesetzt haben – dies betrifft vor allem NGOs, die sich mit Menschenrechten und Umwelt befassen. Sie leiden unter der immer restriktiveren Auslegung des Demonstrationsrechts. Alle öffentlichen Kundgebungen müssen vom Staat genehmigt werden. Lange Zeit waren noch Einzelmahnwachen als Protestform möglich. Doch unter dem Vorwand der Covid-Hygiene-Regeln werden auch einzeln Protestierende festgenommen und zu einer Geldstrafe oder Arrest verurteilt.

Protestaktionen von NGOs aus dem Bereich der Menschenrechte beziehen sich entsprechend seit einiger Zeit fast ausschließlich auf konkretes staatliches Vorgehen wie Festnahmen bei „nicht genehmigten" Demonstrationen oder Verhaftungen von Journalisten, Aktivisten oder Wissenschaftlern aufgrund von Verstößen gegen das Extremistengesetz und das Demonstrationsrecht oder wegen Spionagevorwürfen und der „Verletzung religiöser Gefühle", die vom Staat häufig als Vorwand genutzt werden, um abweichendes politisches Denken und Verhalten zu bestrafen.[42]

Viele umweltpolitische Initiativen setzten bis vor kurzem auf Straßenproteste, um auf ihr Anliegen aufmerksam zu machen. Oft richtete sich der Protest gegen konkrete Projekte wie Mülldeponien im Moskauer Umland oder die geplante Deponie für Moskauer

---

[40] Das Justizministerium veröffentlicht Neuaufnahmen in die „Agentenregister" regelmäßig freitags.

[41] Was vom Staat als Bedrohung wahrgenommen wird, weshalb Kontrollen im Bildungsbereich zugenommen haben und „Bildungsarbeit" inzwischen nur noch staatlich lizensierten Organisationen vorbehalten ist.

[42] So die Strafverfahren gegen den Journalisten Ivan Safronov wegen angeblicher Spionage oder Sergej Suev, den Rektor der privaten Moskauer Hochschule für Sozial- und Wirtschaftswissenschaft, wegen Veruntreuung. Zu Safronov: Andrej Karev: FSB bez sdelki. Novaja gazeta. 2.7.2021, <https://novayagazeta.ru/articles/2021/07/02/fsb-bez-sdelki>. – Zu Suev: Rektor „Šaninki" Sergej Suev saderžan po delu Mariny Rakovoj. 12.10.2021, <www.bbc.com/russian/news-58882961>.

Müll bei Šies im Gebiet Archangel'sk.[43] Adressaten der Proteste sind sowohl staatliche Stellen als auch die Anwohnerinnen und Anwohner. Dieser umweltpolitische Protest bezieht einen erheblichen Teil seiner Legitimität aus den Interessen der Anrainerinnen und Anrainer potentiell gesundheitsgefährdender Industrieobjekte. In Moskau und St. Petersburg, so unsere Gesprächspartner, sind Straßenproteste spätestens seit Beginn der Pandemie unmöglich geworden. In manchen Regionen Russlands gebe es noch einen gewissen Handlungsspielraum, je nachdem, wie drängend Umweltprobleme dort seien. Aber alle gehen davon aus, dass auch dort der Spielraum eingeschränkt werde. Alle Gesprächspartner aus Umweltinitiativen gaben an, angesichts der inzwischen substantiellen Einschränkungen des Demonstrationsrechts die politische Mobilisierung inzwischen vollständig von der Straße ins Internet verlegt zu haben, eine Tendenz, die sie in ihrem gesamten Sektor beobachteten. Allerdings sei man auch im Internet zunehmend mit Hürden, Restriktionen und Verboten konfrontiert. Die neuen gesetzlichen Einschränkungen der Internetfreiheit bedrohten jeden zivilgesellschaftlichen Aktivismus mit strafrechtlicher Verfolgung, was immer häufiger zu Selbstzensur führe.

Eine gewisse Hoffnung setzen Klimaaktivistinnen auf neue offizielle Akzente in Bezug auf die Klimapolitik. Das Thema der auftauenden Permafrostböden, die mehr als die Hälfte des russländischen Territoriums ausmachen, scheint auch im Kreml inzwischen als reales Problem (an)erkannt zu werden.[44] Es ist aber noch zu früh zu sagen, ob sich dadurch neue Spielräume für unabhängige NGOs ergeben. Zahlreiche Klimaaktivisten leben eine Art Doppelleben. Beruflich beraten sie als Wissenschaftler und Expertinnen den Staat oder schreiben als Journalisten über ökologische Themen, achten aber meist peinlich darauf, keine politischen Forderungen zu erheben, weil sie dies angreifbar für den Vorwurf machen könnte, als „ausländischer Agent" stigmatisiert zu sein. Diese Form der Doppelexistenz wird immer prekärer, seit als liberal geltende Hochschulen und Universitäten wie die Moskauer Higher School of Economics oder die nach ihrem Gründer Theodor Šanin „Šaninka" genannte Moskauer Hochschule für Sozial- und Wirtschaftswissenschaften, die diesen Wissenschaftlern Arbeitgeber und Zufluchtsräume waren, selbst unter zunehmenden politischen Druck geraten.

Die Situation von Menschen mit Behinderungen genießt in Russlands Gesellschaft wesentlich breiteres Interesse als die anderen hier untersuchten Bereiche. Eine Behinderung durch Unfall, Erkrankung oder Alter kann jeden Menschen und jede Familie jederzeit ereilen. Die von Staat und Gesundheitssystem zur Verfügung gestellten Unterstützungsangebote sind für unterschiedliche Behinderungen sehr unterschiedlich entwickelt. So existiert eine gut ausgebaute Infrastruktur, die es Seh- und Hörbehinderten ermöglicht, sich in Gesellschaft, Arbeitswelt und öffentlichem Raum zu bewegen. Menschen mit geistigen, psychischen oder schweren körperlichen Behinderungen (sowie ihre Familien) erhalten sehr viel weniger Angebote. Viele von ihnen leben nach wie vor in sogenannten „Internaten" und bleiben von der Gesellschaft isoliert.

Die Gesprächspartnerinnen sprachen von den unterschiedlichen Zeithorizonten, in denen der Wandel der gesellschaftlichen Wahrnehmung sowie der politischen Spielräume

---

[43] Robert Argenbright: Der Müll und die Macht. Abfallwirtschaft und Herrschaft unter Putin, in: Im Fluss. Umweltpolitik in Russland. Berlin 2020 [= OSTEUROPA, 7–9/2020], S. 305–318.

[44] Stanislas Secrieru: Melting Ice, Frozen Heart. Russia's posture on climate change and decarbonisation Paris 2021, <www.iss.europa.eu/content/melting-ice-frozen-heart>.

gemessen werden müsste. Im Vergleich zur Sowjetunion habe sich die Situation eindeutig verbessert. In vielen der sogenannten psycho-neurologischen Internaten sei die Zimmerbelegung deutlich verbessert worden. Heute seien zwei bis drei Menschen in einem Zimmer untergebracht, statt wie früher 20 bis 30 Menschen. Die Erfahrungen der vergangenen fünf bis zehn Jahre seien jedoch entmutigend. Zwar enthalte das „Gesetz zum sozialen Schutz für Menschen mit Behinderungen in der Russländischen Föderation", progressive, ja revolutionäre Zielbestimmungen, z.B. für die Inklusion von Menschen mit Behinderungen in das Ausbildungssystem.[45] Die Umsetzung bleibe jedoch weit hinter den Erwartungen zurück. Die föderale Regierung zeige kaum Interesse und wende zu wenig Mittel auf, kritisierte ein Gesprächspartner.[46] Viel hänge von den regionalen Regierungen und Verwaltungen ab, von denen sich manche engagierten, andere nicht. Die Handlungsspielräume seien von Region zu Region unterschiedlich groß und die Lage in den großen Städten sei nicht zwingend besser als im Rest des Landes. Alles hänge von der jeweiligen Exekutive ab, und dort sogar von einzelnen Personen, die sich für Menschen mit Behinderungen einsetzten und so den Spielraum gesellschaftlicher Initiativen erweiterten.

Die Medien gelten allen Befragten als wichtiges Instrument, um für das eigene Anliegen zu werben und Einfluss auf politische Entscheidungen zu nehmen. Alle betonten, dass sie grundsätzlich zur Zusammenarbeit mit staatsnahen und mit unabhängigen Medien bereit seien. Allerdings sind nicht alle Redaktionen dafür aufgeschlossen. Das Interesse sei themenabhängig. Menschen mit psychischen und geistigen Behinderungen erführen ein geringeres mediales Interesse als die Hospizbewegung.[47] Der Angriff des Staates auf unabhängige Medien schränke die Möglichkeiten der NGOs ein, die Öffentlichkeit zu erreichen. Noch allerdings, so eine Interviewpartnerin, wirke sich dies nicht direkt auf „uns oder die Menschen, für die wir uns einsetzen" aus.

Feministinnen stellten übereinstimmend fest, dass die gesellschaftliche Aufmerksamkeit für ihre Themen im vergangenen Jahrzehnt spürbar gewachsen sei. Das gelte besonders für das Problem der häuslichen Gewalt. Hier sei eine breite gesellschaftliche Sensibilität entstanden, die sich seit dem Ausbruch der Covid-19-Pandemie weiter verstärkt habe. Ein Gesprächspartner führte das auf die kontraintuitive mobilisierende Wirkung zurück, welche die Entkriminalisierung von ersten und leichten Fällen häuslicher Gewalt im Jahr 2017 gehabt habe.[48] Das gesellschaftliche Interesse schlägt sich in einer wachsenden Zahl von Kommentaren in den sozialen Medien und Blogs nieder. Auch staatsnahe und unabhängige Medien behandeln das Thema.

Gleichzeitig existierten in der Gesellschaft weiterhin große Berührungsängste vor Gender-Themen. Es gebe kaum wissenschaftliche oder statistische Daten zu Fragen struktureller

---

[45] Federal'nyj zakon „O social'noj zaščite invalidov v Rossijskoj Federacii", 24.11.1995, Nr. 101-F3, <Федеральный закон „О социальной защите инвалидов в Российской Федерации от 24.11.1995 N 181-ФЗ. КонсультантПлюс. consultant.ru>.

[46] Tarasenko, Russian welfare reform [Fn. 16] zu neoliberalen Veränderungen in Russlands Sozialpolitik.

[47] Die Hospizbewegung und vor allem Njuta Federmeser, Präsidentin der Organisation „Vera", sind seit der Verabschiedung des „Gesetzes über palliative medizinische Hilfe" 2019 in den Medien höchst präsent.

[48] Irina Kosterina: Domašnee nasilie i drugie semejnye cennosti. 7.2.2017, <https://ru.boell.org/ru/2017/02/08/domashnee-nasilie-i-drugie-semeynye-cennosti>

Ungleichheit zwischen Männern und Frauen. Frauen und ihre Themen erhielten zu wenig Aufmerksamkeit. Eine Gesprächspartnerin erklärte, je stärker das Thema häusliche Gewalt in der Öffentlichkeit behandelt werde, desto stärker mobilisiere dies auch Kreise der Gesellschaft, die konservativ und aggressiv über diese Themen dächten: „Die hatten früher keine Gegner. Jetzt sind sie lauter, weil auch die feministische Gruppe lauter geworden ist." Besondere Erwähnung fand die im Oktober 2021 vom Justizministerium zur extremistischen Organisation erklärte Vereinigung „Mužskoe Gosudarstvo" (Männerstaat). Diese Einstufung hindere deren Mitglieder nicht daran, engagierte Feministinnen zu bedrohen. Die Gesprächspartnerinnen zeichneten unterschiedliche Bilder von den Regionen: Einige beklagten die dortige größere Trägheit und herrschende patriarchale Rhetorik. Andere betonten, dass sich durch Internet und soziale Netzwerke auch außerhalb der großen Städte der Diskurs verändert habe. Die Sensibilität für das Problem der häuslichen Gewalt sei in manchen Regionen und Städten deutlich höher als in Moskau oder Petersburg. Dass in den Regionen alles schlechter sei als in Moskau, sei „ein Mythos".

Dagegen verhielten sich die staatlichen Behörden passiv bis ablehnend. Ein Respondent brachte es so auf den Punkt: „Die Gesellschaft entwickelt sich, der Staat degradiert." Die Feministinnen sehen ihren Handlungsspielraum im Spannungsfeld zwischen einer Gesellschaft, die sich wandelt und modernisiert, und einem regressiven Staat. Sie betonten alle, dass diese Spannungen in den vergangenen fünf Jahren, besonders aber 2021 deutlich gewachsen seien.

Zusammenarbeit mit staatlichen Institutionen

In den Bereichen Menschenrechte und Aufarbeitung der Vergangenheit sowie Ökologie wird die Kooperation mit Behörden und anderen staatlichen Institutionen wie Universitäten und Schulen immer schwieriger. Eine Kontrolle staatlichen Handelns durch unabhängige NGOs ist praktisch unmöglich geworden. Wo sie formal existiert, vor allem in Gestalt der zahlreichen „gesellschaftlichen Räte" bei Behörden und Ministerien auf allen politischen Ebenen, wurden die unabhängigen NGOs fast vollständig durch staatlich gelenkte Nichtregierungsorganisationen, sogenannte GONGOs, und die von GONGOs kontrollierten „Gesellschaftskammern" ersetzt. Dies geschah bei den turnusmäßigen Neubesetzungen, die von der jeweiligen Administration kontrolliert werden. Eine Ausnahme ist (immer noch) der „Menschenrechtsrat beim Präsidenten", in dem zahlreiche unabhängige Persönlichkeiten mit langem zivilgesellschaftlichem Engagement vertreten sind.[49] Allerdings ist deren Einfluss darauf begrenzt, einzelne Personen oder auch Organisationen schützen zu können.

Vertreter unabhängiger Menschenrechts-NGOs sind kaum mehr in institutionellen Beratungsgremien vertreten. Diese Verdrängung und die wachsende Zahl von Organisationen, die als „ausländische Agenten" diskreditiert werden, haben dazu geführt, dass sie kaum mehr am Gesetzgebungsprozess beteiligt sind. Ein Gesprächspartner konstatierte: „Der Staat ist nicht mehr bereit, mit uns über strategische Fragen zu sprechen." Ein anderer Gesprächspartner verweist darauf, dass es noch möglich sei, Regionalregierungen auf die Einhaltung zum Beispiel von Verfassungsgerichtsurteilen zu verpflichten. Es

---

[49] Prezidium i sostav soveta, <http://president-sovet.ru/about/structure/>.

gehe darum, Widersprüche staatlicher Institutionen untereinander auszunutzen. Eigene Initiativen einzubringen sei inzwischen praktisch unmöglich geworden.
Während früher staatliche Stellen häufig auf NGOs zukamen, um Hilfe und Unterstützung bei der Lösung konkreter Probleme zu bekommen, komme das heute kaum noch vor. Das hat nach Ansicht einiger Gesprächspartner auch damit zu tun, dass immer weniger Staatsbedienstete die kommunikative Offenheit und Fähigkeit zum Austausch mit NGOs hätten. Die staatliche Verwaltung sei zunehmend binnenorientiert und schotte sich gegen äußere Einflüsse ab.
Nur im Bereich der Inklusion sind staatliche Stellen zur Zusammenarbeit bereit. Alle Interviewpartner berichteten, dass sie Mitglieder in lokalen, regionalen oder föderalen Beratungsgremien seien. Solche Räte sind entweder legislativen Organen zugeordnet, wodurch NGO-Vertreter die Möglichkeit haben, auf den Gesetzgebungsprozess Einfluss zu nehmen. Oder sie sind der Exekutive nachgeordnet, begleiten die Umsetzung der gesetzlichen Vorgaben oder erarbeiten gar Inklusionsstrategien. Einige Gesprächspartner verwiesen darauf, dass die Zahl solcher Räte und Arbeitsgruppen in den vergangenen zwei bis drei Jahren sogar zugenommen habe. Ihre Effizienz sei jedoch zweifelhaft. Einerseits, so lautete eine Äußerung „geschieht da schon etwas", „es gibt Tagesordnungen, Entscheidungen werden getroffen, die auch implementiert werden". Es gehe aber nie um wirkliche Reformen; das System bleibe davon unberührt. So werde eine Illusion von Einfluss und Wandel geschaffen. Ein Gesprächspartner vermutete:

> Es werden Organe gebildet und alle Leute eingeladen, die systemische Veränderungen wollen. Dann kann man sagen: wir haben doch Räte und Arbeitsgruppen mit den besten Experten. Man kann auch Aggressionen und Unzufriedenheit auf diese Organe ableiten.

Wer aber strukturellen Wandel anstrebe, stehe vor einem Dilemma. Es sei „schwierig, Veränderungen zu erreichen, wenn man das System [z.B. durch Mitgliedschaft in Beratungsgremien] unterstützt". Ein anderer Gesprächspartner betont, man arbeite nur mit Verwaltungseinrichtungen zusammen. Durch den direkten Kontakt habe man viele Projekte umsetzen und Ziele erreichen können.

> Wir haben eine gute Position. Wir bitten nicht, wir beschuldigen nicht. [. . .] Wir rufen nicht zu Regimewechsel auf, wie andere. [. . .] Die Vlast' verhält sich zu uns ruhig. [. . .] Ich konzentriere mich auf die Exekutive, das Ministerium für Gesundheit und Soziales etc. Auf der Ebene der Region entscheiden wir unsere Anliegen direkt mit dem Gouverneur und Vize-Gouverneur.

Auch Gesprächspartner, die sich für breitere Strukturreformen starkmachen, unterstreichen, wie sehr eine erfolgreiche Zusammenarbeit vom Interesse und dem guten Willen einzelner Mitarbeiter und Mitarbeiterinnen der staatlichen Verwaltung abhängig seien. Alle Befragten im Bereich Inklusion berichteten, bereits in den Genuss staatlicher Förderung, vor allem der „Präsidentenstipendien" (prezidentskie granty), gekommen zu sein. Diese Förderung sei in den vergangenen Jahren verlässlicher und transparenter geworden. Da nach der Annexion der Krim 2014 viele westliche Mittel wegfielen, habe diese Finanzierungsquelle für soziale NGOs an Bedeutung gewonnen.

Unter den Gesprächspartnerinnen und -partnern herrschte Konsens, dass die autoritären Tendenzen im politischen System im sozialen Bereich und in der Inklusion bislang keine grundlegenden Veränderungen oder gar Verschlechterungen gebracht haben. Sie klagten hingegen über die Trägheit in den staatlichen Strukturen, wo teilweise „immer noch die gleichen Leute" arbeiteten wie zu sowjetischen Zeiten.

> Als wir [Ende der 1980er Jahre] anfingen, dachten wir nicht, dass man die Regierung überhaupt beeinflussen kann. Jetzt ist das in einer Weise möglich, die mich immer noch erstaunt. Autoritarismus, ja, das stimmt, aber es gibt noch immer die Illusion, dass es möglich ist, Einfluss zu nehmen.

Ganz anders stellt sich die Situation aus feministischer Perspektive dar. Befragte aus diesem Bereich betonten zwar, dass sie der Rolle des Staates und der Zusammenarbeit mit staatlichen Institutionen große Bedeutung beimessen: „Zivilgesellschaft ohne Staat kann nichts verändern." Dass Repräsentanten des Staates die Bedeutung konservativer Werte betonen, empfinden Feminististinnen jedoch als Kampfansage an ihre eigenen Werte, Ziele und Belange. Eine Gesprächspartnerin formulierte:

> Ich rechne nicht mit dem Staat, erwarte nichts vom Staat. Leute wie ich stören. Das hat sich verändert. Vor vier bis fünf Jahren konnte man noch arbeiten, tun, was man wollte, ohne an Konsequenzen denken zu müssen. Das ist heute anders.

Dass die bekennende Feministin Oksana Puškina, von 2016 bis 2021 Duma-Abgeordnete für *Edinaja Rossija*, zur Wahl im September 2021 nicht mehr antrat, sei ein Signal für die Verdrängung von Frauenfragen aus der staatlichen Politik.[50] Wichtige Stellen in Politik und Verwaltung würden mit ultrakonservativen Vertretern besetzt, offizielle Dokumente wie Strategiepapiere enthielten konservative, offen frauenfeindliche Positionen.[51]
Unter diesen Bedingungen, so eine Gesprächspartnerin, sei die staatliche Politik auf die „Zerstörung von Rechten und Freiheiten" von Frauen ausgerichtet. „Am besten kommen wir ihnen nicht unter die Augen, wecken keine schlafenden Hunde, provozieren nicht." Das bedeute auch, LGBT-Themen zu meiden, um Aggressionen vorzubeugen. Einigkeit bestand darüber jedoch nicht. So betonte eine andere Gesprächspartnerin, man werde weiter nach Wegen suchen, den Staat an seine Pflichten im Bereich Frauen- und Gender-Rechte zu erinnern.

> Es gibt auf der einen Seite eine Gruppe von Beamten, die mit dem Thema zu tun hat, und auf der anderen Seite gesellschaftliche Akteure, die zu Themen wie gesellschaftlicher Gewalt arbeiten. Wir können eine Brücke zwischen diesen Gruppen sein. Wir können staatlichen Strukturen helfen, diese Fragen angemessener zu beurteilen.

---

[50] Russian lawmaker Oksana Pushkina will not stand for reelection in her district in September State Duma race. Meduza, 15.3.2021.

[51] Nacional'naja strategija dejstvij v interesach ženščin na 2017-2022 gody, <https://mintrud.gov.ru/ministry/programms/8/5>.

Zu diesem Zweck müsse auch der Kontakt zu staatsnahen Organisationen wie beispielsweise dem Eurasischen Frauenforum gesucht werden.[52]
Überwiegend blieben die Feministinnen jedoch pessimistisch, was die Zusammenarbeit mit staatlichen Stellen betrifft. Eine Befragte drückte ihr Gefühl so aus:

> Ich denke, ich bin sehr patriotisch, ich arbeite für das Wohl der Gesellschaft, aber ich bekomme keinerlei positive Reaktion von staatlichen Institutionen.

Dieser Eindruck hat sich in den vergangenen beiden Jahren verstärkt.

Wenn es passiert ... Umgang mit staatlichen Repressionen

Organisationen und Personen, die vom russländischen Justizministerium zu „ausländischen Agenten" erklärt werden, gehen damit sehr unterschiedlich um. Alle versuchen, „nicht Opfer zu werden". Größere und etablierte Organisationen aus den Metropolen wie *Memorial* versuchen, den „Agentenstatus" zum Qualitätsmerkmal umzudeuten.[53] Vertreter betroffener Einrichtungen berichten, dass die behördliche Stigmatisierung zum „ausländischen Agenten" bei den Kolleginnen den Zusammenhalt gefestigt habe. Nur wenige Mitarbeiterinnen und Mitarbeiter seien gegangen. Je kleiner jedoch die Organisation, je überschaubarer das Umfeld, in dem sie operiert, je mehr sie für die Umsetzung ihrer Ziele auf Zusammenarbeit mit Behörden, staatlichen Institutionen wie Universitäten und Schulen angewiesen ist, desto schwieriger wird es, mit dem Agentenstatus einigermaßen normal weiterzuarbeiten. Wie staatliche Einrichtungen mit Organisationen umgehen, die zu „ausländischen Agenten" erklärt wurden, ist uneinheitlich. Es gibt offenbar keine zentralen Instruktionen. Einige Universitäten verbieten ihren Mitarbeiterinnen und Mitarbeitern die Zusammenarbeit mit „ausländischen Agenten". Andere kennen informelle „Empfehlungen". Selbstzensur und persönliche Vorsicht sind weit verbreitet. Von uns befragte „ausländische Agenten" beklagten den psychischen Druck durch Ausgrenzung.
Je schärfer die Repressionen, desto gefährdeter sind die Führungspersonen von NGOs. Durch viele Einschränkungen und die Auflage, detailliert Einnahmen und Ausgaben nachzuweisen und bei allen öffentlichen Äußerungen sich als „ausländischer Agent" selbst bezichtigen zu müssen, die zunehmende Einschränkung der Meinungsfreiheit durch die Verschärfung des Extremistengesetzes und Gesetze gegen sogenannte „Geschichtsfälschung" stehen nicht nur Organisationen im Visier der Justizbehörden, sondern sind ihre Führungspersonen immer häufiger von Strafverfolgung bedroht. Das prominente Beispiel ist *Memorial*. Gegen *Memorial International* wird seit Oktober 2021 wegen angeblicher finanzieller Verfehlungen ermittelt. Das Menschenrechtszentrum soll auf Antrag der Staatsanwaltschaft geschlossen werden, weil es mit der Veröffentlichung seiner „Liste politischer Gefangener" Extremismus und Terrorismus fördere. In beiden Fällen können Vorstände und Mitarbeiterinnen und Mitarbeiter strafrechtlich

52 Global'naja platforma evrazijskogo ženskogo foruma; <www.eawf.ru>.
53 *Memorial* markiert seine Publikationen mit dem Hinweis „Wir sind keine Agenten". Man sei vom „Justizministerium zum ausländischen Agenten erklärt" worden, damit nicht einverstanden und klage dagegen.

zur Verantwortung gezogen werden.[54] Die Co-Vorsitzende der Umweltschutzorganisation *Ecodefense!* Aleksandra Koroleva flüchtete 2019 nach Deutschland und hat hier politisches Asyl erhalten. Gegen sie war in Russland ein Strafverfahren wegen angeblicher Nichtbeachtung des Gesetzes über „Ausländische Agenten" eingeleitet worden.[55] So halten sich immer mehr Repräsentanten der unabhängigen Zivilgesellschaft ständig oder zeitweise im Ausland auf. Auch die meisten unserer Gesprächspartnerinnen und Gesprächspartner aus den Bereichen Menschenrechte, Feminismus und Ökologie kamen in der einen oder anderen Art auf Emigration zu sprechen. Einige leben bereits zeitweise im Ausland. Damit kehrt das politische Exil, das seit der Perestrojka verschwunden war, wieder in das Leben der Menschen in Russland und die politische Kultur des Landes zurück.

Die Ausweitung der „Agentenliste" und andere Repressalien haben für den Staat auch nichtintendierte Folgen. Viele NGOs messen der Verteidigung ihrer Rechte auf Beteiligung mehr Bedeutung bei. Die Wertschätzung klassischer Menschenrechts-NGOs ist in der öffentlichen Wahrnehmung und in zivilgesellschaftlichen Kreisen gewachsen. Ein Gesprächspartner bemerkte dazu: „Die Lage ist schlechter, aber die Arbeit läuft besser." Alle Gesprächspartnerinnen berichteten von wachsenden Einnahmen durch Crowdfunding, von vielen neuen Freiwilligen, darunter viele junge Menschen sowie größere Solidaritätsbereitschaft von außen. Unterstützung kommt nicht nur aus den üblichen, im Russischen „liberal" genannten, Kreisen der Gesellschaft. So finden sich unter Spenderinnen und Spendern zunehmend Unternehmerinnen und Unternehmer, die ihre Unterstützung oft nicht öffentlich gemacht sehen wollen. Diese Tendenz hat das Levada-Zentrum während der Proteste gegen die Verhaftung Aleksej Naval'nyjs festgestellt.[56]

Darüber hinaus hatte die feindselige Haltung des Staates den aus Sicht der Behörden unerwünschten Nebeneffekt, dass sich die NGOs weiter professionalisierten. Zynischerweise könnte man von „Survival of the Fittest" sprechen. Professionalisierung ist eine Voraussetzung des Überlebens. Dies gelang eher größeren Organisationen als kleineren und eher jenen in den Zentren als in der Peripherie. Um den ständig wachsenden staatlichen Einschränkungen, Anforderungen und Kontrollen gerecht zu werden, mussten NGOs, beraten von Juristinnen und Buchhaltern, oft professioneller und akkurater handeln als Wirtschaftsunternehmen. Das ist, neben der Tatsache, dass Wirtschaftsunternehmen nicht zu „ausländischen Agenten" erklärt werden können, ein Grund, warum zahlreiche Initiativen ihre juristische Registrierung als NGOs beendeten und ihre Tätigkeit als GmbHs weiterführten.[57] In einer Art Hase-Igel-Wettlauf versuchten die NGOs immer wieder, den staatlichen Einschränkungen zu entkommen oder sie zu neutralisieren. Das gelang bisher nie ganz, denn der Staat schafft sich immer weitere Instrumente. Ob diese Strategie der Professionalisierung oder des Ausweichens auf andere (juristische) Organisationsformen auch künftig – zumindest in Maßen – erfolgreich oder überhaupt möglich sein wird, ist schwer vorauszusagen. Vieles wird davon

---

54 „Fokus Memorial" auf der OSTEUROPA-Website: <https://zeitschrift-osteuropa.de/blog/themenschwerpunkt/fokus-memorial/>.

55 Human Rights Watch: Russia: Environmentalist Faces Criminal Charges. <www.hrw.org/news/2019/06/25/russia-environmentalist-faces-criminal-charges.

56 Andrej Kolesnikov: Obščestvo posle protestov. Kak Naval'nyj vytalkivaet obyvatelja iz zony komforta. Levada-Centr 24.3.2021, <www.levada.ru/2021/03/24/obshhestvo-posle-protestov-kak-navalnyj-vytalkivaet-obyvatelya-iz-zony-komforta>.

57 Sie agieren dann als Obščestvo s ograničennoj otvetstvennost'ju.

abhängen, wie konsequent die seit Anfang 2021 begonnene neue Repressionswelle weitergeführt wird. Ob die Gerichte den Anträgen der Staatsanwaltschaft folgen werden, *Memorial International* und das *Menschenrechtszentrum Memorial* aufzulösen, wird ein wichtiges Signal sein.

Einige Mitglieder von NGOs sahen vorübergehend den Ausweg darin, ohne formale (und staatlich lizensierte) Organisationsformen zu arbeiten. Dies hat der Staat mittlerweile dadurch erheblich riskanter gemacht, dass er Ende 2020 die gesetzliche Möglichkeit schuf, auch Privatpersonen zu „ausländischen Agenten“ erklären zu können.

Organisationen und Privatpersonen, die zu „ausländischen Agenten“ erklärt wurden, reagierten sehr unterschiedlich auf die Frage, ob und wie sie weiter mit ausländischen staatlichen und nichtstaatlichen Partnern und Unterstützung umzugehen gedenken. Die überwiegende Mehrheit der Befragten wollte ihre Kontakte ins Ausland unbedingt aufrechterhalten und zeigte sich bereit, etwaige negative Konsequenzen in Russland in Kauf zu nehmen. Fast alle Gesprächspartnerinnen waren überzeugt, dass am Ende nicht die internationalen Kontakte den Ausschlag dafür gäben, zum „ausländischen Agenten“ erklärt zu werden, „sondern andere, undurchsichtigere Gründe“. Ein Befragter hatte sich zum Ziel gesetzt, den Status „wieder loszuwerden“. Er wird sich bis auf weiteres nicht mehr um die Finanzierung seiner Projekte durch ausländische Stiftungen und Geldgeber bemühen. Ein anderer Befragter arbeitet in einer Organisation, die einst zum „ausländischen Agenten“ erklärt worden war, obwohl sie nie aus dem Ausland finanziell gefördert wurde. Sie erreichte es, von der Liste gestrichen zu werden. Dass internationale Geldgeber wie Stiftungen oder die EU NGOs und Privatpersonen weiterhin unterstützen sollten, die zu „ausländischen Agenten“ erklärt wurden, sei eine „heilige Sache“, sagte eine Gesprächspartnerin.

Die Situation der Befragten, die im Bereich der Inklusion arbeiten, unterscheidet sich deutlich von der Lage in den anderen Bereichen. Ihre Organisationen arbeiten mit ausländischen Partnern und erhalten immer wieder Finanzierung aus dem Ausland, ohne dass sie bislang vom Gesetz über „Ausländische Agenten“ betroffen seien. Allerdings herrscht unter den Gesprächspartnern Unsicherheit über die Zukunft. Eine Gesprächspartnerin war bereits auf einer nichtstaatlichen Website als „ausländischer Agent“ denunziert worden.[58] Man sei bereit und hoffe, weiter mit internationalen Partnern zusammenzuarbeiten – aber man könne nie wissen, wohin das führe.

Schlussbemerkung

Russland unter Putin hat die Schwelle zur Autokratie überschritten. Die Erfahrungen unserer Gesprächspartner und Gesprächspartnerinnen belegen, dass dies erhebliche Auswirkungen auf die Arbeit der Zivilgesellschaft hat. Die Zahl der vom Justizministerium zu „ausländischen Agenten“ erklärten unabhängigen NGOs, Medien und Einzelpersonen ist seit Anfang 2021 sprunghaft gestiegen. Das Regime beraubt unabhängige NGOs der Möglichkeit zu arbeiten, ihre Positionen in der Öffentlichkeit zu vertre-

---

[58] Solche Denunziationen finden sich bei der Nachrichtenagentur Rianfan.ru, die dem Putin-Vertrauten Evgenij Prigožin zugeschrieben wird, oder beim „Komitee zum Schutz der nationalen Interessen“, das die Website <www.inagenty.ru> betreibt.

ten und mit der Gesellschaft in Kontakt zu treten. Mit jedem neuen Eintrag in das Verzeichnis „Ausländischer Agenten", mit jeder Verhaftung, jeder Ausreise oder gar Flucht von Kolleginnen und Kollegen wachsen die Verunsicherung, Angst und Erschöpfung bei denen, die noch in Freiheit sind. Menschenrechtler, Geschichtsinitiativen, Feministinnen und Umweltschützer werden vom Staat nun offen und direkt bekämpft. Nur im Bereich Inklusion gibt es weiterhin staatliche Unterstützung für NGOs und eine Zusammenarbeit zwischen zivilgesellschaftlichen und staatlichen Strukturen. Jedoch zeigen unsere Gespräche, dass der Konflikt zwischen Staat und Zivilgesellschaft sich auch hier negativ auszuwirken beginnt.

Die Repressionen sollen der Stabilisierung autokratischer Herrschaft dienen. Sie sind Teil der Reaktionen auf die Herausforderung der „Macht" durch Aleksej Naval'nyj und sein Team; sie dienten der „Vorbereitung" der Wahlen zur Staatsduma im September 2021, bei der der Kreml-Partei *Edinaja Rossija* eine verfassungsändernde Mehrheit gesichert werden musste. Im Hintergrund steht aber die größere Frage nach der Zukunft des Putin-Systems. Die nächste Etappe in diesem Prozess ist die Präsidentschaftswahl 2024. Kommt es nicht vorher zu einem tiefgreifenden politischen Wandel, wovon momentan nicht auszugehen ist, wird das Regime mit großer Wahrscheinlichkeit weiterhin auf Repressionen setzen und sie sogar verschärfen.

Gleichzeitig kämpfen die Menschen, die sich zivilgesellschaftlich engagieren, gegen die Einschränkung und Zerstörung ihrer Handlungsspielräume. Sie erfinden neue Organisations- und Ausdrucksformen. Sie versuchen, mit den staatlichen Restriktionen und Repressionen umzugehen. Sie üben sich in Solidarität und versuchen, dem staatlichen Atomisierungsdruck zu widerstehen. Sie halten an ihren Zielen fest und beweisen erstaunliche Resilienz. Mit anderen Worten: Selbst unter den Bedingungen der neuen Autokratie in Russland bestehen Menschen auf ihr Recht zur politischen Partizipation. Bislang haben sie dafür immer ihren Weg gefunden. Wenn sie ihn weitergehen wollen, werden sie einen langen Atem brauchen.

Manuskript abgeschlossen am 8. Dezember 2021

Schlagwörter:
Russland, Autoritarismus, Repression, Autokratie, Zivilgesellschaft, NGOs, Agentengesetz, „Ausländische Agenten", Partizipation

Ulrich Schmid

Anatomie einer Diskreditierung

Russlands Staatsmedien und *Memorial*

Das Verbot der Menschenrechtsorganisation *Memorial* wurde in Russlands staatsnahen Medien von langer Hand vorbereitet. Die Fernsehsender *NTV* und *Rossija* griffen Projekte und Exponenten von *Memorial* in propagandistischen Beiträgen an. Sie setzten dabei zahlreiche Kunstgriffe aus der politischen PR ein. Die Instrumente stammen aus einem universalen Werkzeugkasten, der in vielen Staaten der Welt verwendet wird – seien sie nun demokratisch oder autokratisch. Die transportierten Inhalte sind jedoch spezifisch für die russländische Geschichtspolitik: Es geht um die Deutungshoheit über ein heroisches Geschichtsbild, das mit allen Mitteln der Propagandakunst durchgesetzt werden soll.

Im Jahr 2005 erschien in Moskau das Handbuch *Operationen in psychologischen Informationskriegen*. In entwaffnender Offenheit empfiehlt der Verlag diese Publikation für eine einschlägige Leserschaft, unter anderem „für Staatsbeamte, die an der Ausarbeitung und Umsetzung der staatlichen Informationspolitik beteiligt sind, für Mitarbeiter der Geheimdienste, der Polizei- und Ermittlungsbehörden". Die einzelnen Einträge beschreiben mögliche Strategien in Informationskriegen. Dabei heben die Autoren hervor, dass die verbreitete Information wie eine „unsichtbare Strahlung" wirke. Die Bevölkerung merke gar nicht, dass sie beeinflusst wird, und schalte deshalb ihre Selbstschutzmechanismen gar nicht ein. Das Buch hat mittlerweile die vierte Auflage erreicht.[1]

Das Moskauer Handbuch präsentiert sich als Gebrauchsanleitung im Kampf um die Seelen der eigenen Bürger. Aus analytischer Sicht beschreibt der britische Medienexperte Peter Pomerantsev dasselbe Phänomen. In seinem Buch *This is not Propaganda* zeigt er auf, wie in der postmodernen Informationsflut Propaganda immer weniger als solche erkennbar ist und wie die Wirklichkeit hinter dem Bild versinkt, das bestimmte Informationskanäle von ihr zeichnen. Pomerantsev warnt vor der allgegenwärtigen medialen Beeinflussung der Bevölkerung:

Ulrich Schmid (1965), Dr. phil., Slavist, Professor für Kultur und Gesellschaft Russlands, Universität St. Gallen

Von Ulrich Schmid erschien in OSTEUROPA zuletzt: Der Abgeordnete des russischen Waldes. Leonid Leonovs Engagement für den Umweltschutz, in: OE, 7–9/2020, S. 91–101. – Romantik und Politik. Stanisław Srokowski und das patriotische Narrativ der PiS, in: OE, 3–4/2020, S. 179–192. – Heidegger in Russland. Rezeptionslinien und Aktualisierungen, in: OE, 1–2/2020, S. 61–83. – Kandor, Kobra, Kalligaro. György Konráds Autobiographien, in: OE, 12/2019, S. 91–110. – Ein eigener Ton. Svetlana Aleksievič, das Belarussische und die russische Kultur, in: OE, 1–2/2018, S. 135–148.

[1] V.G. Veprincev, A.V. Manojlo, A.I. Petrenko, D.B. Frolov: Operacii informacionno-psichologičeskoj vojny. Kratkij ėnciklopedičeskij slovar'-spravočnik. Moskva 2005.

OSTEUROPA, 71. Jg., 8–9/2021, S. 225–240 **doi: 10.35998/oe-2021-0073**

> Wir leben in einer Welt von Informationsangriffen, die Amok gelaufen ist, in der die Manipulationsmittel hochentwickelt und vervielfacht wurden, einer Welt von Dark ads, Psy-ops, Hacks, Bots, Soft facts, Fake news, Deep fakes, Brainwashing, Trolls, ISIS, Putin, Trump.[2]

Zweifellos herrscht heute in der russländischen Öffentlichkeit ein Informationskrieg. Die staatsnahen Fernsehsender versetzen ihr alterndes Publikum in einen geistigen Belagerungszustand. Die Medien zeichnen das beunruhigende Bild eines aggressiven Westens, der Russland seine eigenen Werte und Geschichtsinterpretationen aufdrängen will. Diese explizite Abwehr einer angeblichen fremden Beeinflussung verdeckt die Tatsache, dass die eigentliche Manipulation von der eigenen Regierung kommt.

Nicholas O'Shaughnessy unterscheidet in der politischen Propaganda drei Dimensionen: die Rhetorik, den Mythos und den Symbolismus.[3] Rhetorische Figuren dienen dazu, dem Publikum ein mit Gefühlen aufgeladenes Verständnis eines Sachverhaltes nahe zu bringen. Der geballte Einsatz rhetorischer Mittel soll emotionale Effekte wie Empörung oder Abscheu erzielen. Eine häufig eingesetzte Leitmetapher kann das gesamte Vorverständnis eines Ereignisses prägen. Wenn etwa in der kremltreuen Berichterstattung regelmäßig vom „Skandal um *Memorial*" die Rede ist, dann wird suggeriert, dass der „Skandal" im Verhalten der Menschenrechtsorganisation liege und nicht in der Drangsalierung durch die staatlichen Organe.[4] Die politisch aufgeladene Rhetorik schafft eine eigene ideologische Sprache, deren Lexikon genau definierte Werte transportiert. Damit tritt die kritische Analyse bei der Bewertung eines konkreten Einzelfalls in den Hintergrund. Viel öfter wird das Publikum auf eine vertraute Sprachregelung eingeschworen. Die politische Wirklichkeit kann dann in der medialen Darstellung fragmentiert werden: Bequemes wird in den vertrauten rhetorischen Kategorien präsentiert, Unbequemes ausgeblendet.

Rhetorische Versatzformeln verbinden sich zu einem Mythos, der sich in immer neuen Aktualisierungen und Variationen äußert, aber im Grunde genommen eine konstante Struktur aufweist. Keine Nation kommt ohne Mythen aus. Besonders deutlich zeigt sich das etwa in den USA, wo sich eine Grundform des nationalen Mythos im Filmgenre des Westerns ausgeprägt hat. Der amerikanische Mythos erzählt von der Etablierung einer Rechtsordnung unter liberal-demokratischen und kapitalistischen Bedingungen. Dabei muss sich der martialische Held unter erheblichen psychischen Kosten in einen Bürger verwandeln.[5] In Russland steht nach über zwei Jahrzehnten von Putins Herrschaft folgender Mythos im Vordergrund: Die russische Nation kann auf eine tausendjährige Geschichte mit glorreichen Errungenschaften zurückblicken. Innere und äußere Feinde fordern diese Grundauffassung heraus. Es gilt nun, solche Angriffe abzuwehren.

---

[2] Peter Pomerantsev: This is not propaganda. Adventures in the war against reality. New York 2019, S. xi.

[3] Nicholas Jackson O'Shaughnessy: Politics and Propaganda. Weapons of Mass Seduction. Manchester 2004, S. 65–109.

[4] Skandal vokrug Memoriala. Za čto genprokuratura trebuet likvidirovat' NKO-inoagenta. 12.11.2021, <www.ntv.ru/novosti/2633102/>. Dieser Beitrag ist mit deutschen Untertiteln versehen dokumentiert im „Fokus Memorial" von OSTEUROPA: <https://zeitschrift-osteuropa.de/blog/hetzkampagne_gegen_memorial_dokumentation/>.

[5] Robert B. Pippin: Hollywood Westerns and American Myth. The importance of Howard Hawks and John Ford for Political Philosophy. New Haven, London 2010, S. 20.

Die rhetorische Präsentation des Mythos muss für Propagandazwecke leicht wiedererkennbare Symbole schaffen. Symbole sparen kognitive Energie, weil sie als selbstgenügsame Repräsentationen eines Sachverhaltes nicht mehr mit der Wirklichkeitserfahrung abgeglichen werden müssen. Symbole bündeln eine Vielzahl von Bedeutungen, deren logische Beziehung untereinander nicht aufgeschlüsselt wird. Letztlich funktionieren Symbole in der politischen Propaganda wie eine kommerzielle Marke, die einen bestimmten emotionalen Gehalt aufweist. Für das heroische Geschichtsbild in Russland gibt es eine ganze Reihe solcher Symbole: So marschieren seit einigen Jahren jeweils am 9. Mai, dem Tag des Sieges, die Nachkommen der Soldaten der Roten Armee mit den Porträts ihrer Väter und Großväter als „unsterbliches Regiment" und verwandeln die Straßen der Hauptstadt in ein Flaggenmeer.[6] Daneben gibt es den Gedenkort für gefallene Verteidiger des Vaterlandes in Kronstadt, wo eine „ewige Flamme" brennt. Kontrastiv hervorgehoben wird die Heiligkeit dieses Ortes etwa durch die mediale Darstellung der Entweihung durch Jugendliche, die angeblich übermütig und vom Westen verführt über der ewigen Flamme ihre Würste gegrillt hätten.[7]

Im russländischen Fernsehen hat sich mittlerweile eine Arbeitsteilung herausgebildet. Das erste Programm (*Pervyj kanal*) präsentiert sich als seriöses Informationsmedium. Die Abendnachrichten werden immer noch im sowjetischen Stil verlesen. Hetzkampagnen und Diffamierungen finden vornehmlich auf anderen Kanälen statt. Selbstverständlich präsentiert auch das erste Programm den russischen Propagandamythos in abgemilderter Form. *Rossija* hat sich als Sendeplatz für tendenziöse Dokumentarfilme und hemdsärmelige Diskussionsrunden etabliert. Bei den Angriffen auf *Memorial* tut sich vor allem NTV hervor. Mittlerweile gilt NTV in der russländischen Medienlandschaft als der Fernsehsender für das Grobe. Das ist umso erstaunlicher, als NTV in den 1990er Jahren durch seine kritische und unabhängige Berichterstattung aufgefallen war.[8] Allerdings wurde der Eigentümer Vladimir Gusinskij kurz nach Amtsantritt von Vladimir Putin als Präsident im Jahr 2000 verhaftet und auf widerrechtliche Weise gezwungen, seine Anteile an NTV zu verkaufen.[9] Seither ist NTV auf strammem Regierungskurs und kämpft an vorderster Front für die konservativen Werte und Interessen des Kremls.

Der Schriftsteller Viktor Pelevin hat in seinem Roman *Generation P* (1999) den Begriff der „schwarzen PR" eingeführt. Gemeint ist damit die zielgerichtete Verbreitung negativer Informationen über Personen oder Sachverhalte.[10] Das Ziel der „schwarzen PR" besteht direkt in der Diskreditierung einer feindlichen Position und indirekt in der Stärkung der eigenen Position. Public Relations-Firmen in Russland haben diese eingängige Bezeichnung schnell aufgegriffen und in ihr Beratungsangebot integriert.[11]

Es gibt eine Reihe medialer Kunstgriffe zur Diskreditierung von Einzelpersonen und Organisationen, die sich gegen das offizielle Geschichtsbild stellen.

---

[6] Julie Fedor: Russlands „Unsterbliches Regiment". Der Staat, die Gesellschaft und die Mobilisierung der Toten, in: OSTEUROPA, 5/2017, S. 61–85.

[7] ČP Rassledovanie. Padšie protiv pavšich. 29.5.2020. <www.youtube.com/watch?v=tDZ1ibzfwbs> (0:30).

[8] Ellen Mickiewicz: Television, Power, and the Public in Russia. Cambridge 2008, S. 43.

[9] Ulrich Schmid: Technologien der Seele. Vom Verfertigen der Wahrheit in der russischen Gegenwartskultur. Berlin 2015, S. 18.

[10] Alena Ledeneva: How Russia Really Works. The Informal Practices That Shaped Post-Soviet Politics and Business. Ithaca, London 2006, S. 28–50.

[11] Aleksandr Gugnin: Russkij černyj pr, in: Humanities and Social Sciences, 24/2017, S. 75–84, S. 76.

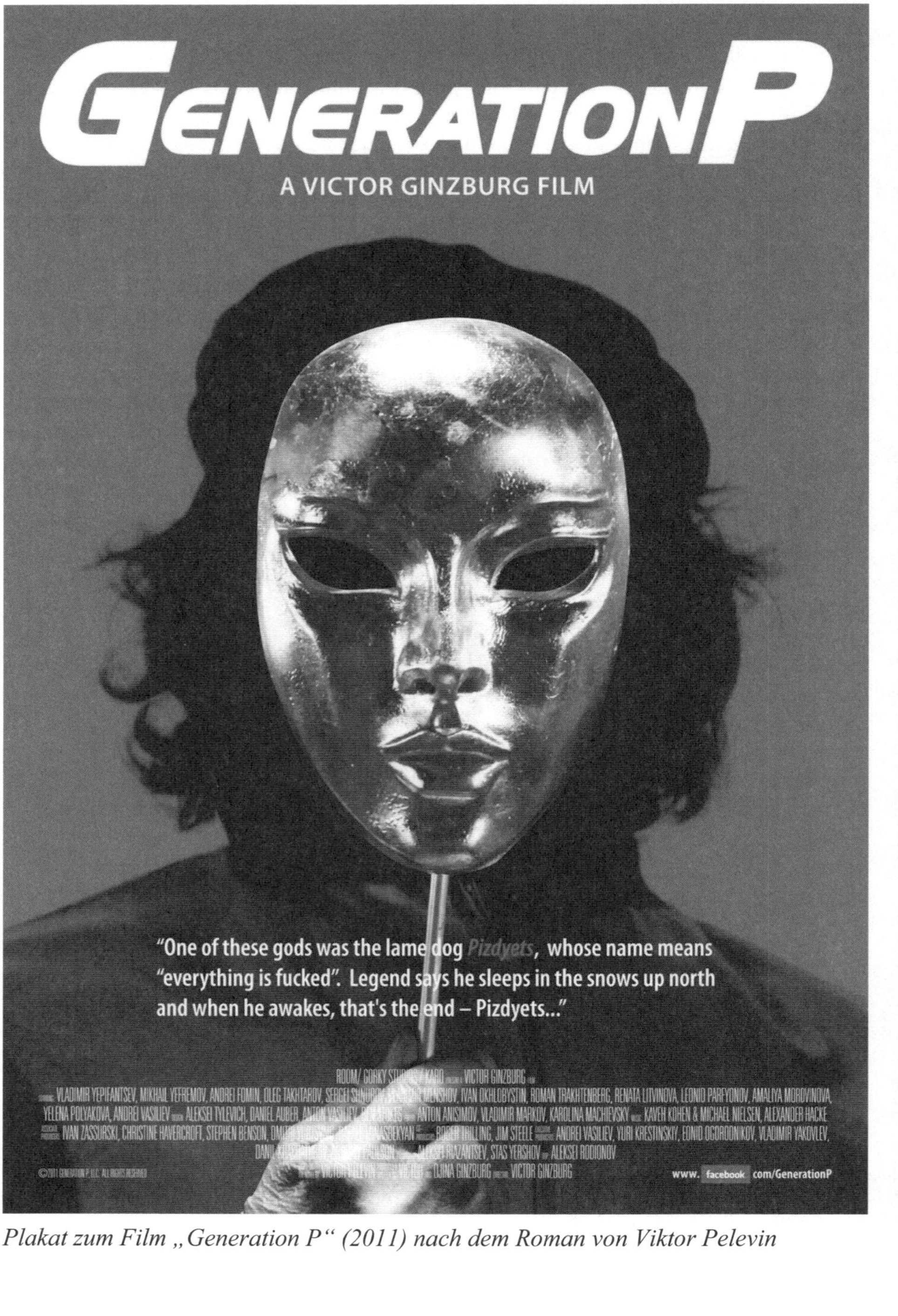

Plakat zum Film „Generation P" (2011) nach dem Roman von Viktor Pelevin

Die Propaganda folgt dabei einer lauten, schnellen, aufdringlichen und repetitiven 4 D-Strategie: *Dismiss the critic* (den Kritiker abwerten), *distort the facts* (die Fakten verdrehen), *distract from the issue* (vom Problem ablenken), *dismay the audience* (das Publikum schockieren). Die einzelnen Maßnahmen spiegeln die objektive Realität nur sehr selektiv wider und kümmern sich wenig um logische Konsistenz.[12] Im Folgenden wird zunächst jedes Instrument in seiner rhetorischen Funktionsweise erklärt und anschließend anhand von Beispielen erläutert. Die einzelnen PR-Instrumente, die hauptsächlich aus westlichen Kontexten stammen, werden als „termini technici" auf Englisch eingeführt.

Dead Cat

Die Metapher der „toten Katze" geht auf Boris Johnsons Wahlkämpfe von 2008 und 2012 um das Amt des Londoner Bürgermeisters zurück. Er erklärte seinen Erfolg mit folgender Strategie: Wenn bei einem Dinner ein unangenehmes Thema aufkomme, reiche es, eine tote Katze auf den Tisch zu werfen. Alle sprächen sofort über die tote Katze, die übrigen Punkte rückten in den Hintergrund. Die tote Katze kann ganz unterschiedliche Gestalten annehmen. Wichtig ist nur, dass das Gezeigte schockierend, eklig und abstoßend ist.[13]

Ein Beispiel für „Deadcatting" ist ein Beitrag über den Menschenrechtler und *Memorial*-Mitarbeiter Jurij Dmitriev, der am 10. Januar 2017 auf *Rossija* ausgestrahlt wurde. Jurij Dmitriev hatte im Jahr 1997 im Waldgebiet von Sandarmoch in Karelien die Massengräber von mehreren tausend Opfern des Stalinterrors entdeckt und beschäftigte sich später mit der Rekonstruktion und Dokumentation dieses Verbrechens. Im Zuge der schleichenden Rehabilitierung von Stalin in den letzten fünf Jahren wurden solche historischen Nachforschungen zu einem unbequemen Thema. Der Kreml hielt lange Zeit vorsichtige Distanz zum blutigen Tyrannen. In Oliver Stones „The Putin Interviews" (2017) hatte Vladimir Putin zum ersten Mal vor einer „Dämonisierung" Stalins gewarnt und die historische Erinnerung an ihn mit dem heroischen Gedenken in westlichen Nationen an Diktatoren wie Napoleon oder Cromwell verglichen.

Aufgrund eines anonymen Hinweises wurde Dmitriev Ende 2016 verhaftet. Auf seinem Computer fanden sich Bilder seiner unbekleideten Adoptivtochter, die er zu medizinischen Dokumentationszwecken aufgenommen hatte. Dmitriev wurde mehrfach in Haft genommen und schließlich zu 13 Jahren Strafkolonie verurteilt.[14]

Der Beitrag auf *Rossija* dauert knapp 14 Minuten. Die angeblich pornographischen Bilder des Mädchens werden in diesem Beitrag vier Mal gezeigt. Dabei kreist der Bildausschnitt mit einer leichten Zoombewegung dramatisch um die schwarzen Balken über den Geschlechtsmerkmalen. Der Kommentator gibt bei der ersten Einblendung auch gleich den Rezeptionsmodus vor:

---

12 Christopher Paul, Miriam Matthews: Defending against Russian Propaganda. In: Paul Baines, Nicholas O'Shaunessy, Nancy Snow (Hg.): The SAGE Handbook of Propaganda. London 2020, S. 286–302, S. 288–290.

13 Philip Cowley, Dennis Kavanagh: The British General Election of 2015. Basingstoke 2016, S. 178.

14 Der Fall Jurij Dmitriev. Eine Dokumentation, in: OSTEUROPA, 12/2019, S. 71–75. – Sergej Lebedev: Das Zeugnis der Toten. Jurij Dmitriev, Wanderer im Archipel, in: OSTEUROPA, 9–10/2017, S. 3–15.

> Aus verständlichen Gründen können wir diese Bilder nicht ohne Einschwärzungen zeigen, aber sie können auch so bei einem gesunden Menschen nichts als Ekel oder vielleicht Mitleid auslösen.[15]

Die mehrfach eingeblendeten Bilder des nackten Mädchens erfüllen die Funktion der toten Katze. Das eigentliche Thema – Dmitrievs Kritik an den Verbrechen des sowjetischen Geheimdienstes NKVD und der offiziellen Erinnerungspolitik von heute – wird verdeckt von einer drastischen Bildlichkeit, die den Zuschauer aufdringlich mit dem schockierenden Thema Kinderpornographie konfrontiert.

Rotten fish

Eine beliebte Diffamierungstechnik der „schwarzen PR" besteht darin, dem Gegner einen stinkenden Fisch ins Gesicht zu werfen. Auch wenn die Vorwürfe unbelegt sind, wird am Beschuldigten ein bestimmter Geruch haften bleiben.

Im Beitrag über Dmitriev schleudert der Kommentator drei stinkende Fische ins Gesicht des Angeklagten. Er formuliert aus dem Off, während Dmitriev in Handschellen gezeigt wird:

> Es kursierten Gerüchte, dass Dmitriev die Fotos ins Internet hochgeladen habe, genauer ins vollkommen anonyme Darknet, wo sich solche Fotos bei zahlungswilligen Pädophilen großer Beliebtheit erfreuen. Diese Gerüchte wurden zwar letztlich nicht bestätigt, aber es kam heraus, dass Dmitriev nach der Scheidung von seiner Frau die eigenen Kinder verlassen hatte und sich dafür sehr eng mit seiner Adoptivtochter beschäftigte.[16]

Die Nennung des Gerüchts, Dmitriev habe die Fotos im Darknet zum Kauf angeboten, erfüllt hier ausschließlich die Funktion des stinkenden Fisches. Wenn diese Information, wie der Kommentator selbst einräumt, falsch ist, gibt es keinen anderen Grund, sie überhaupt zu nennen.

Der zweite stinkende Fisch ist die private Information über das Scheitern von Dmitrievs Ehe, die auf das Verhältnis zu seinen eigenen Kindern reduziert wird. Der dritte stinkende Fisch bezieht sich schließlich auf die Unterstellung, Dmitriev sei pädophil.

Chekhov's gun

In einem berühmten Aperçu meinte Anton Čechov einmal:

> Wenn man im ersten Akt auf der Bühne eine an die Wand gehängte Pistole zeigt, dann muss sie im dritten Akt losgehen. Andernfalls soll man sie nicht aufhängen.[17]

---

[15] Virus 10.1.2017. <www.vesti.ru/video/1617098> (1:00).
[16] Virus [Fn. 15] (1:40).
[17] Ernest J. Simmons: Chekhov. A Biography. Chicago 1962, S. 190.

Die inkriminierten Fotos von Dmitrievs Adoptivtochter können auch unter diesem Aspekt interpretiert werden. In einem kurzen Vorspann zum Beitrag wird ein erstes Nacktbild kurz eingeblendet. Ganz am Schluss taucht dasselbe Nacktbild wieder auf und wird mit einer Gerichtsszene kombiniert, in der Vladimir Bukovskij gezeigt wird. Der ehemalige sowjetische Dissident habe ebenfalls kinderpornographische Bilder auf seinem Computer gespeichert und behaupte nun, der schon lange nicht mehr existierende KGB habe sie dort hineingeschmuggelt. Der Moderator ergänzt ironisch, dass wahrscheinlich jetzt auch Dmitriev behaupten werde, der KGB sei in seinen Computer eingedrungen. Der Moderator fährt fort: Wie absurd solche Ausflüchte auch sein mögen, es werde sich immer jemand finden, der sie glaube. Mit dieser Pointe endet der Beitrag.

Pseudo-Experte

Eine beliebte Methode zur angeblichen Verifikation des Dargestellten ist der Einsatz von vermeintlichen Experten. Meist werden diese Personen in einer billigen Skype-Schaltung gezeigt. Ihre Berufsbezeichnungen im sogenannten „Bauchband", der eingeblendeten Textinformation über den Sprechenden, reichen von „Aktivist" über „Advokat", „Journalist" oder „Politologe" bis zu „Historiker". Meistens heißt es aber nur „Blogger". Die zusätzliche Bestätigung eines bestimmten Narrativs, das anscheinend von einer unabhängigen Stimme von außen kommt, soll die Legitimität der Darstellung erhöhen.

Im NTV-Beitrag über *Memorial* mit dem programmatischen Titel „Die [moralisch] Gefallenen gegen die [im Krieg] Gefallenen" (Padšie protiv pavšich) werden ausgiebig solche Pseudo-Experten eingesetzt. So kritisiert etwa der Anwalt Il'ja Remeslo, dass der Westen sich den Sieg über Hitlerdeutschland zuschreibe. Denn es sei klar: „Wer über die Vergangenheit herrscht, herrscht auch über die Gegenwart."[18] Dass diese Plattitüde auch für Russland gilt, wird der Aufmerksamkeit der meisten Zuschauer allerdings entgehen. In der Regel gehören die Pseudo-Experten zu den strammen Vertretern einer kremlnahen Politik. Außerdem engagieren sie sich oft in staatsverteidigenden Aktivitäten. So war Remeslo Mitglied in der handverlesenen Gesellschaftskammer der Russländischen Föderation. Er gehört zu den aktivsten Kritikern des Oppositionspolitikers, Anti-Korruption-Kämpfers und Putin-Kritikers Aleksej Naval'nyj. 2017 richtete er die Website *NavalnyLeaks* ein. 2018 denunzierte er Naval'nyjs Website zur „Klugen Stimmabgabe" bei der Medien-Aufsichtsbehörde *Roskomnadzor*.[19]

Ähnlich äußert sich auch der „Historiker" Aleksej Plotnikov über die *Memorial*-Ausstellung „Unterschiedliche Kriege", in denen westliche Geschichtsbücher über den Zweiten Weltkrieg präsentiert werden:

---

[18] Padšie protiv pavšich [Fn. 7], (12:30).

[19] Polina Kolesničenko: Kto takoj Il'ja Remeslo, kotoryj registriruet slogan Naval'nogo „Prekrasnaja Rossija buduščego" na sebja". 27.7.2021, <https://mbk-news.appspot.com/korotko/remeslo-registriruet/>. – Auf der Website hatte Naval'nyj mit seinem Team den jeweils aussichtsreichsten Gegenkandidaten jedes Wahlkreises identifiziert und zu dessen Wahl aufgerufen, um durch die Vereinigung aller oppositionellen Stimmen den Kandidaten der Partei der Macht *Edinaja Rossija* zu verhindern. Siehe dazu auch den Beitrag von Aleksej Levinson und Stepan Gončarov, in diesem Band, S. 163–180.

> Diese Lehrbücher sind widerlich. Sie wurden absichtlich so verfasst, um die Siege im Großen Vaterländischen Krieg ganz zu verschweigen oder zu verdrehen.[20]

Diese Aussage bezieht sich auch auf das kurz zuvor thematisierte Schicksal italienischer Soldaten, die an der Seite der Wehrmacht in der Sowjetunion kämpften. Der Kommentator fügt sarkastisch hinzu: „Unglückliche Opfer, die unseres Mitleids würdig sind.“[21]

False Dilemma

Ein falsches Dilemma liegt vor, wenn dem Zuschauer für ein Problem nur zwei Optionen präsentiert werden. Meistens gibt es aber ein ganzes Spektrum von weiteren möglichen Einschätzungen. Durch die Reduktion eines vielschichtigen Problems auf ein falsches Dilemma kann das Urteil des Zuschauers in eine bestimmte Richtung getrieben werden: Die einfach zu bewerkstelligende Diskreditierung der einen Option lässt die andere als die zwingende Lösung des Problems erscheinen.
Ein Beispiel bietet die Aussage des „Bloggers“ Roman Romanov, in der er die heroisierende offizielle Geschichtspolitik unterstützt:

> Es ist wichtig zu verstehen, dass der Zweite Weltkrieg, der Große Vaterländische Krieg, eine klare Grenze gezogen hat. Wir wissen, was gut ist und was schlecht ist. Wie man handeln kann, wie man nicht handeln darf. Wer ein Verbrecher ist und wer ein gerechter Hüter der Geschichte ist.[22]

Das falsche Dilemma besteht hier darin, dass Hitler das absolut Böse repräsentiert. Jeder, der gegen Hitler kämpft, ist also nur schon durch diese Tatsache gerechtfertigt. Das gilt in diesem Fall auch für Stalin, der als Sieger über Hitlerdeutschland gefeiert wird. Kritik an der Person des roten Diktators erscheint aus dieser Perspektive als Verrat an der „historischen Wahrheit“, die seit dem Referendum von 2020 auch in der Russländischen Verfassung als ein schützenswertes Rechtsgut festgeschrieben ist.

Reductio ad Hitlerum

Der Hitler-Vergleich wird oft eingesetzt, um einen Gegner zu diskreditieren. Wie der Publizist Mike Godwin provokativ behauptete, bewege sich jede Online-Diskussion früher oder später auf einen Hitler-Vergleich zu (Godwin’s Law). Allerdings weisen die meisten Hitler-Vergleiche den logischen Fehler der von Leo Strauss sogenannten „Reductio ad Hitlerum“ auf. Nur weil Hitler eine bestimmte Ansicht vertrat, muss diese Ansicht nicht per se verwerflich sein.[23] Der logische Fehler lässt sich an einem einfachen Beispiel illustrieren. Der erste Satz lautet: Hitler ist schlecht. Der zweite Satz lautet: Hitler war Tierschützer. Der falsche Schluss lautet: Tierschutz ist schlecht.

---

[20] Padšie protiv pavšich [Fn. 7], (24:00).
[21] Virus [Fn. 15], (6:00).
[22] Padšie protiv pavšich [Fn. 7], (11:00).
[23] Leo Strauss: Natural Right and History. Chicago 1953, S. 42.

Die „Reductio ad Hitlerum" kann in Russland vor allem auf den Beifall der älteren Generation zählen. Der sowjetische Sieg über Hitlerdeutschland belegt mit schöner Regelmäßigkeit den ersten Platz in Umfragen nach den bedeutendsten historischen Ereignissen des 20. Jahrhunderts. In einer Studie des Levada-Instituts gaben im September 2020 89 Prozent der Befragten an, auf den „Sieg im Großen Vaterländischen Krieg" stolz zu sein. Weit abgeschlagen folgen auf Platz zwei die „Eroberung des Kosmos" (43 Prozent) und auf Platz drei die „Wiedervereinigung mit der Krim" (30 Prozent).[24]

Der NTV-Beitrag über die angeblich zersetzenden Aktivitäten der Menschenrechtsorganisation *Memorial* setzt massiv auf „Reductio ad Hitlerum". Der Beitrag zeigt junge Angeklagte, die auf die Website des „unsterblichen Regiments" Fotos von General Vlasov, Himmler, Goebbels oder Hitler hochgeladen haben. Der Zweck der Website bestand darin, dass Angehörige Fotos ihrer Familienmitglieder veröffentlichen konnten, die im Zweiten Weltkrieg gegen Nazideutschland gekämpft hatten. In scharfem Kontrast zu dieser virtuellen Gedenkstätte wird ein Selfie eingeblendet, auf dem einer der fehlbaren Jugendlichen mit einem Hitlerschnurrbart vor einer LGBT-Flagge posiert. Im gleichen Zusammenhang werden die Social-Media-Profile anderer jugendlicher Angeklagter gezeigt, in denen sie sich als „Oppositionelle" oder Anhänger von Naval'nyj bezeichnen.

Der „Blogger" Roman Romanov erklärt den politischen Hintergrund der virtuellen Beleidigung des Gedenkens an die Verteidiger des Vaterlands: „Man muss verstehen, dass all diese Leute größtenteils Anhänger liberaler Ideen sind." Gleich anschließend meint der Kommentator aus dem Off, während erst ein salutierender Hitler und dann ein vorbeirollender sowjetischer Panzer gezeigt wird: „Es ist wohlfeil, die Grenze zwischen Nazismus und Heroismus zu verwischen." Die „Reductio at Hitlerum" besteht hier darin, dass jede differenzierte Betrachtungsweise des sowjetischen Militäreinsatzes im Zweiten Weltkrieg mit dem Hinweis auf „faschistische" Sympathien entwertet wird. Im Weiteren führt der „Experte" Il'ja Remeslo aus, dass die jungen Leute, die Bilder von Nazigrößen auf die Website des „unsterblichen Regiments" hochgeladen hatten, Sympathisanten von Aleksej Naval'nyj seien. Der Beitrag macht im Weiteren klar, dass Naval'nyj und seine Mitarbeiter – ebenso wie die Menschenrechtsorganisation *Memorial* – unter dem Einfluss von „ausländischen Kuratoren" stehen.[25]

Der logische Fehlschluss, der den Zuschauern nahegelegt wird, lautet: Die jugendlichen Delinquenten haben Fotos von Nazigrößen oder Kollaborateuren auf die Website des „unsterblichen Regiments" hochgeladen. Gleichzeitig sympathisieren sie mit den Aktivitäten von Aleksej Naval'nyj. In der „Reductio ad Hitlerum" bedeutet das also: Wer Sympathie für Naval'nyj hegt, ist ein Nazi-Anhänger.

White Jamming

Manchmal gehen die Statements der Pseudo-Experten auch in sogenanntes „White Jamming" über.[26] Unter „White Jamming" versteht man ein informationsarmes Störgeräusch, das alle differenzierten Betrachtungsweisen einebnet. Dabei wird eine große

---

[24] Gordost' i identičnost'. 19.10.2020. <www.levada.ru/2020/10/19/gordost-i-identichnost/>.

[25] Padšie protiv pavšich [Fn. 7], (7:30–10:00).

[26] Der Terminus wurde von Vasilij Gatov geprägt. Peter Pomerantsev: This is not propaganda. Adventures in the war against reality. New York 2019, S. 49.

Zahl verschiedener Informationen ausgesendet, die jedes vorgebrachte Detail eines Sachverhalts relativiert, darunter auch jene Information, die es zuzudecken gilt. „White Jamming“ funktioniert im Grunde genommen wie eine DDoS-Attacke im Internet. Mit den einzelnen Datenpaketen werden nicht bestimmte Server, sondern das zu beeinflussende Publikum bombardiert. Dass die gesendeten Aussagen oft absurd oder unsinnig sind, spielt keine Rolle. Entscheidend ist allein die schiere Menge der verteilten Information, die der Öffentlichkeit auf verschiedenen Kanälen zugespielt wird.
Auch in seinem Bericht vom 15. November 2021 über das von der Generalstaatsanwaltschaft beantragte Verbot der Menschenrechtsorganisation *Memorial International* wendet NTV diese Technik an. Hier tritt der linientreue Journalist Armen Gasparjan (*1975) auf und gibt folgende Einschätzung:

> Natürlich kommt jetzt wie immer aus diesen Kreisen das übliche stinkende Gebräu von der Art „Je suis Memorial.“ [. . .] Wenn sich so etwas wie Memorial in den USA so verhalten würde, dann würden diese Leute schon hinter Gittern sein. Die Amerikaner verstehen keinen Spaß, wenn es um die Einhaltung ihrer Gesetze geht. Genauso die Deutschen und die Engländer und die Franzosen.[27]

Gasparjan gehört zum Establishment des neuen Konservatismus. Er sitzt im Zentralrat der mächtigen Russländischen Militärhistorischen Gesellschaft (*Rossijskoe voenno-istoričeskoe obščestvo*), die mit Staatsgeld maßgeblich die Geschichtspolitik des heutigen Russland bestimmt. Er ist in leitender Funktion bei der mächtigen Informationsagentur *Rossija Segodnja* tätig. Seine offensichtliche Inkompetenz bei der Beurteilung westlicher Rechtssysteme ist nicht einfach ein persönliches Defizit. Was Gasparjan in diesem Beitrag zum Besten gibt, gehört offensichtlich zu einem Skript, das den „Experten“ die Talking points vorgibt. So trat etwa bereits in der NTV-Sendung vom 29. Mai 2020 der Historiker Aleksej Plotnikov mit folgender Erklärung zu *Memorial* vor das Mikrofon:

> Wenn eine ähnliche Organisation das, was sie bei uns tut, in Amerika tun würde, dann würde sie auf der Stelle verboten und geschlossen. Ihre Mitglieder würden zu Feinden des amerikanischen Staates erklärt und – ich versichere es Ihnen –, sie bekämen konkrete und sehr strenge Haftstrafen.[28]

Chewbacca-Defense

In der 14. Folge der zweiten Staffel von „South Park“, die am 7. Oktober 1998 ausgestrahlt wurde, gibt es eine berühmte Parodie auf die Verteidigung von O.J. Simpson vor einem Geschworenengericht. Simpsons Verteidiger tritt in „South Park“ mit diesem Plädoyer auf:

---

[27] Skandal vokrug Memoriala. Mit deutschen Untertiteln: <https://zeitschrift-osteuropa.de/blog/hetzkampagne_gegen_memorial_dokumentation/> (0:24–0:51).
[28] Padšie protiv pavšich [Fn. 7], (13:00).

> Meine angeblichen Damen und Herren Geschworenen, ich bitte Sie, eine letzte Sache zu berücksichtigen. Dies ist Chewbacca. Chewbacca ist ein Wookiee vom Planeten Kashyyyk, aber Chewbacca lebt auf dem Planeten Endor. Denken Sie darüber nach! Es ergibt keinen Sinn! Warum sollte ein Wookiee – ein zwei Meter großer Wookiee – auf Endor leben wollen, zusammen mit einem Haufen winziger Ewoks? Es ergibt keinen Sinn! Aber was noch wichtiger ist: Sie müssen sich ernsthaft fragen: Was hat das mit diesem Fall zu tun? Gar nichts! Meine Damen und Herren, es hat nichts mit diesem Fall zu tun. Es ergibt keinen Sinn! [. . .] Nichts von alledem ergibt einen Sinn. [. . .] Wenn Chewbacca auf Endor lebt, müssen Sie ihn freisprechen![29]

Die Chewbacca-Verteidigung wird im NTV-Beitrag *Padšie protiv pavšich* über *Memorial* eingesetzt. In der Episode über die Ausstellung „Unterschiedliche Kriege" wird zunächst der langjährige, im Jahr 2017 verstorbene *Memorial*-Vorsitzende Arsenij Roginskij eingeblendet. Er erklärt, dass es in den europäischen Ländern ganz unterschiedliche Geschichtsnarrative über den Zweiten Weltkrieg gebe. Anschließend fährt die Kamera über einen Büchertisch, auf dem historische Lehrwerke aus zahlreichen Nationen liegen. Aus einem dieser Lehrbücher wird die berühmte Karikatur von David Low über den Hitler-Stalin-Pakt eingeblendet. Gleich darauf folgt eine historische Fotografie aus der Zeit der Leningrader Blockade, die es – wie der Kommentator sarkastisch erklärt – „möglicherweise gar nicht gegeben habe." Anschließend fährt der Kommentator im selben Ton fort: „Die Sowjetunion hat Europa besetzt."[30]

In diesem konkreten Fall geht es darum, die ebenso unbestrittene wie unbequeme Tatsache des Bündnisses der braunen und der roten Diktatur von 1939 bis 1941 in den Hintergrund zu drängen. In der vorliegenden Episode werden verschiedene Argumente in eine prekäre Scheinlogik gebracht. Die Vermischung von korrekten, absurden und tendenziösen Aussagen insinuiert, dass die offizielle Geschichtspolitik das einzig zulässige Narrativ sei. Die moralische Verwerflichkeit des Hitler-Stalin-Pakts wird relativiert durch die Falschinformation, dass es möglicherweise gar keine Blockade Leningrads gegeben habe. Die Argumentationsfolge mündet in den ironischen Kommentar, die Sowjetunion habe Europa „besetzt" – aus der Sicht des Beitrags handelt es sich natürlich um eine Befreiung.

Dass es für die Opfer des Hitler-Stalin-Pakts wie etwa die Balten und die Polen „verschiedene Kriege" gegeben hat und sich die nationale Erinnerung an den Zweiten Weltkrieg entsprechend unterscheidet, ist offensichtlich. Gegen diese zwingende Einsicht kann in einer Medienkampagne nur mit dem Wortschwall der Chewbacca-Verteidigung vorgegangen werden. Die Argumentation des Beitrags springt zusammenhanglos von einem historischen Faktum zu Fake News und schließlich zu einem Propagandadiskurs. Dem überrumpelten Zuschauer bleibt der Eindruck, dass die *Memorial*-Ausstellung über „verschiedene" Kriege den heldenhaften „Großen Vaterländischen Krieg" in unzulässiger Weise relativiert.

---

[29] Robert Arp: The Chewbacca Defense: A South Park Logic Lesson, in: Robert Arp (Hg.): South Park and philosophy. You know, I learned something today. Malden 2007, S. 40–53.

[30] Virus [Fn. 15], (6:00).

David Low: Gemeinsamer Spaziergang im Osten. Picture Post 21.10.1939
© SOLO Syndication London

Think of the children!

Der angebliche Schutz der Kinder stellt eine der wirksamsten Emotionalisierungsstrategien in der politischen Rhetorik dar. „Denkt an die Kinder!" ist ein Argument, das in jede Diskussion eingeworfen werden kann und moralische Panik auslösen soll. Die Wirksamkeit dieses Kunstgriffes liegt darin, dass niemand die Schutzwürdigkeit von Kindern in Frage zu stellen wagt, auch wenn in einem konkreten Fall gar kein Schutz notwendig ist. Die Phrase „Think of the children!" stammt aus dem Disney-Film Mary Poppins (1964). Dort äußert eine verzweifelte Mutter dieses Argument gegenüber ihrer Nanny, die eben gekündigt hat. Populär wurde der Ausdruck durch die notorische Klatschtante Helen Lovejoy aus der Zeichentrickfilmserie „The Simpsons", die in kritischen Situationen immer wieder ausruft: „Oh, won't somebody please think of the children!" In der amerikanischen Publizistik tauchte anschließend sogar die Bezeichnung „Lovejoy's law" für das moralisierende Kinderargument auf.[31]

In der repressiven Politik des Kremls wird das Kinderargument spätestens seit der Einführung des „Gesetzes gegen Homosexuellen-Propaganda" im Jahr 2013 breit eingesetzt. In Anwesenheit von Minderjährigen darf Homosexualität nicht mehr positiv dargestellt werden. Weil bei kaum einem öffentlichen Anlass sichergestellt werden kann, dass keine Minderjährigen anwesend sind, kommt dieses Gesetz einer allgemeinen Tabuisierung der Homosexualität gleich.[32]

Im Zug der Diskreditierung von *Memorial* ist es für die Staatsmedien ein Leichtes, das Kinderargument auch gegen die Herausforderer der offiziellen Geschichtspolitik einzusetzen. Der NTV-Beitrag thematisiert die Schülerwettbewerbe von *Memorial* im Fach Geschichte. Der Kommentator zeigt einen Kooperationsvertrag von *Memorial* mit der Stiftung „Erinnerung, Verantwortung und Zukunft", der einen Förderbeitrag von 30 000 Euro vorsieht. Das Geld werde eingesetzt, „um die Jugend zu fördern". Der Kommentator fügt maliziös hinzu: „Oder genauer, um den Schülern westliche Ansichten über die russische Geschichte beizubringen."[33] Zwei Mal verwendet der Kommentator in diesem Bericht den Begriff „Gehirnwäsche". Der „Experte" Aleksej Plotnikov ergänzt:

> Die [Marionettenopposition des Westens] versucht der heranwachsenden Generation auf alle möglichen Weisen zu zeigen, dass unser Land schlecht, barbarisch, wild und unzivilisiert sei. Auf diese Weise sollen „Bürger" herangezogen werden, die unserem Land nichts Gutes bringen werden.[34]

Damit wird unterstellt, dass allein Russlands Regierung „an die Kinder denkt", während *Memorial* mit ihren geschichtsdidaktischen Initiativen die Grundlagen der Gesellschaft untergräbt.

---

[31] Edward Keenan: „Won't somebody please think of the children!" The Simpsons has taught us not to trust anyone who stoops to use the corruptibility of children to advance a political argument. The Toronto Star, 26.4.2014, S. 2.

[32] Spektralanalyse. Homosexualität und ihre Feinde. Berlin 2013 [= OSTEUROPA, 10/2013].

[33] Padšie protiv pavšich [Fn. 7], (14:00).

[34] Padšie protiv pavšich [Fn. 7], (26:00).

Whataboutism

„Whataboutism" ist der Name für eine rhetorische Ablenkungsstrategie, bei der eigenes Fehlverhalten mit dem Hinweis auf fremdes Fehlverhalten relativiert wird. Whataboutism war bereits in der Sowjetunion eine verbreitete Strategie. So wurde etwa die Kritik an der misslichen Lage der sowjetischen Juden mit dem Hinweis auf die schwierigen Lebensbedingungen der Schwarzen in den USA gekontert.[35]
Schon bei der Einführung des Gesetzes über „ausländische Agenten" im Jahr 2012 wurde Kritik oft mit dem Hinweis auf eine ähnliche Registrierungspflicht in den USA abgewiesen. Später kamen Rechtfertigungsargumente hinzu, die auf Beschränkungen russländischer Medienkanäle im Westen aufmerksam machten. Im Juni 2021 meinte die Sprecherin des Außenministeriums, Marija Zacharova, man müsse mit gleich langen Spießen kämpfen, und verteidigte das Vorgehen Russlands mit ähnlichen Gesetzesvorlagen in Großbritannien und Australien.[36]

Dog whistle

Die Hundepfeife ist ein rhetorisches Instrument, in dem politisch unkorrekte Botschaften gewissermaßen in einer für die breite Zuhörerschaft unhörbaren Tonhöhe verbreitet werden. Die Hundepfeife wirkt auf jene Empfänger, die bereit sind, die eigentlich gesellschaftlich verpönten Botschaften zu hören. Wie bei Hunden wird aber die Problematik der Botschaft bei den Zuhörern nicht kritisch reflektiert. Sie folgen der Pfeife.[37]
Oft werden nationalistische Inhalte mit der Hundepfeife transportiert. Im NTV-Beitrag über die Geschichtspolitik wird etwa eine Moskauer Geschichtslehrerin mit dem Namen Tamara Ejdel'man angegriffen. In der kurzen Episode wird sie zwei Mal mit vollem Namen genannt, sechs Mal nur mit dem Nachnamen. Ihr voller Name wird innerhalb von zwei Minuten zwei Mal eingeblendet. Ins Visier des Kommentators rückt ein „sehr seltsames Thema" eines ihrer Vorträge. Sie spricht über Auflehnung einzelner Oppositioneller gegen den Staat in verschiedenen historischen Kontexten.
Direkt nach der Episode über Tamara Ejdel'man leitet der Kommentator ein weiteres Mal auf die Sabotage der virtuellen Aktion „Unsterbliches Regiment" über. Einer der Angeklagten heißt Muchammed Ė́l-Ajjubi und hat ein Hitler-Bild auf die Datenbank hochgeladen. Anschließend werden weitere Angeklagte in dieser Sache mit russischen Namen vorgeführt.

Red Herring

Die Redewendung des „roten Herings" geht auf eine angebliche Jagdtechnik zurück, bei der die Hunde von rivalisierenden Jägern durch eine mit einem Hering gezogene Geruchsspur von der richtigen Fährte abgelenkt werden.[38] Als Medientechnik findet der

---

35 Edward Lucas: The New Cold War. How the Kremlin menaces both Russia and the West. London 2009, S. 307.

36 Zacharova oprovergla soobščenija ob ograničenij prav SMI-inoagentov v Rossii. Ntv.ru, 3.6.2021.

37 Ian Haney López: Dog Whistle Politics. How coded racial appeals have reinvented racism and wrecked the middle class. Oxford 2014, S. 4.

38 Jacob E. Van Vleet: Informal logical fallacies. A brief guide. London 2021, S. 34.

„rote Hering" breite Anwendung, wenn bestimmte Personen oder Positionen diskreditiert werden sollen. Mit dem „roten Hering" wird von der eigentlichen Argumentationslinie abgelenkt und ein sachfremdes Element in den Diskurs eingespielt. So wird etwa in einem NTV-Beitrag vom 19. Januar 2018 einer der Organisatoren des Schülerwettbewerbs zur sowjetischen Geschichte, der Bildungsexperte Isaak Frumkin von der Moskauer Higher School of Economics, an den Pranger gestellt. Zunächst kritisiert der Kommentator Frumkins mangelnden Patriotismus. Gleich anschließend folgen Bilder einer versteckten Kamera, die Frumkin bei einer homosexuellen Liebesszene mit einem jüngeren Mann zeigen. Die Aufnahmen seien laut Kommentator „im Internet aufgetaucht".[39] Durch die private Diskreditierung Frumkins wird implizit auch seine geschichtsdidaktische Position entwertet.

Unsichtbare Propaganda und Viewing Power

Die russländischen staatlichen und staatsnahen Medien setzen die Instrumente aus dem Werkzeugkasten der Diskreditierung mit technischer Meisterschaft ein. Einzelne Versatzstücke werden in leicht variierenden Kontexten immer wieder eingespielt. Dadurch stellt sich bei der Zuschauerschaft eine gewisse Vertrautheit mit den Leitargumenten ein. Letztlich dienen alle Kunstgriffe der Bestätigung des zugrunde liegenden Propagandamythos: Russland ist ein starkes Land mit einer heldenhaften Vergangenheit, das sich gegen bösartige Angriffe aus dem Westen verteidigen muss.

Wie erfolgreich ist die mediale Diskreditierung der Menschenrechtsorganisationen in Russland? Diese Frage ist schwierig zu beantworten. Allerdings gibt es eine qualitative Untersuchung aus dem Jahr 2002, in der verschiedene Fokusgruppen über ihren Fernsehkonsum Auskunft gaben. Natürlich war das damalige Mediensystem in seiner Aufgabenteilung noch nicht so ausdifferenziert wie heute, aber die Grundhaltungen der Zuschauer haben sich seither kaum geändert. Ellen Mickiewicz spricht von der „viewing power" der russländischen Medienkonsumenten. Damit meint sie die Selbstermächtigung der Fernsehzuschauer, die auf ein grundlegendes Misstrauen gegenüber den Medien geeicht seien. Diese Fähigkeit erlaube es den Zuschauern, die konsumierten Programme vergleichend zu beurteilen. Ankerpunkt für einen solchen Vergleich ist die Nachrichtensendung *Vremja* im ersten Programm, die ein Vorverständnis eines politischen Ereignisses definiert. Weitere mediale Inhalte würden dann – je nach medialer Quelle – mit diesem Vorverständnis abgeglichen. Allerdings weist Mickiewicz darauf hin, dass jede gesellschaftliche Kohorte jeweils ihre eigenen kognitiven Fähigkeiten hervorhebt, gleichzeitig aber genau diese kritische Wahrnehmung jener Gruppe abspricht, die ihr auf der nächstunteren Stufe der sozialen Prestigeleiter folgt. So behaupten junge Vertreter der Moskauer Intelligencija, sie könnten die Medieninhalte im Gegensatz zur Generation ihrer Eltern korrekt einordnen. Diese wiederum unterstreichen, sie hätten einen kritischen Blick auf die Medien, während dies in den Provinzstädten nicht der Fall sei. Schließlich schreiben sich die Bewohner der Provinzstädte ebendiese Fähigkeit auch zu, während die Landbevölkerung leicht zu beeinflussen sei.[40]

---

[39] Padšie protiv pavšich [Fn. 7], (15:00).
[40] Mickiewicz, Television [Fn. 8], S. 179, 193.

Darüber hinaus finden die medialen Diskreditierungstechniken vor dem Hintergrund einer weitgehenden öffentlichen Ignoranz oder Gleichgültigkeit statt. Eine repräsentative Umfrage des Levada-Instituts vom 3. Dezember 2021 zeigt, dass 70 Prozent der Befragten noch nie etwas von *Memorial* gehört haben. In der Altersgruppe der 18–24-Jährigen sind es sogar 84 Prozent. Dagegen befürworten 58 Prozent derjenigen, die *Memorial* kennen, die Tätigkeit der Menschenrechtsorganisation. Ein hoher Anteil von 30 Prozent hat keine Meinung zur angekündigten Auflösung von *Memorial*.[41]

Die von den staatsnahen Medien eingesetzten Diskreditierungstechniken wirken subkutan. Die transportierten Propagandainhalte sind als solche nicht erkennbar. Eine gesteigerte Medienkompetenz ist nötig, um die Auswahl und den Spin der gesendeten Informationen kritisch zu beurteilen. Allerdings wird Blindheit für Propagandaeinflüsse bei den Zuschauern gerade durch die Selbstzuschreibung von Medienkompetenz gefördert. Eine „Öffentlichkeit" in Habermas' Sinne kann sich in einer solchen Situation nur schwer behaupten.

Manuskript abgeschlossen am 6.12.2021

Schlagwörter:
Russland, Memorial, Verbotsantrag, Medien, Fernsehen NTV, Rossija, Öffentlichkeit, Diskreditierung, Propaganda, politische PR

---

41 Obščestvennoe mnenie o likvidacii Memoriala. 3.12.2021, <www.levada.ru/2021/12/03/obshhestvennoe-mnenie-o-likvidatsii-memoriala/>.

OVD-Info

Diskriminierung auf ganzer Linie

Russlands Gesetz über „ausländische Agenten"

Seit 2012 gibt es in Russland eine Gesetzgebung über „ausländische Agenten". Diese widerspricht der Russländischen Verfassung und verletzt internationale Konventionen. Die widersprüchlichen rechtlichen Bestimmungen, die unklaren Kriterien für die Einstufung als „ausländischer Agent" sowie die ständige Erweiterung der Listen unter gemeinnützigen Organisationen, unabhängigen Medien und Einzelpersonen sowie die administrative Willkür schaffen eine Atmosphäre der Angst und Ungewissheit. Zu beobachten ist der Niedergang der Zivilgesellschaft, eine sinkende Transparenz und Bürgerkontrolle, schlechtere Kommunikation zwischen Behörden und Gesellschaft. Das hat eine immer schlechtere Regierungsführung zur Folge.

Das Gesetz über „ausländische Agenten" in Russland existiert seit 2012.[1] Insbesondere zwischen November 2020 und März 2021 wurde es mehrfach modifiziert, hinzu kam eine Reihe von neuen gesetzlichen Bestimmungen, die gleichfalls die sogenannten „ausländischen Agenten" (*inostrannye agenty,* kurz *inoagenty*) betreffen. Diese Neuerungen führten zu einer bedeutend breiteren Anwendung des Gesetzes sowie zur Verschärfung der Strafen und Auflagen für die Betroffenen.

Insgesamt sind aktuell 173 Organisationen – darunter führende russländische Medien, Wohltätigkeitsorganisationen, große Bürger- und Umweltprojekte aus allen Teilen des Landes – und Privatpersonen als „ausländische Agenten" registriert. Weitere 98 NGOs mussten ihre Tätigkeit aufgrund der Registrierung bereits einstellen, eine ganze Reihe von Redaktionen löste sich auf.[2] Die jüngste Episode der Kampagne ist das Vorgehen der Staatsanwaltschaft gegen das Menschenrechtszentrum *Memorial* und die Organisation *Memorial International*, die seit November 2021 vor Gericht stehen; beiden droht die Auflösung.[3] Das Verfahren wird in Expertenkreisen als unzweideutige Warnung an alle

---

Der vorliegende Text ist eine redaktionell bearbeitete Kurzfassung des Berichts „Sozdano i (ili) rasprostraneno. Diskriminacionnye aspekty zakonodatel'stva ob „inostrannych agentach" der russländischen Bürgerrechtsorganisation OVD-Info. Moskva, 29.11.2021, <https://ovdinfo.org/reports/sozdano-i-ili-rasprostraneno#9>.

[1] Grigorij Ochotin: Agentenjagd. Die Kampagne gegen NGOs in Russland, in: OSTEUROPA, 1–2/2015, S. 83–94.

[2] Die Zahlen spiegeln den Stand des Berichts vom 29.11.2021. Sie werden regelmäßig aktualisiert und sind auf der Internet-Seite von OVD-Info abrufbar. Wir dokumentieren im Anschluss an diesen Text die Organisationen und Einzelpersonen, die als „Ausländische Agenten" registriert sind.

[3] Zum Fall Memorial siehe den „Fokus Memorial" auf der Website von OSTEUROPA <https://zeitschrift-osteuropa.de/blog/themenschwerpunkt/fokus-memorial/> sowie Manfred Sapper: Wer hat Angst vor Memorial? NZZ, 22.11.2021.

OSTEUROPA, 71. Jg., 8–9/2021, S. 241–248 **doi: 10.35998/oe-2021-0074**

„ausländischen Agenten" gesehen. Die Risiken, die sich aus dem Status „ausländischer Agent" ergeben, haben bereits zu einer neuen Emigrationswelle unter Journalisten und Menschenrechtlern geführt.

Die Welle von „Inoagenty"-Verfahren, die so populäre Medien wie etwa die in Riga ansässige Online-Zeitung *Meduza* betraf, stößt in der Gesellschaft auf breite Ablehnung: Große Teile der Bevölkerung halten das Gesetz über „ausländische Agenten" für schädlich, sowohl für die Gesellschaft als auch für den Staat. In einer Umfrage des Levada-Zentrums bezeichneten 40 Prozent der Befragten es als „repressiv"; eine Petition zur vollständigen Abschaffung des Gesetzes wurde von 240 der einflussreichsten unabhängigen russländischen Medien und NGOs und 250 000 Menschen unterzeichnet.

Parallel dazu mehren sich auch die Stimmen, die eine Korrektur des Gesetzes fordern. Einen entsprechenden Vorschlag legte im September 2021 eine Gruppe von unabhängigen Medien vor, darunter die *Novaja gazeta* und der Fernsehsender *Dožd'*.[4] Für gewisse Korrekturen sprachen sich auch der Menschenrechtsrat beim Präsidenten der Russländischen Föderation sowie kremlnahe Parteien wie *Spravedlivaja Rossija* (Gerechtes Russland) aus.[5] Selbst Vladimir Putins Pressesprecher Dmitrij Peskov und sogar der Präsident schlossen gewisse Korrekturen nicht aus.[6]

Ob es überhaupt möglich ist, die Gesetze über „ausländische Agenten" so zu ändern, dass das Ergebnis im nationalen wie internationalen Rahmen rechtlich Bestand hat, darüber sind die Seiten uneins. Ausschlaggebend für eine mögliche Korrektur oder Abschaffung ist die Frage, inwieweit sowohl die Gesetzgebung als auch die Strafverfolgungspraxis im Einklang mit Russlands Verfassung und dem Völkerrecht stehen. Die zentrale Frage lautet, ob das Gesetz als solches zu Diskriminierung führt, wie die Befürworter einer Abschaffung argumentieren.

Nach der Verfassung der Russländischen Föderation garantiert der Staat die Gleichheit vor dem Gesetz und vor den Gerichten. Er muss gleiche Rechte und Freiheiten für alle Menschen unabhängig von Geschlecht, Rasse, Nationalität, Sprache, Herkunft, Wohnort, finanzieller und beruflicher Stellung, religiösen und anderen Überzeugungen, Zugehörigkeit zu gesellschaftlichen Vereinigungen und „sonstigen Umständen" gewährleisten. Die Verfassung schließt die Annahme von Gesetzen ausdrücklich aus, die Menschen- und Bürgerrechte aufheben oder einschränken. Diese Bestimmungen entsprechen den von der Russländischen Föderation ratifizierten Konventionen: dem Internationalen Pakt über bürgerliche und politische Rechte und der Europäischen Menschenrechtskonvention.

Dieser Übereinstimmung auf dem Papier steht die de facto in Russland ausgeübte juristische und gesetzgeberische Praxis gegenüber, in der Ungleichbehandlung und Diskriminierung zum Alltag gehören. Gerade das Gesetz über „ausländische Agenten" verletzt auf eklatante Weise sowohl die internationalen Konventionen als auch die Bestimmungen der russländischen Verfassung.

---

[4] Rossijskie SMI predložili vlastjam popravki v zakonodatel'stvo o inoagentach. znak.com, 1.9.2021.

[5] „Spravedlivaja Rossija" vnesla v gosdumu zakonoproekt ob ob"javlenii SMI inoagentami tol'ko o porešeniju suda. Meduza, 17.11.2021.

[6] Peskov dopustil korrektirovku zakona ob inoagentach: RBK, 26.8.2021. – Zasedanie diskussionnogo kluba „Valdaj", 21.10.2021, <http://kremlin.ru/events/president/news/66975>.

Viererlei „Agenten“

Aktuell existieren in Russland vier verschiedene Verzeichnisse für „ausländische Agenten“. Mit jeder Kategorie sind eigene Regeln, Prozeduren und Kriterien für die Eintragung verbunden.

Gemeinnützige Organisationen (nekommerčeskie organizacii, NKO)

Entscheidend für die Eintragung in dieses Register sind zwei voneinander unabhängige Kriterien: die „politische Tätigkeit“ der jeweiligen Organisation und der Bezug von finanziellen Mitteln oder die Übertragung von Eigentum aus ausländischen Quellen. Der Begriff „politische Tätigkeit“ ist sehr weit gefasst, er reicht bis zur unabhängigen Wahlbeobachtung. Seit 2013 wurden 217 Organisationen in dieses Register eingetragen. 98 davon lösten sich in der Folge auf oder änderten ihre Geschäftsform und wurden daraufhin wieder gestrichen; 39 weitere gaben eine Erklärung über die Beendigung der ausländischen Finanzierung und/oder ihrer politischen Betätigung ab und wurden gleichfalls gestrichen, sechs weitere schieden aus anderen Gründen aus. Gegenwärtig müssen demnach 73 NKO die Bezeichnung „ausländischer Agent“ führen.

Informelle Zusammenschlüsse

Diese 2021 eingeführte Kategorie umfasst Organisationen, die keine Rechtspersonen sind (*nezaregistrirovannye obščestvennye organizacii*). Für sie gelten dieselben Kategorien wie für die NKO. Aktuell umfasst dieses Verzeichnis drei Organisationen.

Medien

Im Unterschied zu den anderen Registern geht es bei der Aufnahme in das Register für „ausländische Massenmedien, die die Funktion eines ausländischen Agenten erfüllen“ nicht um eine wie auch immer geartete „politische Tätigkeit“, sondern allein um die Erstellung von Presseerzeugnissen und deren Verbreitung, unabhängig von ihrer Thematik. Eingetragen werden können sowohl juristische als auch natürliche Personen. Ausschlaggebend für den Eintrag kann unter anderem die Verbreitung von Materialien bereits als „ausländische Agenten“ deklarierter Medien in Verbindung mit finanziellen Zuwendungen aus dem Ausland sein, oder aber eine Tätigkeit als freiberuflicher Autor für eines dieser Medien. Das gilt sogar für das einfache Re-Posten von Material in einem sozialen Netzwerk, unabhängig vom Thema. Seit Ende 2020 wurden insgesamt 97 Einträge in dieses Verzeichnis vorgenommen, davon betreffen 35 juristische und 62 natürliche Personen, denen der Status von „Medien“ zugeschrieben wird.

Natürliche Personen

In diesem Ende 2020 eingeführten Register werden natürliche Personen aufgeführt, die „einer politischen Tätigkeit nachgehen“ oder „zielgerichtet“ Informationen militärischer Art sammeln und damit die Sicherheit Russlands gefährden. Neben finanziellen oder materiellen Zuwendungen aus dem Ausland kann ein Grund für den Eintrag auch die

„organisatorisch-methodische" Unterstützung durch ausländische Organisationen sein – was darunter genau zu verstehen ist, wird im entsprechenden Gesetz nicht ausgeführt.[7] Welche Beziehungen zu ausländischen Personen oder Organisationen außerhalb Russlands genau zum Status „ausländischer Agent" führen können, bleibt unklar. Bislang ist in dieser Kategorie noch niemand erfasst.

Wie wird man „Agent"?

Laut Gesetz sind Organisationen wie natürliche Personen verpflichtet, eigenständig die Aufnahme in das Register zu beantragen, wenn die entsprechenden Umstände gegeben sind. Tun sie das nicht, kann das Justizministerium sie in das jeweilige Register aufnehmen. Das Versäumnis wird in diesem Fall als Ordnungswidrigkeit gewertet. Die Eintragung in das Register erfolgt nicht per Gerichtsentscheid, sondern durch Verfügung des Justizministeriums; die Betroffenen werden über ihren neuen Status oft nicht offiziell informiert, sondern erfahren nur zufällig aus den Medien oder von Bekannten davon.

Der Tatbestand der Finanzierung aus dem Ausland wird von den russländischen Behörden extrem weit ausgelegt. Unter den möglichen Gründen für einen Eintrag im Register der „ausländischen Medien, die die Funktion eines ausländischen Agenten erfüllen", nannte das Justizministerium bei einer Konsultation zum Fall des Senders *Dožd'* auf Nachfrage unter anderem die Teilnahme an einer von einer ausländischen Organisation finanzierten Pressereise, die Teilnahme an einer internationalen Konferenz mit Unterkunft auf Kosten des Veranstalters, ein Geldgeschenk von Freunden oder Verwandten im Ausland oder die Annahme eines Preisgeldes im Rahmen eines internationalen Wettbewerbs.[8] In der Praxis können grundsätzlich alle Überweisungen aus dem Ausland zur Einstufung als „Agent" führen – einschließlich solcher von eigenen Auslandskonten.[9] Zudem können Organisationen oder Einzelpersonen auch dann in eines der Register geraten, wenn sie – ohne selbst ausländische Zuwendungen zu erhalten – mit bereits gelisteten Organisationen kooperieren. Sie „erben" praktisch den Status ihres Kooperationspartners.

Die zahlreichen, oft widersprüchlichen rechtlichen Bestimmungen, die unklaren Kriterien für die Qualifizierung als „ausländischer Agent" und die willkürlichen administrativen Maßnahmen sind ein steter Quell der Verwirrung. Gleichzeitig eröffnet sich hier ein breites Feld für Zuträgerei, Denunziantentum und Provokationen. Die Behörden verlangen oft Auskünfte über Konten, Personalien und Passnummern der Geschäftspartner, die auch in Russland dem Datenschutz unterliegen. Unter diesen Umständen läuft grundsätzlich jede juristische oder natürliche Person Gefahr, in das Register eingetragen zu werden.

---

[7] Zakonproekt № 1057914-7 „O vnesenii izmenenij v otdel'nye zakonodatel'nye akty Rossijskoj Federacii v časti ustanovlenija dopolnitel'nych mer protivodejstvija ugrozam nacional'noj bezopasnosti, in: Sistema obespečenija zakonodatel'noj dejatel'nosti GAS „Zakontvorcestvo", 8.12.2020, <https://sozd.duma.gov.ru/bill/1057914-7>.

[8] Minjust: žurnalista mogut priznat' „inostrannym agentom" iz za deneg ot druga za rubežom učastija v meždunarodnom konkurse ili konferencii. Mediazona, 23.8.2021, <https://zona.media/news/2021/08/23/agent>.

[9] Dies betraf den Journalisten Pavel Manjachin: Minjust raz"jasnil, počemu ob"javil „inostrannym agentom" žurnalista Petra Manjachina. V spiske pretenzij – stat'ja o pytkach, repost v podderžku „Meduzy" i perevod meždu svoimi sčetami. Meduza, 1.11.2021.

Die formale Möglichkeit, den Eintrag in das Register gerichtlich anzufechten, auf die Politiker und Abgeordnete der Kreml-Partei gern verweisen,[10] ist dagegen real kaum vorhanden, denn der juristische Weg kostet neben Zeit und Arbeitskraft auch Geld, über das viele gemeinnützige Organisationen nicht verfügen, von Einzelpersonen ganz zu schweigen.[11] Zum anderen sind die Erfolgschancen minimal: Seit 2012 ist es nur vier Organisationen auf gerichtlichem Wege gelungen, die Streichung aus dem Register zu erreichen, und nur in zwei Fällen fiel das Urteil in erster Instanz.

Rechenschaft auf Schritt und Tritt

Im Alltag unterliegen die als „ausländischer Agent" gebrandmarkten Organisationen oder Einzelpersonen einer systematischen Ungleichbehandlung. Während „normale" gemeinnützige Organisationen dem Justizministerium einmal jährlich Rechenschaft über ihre Ausgaben ablegen und sich alle drei Jahre einer umfassenden Prüfung auf Übereinstimmung ihrer Tätigkeit mit den rechtlichen Bestimmungen und mit ihren Gründungsdokumenten unterziehen müssen, gelten für die „ausländischen Agenten" ganz andere Fristen: Einmal im Quartal müssen sie nachweisen, wofür sie ihre Geldmittel und ihr Vermögen genutzt haben; eine umfassende Überprüfung kann jährlich stattfinden. Alle sechs Monate, deutlich öfter als nicht im Register stehende Organisationen, müssen sie Rechenschaft über ihre Tätigkeit und ihre personelle Zusammensetzung ablegen. Der diskriminierende Charakter dieser Verfahrensweise liegt auf der Hand.

Seit 2021 sind gemeinnützige Organisationen und ausländische NGOs, die im Register stehen, verpflichtet, das Justizministerium vorab über geplante Programme und Veranstaltungen zu informieren. Das Ministerium kann die geplanten Maßnahmen nach eigenem Ermessen verbieten, bei Nichtbefolgung der ministeriellen Anweisungen droht den Organisationen das Verbot.

Natürliche Personen, die in das Register „internationale Massenmedien, die die Funktion eines ausländischen Agenten erfüllen" eingetragen wurden, unterliegen denselben Anforderungen wie Organisationen. Auch sie müssen sich selbständig als „ausländischer Agent" registrieren lassen, andernfalls drohen empfindliche Strafen. Sie sind verpflichtet, fortan als juristische Personen aufzutreten, was meist die formale Gründung einer Firma notwendig macht und entsprechende Kosten verursacht. Dazu kommt der ständige Kampf mit Registrierungs- und Abrechnungsformularen, Fristen und unklar formulierten Forderungen der Behörden.

Der sehr breit gefasste Wortlaut des Gesetzes und der einschlägigen Verordnungen führt zu zahlreichen Unklarheiten, die das Justizministerium nicht ausräumt. Gleichzeitig sind Einzelpersonen strafrechtlich verantwortlich für nicht korrekt abgelegte Berichte. Diese können mit einer Freiheitsstrafe von bis zu fünf Jahren geahndet werden.[12]

---

[10] Peskov ne soglasilsja s kritikoj zakonov ob NKO. Rossijskaja gazeta, 26.5.2016.

[11] Die Kosten für den zusätzlichen buchhalterischen Aufwand im Zusammenhang mit der Eintragung in das Register und einer gerichtlichen Anfechtung hat die Initiative Juristy za graždanskoe obščestvo 2015 zusammengestellt, <www.asi.org.ru/news/2015/11/26/107822/>.

[12] Die Unklarheiten und die damit verbundenen Risiken beleuchtet die Leiterin des Zentrums zum Schutz der Medienrechte, Galina Arapova: Vsech vzdernut na reestre. Novaja gazeta, 15.10.2021.

Die Pflicht zur detaillierten Rechenschaft über persönliche Ausgaben greift tief ins Privatleben der sogenannten „ausländischen Agenten“ ein. Die Journalistin Ljudmila Savickaja (Radio Svoboda) erklärt:

> Ich habe praktisch kein Privatleben mehr, weil der Genosse Major im Justizministerium praktisch alles über mich weiß, bis hin zur Marke der Tampons, die ich benutze. Über jeden Einkauf, sei er noch so klein, muss ich ausführlich Rechenschaft ablegen. Diesen Bericht muss ich vierteljährlich vorlegen. Das Formular umfasst 86 Seiten, auf denen ausführlich beschrieben ist, wofür ich mein Geld ausgegeben habe: Kefir, Katzenfutter.[13]

Der Europäische Gerichtshof für Menschenrechte hat dieses Sammeln und Speichern persönlicher Angaben als Verletzung des Rechts auf Achtung des Privatlebens qualifiziert. Die Venedig-Kommission des Europarates qualifiziert die Verschärfungen der Gesetzgebung über „ausländische Agenten“ in Russland als „Repression“.

Druckmittel Kennzeichnungspflicht

Das Gesetz über „ausländische Agenten“ verpflichtet die Medien, denen dieses Etikett angeheftet wurde, ihre Materialien stets und überall mit dem Hinweis zu versehen, dass der betreffende Beitrag von einem Autor stamme, „der die Funktion eines ausländischen Agenten erfüllt“. Das betrifft sowohl Print- als auch Internetausgaben, desgleichen Video- und Audioaufnahmen und im Fall von natürlichen Personen sogar private Posts im Internet, einschließlich privater Genres wie Datingplattformen oder größerer Gruppenchats.[14] Die Beschädigung des beruflichen wie privaten Ansehens, die mit dieser Kennzeichnung einhergeht, ist dramatisch.

Sowohl der Wortlaut wie auch die Schriftgröße der verpflichtenden Selbstbezichtigung sind genau festgelegt. Ihr Umfang führt beispielsweise bei Twitter dazu, dass die vorgegebene maximale Länge eines Posts (280 Zeichen) allein durch die Kennzeichnung als „Inoagent“ mit 220 Zeichen nahezu aufgebraucht ist.

Zudem müssen die betroffenen Autoren Sorge dafür tragen, dass die Markierung auch erhalten bleibt, wenn User ihre Beiträge im Internet teilen, weiterleiten oder auf anderem Wege verbreiten. Die Kennzeichnungspflicht ist speziell für Einzelpersonen mit begrenzten Ressourcen ein Minenfeld. Fehltritte werden hart geahndet. Die Strafen reichen von 5000 bis 500 000 Rubel. Auch Gefängnisstrafen sind möglich, ebenso das völlige Verbot der betroffenen Organisation. Ebenso können die Webseiten der Betroffenen blockiert werden.

Schrumpfende Spielräume

Es ist schwer, den Überblick über die geltende Rechtslage zu behalten. Mit der Anzahl der Arten von „ausländischen Agenten“ hat seit 2012 auch die Anzahl und der Umfang der einschlägigen Paragraphen zugenommen, während die Sanktionen für Verstöße verschärft und die dafür vorgesehene „Verjährungsfrist“ verlängert wurde. Ende 2021 gibt

[13] Ja agent rossijan, na kotorych gosudarstvo položilo bol'šuščij bolt. Meduza, 5.5.2021.
[14] Est' li nadežda na normal'nuju žizn'? Ja somnevajus. Meduza, 8.10.2021.

es fünf Bestimmungen im Ordnungswidrigkeitenrecht bezüglich der Bestrafung „ausländischer Agenten“, die Zahl der entsprechenden Artikel im Strafgesetzbuch hat sich verdreifacht. Mit dem Risiko harter Sanktionen nimmt nicht nur der juristische, sondern auch der psychische Druck auf die Betroffenen zu.

Während die Autoren und Befürworter des Gesetzes über „ausländische Agenten“ beteuern, dieses solle „nichts verbieten“,[15] sondern lediglich größere Transparenz bei den gemeinnützigen Organisationen und Medien herstellen, die finanzielle Zuwendungen aus dem Ausland erhalten, sieht die Realität anders aus. De facto existieren für die Tätigkeit „ausländischer Agenten“ erhebliche Beschränkungen in allen Bereichen. Jede Art von „Agitation“ – darunter fällt im Verständnis der russländischen Behörden oft auch bloße Information – mit Bezug auf Wahlen und Referenden ist ihnen verboten. In der Praxis läuft dies auf ein Verbot jeder einschlägigen Meinungsäußerung, ja selbst jeder Berichterstattung über Wahlen hinaus.

Entgegen offizieller Verlautbarungen verhindert das Etikett „ausländischer Agent“ weiterhin, dass die betroffenen Organisationen und Medien staatliche finanzielle Unterstützung aus Russland erhalten. Insbesondere bei regionalen und kommunalen Ausschreibungen werden die in den entsprechenden Registern aufgeführten Organisationen und Medien von vornherein ausgesondert.

Ein föderales Gesetz verbietet es Organisationen, die als „ausländischer Agent“ gelistet sind, Kandidaten für gesellschaftliche Kontrollgremien zu benennen. Das gilt auch für die Wahlbeobachtung.

Abgesehen von derlei gesetzlichen Einschränkungen stoßen „ausländische Agenten“ – seien es Organisationen, Medien oder Einzelpersonen – auch in anderen Bereichen auf massive Hindernisse. Die Bereitschaft anderer Einrichtungen zur Zusammenarbeit mit ihnen schwindet, weil Kontakte zu „ausländischen Agenten“ als anrüchig gelten; man befürchtet, sie könnten der eigenen Reputation schaden.[16] Umfragen haben ergeben, dass allein die Bezeichnung „ausländischer Agent“ in der russländischen Bevölkerung Ablehnung und Misstrauen auslöst. Der Begriff „Agent“ wird im gesellschaftlichen Bewusstsein mit „Spion“ oder „Saboteur“ assoziiert, kurz: mit „Feinden des Volkes“.[17]

Fazit

Die aktuell geltende Gesetzgebung und die ständige Erweiterung der Listen der „ausländischen Agenten“ unter gemeinnützigen Organisationen und unabhängigen Medien schaffen eine Atmosphäre der Angst und Ungewissheit. Verschärft wird die Situation durch eine willkürliche und prohibitive Anwendung, die auf die vagen Formulierungen in den Rechtsvorschriften und deren willkürliche Auslegung durch verschiedene zustän-

---

[15] So Vladimir Putin in einem Gespräch mit Mitgliedern des Rats zur Entwicklung der Zivilgesellschaft über den Entwurf eines Gesetzes über „ausländische Agenten“, 10.7.2012, <www.kremlin.ru/events/president/news/15913>.

[16] „Vse vremja rabotaeš’ pod podvešennym mečom. Kak živut „inostrannye agnety“. BBC, 11.6.2021.

[17] So der Direktor des Levada-Zentrums für Meinungsforschung Lev Gudkov. „Levada-Centr“ pod pricelom. Lev Gudkov o tom, čem obuslovleny proverki boleee 700 organizacij graždanskogo obščestva v RF. Den’, 23.5.2013. – „Levada-Centr“ pod pricelom. Day.kyiv.ua, 23.5.2013.

dige Akteure zurückzuführen ist. Einzelne Einrichtungen sowie regionale und kommunale Behörden führen zusätzlich eigene Vorschriften ein und verschärfen die Lage damit noch einmal. Im Ergebnis sehen sich viele Menschen und Organisationen gezwungen, ganz auf gesellschaftliche Betätigung zu verzichten, was den Niedergang der Zivilgesellschaft, ein sinkendes Maß an Transparenz und Bürgerkontrolle, immer schlechtere Kommunikation zwischen Behörden und Gesellschaft und dementsprechend immer schlechtere Regierungsführung zur Folge hat.

Der Gedanke, die Rechtsvorschriften über „ausländische Agenten" mit Russlands Verfassung und mit internationalem Recht in Einklang zu bringen, ist von vornherein zum Scheitern verurteilt: diese Gesetze sind ihrem Wesen nach diskriminierend, weil sie die Rechte nur einer bestimmten Gruppe von Personen erheblich einschränken und deren berufliche Tätigkeit gefährden. Der einzige legale Ausweg aus dieser Lage wäre die vollständige Aufhebung der Rechtsvorschriften über „ausländische Agenten". Bis diese Aufhebung rechtskräftig wird, sollte zum einen die Anwendung dieser Gesetze vollständig ausgesetzt werden, zum anderen die bisherige Rechtspraxis systematisch und umfassend analysiert werden.

Übersetzung aus dem Russischen
und Bearbeitung von Manfred Quiring, Borgsdorf

Liste der Vereine und Einzelpersonen, die Russlands Behörden als „ausländische Agenten“ bezeichnen

Stand: 17.12.2021

Name der Organisation	**Eintrag am**	**Ort**	**Status**
AUSLÄNDISCHE AGENTEN			
Russisches LGBT-Netzwerk (Mežregional’noe Obščestvennoe Dviženie „Rossijskaja LGBT-Set’“)	08.11.2021		Verein
Medienprojekt zur Unterstützung von Menschenrechten „OVD-Info“ (Nezavisimyj pravozaščitnyj mediaproekt „OVD-Info“)	29.09.2021	Moskau	Verein
Bewegung zum Schutz der Wählerrechte „Golos“ (Obščerossijskoe Obščestvennoe Dviženie w Zaščitu Prav Izbiratelej „Golos“)	18.08.2021	Moskau	Verein
Nachrichtenagentur „Rosbalt“ Informacionno-analitičeskoe agenstvo „Ros-Balt“	15.10.2021	St. Petersburg, Moskau	Medium
Moscow Digital Media Ooo „Moskou Didžital Media“	15.10.2021		Medium
Organisation zum Schutz der Menschenrechte „Jakutien – Unsere Meinung“ (ANO „Jakutija – Naše Mnenie“)	14.10.2021	Jakutsk	Medium
Investigatives Recherchenetzwerk „Stichting Bellingcat“	08.10.2021		Verein
Mason G.E.S. Anonymous Foundation („MNews“)	08.10.2021		Medium
„Nobelpreis“ – GmbH der ehemaligen Chefredakteurin des Medienportals „Projekt“ (Ooo „Nobelevskij Prizyv“)	26.11.2021		Medium
Irkutsker Bibliophilenverein (Fond Razvitija Knižnoj Kul’tury „Irkutskij Sojuz Bibliofilov“)	19.11.2021		Medium

„Faire Wahlen" – GmbH der regionalen Koordinatoren von „Golos" (Ooo „Čestnye Vybory")	19.11.2021		Medium
„Eine Art Ausländischer Agent" – GmbH von Redakteuren der Nachrichtenportale „7x7" und „Pskovskaja gubernyja" (Ooo „Kak By Inagent")	10.11.2021		Medium
„Wichtige Ausländische Agenten" – GmbH von Redakteuren des Medienportals „Projekt" Ooo „Važnye Inoagenty"	27.09.2021		Medium
„Al'tair 2021" – GmbH eines Journalisten des Nachrichtenportals „Otkrytye Media" Ooo „Al'tair 2021"	03.09.2021		Medium
„Vega 2021" – GmbH von Journalisten des Nachrichtenportals „Otkrytye Media" (Ooo „Vega 2021")	03.09.2021		Medium
„Chefredakteur 2021" – GmbH von Redakteuren des Medienportals „Projekt" (Ooo „Glavnyj Redaktor 2021")	03.09.2021		Medium
„Romaški Monolit" – GmbH von Journalisten des Nachrichtenportals „Važnye Istorii" (Ooo „Romaški Monolit")	03.09.2021		Medium
„Memo" – Herausgeberin des Nachrichtenportals „Kavkazskij uzel" (Obščestvo s Ograničennoj Otvetstvennost'ju „Memo"	08.10.2021		Medium
„Journalist-Ausländischer Agent" – GmbH einer Journalistin von „Radio Svoboda" (Ooo „Žurnalist-Inostrannyj Agent")	01.10.2021		Medium
Menschenrechtsorganisation „Rechtszone" (Pravozaščitnaja Organizacija „Zona Prava")	29.09.2021		Medium
Medienunternehmen zum Schutz der Rechte von Gefangenen – „Mediazona"	29.09.2021		Medium
Nachrichtenportal „Meduza" (Juridičeskoe lico „Meduza Project"	23.04.2021		Medium

Nachrichtenportal „Erstes antikorruptes Medium“ (Obščestvo s Ograničennoj Otvetstvennost’ju „Pervoe Antikorrupcionoe Smi“, <pasmi.ru>)	23.04.2021		Medium
Stiftung zur Unterstützung unabhängiger Journalisten „IStories fonds“ (Centr podderžki nazavisimoj žurnalistki, izdatel’ internet-media „Važnye istorii“)	20.08.2021		Verein
Fernsehsender „Dožd’“ (Regen) (Ooo Telekanal „Dožd’“)	20.08.2021		Medium
Nachrichtenportal „The Insider“ (Juridičeskoe lico „The Insider Sia“, javljajuščeesja administratorom domennogo imeni internet-izdanija „The Insider“)	23.07.2021		Medium
Medienunternehmen „Vtimes“ (Juridičeskoe lico, javljajuščeesja administratorom domennogo imeni internet-resursa „Vtimes.lo“)	14.05.2021		Medium
Zentrum für Geschlechterforschung (Ivanovskaja Oblastnaja Obščestvennaja Organizacija „Centr Gendernych Issledovanij“)	29.09.2021	Ivanovo	Verein
Zentrum für deutsche und europäische Kultur (Avtonomnaja Nekommerčeskaja Organizacija „Nižegorodskij Centr Nemeckoj i Evropejskoj Kul’tury“)	29.09.2021	Nižnyj Novgorod	Verein
Verein zum Schutz von Bürgerrechten „Stabstelle“ (Nekommerčeskaja Organizacija „Fond Zaščity Prav Graždan“ – „Štab“)	23.07.2021		Verein
Allianz der Ärzte (Mežregional’nyj Professional’nyj Sojuz Rabotnikov Zdravoochranenija „Al’jans Vračej“)	03.03.2021		Verein
Organisation zur Förderung von Bildungsprogrammen „Sozialwissenschaftliches Labor“ (Avtonomnaja Nekommerčeskaja Organizacija po Sodejstviju Rasprostraneniju Sovremennych Obrazovatel’nych Programm „Laboratorija Social’nych Nauk“)	21.06.2021		Verein

Institut für Recht und Public Policy (Avtonomnaja Nekommerčeskaja Organizacija „Institut Prava i Publičnoj Politiki“)	15.07.2021		Verein
Verein „Bürger. Armee. Recht“ (Associacija po sodejstviju zaščite prav prizyvnikov, al’ternativnoslužaščich i voenno-služaščich „Graždanin. Armija. Pravo“)	03.12.2021	Sankt Peter-burg	Verein
Tschechische Nachrichtenagentur „Medium-Orient“ (Češskoe Informacionnoe Agentsvo „Medium-Orient“)	21.12.2020		Medium
Radio Freies Europa (Obščestvo s Ograničennoj otvetstvennost’ju „Radio Svobodnaja Evropa/Radio Svoboda“)	11.02.2020		Medium
Regionalverband „Wir gegen AIDS“ (Krasnojarskaja Regional’naja Obščestvennaja Organizacija „My Protiv Spida“)	25.12.2020	Krasnojarsk	Verein
Stiftung zur Förderung juristischer Aufklärungsarbeit „Bund der Wähler“ (Fond Sodejstvija Pravovomu Prosveščeniju Naselenija „Liga Izbiratelej“)	28.10.2020		Verein
Zentrum zur Bekämpfung häuslicher Gewalt „Nasiliju.net” (Avtonomnaja Nekommerčeskaja Organizacija „Centr Po Rabote s Problemoj Nasilija „Nasiliju.Net“)	29.12.2020		Verein
Organisation für Präventionsförderung und Gesundheitsschutz „Feniks Pljus“ (Social’no Orientirovannaja Avtonomnaja Nekommerčeskaja Organizacija Sodejstvija Profilaktike i Ochrane Zdorov’ja Graždan „Feniks Pljus“)	21.12.2020		Verein
Organisation für Sozial- und Bildungsprojekte „Offenes Petersburg“ (Mežduregional’naja Obščestvennaja Organizacija Realizacii Social’no-Prosvetitel’skich Iniciativ i Obrazovatel’nych Proektov „Otkrytyj Peterburg“)	21.12.2020	Sankt Peter-burg	Verein
Wohltätigkeitsverein „Humanitäre Hilfe“ (Sankt Peterburgskij Blagotvoritel’nyj Fond „Gumanitarnoe Dejstvie“)	21.12.2020	Sankt Peter-burg	Verein
Wohltätigkeitsverein „Kerze“ (Programmno-Celevoj Blagotvoritel’nyj Fond „Sveča“)	25.12.2020		Verein

Medienprojekt „Sever Realii" (Mediaproekt Russkoj Služby Radio Svoboda „Sever Realii")	15.11.2019		SMI
Zentrum für Medienförderung (Častnoe Učreždenie „Centr Podderžki i Sodejstvija Razvitiju Sredstv Massovoj Informacii")	19.02.2019		Verein
Organisation zur Aufklärung von Menschenrechtsverletzungen „Rechtsinitiative" (Pravovaja Iniciativa)	13.12.2019		Verein
Organisation zum Schutz der Menschenrechte „Heißer Draht" (Regional'naja Obščestvennaja Organizacija Sodejstvija Sobljudeniju Prav Čeloveka „Gorjačaja Linija")	13.02.2019		Verein
Stiftung zum Schutz der Rechte von Strafgefangenen (Fond „V zaščitu prav zaključennych")	13.02.2019		Verein
Bürgerinitiative gegen Umweltkriminalität (Avtonomnaja Nekommerčeskaja Organizacija Informacionnych i Pravovych Uslug „Graždanskaja Iniciativa protiv ėkologičeskoj prestupnosti")	25.10.2019		Verein
Stiftung „Bürgerunion" (Penzenskij Regional'nyj Obščestvennyj Blagotvoritel'nyj Fond „Graždanskij Sojuz")	15.05.2019		Verein
Jüdisches Wohltätigkeitszentrum „Chasdej Erušalaim" (Saratovskij Oblastnoj Evrejskij Blagotvoritel'nyj Centr „Chasdej Erušalaim" – „Miloserdie")	12.03.2019	Saratov	Verein
Institut für Globalisierung und soziale Bewegungen (Institut Globalizacii i Social'nych Dviženij)	24.12.2018		Verein
Organisation zur Bekämpfung von HIV/AIDS und zum Schutz der Gesundheit gefährdeter Bevölkerungsgruppen (Centr Social'no-Informacionnych Iniziativ Dejstvie)	24.12.2018		Verein

Diabetiker-Bewegung: „Gemeinsam“ (Čeljabinskoe regional’noe diabetičeskoe obščestvennoe dviženie „Vmeste“)	12.7.2018	Čeljabinsk	Verein
Timur-Islamov-Stiftung (Blagotvoritel’nyj fond ochrany zdorov’ja i zaščity prav graždan „Fond Timura Islamova“)	10.7.2018	Nabereżnye Čelny	Verein
Stiftung zur Unterstützung von Strafgefangenen und ihren Familien (Blagotvoritel’nyj fond pomoščij osuždennym i ich sem’jam)	7.5.2018	Moskva	Verein
Stiftung Tol’jatti (Gorodskoj blagotvoritel’nyj fond „Fond Tol’jatti“)	20.12.2017	Tol’jatti	Verein
„Faktograf“ – Projekt von „Radio Svoboda“ und „Voice of America“	5.12.2017		Medium
„Azatlıq Radiosı“ – Tochtersender von „Radio Svoboda“ (Tataro-baškirskaja služba Radio Svoboda, <azatliq.org>	5.12.2017		Medium
„Idel.Realii“ – Medienprojekt des tatarisch-baschkirischen Dienstes von „Radio Svoboda“ (Mediaproekt Tataro-Baškirskoj služby Radio Svoboda o Povolže, <idelreal.org>	5.12.2017		Medium
Fernsehsender „Gegenwart“ (Telekanal „Nastojaščee vremja“)	5.12.2017		Medium
Radiosender „The Voice of America“ (Golos Ameriki)	5.12.2017		Medium
<ru.krymr.com> – Medienprojekt des ukrainischen Dienstes von „Radio Svoboda“ („Krym.Realii“ – krymskij proekt ukrainskoij služby Radio Svoboda)	5.12.2017		Medium
Stiftung „Neue Zeit“ (Sverdlovskij regional’nyj obščestvennyj fond social’nych proektov „Novoe Vremja“)	23.6.2017	Ekaterinburg	Verein
Stiftung „Silberne Taiga“ (Fond sodejstvija ustojčivomu razvitiju „Serebrjanaja tajga“)	14.6.2017	Syktyvkar	Verein

Stiftung „Tak-Tak-Tak“ (Fond sodejstvija razvitiju massovych kommunikacij i pravovomu prosveščeniju „Tak-Tak-Tak“)	20.2.2017	Novosibirsk	Verein
Informationszentrum „Sova“ (Regional’naja obščestvennaja organizacija sodejstvija prosveščeniju graždan „Informacionno-analitičeskij centr „Sova“)	30.12.2016	Moskva	Verein
Zentrum „Anna“ (Regional’naja obščestvennaja organizacija pomošči ženščinam i detjam, nachodjaščimsja v krizisnoj situacii „Informacionno-metodičeskij centr „Anna“)	26.12.2016	Moskva	Verein
„Projekt April“ (Avtonomnaja nekommerčeskaja organizacija social’noj podderžki naselenija „Proekt Aprel’“)	19.12.2016	Tol’jatti	Verein
Stiftung „Gouvernement Samara“ (Regional’nyj blagotvoritel’nyj fond „Samarskaja gubernija“	2.11.2016	Samara	Verein
Stiftung „Ära der Gesundheit“ (Ėra zdorov’ja)	11.10.2016	Ekaterinburg	Verein
Memorial International	4.10.2016	Moskau	Verein
Levada-Zentrum (Analitičeskij Centr Jurija Levady)	5.9.2016	Moskau	Verein
Verlag Gagarin-Park (Izdatel’stvo „Park Gagarina“)	31.8.2016	Samara	Verein
Andrej-Ryl’kov-Stiftung (Sodejstvija zaščite zdorov’ja i social’noj spravedlivosti imeni Andreja Ryl’kova)	29.6.2016	Moskau	Verein
Wohltätigkeitsstiftung für Sozial- und Rechtshilfe „Sfera“ (Blagotvoritel’nyj fond social’no-pravovoj pomošči „Sfera“)	1.3.2016	St. Petersburg	Verein

Sibal't – Omsker Zentrum für Gesundheit und Sozialschutz („Centr ochrany zdorov'ja i social'noj zaščity „SIBAL'T')	15.2.2016	Omsk	Verein
Bürgerrechtsgruppe Ural (Čeljabinskij regional'nyj organ obščestvennoj samodejatel'nosti – „Ural'skaja pravo-zaščitnaja gruppa")	15.2.2016	Čeljabinsk	Verein
„Frauen Eurasiens" (Čeljabinskij regional'nyj organ obščestvennoj samodejatel'nosti – ženskoe obščest-vennoe ob''edinenie „Ženščiny Evrazii")	15.2.2016	Čeljabinsk	Verein
Memorial Rjazan'	1.2.2016	Rjazan'	Verein
Memorial Ekaterinburg (GOO Ekaterinburgskoe obščestvo „Memorial")	30.12.2015	Ekaterinburg	Verein
Institut für Menschenrechte (Institut prav čeloveka)	20.11.2015	Moskau	Verein
Stiftung Glasnost („Fond zaščity glasnosti")	19.11.2015	Moskau	Verein
„Memorial" Sankt Petersburg (Naučno-informacionnyj centr „Memorial")	6.11.2015	St. Petersburg	Verein
Dachverband „Forschungszentrum Menschenrechte" (Sojuz obščestvennych ob''edinenii „Rossijskij issledovatel'skij centr po pravam čelo-veka", RICPCh)	20.10.2015	Moskau	Verein
Zentrum zur Entwicklung der Zivilgesellschaft im Fernen Osten (ANO „Dal'nevostočnyj Centr razvitija graždanskich iniciativ i social'nogo partnerstva")	13.10.2015	Vladivostok	Verein
Menschenrechtszentrum Perm (Permskij regional'nyj pravozaščitnyj centr)	3.9.2015	Perm'	Verein

Stiftung Ziviles Handeln (Fond „Graždanskoe dejstvie“)	20.4.2015	Perm’	Verein
Zentrum für unabhängige Sozialforschung (Centr nezavisimych sociologičeskich issledovanij; CNSI)	22.6.2015	St. Petersburg	Verein
Regionalorganisation zur Förderung von Bürgerrechten „Sutjažnik“ (Sverdlovskaja regional’naja obščestvennaja organizacija „Sutjažnik“	15.5.2015	Ekaterinburg	Verein
Zentrum für die Entwicklung nicht-kommerzieller Organisationen (CRNO) (Mežregional’naja blagotvoritel’naja obščestvennaja organizacija „Centr razvitija nekommerčeskich organizacij“)	13.5.2015	St. Petersburg	Verein
Verein „Bürgersolidarität“ zur Unterstützung von Flüchtlingen und Vertriebenen (Fond „Graždanskoe sodejstvie“)	20.4.2015	Moskau	Verein
Zentrum für Antikorruptionsforschung und -initiativen „Transparency-International-Russland“ (Avtonomnaja nekommerčeskaja organizacija „Centr antikorrupcionnych issledovanij i iniciativ „Transperensi Internešnl – Rossija“)	7.4.2015	Moskau	Verein
Zentrum für Medienrecht (Regional’nyj Fond „Centr Zaščity Prav Sredstv Massovoj Informacii“)	26.2.2015	Voronež	Verein
Institut für Presseentwicklung in Sibirien Nekommerčeskoe partnerstvo „Institut razvitija pressy – Sibir’“)	30.1.2015	Novosibirsk	Verein
Informationsbüro des Ministerrats der nordischen Länder in St. Petersburg (Častnoe učreždenie v Sankt-Peterburge po administrativnoj podderžke realizacii programm i proektov Soveta Ministrov Severnych Stran)	20.1.2015	St. Petersburg	Verein
Informations- und Bildungszentrum „Memorial“ Mežregional’naja obščestvennaja organizacija Informacionno-prosvetitel’skij centr „Memorial“	16.1.2015	Ekaterinburg	Verein

Stiftung Pressefreiheit (Fond podderžki svobody pressy)	30.12.2014	Moskau	Verein
Menschenrechtsorganisation „Zivilkontrolle" (Graždanskij kontrol')	30.12.2014	St. Petersburg	Verein
„Mensch und Gesetz" (Čelovek i zakon)	30.12.2014	Joškar-Ola	Verein
Sacharov-Kommission (Obščectvennaja komissija po sochraneniju nasledija akademika Sacharova)	25.12.2014	Moskau	Verein
Institut für regionale Presse (Institut regional'noj pressy)	20.11.2014	St. Petersburg	Verein
Medienplattform memo.ru (Informacionnoe agentstvo <memo.ru>)	20.11.2014	Moskau	Medium
Institut für Informationsfreiheit (Institut Razvitija Svobody Informacii)	28.8.2014	St. Petersburg	Verein
Frauenrat für Umweltschutz (Kaliningradskaja regional'naja obščestvennaja organizacija „Ėkozaščita-ženskovet")	21.7.2014	Kaliningrad	Verein
Zentrum für Menschenrechte „Memorial" (Mežregional'naja obščestvennaja organizacija Pravozaščitnyj Centr „Memorial")	21.7.2014	Moskau	Verein
Stiftung zur Förderung von Freiheit und Bürgerrechten „Obščestvennyj verdikt" (Fond sodejstvija zaščite prav i svobod graždan „Obščestvennij verdikt")	21.7.2014	Moskau	Verein
Eurasischer Antimonopolverband (Evrazijskaja Antimonopol'naja Associacija)	27.6.2013	Moskau	Verein

EINZELPERSONEN			
Grigor'eva, Alina Aleksandrovna Journalistin bei Idel.Realij, <idelreal.org> (Medienprojekt des tatarisch-baschkirischen Dienstes von „Radio Svoboda“)	3.12.2021		Einzelperson
Grigor'ev, Andrej Valer'evič Journalist bei Idel.Realij, <idelreal.org> (Medienprojekt des tatarisch-baschkirischen Dienstes von „Radio Svoboda“)	3.12.2021		Einzelperson
Gimalova, Regina Ėmilevna Journalistin bei Krym.Realij, <ru.krymr.com> (Medienprojekt des ukrainischen Dienstes von „Radio Svoboda“)	3.12.2021		Einzelperson
Chisamova, Regina Faritovna Journalistin bei Krym.Realij, <ru.krymr.com> (Medienprojekt des ukrainischen Dienstes von „Radio Svoboda“)	3.12.2021		Einzelperson
Elančik, Oleg Aleksandrovič Chefredakteur des Nachrichtenportals Sota.Vision	26.11.2021		Einzelperson
Kočetkov, Igor' Viktorovič Mitbegründer des „Russischen LGBT-Netzwerks“	12.11.2021		Einzelperson
Zagorova, Maksim Aleksandrovič Journalist bei der Zeitschrift „Afiša“, zuvor bei der informellen Menschenrechtsvereinigung von Anwälten und Journalisten „Komanda 29“ tätig	8.11.2021		Einzelperson
Vetoškina, Valerija Valer'evna Anwältin bei der informellen Menschenrechtsvereinigung von Anwälten und Journalisten „Komanda 29“	8.11.2021		Einzelperson
Pavlov, Ivan Jurevič Anwalt und Aktivist für Informationsfreiheit, ehem. Leiter des Menschenrechtszentrums „Bellona“	8.11.2021		Einzelperson

Skvorcova, Elena Sergeevna ehem. Journalistin bei der informellen Menschenrechtsvereinigung von Anwälten und Journalisten „Komanda 29“	8.11.2021		Einzelperson
Oleničev, Maksim Vladimirovič ehem. Rechtsanwalt bei der informellen Menschenrechtsvereinigung von Anwälten und Journalisten „Komanda 29“	8.11.2021		Einzelperson
Arapova, Galina Jur'evna Menschenrechtsaktivistin und Direktorin des „Zentrums für Schutz von Medienrechten“ (Centr zaščity prav SMI)	8.10.2021		Einzelperson
Simonov, Evgenij Alekseevič Umweltaktivist und Koordinator der Initiative „Flüsse ohne Grenzen“ (Reki bez granic)	8.10.2021		Einzelperson
Vol'tskaja, Tat'jana Anatol'evna Journalistin bei „Radio Svoboda“	8.10.2021		Einzelperson
Klepikovskaja, Ekaterina Dmitrievna Journalistin bei Sever.Realij (Medienprojekt des russischen Dienstes von „Radio Svoboda“)	8.10.2021		Einzelperson
Sotnikov, Daniil Vladimirovič Journalist beim Fernsehsender „Dožd'“	8.10.2021		Einzelperson
Zacharov, Andrej Vjačeslavovič Journalist beim russischen Dienst der BBC	8.10.2021		Einzelperson
Surnačeva, Elizaveta Dmitrievna Journalistin beim Fernsehsender „Current times“ (Nastojaščego vremeni)	8.10.2021		Einzelperson
Solov'eva, Elena Anatol'evna Journalistin bei Sever.Realii (Medienprojekt des russischen Dienstes von „Radio Svoboda“	8.10.2021		Einzelperson
Perp, Roman Aleksandrovič Journalist beim Fernsehsender „Current times“ (Nastojaščego vremeni)	8.10.2021		Einzelperson

Verzilov, Petr Jur'evič Herausgeber des Nachrichtenportals „Mediazona“	29.9.2021		Einzelperson
Smirnov, Sergej Sergeevič Chefredakteur beim Nachrichtenportal „Mediazona“	29.9.2021		Einzelperson
Važenkov, Artem Valer'evič Koordinator der Bewegung „Golos“ in der Region Tver' und ehem. Koordinator von „Otkrytaja Rossija“	29.9.2021		Einzelperson
Grezev, Aleksandr Viktorovič Koordinator der Bewegung „Golos“ in der Region Sverdlovsk	29.9.2021		Einzelperson
Žilinskij, Vladimir Aleksandrovič Koordinator der Bewegung „Golos“ in der Region Pskov	29.9.2021		Einzelperson
Ivanova, Sofija Jur'evna Koordinatorin der Bewegung „Golos“ in der Region Rjazan	29.9.2021		Einzelperson
Karezina, Inna Pavlovna Koordinatorin der Bewegung „Golos“ in der Region Moskau	29.9.2021		Einzelperson
Katkova, Veronika Vjačeslavovna Koordinatorin der Bewegung „Golos“ in der Region Orlovsk	29.9.2021		Einzelperson
Kil'tau, Ekaterina Viktorovna Koordinatorin der Bewegung „Golos“ in der Region Altajskij Kraj	29.9.2021		Einzelperson
Ljutov, Aleksandr Ivanovič Koordinator der Bewegung „Golos“ in der Region Mordovija	29.9.2021		Einzelperson
Petrov, Aleksej Viktorovič Koordinator der Bewegung „Golos“ in der Region Irkutsk	29.9.2021		Einzelperson
Pigalkin, Il'ja Valer'evič Koordinator der Bewegung „Golos“ in der Region Ivanov	29.9.2021		Einzelperson

Tichonov, Michail Sergeevič Koordinator der Bewegung „Golos“ in der Region Tatarstan	29.9.2021		Einzelperson
Gusev, Andrej Jur'evič Koordinator der Bewegung „Golos“ in der Region Primorskij Kraj	29.9.2021		Einzelperson
Egorov, Vladimir Vladimirovič Koordinator der Bewegung „Golos“ in Moskau	29.9.2021		Einzelperson
Žilkin, Vladimir Vladimirovič Koordinator der Bewegung „Golos“ in der Region Tambov	29.9.2021		Einzelperson
Kostyleva, Polina Vladimirovna Koordinatorin der Bewegung „Golos“ in St. Petersburg	29.9.2021		Einzelperson
Kuz'mina, Ljudmila Gavrilovna Koordinatorin der Bewegung „Golos“ in der Region Samara	29.9.2021		Einzelperson
Piskunov, Sergej Evgen'evič Koordinator der Bewegung „Golos“ in der Region Kemerovskaja	29.9.2021		Einzelperson
Gurman, Jurij Al'bertovič Vorstandsmitglied der Bewegung „Golos“	29.9.2021		Einzelperson
Kovin, Vitalij Sergeevič Koordinator der Bewegung „Golos“ in der Region Perm	29.9.2021		Einzelperson
Ljubarev, Arkadij Efimovič Vorstandsmitglied der Bewegung „Golos“	29.9.2021		Einzelperson
Anin, Roman Aleksandrovič Investigativjournalist bei „Novaja Gazeta“	20.8.2021		Einzelperson
Dolinina, Irina Nikolaevna Journalistin bei „Važnye istorii“ und „Novaja Gazeta“	20.8.2021		Einzelperson

Marochovskaja, Alesja Alekseevna Journalistin bei „Važnye istorii“, „Novaja Gazeta“ und „Meduza“	20.8.2021		Einzelperson
Velikovskij, Dmitrij Aleksandrovič Journalist bei „Važnye istorii“, „Organized Crime and Corruption Reporting Project“ (OCCRP) und beim „The Foreign Policy Institute“	20.8.2021		Einzelperson
Šlejnov, Roman Jur'evič Korrespondent bei „Novaja Gazeta“ und „Važnye istorii“	20.8.2021		Einzelperson
Šmagun, Olesja Valentinovna Journalistin bei „Važnye istorii“ und Mitarbeiterin beim „Organized Crime and Corruption Reporting Project“ (OCCRP)	20.8.2021		Einzelperson
Petrov, Stepan Jur'evič Vorsitzender der Organisation „Jakutien – Unsere Meinung“ (Jakutija – Naše Mnenie)	20.8.2021		Einzelperson
Rubin, Michail Arkad'evič Journalist beim Medienportal „Proekt“	23.7.2021		Einzelperson
Grojsman, Sof'ja Romanovna Journalistin u.a. beim Fernsehsender „Dožd’“	23.7.2021		Einzelperson
Roždestvenskij, Il'ja Dmitrievič ehem. Korrespondent bei „Otkrytye Media“ und Journalist bei „Proekt“, Echo Moskvy“, „Meduza“ und „Republica“	23.7.2021		Einzelperson
Apuchtina, Julija Vladimirovna ehem. Chefredakteurin von „Drugoj gorod“ (Samara), Journalistin beim Medienportal „Proekt“	23.7.2021		Einzelperson
Posternak, Aleksej Evgen'evič Journalist bei „Otkrytye Media“ und „Sibir’.Realii“	23.7.2021		Einzelperson
Badanin, Roman Sergeevič ehem. Chefredakteur von „Proekt“, „RBK“, „Dožd’“ und „Novaja Gazeta“	15.7.2021		Einzelperson

Čurakova, Ol'ga Vladimirovna ehem. Journalistin bei „Proekt", „Dožd'", „Novaja Gazeta", „Kommersant" und „Vedomosti"	15.7.2021		Einzelperson
Železnova, Marija Michajlovna ehem. Journalistin bei „Proekt"	15.7.2021		Einzelperson
Manjachin, Petr Borisovič Journalist, Gründer des Nachrichtenportals „Tajga.info"	15.7.2021		Einzelperson
Glikin, Maksim Aleksandrovič ehem. stellvertretender Chefredakteur bei „Otkrytye Media", vorher Journalist bei „Večernaja Moskva", „Obščaja Gazeta" und „Nezavisimaja Gazeta"	15.7.2021		Einzelperson
Luk'janova, Julija Sergeevna ehem. Journalistin bei „Proekt"	15.7.2021		Einzelperson
Jaroš, Julija Petrovna ehem. Chefredakteurin von „Otkrytye Media", vorher Journalistin bei „RIA Novosti"	15.7.2021		Einzelperson
Maetnaja, Elizaveta Vital'evna Redakteurin bei „Radio Svoboda" und „Sever.Realii", vorher Journalistin bei „Komsomol'skaja Pravda", „Gazeta.Ru" und „Moskovskij Komsomolec"	15.7.2021		Einzelperson
Savickaja, Ljudmila Alekseevna Auslandskorrespondentin von „Sever.Realii" und „MBCH MEDIA" in Pskov, vorher u.a. bei „Moskovskij Komsomolec"	28.12.2020		Einzelperson
Apachončič, Dar'ja Aleksandrovna Aktionskünstlerin, Feminismus und Ökologie, Organisatorin des Künstlervereins „Rodina"	28.12.2020		Einzelperson

Ponomarev, Lev Aleksandrovič Politiker und Menschenrechtsaktivist, Vorsitzender der Allrussischen Bewegung „Za prava čeloveka“ („Für Menschenrechte“) Mitbegründer der Organisation „Memorial“ sowie der politischen Bewegung „Demokratisches Russland“	28.12.2020		Einzelperson
Kamaljagin, Denis Nikolaevič Chefredakteur der Tageszeitung „Pskovskaja Gubernija“	28.12.2020		Einzelperson
Markelov, Sergej Evgen'evič Journalist bei „7x7“, „Novaja Gazeta“, „Dožd’“ und „Radio Svoboda“	28.12.2020		Einzelperson

Liste der unerwünschten Organisationen

Stand: 17.12.2021

ENEMO – European Network of Election Monitoring Organizations	27.9.2021
World Institute of Scientology Enterprises International (WISE)	24.9.2021
Ron Hubbard Bibliothek (Church of Spiritual Technology)	24.9.2021
Internationale christliche Bewegung „Neue Bewegung“	30.8.2021
Evangelische christliche Kirche „Neue Bewegung“	30.8.2021
Gemeindeleitung der ukrainischen evangelischen Kirche „Neue Generation“	30.8.2021
Geistliche Bildungseinrichtung Internationale Bibelschule „Neue Generation“	30.8.2021
International Partnership for Human Rights (IPHR)	17.8.2021

Project Media, Inc.	23.7.2021
European Choice	9.7.2021
Oxford Russia Fund	9.7.2021
Khodorkovsky Foundation	9.7.2021
Future of Russia Foundation	30.6.2021
Bard College	30.6.2021
Spolecnost Svobody Informace, Z.S., Tschechien „Obščestvo svobody informacii ‚Češskaja Respublika	29.6.2021
Zentrum für die Liberale Moderne GmbH	2.6.2021
Deutsch-Russischer Austausch e.V.	2.6.2021
Forum Russischsprachiger Europäer e.V.	2.6.2021
Prague Civil Society Centre	25.12.2020
Association of Schools of Political Studies of the Council of Europe	22.12.2020
International Partnership for Human Rights	12.8.2020
The European Falun Dafa Association	21.7.2020
World Organization to Investigate the Persecution of Falun Gong Inc. (WOIPFG)	21.7.2020
Doctors Against Forced Organ Harvesting (DAFOH)	21.7.2020

Global Mission to Rescue Persecuted Falun Gong Practitioners Inc. (GMRPFGP)	21.7.2020
Friends of Falun Gong Inc.	21.7.2020
Coalition to Investigate the Persecution of Falun Gong in China	21.7.2020
Dragon Springs Buddhist Inc.	21.7.2020
Project Harmony, Inc. (PH International)	23.4.2020
The Jamestown Foundation (JF)	9.4.2020
European Endowment for Democracy	12.3.2020
Člověk v tísni, o.p.s (People In Need)	12.11.2019
Atlantic council	29.7.2019
Ukrainian World Congress	17.7.2019
Free Russia Foundation (Free Russia)	28.6.2019
Pacific Environment (PERC)	28.8.2018
The German Marshall Fund of the United States (GMF)	21.3.2018
European Platform for Democratic Elections (EPDE)	13.3.2018
International elections study center (IESC)	13.3.2018
The Black Sea Trust for Regional Cooperation	3.7.2017

Open Russia Civic Movement, Open Russia (Otkrytaja Rossija)	27.4.2017
Institute of Modern Russia, Inc	27.4.2017
International Republican Institute	22.8.2016
Media Development Investment Fund (MDIF)	18.8.2016
National Democratic Institute for International Affairs	17.3.2016
U.S. Russia Foundation for economic advancement and the rule of law	7.12.2015
OSI Assistance Foundation	26.11.2015
Open Society Foundation	26.11.2015
The National Endowment for Democracy	29.7.2015

Quellen:
OVD-Info, <https://ovdinfo.org/inoteka>; – Justizministerium der Russländischen Föderation, <http://unro.minjust.ru/NKOForeignAgent.aspx>

Abstracts

Arc of Crisis

Violence and Disrespect for the Law in Eastern Europe

Marta Bucholc, Maciej Komornik

Spinning Wheel in Perpetual Motion
Judiciary Reform in Poland

The destruction of the rule of law in Poland continues, and the conflict with the European Union is escalating. Legal chaos now reigns. One-sixth of the judges in ordinary courts have now assumed office with the involvement of the National Council of the Judiciary. They have issued more than two million rulings. But as the European Court of Justice (ECJ) has confirmed, their appointment contradicted European law. According to the ECJ, Polish courts are obligated to examine the independence of these judges and their rulings. The government has been backed into a corner and is reacting by intensifying the conflict. A gag law prohibits this examination. Judges who adhere to judicial independence are bullied by the chairmen who have assumed office under the government formed in 2015, or they are treated patronisingly by the equally contentious disciplinary chamber. Now the government has resorted to the big guns. The Polish Constitutional Court, which is subservient to the government, has certified that the ECJ exceeded its powers, and that the Treaty on European Union is incompatible with the Polish constitution. Poland is facing fines and subsidy cuts, but giving in is not this government's style..

Piotr Buras

Poland Throws Down the Gauntlet
The Conflict with the EU over the Rule of Law Escalates

Poland's conflict with the EU over the Polish government's judicial reform and the norms of rule of law has intensified. Poland is unwilling to recognize a ruling from the European Court of Justice that declared the Disciplinary Chamber, the centrepiece of the Polish reform, illegal. Warsaw refuses to pay the fines imposed. In October 2021, Poland's Constitutional Court ruled that the primacy of EU law contradicted the Polish constitution. The shrill word "Polexit" made the rounds. The Polish government has opted for confrontation with the EU. There are domestic political reasons for this, as support for the ruling Law and Justice party is in decline. But radicalization and confrontation will lead to a dead end.

Kai-Olaf Lang
Migrants and Soldiers
The Crisis on the Polish-Belarusian Border

Poland reacted quickly and cruelly to the growing number of migrants on its border with Belarus. The national government in Warsaw saw in this an attempt by the regime in Minsk to destabilize Poland and responded by sealing the green border with barriers and deploying a massive contingent of border guards and soldiers to the region. Laws were also tightened. Polish and international human rights organizations have criticized the violation of international law, while the church has taken a mediating position. For the government, the crisis has a strong security policy dimension. It perceives an act of hybrid warfare involving Russia. Warsaw has received far-reaching support within the European Union. However, the attempt to divert attention from the conflict with Brussels over the rule of law has not succeeded.

Ansgar Gilster
"The Law is Being Adapted to Inhumane Practices"
A Discussion about the EU's Eastern Border and the Right to Asylum

In June 2021, Lithuania registered an increasing number of people entering the country from Belarus over its lightly guarded frontier border. A few weeks later, this happened again on the Polish-Belarusian border. There, too, people from Syria, Iraq, or Afghanistan tried to reach the EU by slipping through the forests. Poland has sealed off the border with a large police and military force and wants to build an insurmountable barrier. Lithuania and Latvia are also opting for sealing themselves off to the east – and the European Union is supporting them. A discussion about asylum law, humanity, and the scale of the crisis.

Andreas Umland
No Lazy Compromises!
The Donbass, Ukraine, and the West

The conclusion of peace between Russia and Ukraine is an important goal. But experience shows that concessions to Russia do not secure lasting peace in the post-Soviet space. Western indulgence and Ukrainian weakness send the wrong signals. Concessions to Moscow from Kiev will not lead to a solution of the basic conflict and could destabilize Ukraine.

„There are no limits to arbitrariness"
Lawyer Andrei Mochalov on political trials in Belarus

Since mid-2020, more than 1,000 people have been arrested in Belarus and sentenced in political criminal proceedings amid the coarsest violations of the principles of the rule of law. Some have served their sentences, but many have been sentenced to five, ten, or even 14 years in a penal colony. Moreover, many thousands of people were arrested and sentenced to prison for participating in the major protests that followed the presidential elections in August and September. Lawyer Andrei Mochalov has defended numerous people in administrative proceedings and politically motivated criminal trials. He reports on the arbitrariness of the courts, the ubiquity of torture, and the impunity that the perpetrators from the ranks of the authorities can expect.

Dietrich Beyrau
In the Cycle of History
Power and Its Adversaries in Russia

The Putin regime is expanding its power, suppressing opposition and society's autonomy. The situation is reminiscent of earlier eras. Andrei Sakharov and Alexei Naval'nyi, their reference to law, yesterday's Chronicle of Current Events, and today's social media with its documentary power are parallels. It seems that Russia's historical development is caught in a cycle. Society's considerable creativity and mobilizing power faces the leadership's equally remarkable destructive potential. Power triumphs at the expense of society.

Frithjof Benjamin Schenk
"Struggle in the West, Humility in the East"
Aleksandr Nevskii in Russian History Policy

In 2021, Russia will celebrate the 800th anniversary of the birth of Aleksandr Nevskii, both saint and national hero. The state, the Orthodox Church, and the Military-Historical Society will honour him with monuments and exhibitions. In the cultural memory of the 1990s, the Novgorod prince was present in diverse forms, as a figure of local historic significance or someone who formed a regional identity. Today, a state-serving, patriotic reading dominates. In Russia's current culture of remembrance, Alekandr Nevskii is regarded as a guarantor of "Russian statehood", a defender of Russia's "autonomy".

Aleksei Levinson, Stepan Goncharov
Russian Rituals of Loyalty
The People, the Elections, and the Regime

Elections to the State Duma took place in September 2021. In today's Russia, however, elections are not an open procedure for appointing holders of public office. Rather, they are an act of the state exercising its power. They serve the function of checking in on the loyalty of citizens and members of the state apparatus at all levels. These rituals of loyalty found their way into the country's political culture under Stalinism. For a large part of the population, casting a vote is once again a ritual act. It feeds on the individual's desire to be a part of the majority. Nonetheless, elections in authoritarian systems also offer insights into social attitudes, changes in values, and the structure of public opinion.

Ekaterina Shul'man
The State Duma as Janus
Actor and Administrative Body

Russia's State Duma is not a democratic parliament. But it is more than just staffage in a totalitarian system. And it is also more than a "rubber-stamp" that notarises legislative proposals submitted by the presidential administration. A mandate in the State Duma offers diverse opportunities to pursue personal or collective interests. The State Duma is an "battlefield of the elites" where ministries, authorities and economic interest groups feud with one another. Social interests are hardly represented in the Duma.

Silvia von Steinsdorff
More than a Shadow Parliament?
Russia's State Duma within an Autocratic State

De jure, the State Duma has the constitutional prerequisites of a democratic parliament. De facto, the State Duma ekes out a shadowy existence in the power structure of the Russian state. It forms an important component part of the "vertical of power", which helps President Putin secure his authoritarian regime. As an efficient legislative machine, the Duma creates the legal basis for bureaucratic presidential rule.

Sabine Fischer, Jens Siegert
Survival in Autocracy
Russia's Civil Society under Pressure

Russia has become an autocracy. The Putin system is trying to stabilize its rule by means of repression. This affects different segments of the population. Representatives from organizations working in environmental protection, gender equality, social inclusion, or human rights report that the work of civil society is growing more difficult. The regime is restricting their freedom of manoeuvre. But they are still there. Individuals and NGOs are trying to deal with the restrictions and repression. They practice solidarity and resist the pressure to atomize. They are sticking to their goals of participation and personal responsibility. They need staying power.

Ulrich Schmid
Anatomy of a Discreditation Process
Russia's State Media and Memorial

The ban on the human rights organization Memorial was prepared in Russia's state-friendly media well in advance. The television stations NTV and Rossiia attacked Memorial's projects and advocates by way of propagandistic contributions. They used diverse artifices of political PR. The implements come from a universal tool kit employed in many states around the world – be they democratic or autocratic. However, they conveyed content specific to Russian history policy: what's at stake is interpretive sovereignty over a heroic historical image, which is to be achieved by all manner of the propagandistic arts.

OVD-Info
Discrimination across the Board
Russia's Law on "Foreign Agents"

Since 2012, Russia has had legislation on "foreign agents". This contradicts the Russian constitution and violates international conventions. Contradictory legal provisions, unclear criteria for classification as a "foreign agent", the constant expansion of lists among non-profit organizations, independent media, and individuals, as well as administrative arbitrariness create an atmosphere of fear and uncertainty. A decline of civil society, a decrease in transparency and citizen control, and a deterioration in communication between the authorities and society can be observed. This leads to increasingly poor governance.